# 소방전기시설

## —구조 및 원리—

조동훈

신광문화사

# 머리말

실무에 접해 있는 사람들은 「**소방시설의 구조 및 원리**」가 얼마나 중요한 비중을 차지하고 있는지 알고 있을 것이다. 소방시설의 구조 및 원리를 알아야 전공학과 출신으로서 현장의 업무에 들어갈 수 있으며 비로소 소방인의 긍지를 느끼게 된다. 본 서(書)는 **소방관련학과** 학생들로서 꼭 알아두어야 할 중심내용이자 필수내용을 선별하여 편집하였으며 소방설비산업기사, 소방설비기사, 소방설비관리사, 소방설비기술사에 이르기까지 중점내용을 토대로 집필하였다.

본 서(書)는,

**Ⅰ. 익숙하지 않은 용어를 각 쪽마다 해설함으로써 학습의 어려움을 덜었고,**

**Ⅱ. 시설구조의 원리를 바탕으로 난해한 내용을 함축성 있게 핵심요약 했으며,**

**Ⅲ. 글을 읽는데 도움이 될 수 있는 그림과 도면을 넣어 쉽게 이해할 수 있도록 하였다.**

본 서는 2003년 초판이 발행되고 2년 마다 개정판을 내면서 편집에 편집을 거듭하였다. 또한 이 글을 쓰기까지는 20여 권 이상의 국내 소방서적과 또한 꼭 필요한 외국서적의 글과 그림을 번역 도해하였으며 현, 국내 소방학과 학생들의 수준에 맞게 집필하였다.

매년 대구에서 열리는 소방엑스포와 서울에서 열리는 안전엑스포를 방문하면 **미생물소화기, 무선감지기** 등 소방관련 제품과 소방시설구조 등 많은 것을 보고 배울 수 있으며, 소방시설이 끊임없이 시대에 따라 변화하는 것을 알 수 있다.

이제 우리는 이 시대에 맞게끔 소방시설구조 원리와 소방용품을 이해하면서 학습을 하여야 필요성이 있다.

선진국의 높은 소방산업의 관심과 소방공무원 긍지가 한국에서도 경제발전속도 못지않게 소방영웅의 인식이 가일층되고 있다. 소방산업을 이끌어가는 소방인으로서 그 의식을 우리는 숙명처럼 받아들이고 동시대(同時代)를 살아가야 할 것이다.

필 자

CONTENTS

## 제1편 경보설비 | 11

## 제 2 편 기타경보설비 | 99



CONTENTS

CONTENTS

CONTENTS

## 제 4 편 형식승인기준 | 207



## 부 록 | 351



CONTENTS

# 제 1 편

# 경 보 설 비

# 제 1 절 자동화재탐지설비

## Ⅰ. 자동화재탐지설비

### 1. 개 요

화재를 ISO(국제표준화기구)에서는 “시간적·공간적으로 제어되지 않고 확대되는 급격한 연소”라고 정의한다. 21세기에 다가서면서 화재는 경제속도보다 증가하고 있으며 시대와 문명에 비례하여 그 위험성이 날로 심각해지고 있다.

현대산업의 기술혁신, 신제품 개발과 건축구조의 다변화 위험물의 대량 생산과 취급 등으로 그 피해 또한 대형화되고 있으며 사람들은 이에 대응하기 위하여 화재로 인한 재해를 줄이고자 많은 노력을 기울이지 않을 수 없다. 따라서, 자동화재탐지설비는 화재에 의해 발생하는 열, 연기 또는 불꽃(화염)에 의하여 자동적으로 화재를 발견하고 벨, 사이렌 등의 음향장치에 의해 건축물 내의 관계자*에게 경보를 발하는 설비이다.

자동화재탐지설비는 옥내소화전설비나 스프링클러설비처럼 주수에 의한 직접적인 소화활동을 하는 것은 아니지만 화재의 조기발견에 의하여 초기소화를 조속히 할 수 있도록 소방대상물의 관계자에게 신속하고 유용한 신호정보를 제공하여 줌으로써 화재의 확대를 신속히 저지하고 화재의 조기현상에서 대응책을 세울 수 있도록 할 수 있는 설비이다. 다시 말하여 자동화재탐지설비는 화재 시 옥내 천장면의 감지기로부터 자동적으로 감지를 한다든지 혹은 건축물 내 사람이 인지하여 발신기를 통하여 수동으로 발신하여 수신반에 있는 소방안전관리자 및 소방설비기사 등에게 벨 등의 기계적 신호로서 알리는 여러 가지 기계·기구로 구성된 하나의 세트를 말한다.

---

* 관계자 : 소방기본법에서는 소유자·관리자·점유자를 뜻한다.

## 2. 설치대상

"화재예방, 소방시설 설치·유지 및 안전관리에 관한 법률" 시행령 별표5에서 자동화재탐지설비의 설치대상은 아래와 같다.

**▌ 자동화재탐지설비의 소방대상물 ▌**

<table>
<tr><th>특정소방대상물</th><th>연면적*</th></tr>
<tr><td colspan="2">정신의료기관 또는 의료재활시설(* 창살 설치시 300 [$m^2$] 미만) → 바닥면적 합계 300 [$m^2$] 이상</td></tr>
<tr><td colspan="2">노유자 시설로서 연면적 400 [$m^2$] 이상 및 숙박시설이 있는 수련시설로서 수용인원 100인 이상</td></tr>
<tr><td>장례식장, 근린생활시설*, 숙박시설, 의료시설, 복합건축물 및 위락시설</td><td>600 [$m^2$] 이상</td></tr>
<tr><td>목욕장, 공동주택, 운수시설, 공장, 창고시설, 문화 및 집회시설, 판매시설, 지하가(터널 제외), 국방·군사시설, 방송통신시설, 위험물저장 및 처리시설, 운동시설, 항공기 및 자동차 관련시설, 업무시설, 종교시설, 발전시설, 관광휴게시설.</td><td>1,000 [$m^2$] 이상</td></tr>
<tr><td>동물 및 식물관련시설, 자연순환시설, 교정 및 군사시설, 수련시설 또는 교육연구시설(기숙사 및 합숙소 포함), 묘지관련시설,</td><td>2,000 [$m^2$] 이상</td></tr>
<tr><td colspan="2">지하구, 1천m 이상의 터널, 조산원, 산후조리원, 요양병원, 전통시장, 노유자생활시설, 전기저장시설, 공장, 창고에서 특수가연물 500배 이상</td></tr>
</table>

## 3. 설비구성

자동화재탐지설비의 구성은 소방대상물의 용도나 규모에 따라 여러 가지로 구성될 수 있으나 보통의 규모에서 현재 많이 쓰고 있는 다음의 몇 가지로 구분된다.

건축물 내 화재에 의하여 발생한 열, 연기 또는 화염을 초기 단계에서 자동적으로 감지하는 감지기, 화재 발생을 건축물 내 사람이 인지하여 신호를 수동으로 발신하는 발신기, 감지기 또는 발신기 작동에 의한 신호를 받아 수신기에 발신하는 중계기, 감지기 혹은 발신기 또는 중계기를 통하여 수신되는 신호로서 화재발생장소를 표시하거나 필요한 신호를 제어해주는 수신기, 화재 발생을 벨 또는 사이렌으로 울리는 음향장치, 건물 내 화재 시 수신반에 신호를 주기 위하여 일반적으로 소화전함에 위치하는 발신기의 위치를 표시하는 표시등 그리고 배선, 전원 등으로 구성되어 있다.

※ 구성 : 수신기, 감지기, 발신기, 중계기, 음향장치, 표시등 배선, 전원이 있다.

---

* 연면적 : 각층 바닥 면적의 합계(지하층 제외, 옥상을 포함)
* 근린생활시설 : 가까운 이웃, 공동생활의 터로서 보통의 작은 규모를 말한다.

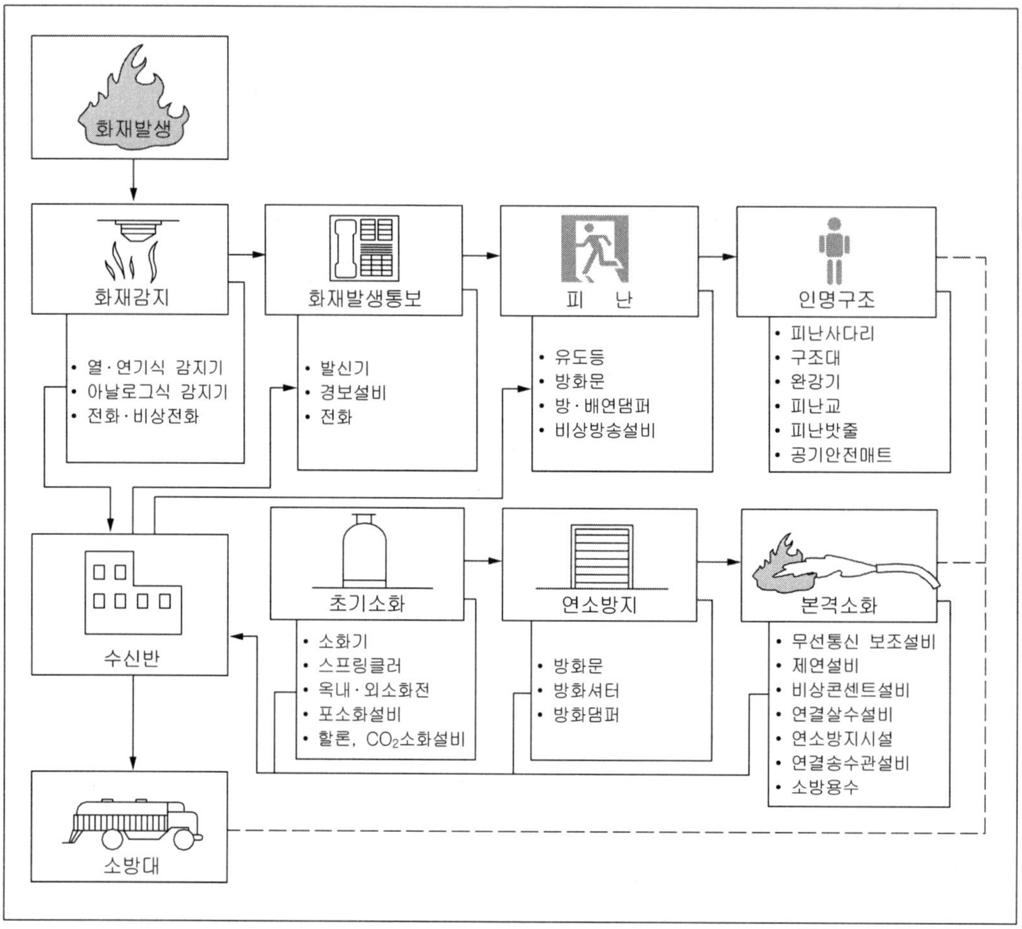


**▌ 경보설비 및 소화설비 연계도 ▌**

※ 화재발생 — 적응감지기동작 — [발신기 및 전화(수동) / 경보설비(자동)] — 수신반 전달 (소방서 전달)

— [소화기(수동) / 초기소화설비*동작(자동)] — 인명피난 (소방대 도착) — 본격소화* (구조·구급) — 진화

* 본격소화 : 소방대원이 출동하여 현장에 대응하는 소화

* 초기소화설비 : 관계인이 취급할 수 있는 수동 및 자동소화설비

### (1) 자동화재탐지설비의 종류

자동화재탐지설비 중 감지기, 수신기, 발신기 등은 용도에 따라 여러 가지로 분류방법이 달라지지만 일반적으로 아래와 같이 그 종류를 분류하고 있다.

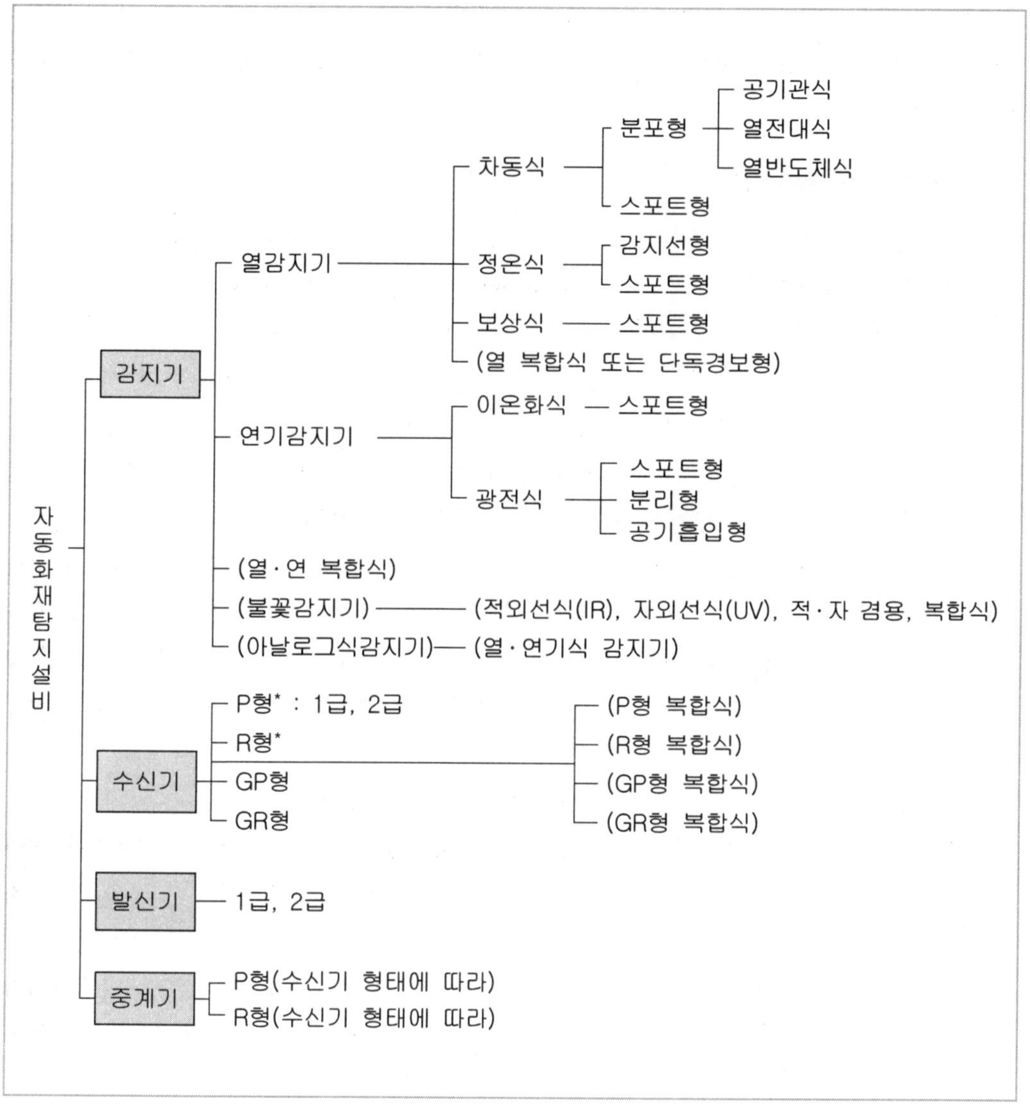


---

* P형 : Proprietary type (소유자형)

* R형 : Record type (기록형)

* GP형: Gas Proprietary type (가스누설경보기를 겸한 소유자형)

* GR형: Gas Record type (가스누설경보기를 겸한 기록형)

## 4. 경계구역

경계구역이란 특정소방대상물 중 **화재신호를 발신하고 그 신호를 수신하거나 유효하게 제어할 수 있는 구역**을 말한다. 즉, 초기화재에서 자동화재탐지설비 하나의 세트설비가 화재발생을 유효하게 탐지할 수 있는 구역으로 설계된 것을 말한다. (다만, 감지기의 형식승인 시 감지거리, 감지면적 등에 대한 성능을 별도로 인정받은 경우에는 그 성능의 인정범위를 경계구역으로 할 수 있다.)

### (1) 경계구역의 설치기준

① 자동화재탐지설비의 경계구역은 다음의 기준에 의하여 설정하여야 한다.

㉮ 하나의 경계구역이 2개 이상의 **건축물**에 미치지 아니하도록 할 것

㉯ 하나의 경계구역이 2개 이상의 **층**에 미치지 아니하도록 할 것
(다만, 500 [$m^2$] 이하의 범위에서는 2개 층을 하나의 경계구역으로 할 수 있다.)

㉰ 하나의 경계구역의 면적은 600 [$m^2$] 이하로 하고 한 변의 길이는 50 [m] 이하로 할 것(다만, 특정소방대상물의 주된 출입구에서 그 내부전체가 보이는 것에 있어서는 한 변의 길이가 50 [m]의 범위 내에서 1,000 [$m^2$] 이하로 할 수 있다.)

② 계단, 경사로(에스컬레이터 경사로 포함) 엘리베이터 권상기실*, 린넨슈트*, 파이프 피트 및 덕트* 기타 이와 유사한 부분에 대하여는 별도로 경계구역을 설정하되, 하나의 경계구역높이를 45 [m] 이하(계단 및 경사로에 한한다)로 하고, 지하층의 계단 및 경사로(지하층의 층수가 1일 경우 제외한다)는 별도로 하나의 경계구역으로 하여야 한다. (여기서 계단은 직통계단 외의 것에 있어서는 떨어져 있는 상·하계단의 상호 간의 수평거리가 5 [m] 이하로서 서로 간에 구획되지 아니한 것에 한한다.)

③ 외기에 면하여 상시 개방된 부분이 있는 **차고**, **주차장**, **창고** 등에 있어서는 외기에 면하는 각 부분으로부터 5 [m] 미만의 범위 안에 있는 부분은 경계구역의 면적에 산입하지 아니한다.

④ 스프링클러설비, 물분무등소화설비 또는 제연설비의 화재감지장치로서 화재감지기를 설치한 경우의 경계구역은 해당 소화설비의 방사구역 또는 제연구역과 동일하게 설정할 수 있다.

---

* 엘리베이터 권상기실 : 엘리베이터의 부속기계실 * 파이프 피트 및 덕트 : 파이프를 넣는 관·로
* 린넨슈트 : 호텔의 시트나 병원의 수술복 등을 던지는 통로
* 물분무등소화설비: 물분무·포·$CO_2$·미분무·고체에어로졸·할론·분말··강화액설비 등을 말함

## (2) 길이 및 면적에 의한 경계구역* 설정

① 1경계구역

② 2경계구역

③ 3경계구역

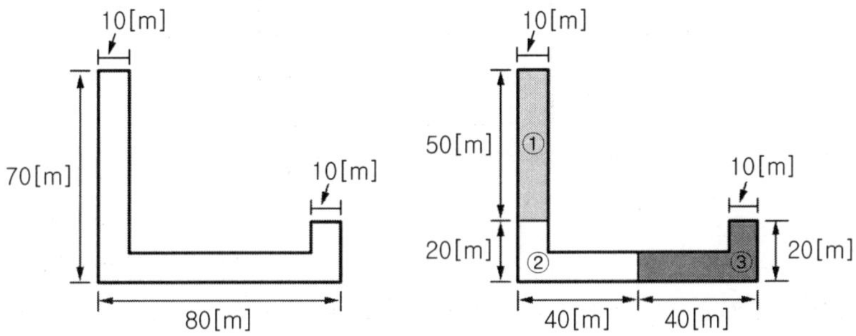


④ 4경계구역

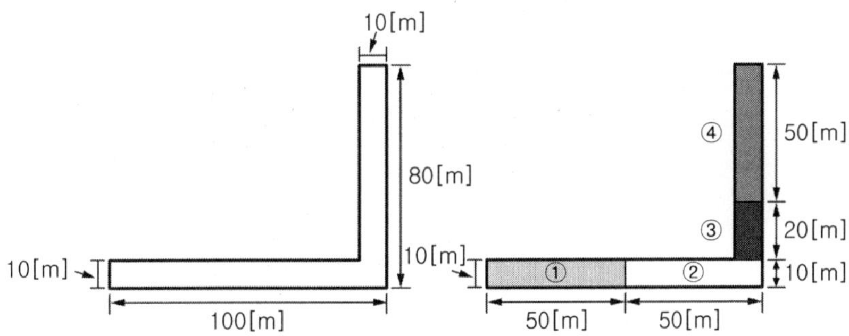


---

* 경계구역 : 자동화재탐지설비 1회선이 화재발생을 유효하게 탐지할 수 있는 구역

### (3) 층수와 면적에 따른 경계구역 설정

① 건축물은 지하 1층 및 지상 1층~4층까지 별도의 경계구역으로 하고 옥탑층은 별도의 1경계구역으로 한다.

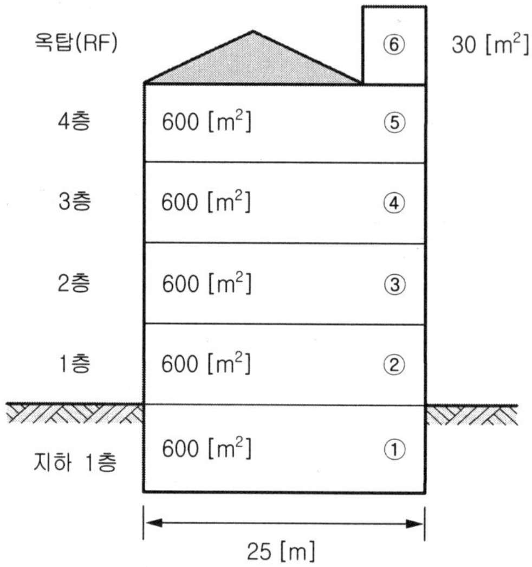


② 건축물은 1층의 면적이 250 [$m^2$] 이하이므로 2개 층의 면적의 합계는 500 [$m^2$] 이하가 된다. 따라서 1층과 2층, 3층과 4층, 5층과 옥탑층 또한 계단(지하층의 층수가 1일 경우는 제외)은 별도의 경계구역으로 설정할 수 있다. (단 여기서 계단 및 경사로가 아닌 지하 1층은 별도의 경계구역으로 설정하도록 한다.)

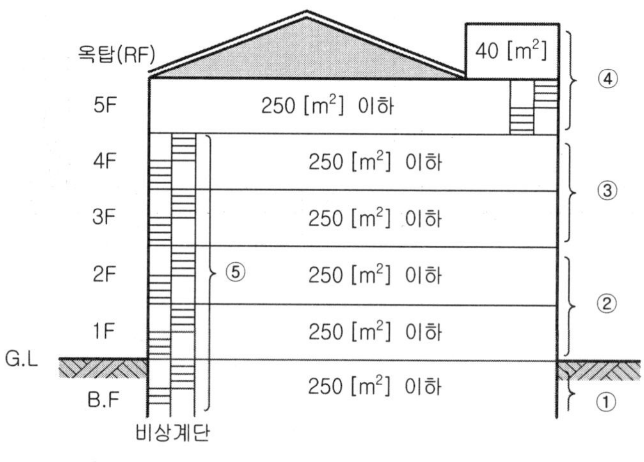

③ 건축물은 2층과 지붕 속의 면적의 합계가 600 [m²] 이하이므로 동일 경계구역으로 할 수 있다. (여기서 1층과 2층의 면적의 합계가 500 [m²]가 넘으므로 별도의 경계구역으로 하여야 한다.)

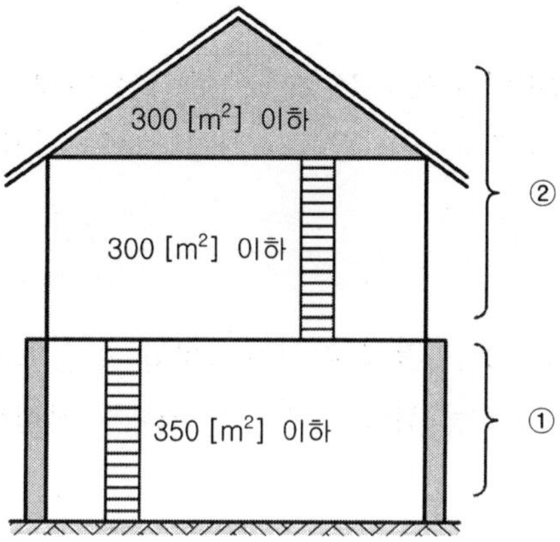


### (4) 1개의 경계구역의 면적은 1,000 [m²] 로 할 수 있는 경우

주요한 출입구에서 그 내부를 볼 수 있는 학교의 강당, 옥내경기장, 체육관, 집회장, 관람장, 극장 등의 객석 부분 등이 이에 해당한다.

### (5) 경계구역의 산출과 경계선

경계구역의 산출과 경계선의 구분은 다음과 같다.

① 경계구역의 산출

감지기의 설치가 면제되는 장소도 포함하여 경계구역의 면적을 산출한다. 예를 들면 화장실, 세면장 등은 감지기를 설치할 필요는 없지만 경계구역에는 포함한다.

(그러나 개방된 계단부분, 및 별도의 경계구역을 설정하는 계단, 경사로, 엘리베이터 권상기실, 파이프 피트 및 덕트 등의 부분의 면적은 제외한다.)

(* 감지기 설치가 면제되는 부분은 "자·탐 화재안전기준 제7조 ⑤항"을 말한다.)

② 경계구역의 경계선

경계구역의 경계선은 일반적으로 **복도, 통로, 방화벽*** 등으로 한다.

* 방화벽 : 화재 시 불의 확대를 막기 위해 구획마다 설치하는 벽

# Ⅱ. 수신기

## 1. 개 요

자동화재탐지설비 중 감지기나 발신기 등에서 발하는 화재신호를 직접 수신하거나 중계기를 통해 수신하는 것으로서 건축물의 관계자 혹은 소방관서에 통보하는 장치이다.

## 2. 수신기의 종류

수신기는 P형 수신기(1급, 2급), R형 수신기, GP형 수신기, GR형 수신기, P형 복합형 수신기, R형 복합형 수신기, GP형 복합형 수신기, GR형 복합형 수신기, 간이형 수신기 등으로 구분된다.

▎수신기의 종류별 비교 ▎

| 용 어 | 수신기의 법적 정의 |
|---|---|
| 1. P형 수신기 | 감지기 또는 발신기로부터 발하여지는 신호를 직접 또는 중계기를 통하여 공통신호로서 수신하여 화재발생을 해당 소방대상물 관계자에게 경보하여 주는 것 |
| 2. R형 수신기 | 감지기 또는 발신기로부터 발하여지는 신호를 직접 또는 중계기를 통하여 고유신호로서 수신하여 화재발생을 해당 소방대상물 관계자에게 경보하여 주는 것 |
| 3. GP형 수신기 | P형수신기의 기능과 가스누설경보기의 수신부 기능을 겸한 것이다. |
| 4. GR형 수신기 | R형수신기와 가스누설경보기 기능을 겸한 것이다. 다만, GP형, GR형 모두 가스누설경보기 수신부의 기능 중 가스농도 감시장치는 설치하지 않을 수 있다.) |
| 5. P형복합식 수신기 | 자동 또는 수동으로 옥내·외소화전설비, 스프링클러설비, 이산화탄소소화설비, 분말소화설비, 배연설비 등의 가압송수장치, 기동장치 등을 제어하는 방식. |
| 6. R형복합식 수신기 | 화재신호를 직접 또는 중계기를 통하여 고유신호로 수신하여 해당 소방대상물의 관계자에게 경보하여 주고 P형복합식수신기처럼 제어기능을 수행하는 것. |
| 7. 간이형 수신기 | 수신기 및 가스누설경보기의 기능을 각각 또는 함께 있으며 수신기 또는 가스누설경보기의 구조 및 기능을 단순화시켜 수신부, 감지부, 탐지부" 등으로 복합 구성되거나 중계부가 구성되어 화재발생 또는 가스누설을 자동으로 탐지하여 경보하는 기능 또는 도난경보, 원격제어기능 등이 복합적으로 구성된 제품이다. |
| 8. 방폭형 | 폭발성 가스가 용기내부에서 폭발하였을 때 용기가 그 압력에 견디거나 또는 외부의 폭발성가스에 인화될 우려가 없도록 만들어진 형태의 제품을 말한다. |
| 9. 방수형 | 그 구조가 (빗물 등이 침입하지 않게끔) 방수구조로 되어 있는 것을 말한다. |
| 10. 무선식 | 유선이 아닌(선이 없이) 전파에 의해 신호를 송·수신하는 방식의 것을 말한다. |

## 3. 구조 및 기능

### (1) P형 수신기

"P형 수신기"란 감지기 또는 발신기로부터 발하는 신호를 직접 또는 중계기를 통하여 **공통신호**로서 수신하여 화재 발생을 소방대상물의 관계자에게 경보하여 주는 것을 말하며 신호는 전체 회로의 공통신호이며 개별신호(1:1 접점신호)방식으로 한다.

P형 수신기는 전화통화 유무에 따라 1급과 2급으로 구분하면 쉽다.

▎P형 1·2급 수신기 비교 ▎

| 구분 \ 종류 | P형 1급 수신기 | P형 2급 수신기 |
|---|---|---|
| 접속회로수 | 회로제한 없음 | 5회선 이하 |
| 층수 적용 | 4층 이상 | 4층 미만 |
| 전화, 화재표시등 | 설치 필요 | 설치 불필요 |
| 발신기표시(응답기능) | 있음 | 없음 |
| 도통시험 등 | 있음 | 없음 |

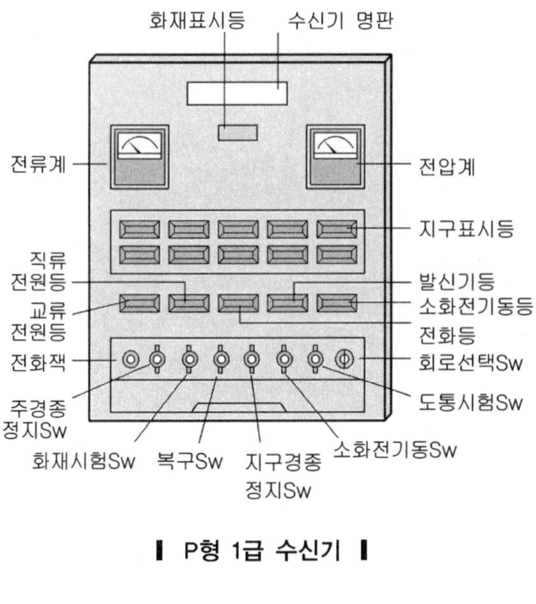


▎P형 1급 수신기 ▎

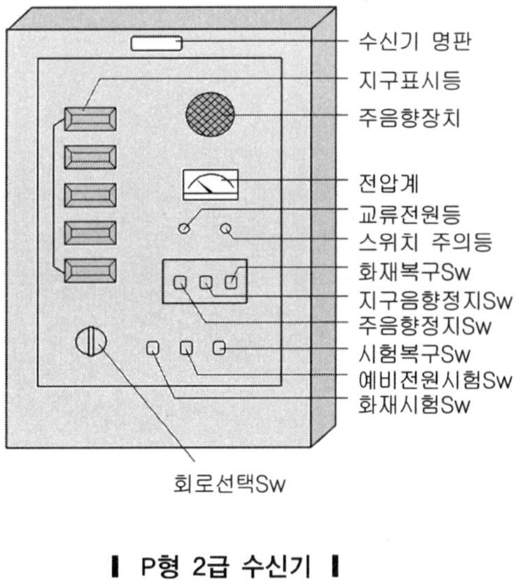


▎P형 2급 수신기 ▎

### (2) R형 수신기

감지기 또는 발신기에서 발하는 신호를 **직접 중계기**를 통하여 각 회로별 **고유의 신호**로서 수신하여 화재발생을 소방대상물의 관계자에게 경보하여 주는 것을 말하며 다중전송식으로 한다. R형 수신기의 기능장치는 다음의 각 호에 적합하여야 한다.

① **화재표시작동시험*장치**

② 종단 저항기에 연결되는 외부배선의 단선 및 수신기에서부터 각 중계기까지의 **단락***을 **검출**하는 **장치**

③ 주 전원이 정지한 경우에는 자동적으로 예비전원으로 전환되고, 주 전원이 정상 상태로 복귀한 경우에는 자동적으로 **예비전원**으로부터 주 전원으로 **전환**(절환)되는 **장치**를 가져야 한다.

④ **예비전원**의 **양부**를 **시험**하는 **장치**

⑤ 경계구역을 자동적으로 용이하게 판별할 수 있는 **기록장치**, 지구등 또는 적당한 **표시장치**

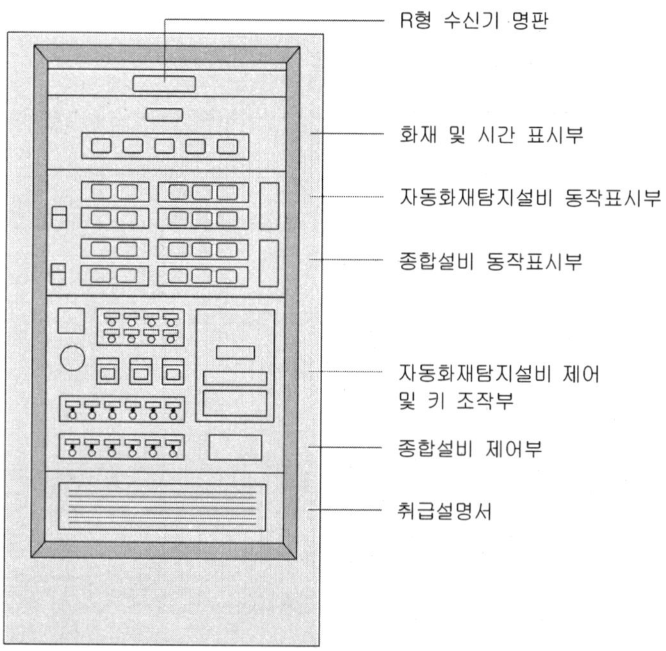


Ⅰ R형 수신기 Ⅰ

* 화재표시작동시험 : 회로선택 스위치를 원위치로 돌려도 복귀스위치 조작 시까지 작동상태를 지속하는 방법

* 단락 : 도선으로 접속시키는 것 (합선)

▌ P형과 R형 SYSTEM별 수신기 비교 ▌

| 구분 \ 종류 | P형(분산제어방식) | R형(집중감시방식) |
|---|---|---|
| 신 호 | 전체회로 공통신호방식 | 각 회로별 고유신호방식 |
| 신호전달 | 1 : 1 접점 개별신호방식 | 다중전송신호방식 |
| 화재표시 | 경계구역으로 표시된다. | 화재발생 위치로 표시된다. |
| 설치건물 | 10층 이하 소형 또는 중형 | 대단위 아파트, 공장 등 |
| 신뢰도 | 수신기 고장시 기능 마비<br>(* 자가진단 기능이 없다) | 수신기 1대 고장 시 독립기능 수행<br>(* 자가진단 기능이 있다) |
| 시스템 관리 | 1면당 약 180회로를 수용하며 아파트 동별, 계단별 설치되며 지역마다 관리자가 필요하다. | 1면당 1천회로를 수용하며 관리사무소 등에 설치하여 중앙집중감시방식이므로 1개소의 관리자만 필요하다. |
| 설치 유지 | 간선수가 복잡, 수신기 내부회로 접속이 복잡하여 수리가 쉽지 않다.(*1,000회로 약 1,500가닥) | 간선수가 적어 단순하며 내부부품이 모듈화되어 고장났을 때 수리가 쉽다.<br>(* 1천회로 기준 배선수 약 40가닥) |
| 수신기의 회로 | 회로증설시 별도의 배관과 배선이 필요하며 자동화재탐지설비회로 증가 시 별도 수신기가 추가가 필요할 수 있다. | 회로증설시 중계기 예비회로 사용가능, 별도 중계기 설치 후 기존 중계기에서 2선의 신호선만 분기할 수 있다. (* 2개 신호선에 100개분 중계기신호를 선택·수신 가능.) |
| 가 격 | P형 수신기를 회로수만큼 설치하므로 제품이 십만원대의 저가. | R형중계기, R형수신기 등을 설치해야 하므로 제품이 수백만원대 고가이다. |

### (3) R형 수신기의 특징

**【장 점】**

① 선로의 **수**가 적어 경제적이다.

② 선로의 **길이**를 길게 할 수 있다.

③ **증설** 또는 **이설**이 비교적 쉽다.

④ 화재 발생지구를 선명하게 **숫자**로 표시할 수 있다.

⑤ 신호의 전달이 **확실**하다.

※ ⓐ R형 수신기는 반드시 중계기를 필요로 한다.
ⓑ R형 수신기의 신호선*은 2선이다.

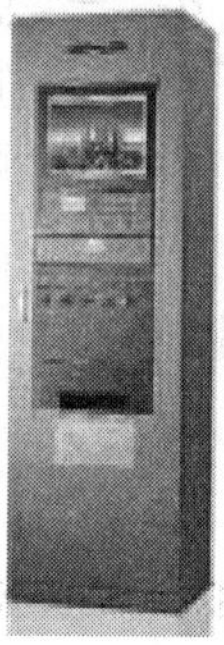

**【단 점】**

① 구조원리가 복잡하다. ② 제품이 고가이다.

* 신호선 : 소방에서는 회로선, 지구선, 표시선, 지구회로선, 지구표시선과 공용으로 쓰이는 같은 개념

### (4) GP형 수신기 및 GR형 수신기

용어의 뜻은 다음의 기준에 의한다.

① GP형 수신기는 **P형** 수신기의 기능과 **가스누설경보기**의 수신부 기능을 겸한 것이다.

② GR형 수신기는 **R형** 수신기의 기능과 **가스누설경보기**의 수신부 기능을 겸한 것이다.

③ P형 복합식 수신기는 **P형** 수신기에 **자동소화설비의 제어기능**을 겸한 것이다.

④ R형 복합식 수신기는 **R형** 수신기에 **자동소화설비의 제어기능**을 겸한 것이다.

⑤ GP형 복합식 수신기는 **P형 복합식** 수신기와 **가스누설경보기능**을 겸한 것이다.

⑥ GR형 복합식 수신기는 **R형 복합식** 수신기와 **가스누설경보기능**을 겸한 것이다.

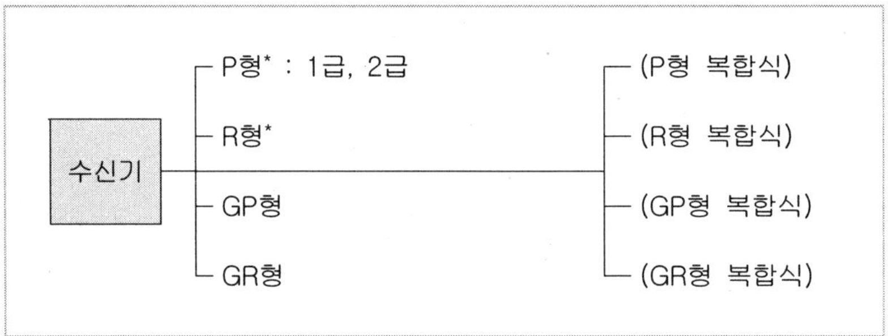


## 4. 자동화재탐지설비의 수신기

### (1) 자동화재탐지설비의 수신기

① 해당 특정소방대상물의 경계구역을 각각 표시할 수 있는 회선수 이상의 수신기를 설치할 것

② **4층 이상** 특정소방대상물에 있어서는 발신기와 전화통화가 가능한 수신기를 설치할 것.(* P형 2급수신기는 전화통화가 불가능하여 제외한다)

③ 해당 특정소방대상물에 가스누설탐지설비가 설치된 경우에는 가스누설탐지설비로부터 가스누설신호를 수신하여 가스누설경보를 할 수 있는 수신기를 설치할 것(가스누설탐지설비의 수신부를 별도로 설치한 경우에는 제외한다)

---

* 절연저항 : 절연된 두 물체간의 저항절연물질에 전압을 가했을 때 표면과 내부에 작은 누설 전류가 흐른다. 이때 전압과 전류의 비를 말함.  * 연면적 : 각층의 바닥면적의 합계(옥상도 포함)

### (2) 수신기의 설치기준

수신기는 다음 각 호의 기준에 따라 설치하여야 한다.

① 수위실 등 상시 사람이 근무하고 있는 장소에 설치할 것. (다만, 사람이 상시 근무하는 장소가 없는 경우에는 관계인이 쉽게 접근할 수 있고 관리가 용이한 장소에 설치할 수 있다.)

② 수신기가 설치된 장소에는 **경계구역 일람도**를 비치할 것. 다만, 모든 수신기와 연결되어 각 수신기의 상황을 감시하고 제어할 수 있는 수신기(이하 "주수신기"라 한다)를 설치하는 경우에는 주수신기를 제외한 기타 수신기는 그러하지 아니하다.

③ 수신기의 **음향기구**는 그 음량 및 음색이 다른 기기의 소음 등과 명확히 구별될 수 있는 것으로 할 것

④ 수신기는 **감지기, 중계기** 또는 **발신기가 작동하는 경계구역을 표시**할 수 있는 것으로 할 것

⑤ 화재, 가스, 전기 등에 대한 종합방재반을 설치한 경우에는 해당 조작반에 수신기의 작동과 연동하여 **감지기, 중계기** 또는 **발신기가 작동하는 경계구역을 표시**할 수 있는 것으로 할 것

⑥ 하나의 경계구역은 하나의 **표시등** 또는 하나의 **문자**로 표시되도록 할 것

⑦ 수신기의 조작 스위치는 바닥으로부터의 높이가 **0.8 [m]** 이상 **1.5 [m]** 이하인 장소에 설치할 것

⑧ 하나의 소방대상물에 **2 이상**의 수신기를 설치하는 경우에는 수신기가 설치된 장소 상호간 연동하여 화재발생상황을 각 수신기마다 확인할 수 있도록 할 것

## 5. 수신기의 기능에 따른 분류

수신기의 형식상 기능에 따른 5가지 분류는 유사하지만 다음과 같다.

① 일반수신기: 화재 시 5초 이내에 경종, 화재표시등이 작동되는 일반적인 형태이다.

② 축적형수신기: 비화재보를 방지하기 위해 5초~60초 이내에 화재를 수신한다. (그 사이의 공칭축적시간은 10초 이상 60초 이내에서 10초 간격으로 한다.)

③ 다신호식 수신기: 화재 1차수신 후 바로 동작하지 않고 2차 재수신될 때 동작된다.

④ 아날로그식 수신기: 감지기로부터 단순히 ON/OFF를 수신하지 않고 온도나 연기농도를 지속적으로 수신하여 입력신호량에 따라 단계별로 출력하는 수신기이다.

⑤ 인텔리전트 수신기: 각각의 중계기 및 아날로그 감지기를 차례로 호출하여 데이터의 송수신을 반복하는 다중전송에 의한 addressing 방식을 채용한 수신기이다.

## 6. P형 1급 수신기 기능검사

화재예방을 위하여 소방관들이 해당 건물에 점검을 나왔을 때 가장 먼저 살피는 것이 화재를 수신하는 수신기이다. 다음의 9가지 수신기 시험에 대해 알아본다

### (1) 화재표시 작동시험 장치

화재가 발생하여 발신기 및 감지기 작동 시 수신기의 화재표시등과 지구표시등 및 음향장치의 명동을 확인하는 시험

① 작동시험방법

㉮ 화재표시작동시험스위치를 화재시험 측으로 놓고 스위치주의등의 점등을 확인한 후 회로선택스위치를 순차적으로 회전시켜 화재표시등과 지구표시등이 차례로 점등되는지를 확인한다.

㉯ 판정기준 : **각 릴레이의 작동, 화재표시등*, 지구표시등, 음향장치의 작동상태 확인**

### (2) 공통선 시험 (7회선 이하는 제외)

공통선이 담당하고 있는 **경계구역의 적정여부**를 확인하는 시험

① 작동시험방법

㉮ 수신기 내 접속단자의 공통선 1선 제거 후 회로선택스위치를 차례로 회전한다.

㉯ 시험용 계기의 지시등이 "단선" 을 지시한 경계구역의 회선 수를 조사한다.

② 판정기준 : 하나의 공통선이 담당하고 있는 경계구역수가 7개 이하일 것.

### (3) 회로도통시험

감지기까지 회로의 **단선의 유무와 기기 등의 접속상황 확인**시험.

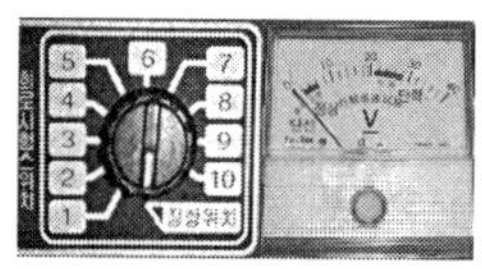


① 작동시험방법

㉮ 도통시험*의 절환스위치를 도통시험 스위치에 넣는다.

㉯ 회로선택스위치를 차례로 회전시킨다.(경계구역별로 정상범위를 확인.)

㉰ 각 회선의 시험용계기로 지시등 및 각 회로의 단선유무를 확인한다.

㉱ 종단저항* 등의 접속상황을 조사한다.

---

* 화재표시등 : P형 또는 R형 수신기 등의 표시장치이며 적색으로만 점등한다.

* 도통시험 : 전류를 통하여 회로의 단선유무와 기기들의 접속상황을 측정하는 시험

* 종단저항 : 회로의 단선유무 등을 확인하기 위해 감지기 회로의 끝 부분에 설치하는 10 [kΩ]의 저항

㉮ 판정기준 : 각 회선의 시험용 계기의 지시가 정상일 것.

(단선: 0 V, LED적색등 / 정상: 2~6 V, LED녹색등 / 단락(합선): 24 V)

※ 단락인 경우 수신기에서 화재로 인식 감지기 작동때하고 24V 전압이 같다.

### (4) 회로저항시험

감지기회로의 **1회선의 선로 저항치**가 수신기에 이상을 가져오는지를 **확인하는 시험**

① 작동시험방법

㉮ 전원은 OFF 상태에서 회로시험기 위치를 저항(Ω)의 위치에 놓는다.

㉯ 감지기회로 **공통선*과 표시선**(지구선, 회로선)사이의 전로에 대해 측정한다.

㉰ 회로의 저항값을 변화시키면서 변화를 체크한다.

㉱ 항상 개로식인 것에 있어서는 회로의 말단을 도통상태로 하여 측정한다.

② 판정기준 : 하나의 감지기회로의 합성 저항치는 50Ω 이하로 할 것.

### (5) 동시작동시험

감지기가 동시에 수회선 작동하더라도 수신기에 이상없는지 여부를 확인하는 시험

① 작동시험방법

㉮ 수신기의 화재표시작동시험 스위치를 시험측에 넣는다.

㉯ 각 회선의 화재작동을 복구시키는 일이 없이 **5회선**( 5회선 미만은 전회선, 1회선은 시험을 제외한다.)을 동시에 작동시킨다.

㉰ 회선이 증가할 때마다 전류를 조사한다.

㉱ 주음향장치 및 지구음향장치를 작동시키고 전류를 조사한다.

② 판정기준 : 각 회선을 동시 작동시켰을 때 수신기, 부수신기, 표시기가 정상작동하고 주음향장치 및 지구음향장치의 전부 또는 해당 5회선에 접속되어 있는 음향장치가 작동할 것

### (6) 예비전원시험

상용전원이 갑작스런 고장 등으로 정전된 경우, 자동적으로 예비전원으로 절환되며, 또한 정전복구 시 자동적으로 상용전원으로 절환되는지의 여부를 확인하는 시험

① 작동시험방법

㉮ 예비전원* 시험 ON스위치를 넣는다. (보통 2분간 누름)

㉯ 전압계의 지시치가 지정치 범위 내에 있을 것. (20~24 [V])

㉰ 수신반 전원스위치 교류전원을 OFF시켜 자동전환릴레이의 작동상황을 조사.

② 판정기준 : 24 [V]의 정상 전압의 상용전원에서→ 예비전원으로 절환되며, 스위치 복구 시 예비전원에서→ 상용전원으로 복구가 되어야 한다.

### (7) 비상전원시험

상용전원이 정전되었을 때 자동적으로 비상전원(비상전원 전용수전설비 제외)으로 절환되며, 정전 복구 시에는 자동적으로 상용전원으로 **절환되는지의 확인시험**

① 작동시험방법

㉮ 비상전원으로 축전지설비를 사용하는 것에 대해 행한다.

㉯ 충전용전원을 OFF 상태로 하고 전압계의 지시치가 적정한가를 확인한다.

㉰ 화재표시 작동시험에 준하여 실시하고, 전압계의 지시치가 정격전압의 80 [%] 이상임을 확인한다.

② 판정기준 : 비상전원의 전압, 용량, 절환상환, 복구작동이 정상이어야 할 것.

### (8) 저전압시험

전원전압이 저하한 경우에 충분히 유지되는가의 여부를 확인하는 시험

① 작동시험방법

㉮ 전압조정기(또는 가변저항기* 등)를 사용하여 교류전원의 전압을 정격전압의 80 [%] 이하로 한다.

㉯ 축전지설비인 경우 축전지 단자를 절환하여 정격전압의 80 % 이하로 한다.

㉰ 화재표시 작동시험에 준하여 실행하고 그 변화를 체크한다.

② 판정기준 : 화재신호를 정상적으로 수신할 수 있는 것일 것.

### (9) 지구음향장치의 작동시험

감지기의 작동과 연동하여 해당 지구음향장치가 정상적으로 작동하는지의 시험

① 작동시험방법

㉮ 임의의 감지기 및 발신기* 등을 작동시킨다.

㉯ 접속된 지구음향장치가 작동되는지 확인하고 음량을 측정한다.

② 판정기준

㉮ 감지기를 작동시켰을 때 수신기에 연결된 지구음향장치가 작동하고 음량이 정상일 것

㉯ 음량은 음향장치의 중심에서 1m 떨어진 위치에서 90dB 이상일 것

---

* 가변저항기 : 전류, 전압조절용 또는 측정용으로 쓰이는 기계기구
* 발신기 : 화재 시 오직 수동으로만 중계기 혹은 수신기 신호를 주는 기계

### ※ 수신기의 시험 요약

P형 1급수신기의 9가지 시험을 요약해서 정리한다.

| 종 목 | 시험의 구분 | 내 용 요 약 |
|---|---|---|
| P형 1급 수신기 | 1. 화재표시작동시험 | 화재 시 수신반의 표시 확인 |
| | 2. 회로도통시험 | 단선유무와 기기접속 상황 |
| | 3. 공통선 시험 | 경계구역 적정 여부(7회선 이하로) |
| | 4. 예비전원시험 | 예비전원으로 절환 여부 |
| | 5. 동시작동시험 | 수회선 작동 여부(5회선씩 동시) |
| | 6. 저전압시험 | 저전압 시 유지 여부 |
| | 7. 회로저항시험 | 선로저항치 이상 여부 |
| | 8. 지구음향장치의 작동시험 | 경계구역 음향장치 여부(1m 90폰) |
| | 9. 비상전원시험 | 비상전원으로 절환 여부 |

## 7. P형 2급 수신기 기능검사

### (1) 작동(동작)시험

① 작동시험방법

㉮ 수신기의 동작시험스위치를 누른다.

㉯ 자동복구스위치를 누른 후 회로시험스위치를 1번부터 선택하여 돌린다.

㉰ 화재표시등 및 지구표시등 점등유무를 확인한다.

㉱ 회로시험 완료 후 자동복구스위치와 회로시험스위치를 정상위치에 오도록 하고 작동시험스위치를 복구한다.

② 판정기준 : 각 회선을 동시 작동시켰을 때 수신기, 부수신기, 표시기가 정상이고 주음향장치, 지구음향장치의 전부 또는 해당 5회선에 접속된 음향장치가 동작할 것.

### (2) 회로도통시험, 예비전원시험, 화재표시작동시험, 저전압시험, 예비전원시험, 비상전원시험, 지구음향장치작동시험

P형 1급 수신기의 시험기준에 준할 것.

* 예비전원 : 상용전원의 고장 시 또는 최소한의 기능을 유지하기 위한 전원
* 공통선 : 회로의 저항치에 의하여 7경계구역마다 증설하는 지구선(회로선)

## 8. R형 수신기 기능검사

P형은 이제 재래식이 되어가고 있고 이제 우리에게는 R형의 보급에 따라 R형의 상식을 간단히 살펴본다. R형 수신반의 전면은 화재 발생지구 및 고장과 중계기를 감시하는 디지털 표시장치와 각종 모든 설비의 연동제어 및 시험을 위한 컨트롤 패널로 구성되며 점검요령은 제조회사마다 제품별로 다소 차이가 있다.

### (1) 화재표시시험

① 주경종 및 지구경종 정지버튼을 누름.

② 연동되는 설비를 확인한 후 동작시험으로 인해 피해우려가 있을 경우에는 해당 설비의 연동정지버튼 또는 스위치를 누름.

③ 중계기 선택스위치를 선택하고 회로시험 스위치를 선택하면 감시 표시판에 해당 중계기 회로의 이상유무를 표시한다. 회로시험 스위치를 조작하여 스위치 주의표시 등의 점등을 확인한 후 순번대로 차례로 회전시키면서 화재표시등과 지구표시등이 차례로 점등되는지를 확인

④ 주경종정지 버튼을 해제시켜 경종의 명동상태를 확인한 후 회로선택스위치를 초기상태로 복귀시킨 후 복귀버튼을 눌러 수신기상의 화재표시등을 복구시킨다.

### (2) 회로의 작동시험

① 임의의 회로 또는 연동되는 설비의 회로를 선택하여 동작신호를 보낸다.

② 회로의 작동상태가 이상이 없을 시는 00 : 00이 표시되며, 회로의 해당 중계기번호 및 회로번호가 나타남.

### (3) 회로동작·단선발생 시

① 감시표시판에 중계기 번호와 고장발생상황이 디지털신호로 표시되며 버저가 울림.

② 중계기의 고장 시 해당 중계기 번호와 고장의 원인별로 표시됨.

　예 02 : 80　02번 중계기가 80(단선) 되었음을 표시

### (4) 경종을 정지시킬 때

① 주경종 스위치를 상부로 올리면 주경종이 정지됨.

② 지구경종 스위치를 상부로 올리면 지구경종이 정지됨.

### (5) 정상상태로 복구요령

① 주경종 스위치를 상부로 올렸다 놓으면 정상상태로 복귀됨.

② 감지기 선로가 단락되었거나 감지기가 계속 동작 중일 때 또는 발신기의 누름스위치가 눌러져 있을 때는 복구되지 않는다.

### (6) 전화연락시험 방법

① 건물에 설치된 발신기나 중계기의 전화잭에 송·수화기의 플러그를 삽입하면 수신기의 내부에 설치된 버저가 울리면 전화표시등이 점등.

② 수신기의 전화잭에 송·수화기를 삽입하여 접속시키면 전화표시등과 버저가 정지되며 발신기 및 중계기의 통화가 가능.

### (7) 자동복구 스위치

감지기의 작동신호가 한번 유입되면 수신기의 화재표시등은 감지기가 복귀되더라도 화재표시를 계속한다.

이 때 자동복구스위치를 위로 올리면 다시 감지기 입력신호 유입 시에만 중계기 화재표시등이 점등되고 원상 복구 시에는 처음처럼 중계기 화재표시등이 자동적으로 소등.

(* 모든 스위치는 정상위치에 있지 아니하면 스위치 주의 등이 반복하여 점멸된다.)

### (8) 예비전원시험

① 예비전원 스위치를 약 1분간 동작시켜서 현저한 전압강하가 나타나지 아니하면 축전지의 상태가 양호한 것으로 판단할 수 있음.

② 이 때 축전지가 충전불량이거나 접속불량일 때는 예비전원 감시표시등이 점등.

### (9) 비상경보

① 비상경보 스위치를 상부로 올리면 화재표시등이 점등, 주경종과 지구경종이 울림.

② 비상경보 스위치는 화재 시 또는 비상시 외에는 사용하지 않도록 주의한다.

### (10) 중계기 또는 수신기의 고장 발생 시

① 중계기의 전원장치나 경보회로에 고장이 발생하면 디지털표시판에 중계기의 번호와 고장상태가 표시되면서 버저가 울림.

② 수신기에 고장이 발생하면 중앙처리장치의 표시등에 점멸을 중단하고 버저가 울림.

## 9. R형 수신기의 작동

① 평상시

㉮ 교류전원 표시등이 점등되며 중앙처리장치(CPU)의 작동표시등이 계속 점멸한다.

㉯ 전압계의 지침은 23～28 [V] 사이를 지시한다.

② 화재 시

㉮ 화재표시등이 점등되며 지구화재표시판에 중계기 번호와 회로번호가 디지털 숫자로 표시되어 화재발생구역을 알 수 있으며 주경종과 지구경종이 울린다.

㉯ 발신기의 누름 스위치를 누르면 발신기의 표시등과 화재표시등이 점등된다.

㉰ 각각 다른 구역에서 화재발생신호가 동시에 입력되는 경우에는 지구화재표시판의 1과 2에 화재발생구역을 차례로 표시한다.

㉱ 3개소 이상의 구역에서 화재 발생 신호가 입력되는 경우에는 지구화재후속표시등이 점등되어 화재신호가 대기 중임을 표시하며 이 때 후속스위치를 누르면 지구화재표시판 2에 대기 중인 화재발생구역이 차례로 나타난다.

## 10. R형 수신기의 다중전송방식에 따른 분류

R형의 다중전송방식을 시분할방식(TDM)과 주파수분할방식(FDM)으로 나눈다.
앞으로 모든 전송은 디지털화로 인해 필자는 효율적인 TDM을 권장하는 편이다.

① 시분할방식(TDM = Time Division Multiplex)

시간을 쪼개어 나눈 분할 전송방식으로 시간분할 즉, "시분할" 이라 명명한다.

㉮ 주로 디지털 전송에 사용하는 각각의 정보신호를 순차적으로 전송함으로써 시간축상으로 분할하는 방식이다.

㉯ 여러 회선으로부터 받은 디지털신호를 한 가닥 전송로 위에 간격을 두고 서로 다른 신호를 시간차를 두고 중계기에 송신하는 방식이다

② 주파수분할방식(FDM = Frequency Division Multiplex)이라 한다.

FM, AM 라디오처럼 주파수를 분할하는 방식으로 "주파수분할" 이라 명명한다

㉮ 주로 아날로그 전송에 사용하는 주파수 분할은 각각의 정보신호에 상이한 반송파를 대응시켜 전송함으로써 주파수축 상으로 분할하는 방식이다.

㉯ 여러 개의 각 신호를 주파수 대역폭을 채널로 분할하고 서로 다른 채널로 전송하는 방법이다.

## 11. 수신기의 구조 및 일반기능

"수신기 형식승인 및 제품검사의 기술기준" 에서 주요내용은 다음과 같다

① 정격전압이 60 [V]를 넘는 기구의 금속제 외함에는 접지단자를 설치하여야 한다.

② 수신기(1회선용은 제외한다.)로 2회선이 동시에 작동하여도 화재표시가 되어야 하며, 수신기의 수신완료까지 소요시간은 **5초**(축적용은 60초) 이내이어야 한다.

③ 내부에 주전원의 **양극**을 동시에 개폐할 수 있는 **전원스위치**를 설치할 수 있다.

④ 전면에는 **주전원*** 및 **예비전원**의 상태를 감시할 수 있는 감시장치가 있어야 한다.

⑤ 수신기의 외부 배선 연결용 단자에 있어서 공통 신호선용 단자는 **7개** 회로마다 1개 이상 설치하여야 한다. (즉 감지기 회로의 배선에 있어서 하나의 공통선에 접속할 수 있는 경계구역은 7개 이하로 해야 한다.)

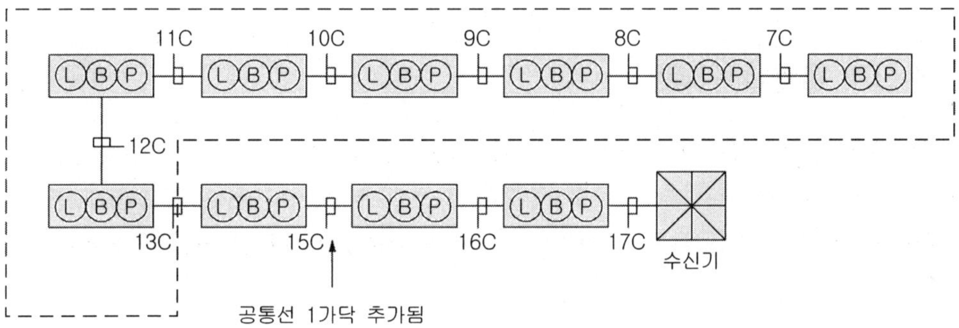


**▌ 경계구역에서의 전선수 ▌**

⑥ 스위치는 각 접점의 작동을 **10,000회**(전원스위치의 경우에는 5,000회) 반복하는 경우 그 구조 또는 기능에 이상이 생기지 아니하여야 한다.

⑦ 표시등 전구는 사용전압은 **130 [%]**인 교류전압을 20시간 연속하여 가하는 경우, 단선, 현저한 광속변화, 흑화, 전류의 저하 등이 발생하지 아니하여야 한다.

⑧ 전압지시전기계기의 최대눈금은 사용하는 회로의 정격전압의 **140~200 [%]** 이하이어야 한다.

⑨ [수신기에 내장하는 음향장치]

㉮ 사용전압의 **80 [%]**인 전압에서 소리를 내여야 한다.

㉯ 사용전압에서의 음압은 무향실 내에서 정위치에 부착된 음향장치의 중심으로부터 **1 [m]** 떨어진 지점에서 주음향장치용의 것은 **90 [dB]** 이상이어야 한다.

⑩ 축적형인 수신기는 축적시간 동안 지구 표시장치의 점등 및 주 음향장치를 명동 시킬 수 있으며 화재신호 축적시간은 **5~60초** 이내이어야 하고, 공칭 축적시간은 10~60초 이내에서 10초 간격으로 한다.

## 12. 수신기 절연저항시험

㉮ 수신기의 절연된 **충전부와 외함**간의 절연저항은 DC 500 [V]의 절연저항계로 측정한 값이 **5 [MΩ](교류입력측과 외함간에는 20 [MΩ])** 이상이어야 한다.(다만, P형, P형 복합식, GP형 및 GP형 복합식의 수신기로서 접속되는 회선수가 10 이상인 것 또는 R형, R형 복합식, GR형 및 GR형 복합식의 수신기로서 접속되는 중계기가 10 이상인 것은 교류입력측과 외함간을 제외하고 1회선당 50[MΩ] 이상이어야 한다.)

㉯ 절연된 선로간의 절연저항은 직류 500V의 절연저항계로 측정한 값이 20㏁ 이상이어야 한다.

## 13. 수신기 절연내력시험

시험부위의 절연내력은 60 [Hz]의 정현파에 가까운 실효전압 500 [V](정격전압이 60 [V]를 초과하고 150 [V] 이하인 것은 1 [kV], 정격전압이 150 [V]를 초과하는 것은 그 정격전압에 2를 곱하여 1 [kV]를 더한 값)의 교류전압을 가하는 시험에서 1분간 견디는 것이어야 한다.

# Ⅲ. 감지기

## 1. 개 요

감지기는 화재 시 발생하는 열, 연기, 불꽃 또는 연소생성물로 인하여 화재발생을 자동적으로 감지하며 그 자체에 부착된 음향장치로 경보를 발하거나 이를 수신기에 발신하는 것을 말한다. (이 경우 감지기를 부착할 때에 전용기판을 필요 시 그 기판을 포함한다.) 최근에 와서는 시대에 비례하여 무선감지기가 등장하는 등 소방제품이 다변화되고 있지만 아직까지는 시설비의 절감과 함께 설치되어 있는 해당 건축물 시설의 구조와 원리를 이해하여야 한다.

## 2. 감지기의 종류

- ① **열**감지기
  - **차동식**
    - **스포트***형
      - 공기팽창 이용한 것
      - 열기전력 이용한 것
      - 열반도체를 이용한 것
    - **분포**형
      - **공기관식**(1종, 2종, 3종)
      - **열전대식**(1종, 2종, 3종)
      - **열반도체식**(1종, 2종, 3종)
  - **정온식***
    - 스포트형(특종, 1종, 2종) : 바이메탈식
    - 감지선형(특종, 1종, 2종) : 가용절연물식
  - 보상식*
    - 스포트형(특종, 1종, 2종)
- ② **연기**감지기
  - **이온화식** — 스포트형
    - 비축적형(1종, 2종, 3종)
    - 축적형(1종, 2종, 3종)
  - **광전식**
    - 스포트형
      - 비축적형(1종, 2종, 3종)
      - 축적형(1종, 2종, 3종)
    - 분리형
      - 비축적형(1종, 2종, 3종)
      - 축적형(1종, 2종, 3종)
  - 공기흡입식 — (1종, 2종)
- ③ 복합식 스포트형 (다신호식)
  - 열복합식 : 차동식+정온식
  - 연복합식 : 광전식+이온화식
  - 열·연복합식 : 차동식+광전식
- ④ 불꽃(화염)감지기
  - 자외선식 — 스포트형(옥내형, 옥내·옥외형, 도로형)
  - 적외선식 — 스포트형(옥내형, 옥내·옥외형, 도로형)
  - 적외선겸용식, 불꽃복합식 — 스포트형(옥내형, 옥내·옥외형, 도로형)
  - 불꽃영상분석식
- ⑤ 아날로그방식의 감지기 — 열감지식, 연기감지식
- ⑥ 단독경보형 — 감지기에 음향장치가 내장되어 일체로 되어 있는 것(* 실내 무선 경보용)

---

* 스포트(spot) : 국소, 반점, 부분점, 장소
* 정온식 : 주로 온도가 민감한 부분에 설치하여 바이메탈식의 스포트형과 감지선형으로 구분한다.
* 보상식 : 차동식과 정온식의 성능을 겸한 열감지기로서 스포트형이 사용된다.

‖ 감지기형식에 따른 분류 ‖

| | | |
|---|---|---|
| 형식에 따른 분류 | ① 감지기 감도 | 특종, 1종, 2종, 3종 |
| | ② 화재신호의 발신방법 | 단신호식, 다신호식, 아날로그식 |
| | ③ 방수형 유무 | 방수형, 비방수형 |
| | ④ 방폭구조 여부 | 방폭형, 비방폭형 |
| | ⑤ 내식형 유무 | 보통형, 내산형, 내알칼리형 |
| | ⑥ 재용성 유무 | 재용형, 비재용형 |
| | ⑦ 연기의 축적 | 축적형, 비축적형 |
| | ⑧ 음향장치 유무 | 단독형, 분리형 |
| | ⑨ 설치장소에 따라(불꽃감지기) | 옥내형, 옥외형, 도로형 |

## 3. 열감지기의 구조 및 기능

### (1) 차동식 분포형 감지기

"차동식 분포형 감지기"란 주위온도가 일정상승률 이상이 되는 경우에 작동하는 것으로서 **넓은 범위 내**에서의 **열효과**의 누적에 의하여 작동하는 것을 말한다.

① **공기관식**(하나의 감지기는 20 ~100[m] 일 것)

㉮ 구성요소 : **공**기관*(두께 0.3 [mm] 이상, 바깥지름 1.9 [mm] 이상) 다이어프램*, **리**크구멍*, **접**점, **시**험장치

㉯ 동작원리 : 화재 시 공기관 내의 공기가 팽창하여 **다이어프램**을 밀어 올려 접점을 붙게 함으로써 수신기에 신호를 보낸다.

㉰ 공기관 상호간의 접속 : **슬리브*에 삽입한 후 납땜**한다.

㉱ 공기관과 검출부와의 접속 : **공기관 접속단자에 삽입한 후 납땜**한다.

* 공기관은 보통 중공동관을 사용하며 화학공장은 비닐공기관을 사용하기도 한다.

㉲ 고정방법

1. **직선**부분 : 35 [cm] 이내로 고정한다.
2. 굴곡부분 : 5 [cm] 이내로 고정한다.

---

* 공기관 : 공기를 수용하는 가운데가 텅 빈 중공동관(화학공장은 비닐관)

* 다이어프램 : 화재 시 열에 의해 접점을 붙게 하는 신축성 있는 박막

* 리크구멍 : 오보(비화재보)를 방지하기 위한 열의 조절구멍

* 슬리브(Sleeve) : 배관 등을 접속할 때 사용되는 신축성 있는 관

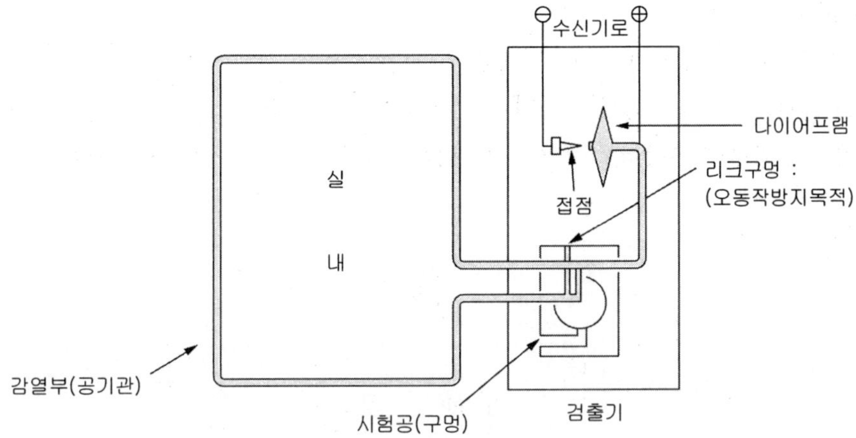


▌ 공기관식 감지기 ▌

3. 접속부분 : 5 [cm] 이내로 고정한다.
4. 굴곡반경 : 5 [mm] 이상으로 고정한다.

㉳ 지지금속기구 : **스테이플*** 또는 **스티커**

② **열전대식**

㉮ 구성요소 : **열전대, 미터릴레이**

㉯ 동작원리 : 화재 발생 시 **열전대부**가 가열되면 **제어백 효과***에 의해 **열기전력**이 발생하여 **미터릴레이**에 전류가 흘러 접점을 붙게 함으로써 수신기에 신호를 보낸다.

㉰ 열전대부의 접속 : **슬리브에 삽입한 후 압착**한다.

㉱ 고정방법 : 메신저와이어(Messenger Wire) 사용 시 30 [cm] 이내로 고정시킨다.

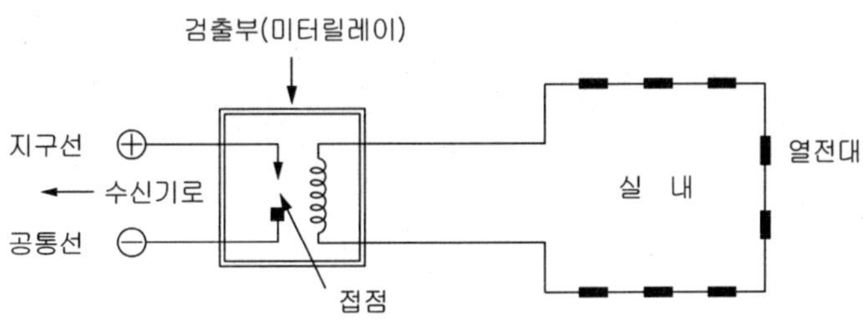


▌ 열전대식 감지기 ▌

* 스테이플(Staple) : 전선 등을 벽이나 천장에 고정시키지 위한 ㄷ자 모양의 금속성재료 “호치케트”가 발명

* 제어백 효과 : 다른 종류 금속에 (양단에 결합)온도차를 주었을 때 전기가 발생하는 효과

③ **열반도체식**

㉮ 구성요소 : 열반도체 소자, 수열판, 미터릴레이

㉯ 동작원리 : 화재발생시 수열판이 가열되면 열반도체 소자*에(제어백 효과에 의해) 열기전력이 발생하여 미터릴레이*를 작동시켜 수신기에 신호를 보낸다.

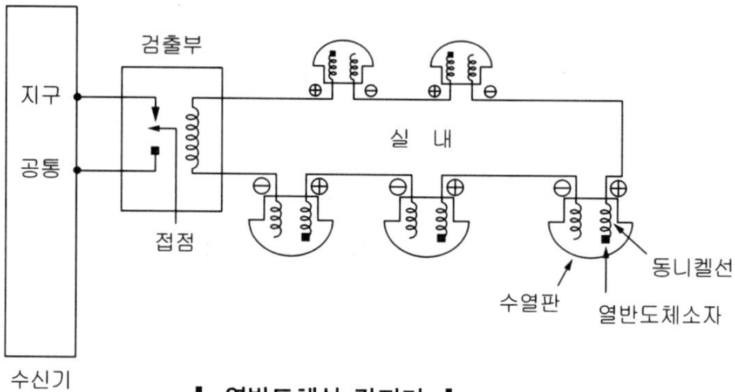


▌ **열반도체식 감지기** ▌

### (2) 차동식 스포트형 감지기

주위온도가 **일정 상승률** 이상이 되는 경우에 작동하는 것으로서 **일국소**의 **열효과**에 의하여 작동하는 것이며, **공기의 팽창을 이용**하는 것과 **열기전력을 이용**하는 것으로 나누며 감도에 따라 1종, 2종으로 구분한다.

① **공기의 팽창을 이용한 것**

㉮ **구성요소** : 감열실, 다이어프램, 리크구멍, 접점, 작동표시장치 등으로 구성

㉠ 감열실 : 열을 유효하게 받는 부분

㉡ 다이어프램 : 신축성이 있는 얇은 금속판(인청동판이나 황동판)

㉢ 리크구멍 : 완만한 온도 상승시 열의 조절구멍

㉣ 접점 : 전기접점으로 PGS* 합금으로 구성

㉤ 작동표시장치 : 감지기의 동작상태를 표시한다.

㉯ **동작원리**

화재 시 온도상승에 의해 감열부의 공기가 팽창하여 다이어프램을 밀어 올려 접점

---

* 열반도체 소자 : 비스무스, 안티몬, 텔루트 등 화합물로서 열기전력을 발생하는 부분
* 미터릴레이(가동선륜, 스프링, 접점)
* PGS : Platinum(백금), Gold(금), Silver(은)의 약자

을 붙게 함으로서 수신기에 신호를 보낸다(단, 난방 등의 완만한 온도상승 시에는 리크구멍의 작용으로 감지기는 작동하지 않는다).

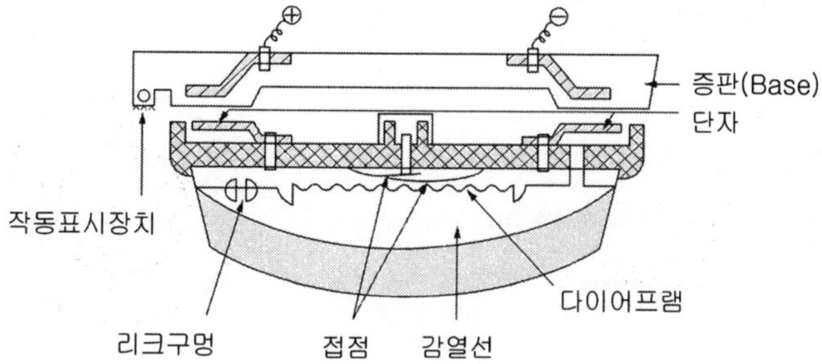


▎공기의 팽창을 이용한 것 ▎

② **열기전력을 이용한 것**

㉮ **구성요소** : 감열실, 반도체열전대, 고감도릴레이, 온접점, 냉접점

㉯ **동작원리**

화재 시 반도체열전대가 가열되면 열기전력을 발생하여 고감도릴레이의 전기적 접점을 폐회로시켜 수신기에 화재신호를 보낸다(그러나 난방 등 완만한 온도변화에는 반도체 열전대의 냉접점의 열 역기전력에 의해 온접점의 열기전력이 상쇄하여 오동작을 방지한다).

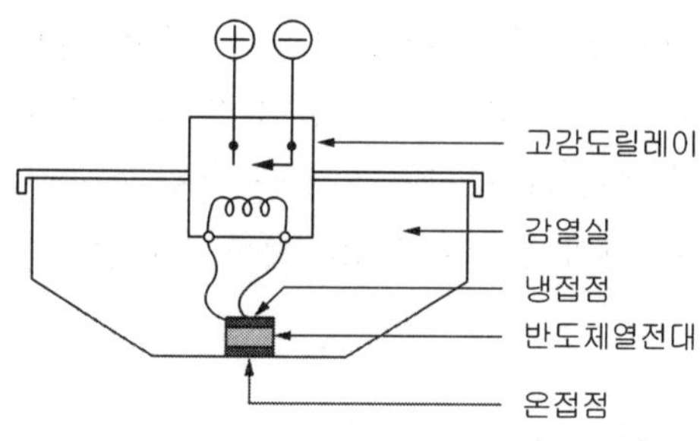


▎열기전력을 이용한 것 ▎

③ **열반도체를 이용한 것**

주로 온도저항이 변하는 반도체나 니켈, 구리, 철, 망간, 코발트, 티타늄 등의 산화물을 소결하며 만든 서미스트를 이용한다. 서미스트를 이용한 열반도체식 감지기는 화재 시 온도가 올라가면 저항이 작아지며 전류가 흘러 릴레이를 작동한다.

### (3) 정온식 스포트형 감지기

정온식 스포트형 감지기는 일국소의 주위온도가 **일정온도** 이상으로 되었을 때 작동하는 것으로서 외관(外觀)상이 전선으로 되어있지 않으며, 그 모양은 원형으로 되어있다.

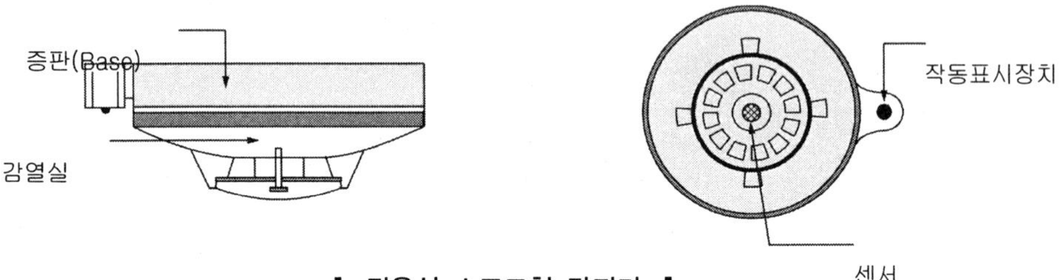


**▎정온식 스포트형 감지기 ▎**

① **종류**

㉮ 바이메탈*의 **반**전을 이용한 방식 : 화재 시 바이메탈(Bimetal)의 원판이 반전하여 접점을 폐회로 시켜 화재신호를 보낸다.

㉯ 바이메탈의 **활**곡을 이용한 방식 : 일정온도에 도달하면 바이메탈(Bimetal)이 활곡 모양으로 휘면서 폐회로 시켜 화재신호를 보낸다.

㉰ **금**속의 팽창계수차를 이용한 방식 : 팽창계수가 큰 금속의 외통과 팽창계수가 작은 내부금속판을 조합하여 선팽창의 차에 의하여 접점을 폐회로 시켜 화재신호를 보낸다.

㉱ **액**체(기체)의 팽창을 이용한 방식 : 수열체에 있는 반전판이 열을 받아 일정온도 이상이 되면 반전판 내의 액체가 기화되면서 팽창하여 접점을 폐회로 시켜 화재신호를 보낸다(일반적인 액체는 알코올을 많이 사용한다).

㉲ **가**용절연물을 이용한 방식 : 일정한 온도 이상이 되었을 때 감열부의 가용절연물이 녹아 2가닥의 감지선이 접촉되어 화재신호를 보낸다.(재사용 불가).

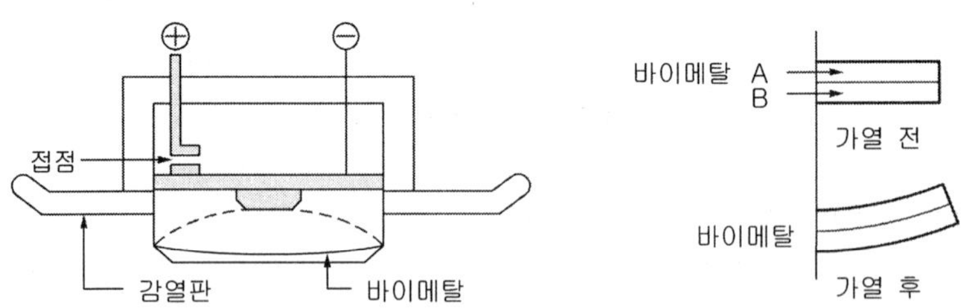


**▎바이메탈의 반전을 이용한 감지기 ▎**

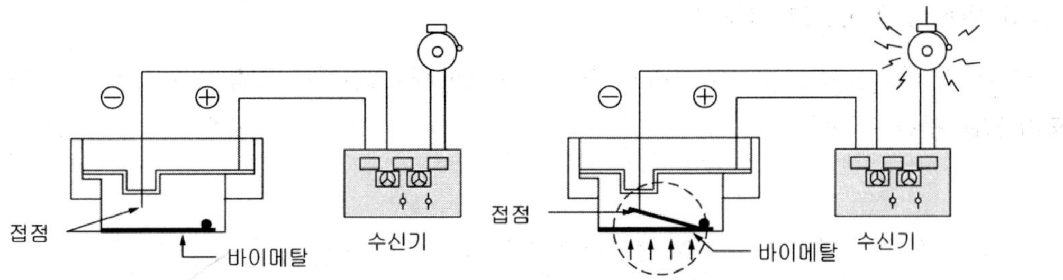


(a) 미작동 상태 (b) 작동한 상태

**▌ 바이메탈의 활곡을 이용한 감지기 ▌**

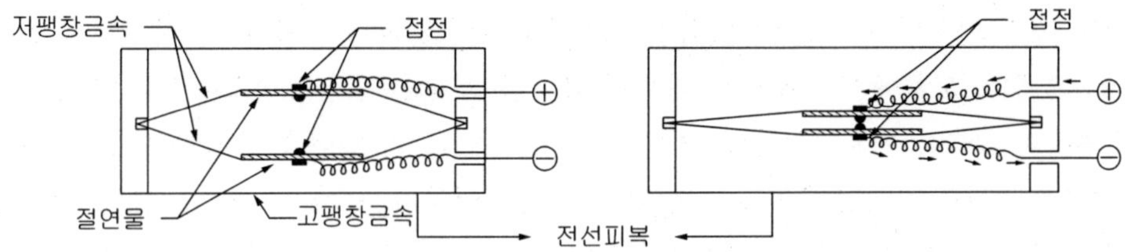


(a) 미작동 상태 (b) 작동한 상태

**▌ 금속의 팽창계수를 이용한 감지기 ▌**

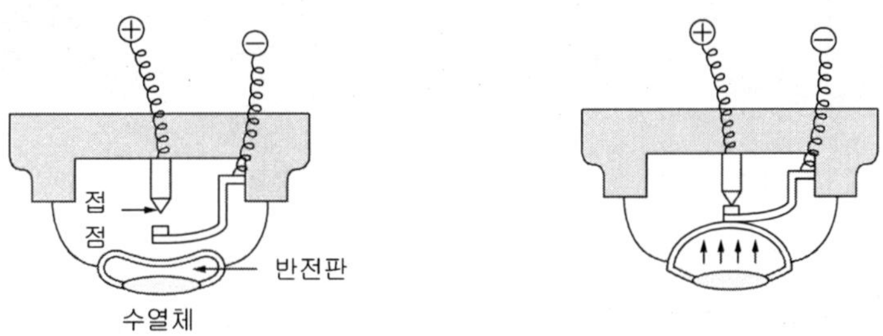


(a) 미작동 상태 (b) 작동한 상태

**▌ 액체(기체)의 팽창을 이용한 감지기 ▌**

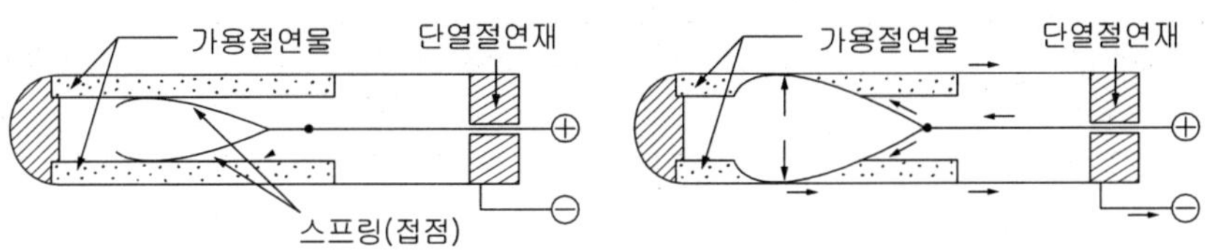


(a) 미작동 상태 (b) 작동한 상태

**▌ 가용절연물을 이용한 감지기 ▌**

### (4) 정온식 감지선형 감지기

일국소의 주위온도가 일정한 온도이상이 되는 경우에 작동하는 것으로서 **외관이 전선으로 되어 있는 것**을 말한다.

① 구 조

선 전체가 감열부분인 것과 감열부가 틈틈이 존재해 있는 것으로 구분한다.

② 동작원리

선 전체가 감열부분으로 되어 있는 2개의 피아노선*은 일정한 온도 이상이 되면 용해되어 녹는 물질로서 전기적 형태로 절연하여 꼬아나간 것이며 감열부가 틈틈이 점재하여 있는 것은 단선의 실드선*에 일정한 간격으로 접점부위가 있어서 이 접점부는 심선을 이루고 있는 도체에 "U 자형"의 금속성 용수철*을 관통시켜 용수철을 외부의 금속관에 접촉하지 않도록 가용절연물로 막아서 심선과 측선간의 절연을 유지하고 있는 것이다. 이상의 감지선은 일정온도에 도달하면 가용절연물이 녹아서 2개의 감지선이 접촉되어 화재신호를 수신반으로 보내게 된다.

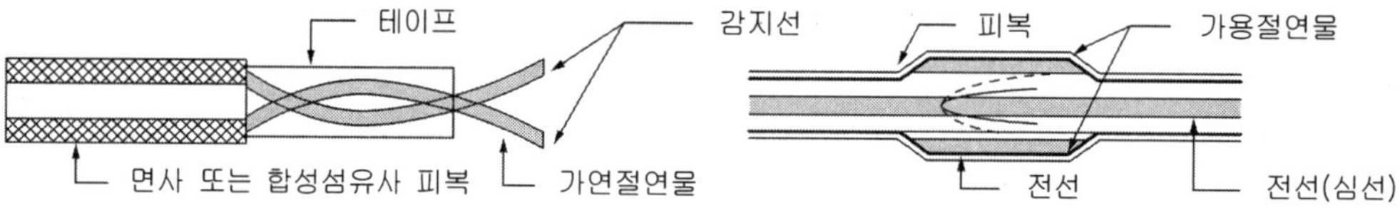


(a) 선 전체가 감열부분인 것 (b) 감열부가 틈틈이 존재해 있는 것

③ 외피 색상

정온식기능을 가진 감지기에는 공칭작동온도, 보상식감지기에는 정온점, 정온식감지선형감지기에는 외피에 다음의 구분에 의한 공칭작동온도의 색상을 표시한다.

**정온식 감지선형 외피 색상**

| 공칭작동온도 | 80 ℃이하 | 80℃ 이상~120 ℃이하 | 120 ℃이상 |
|---|---|---|---|
| 색상 | 백색 | 청색 | 적색 |

---

* 바이메탈 : 온도의 팽창이 큰 합금과 작은 합금을 붙인 것으로 온도계전기 등의 전기 접점등에 이용

* 피아노선 : 가느다란 선 * 실드선 : 정전, 전자 유도를 방지하기 위한 차폐층을 실시한 선

* 용수철 : 스프링(나사모양으로 된 탄력성 있는 쇠).

③ 고정방법

㉮ 직선부분 : 50 [cm] 이내로 고정한다.
(단, 감지부가 점재한 것 또는 늘어질 우려가 있는 것은 35 [cm] 이내)

㉯ 굴곡부분 : 10 [cm] 이내로 고정한다. (단, 감지부 점재한 것은 5 [cm] 이내)

㉰ 단자와 마감금구 : 10 [cm] 이내로 고정한다.

㉱ 굴곡반경 : 5 [cm] 이상 고정한다.

㉲ 지지금속기구 : 스테이플 또는 스티커

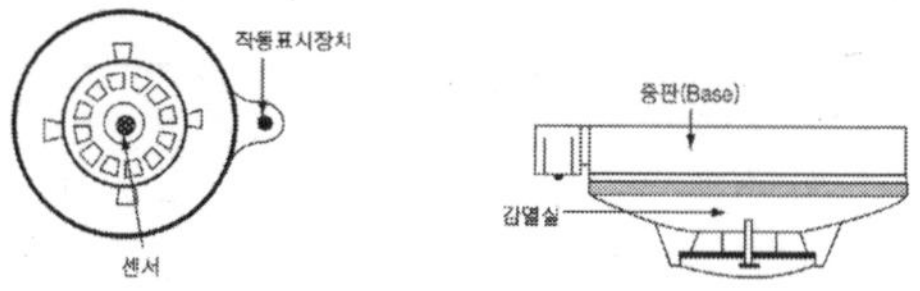

❙ 정온식 스포트형 감지기 ❙

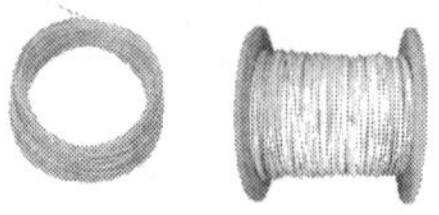

❙ 정온식 감지선형 감지기 ❙

## (5) 보상식 스포트형 감지기

일국소의 주위온도의 변화에 따라 동작하는 것으로서 **차동식**과 **정온식**의 성능을 가지고 있다.

① 구성요소

**감**열실, **다**이어프램, **리**크구멍, **고**팽창금속, **저**팽창금속, **접**점 등으로 구성되어 있다.

② 동작원리

㉮ 차동식으로 동작 : 화재발생시 주위의 온도가 급격히 상승하면 **다이어프램**을 밀어 올려 수신기에 신호를 보낸다.

㉯ 정온식으로 동작 : 화재발생시 일정 온도상승을 이상이 되면 팽창률이 큰 금속이 활곡 또는 반전하여 수신기에 신호를 보낸다.

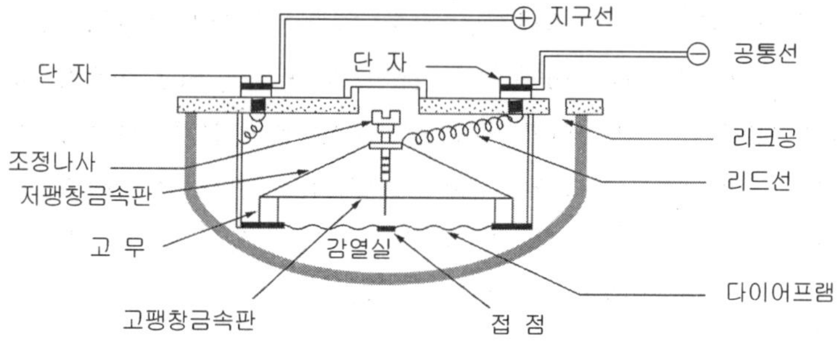


❙ 보상식 스포트형 감지기 ❙

### (6) 연기감지기

화재가 발생하면 주위의 공기가 일정한 농도의 연기를 포함하게 되는 경우에 작동하는 것으로서 일국소의 연기에 의하여 이온전류가 변화하여 작동하는 것과 광전소자에 접하는 광량의 변화로 작동하는 것이 있다.

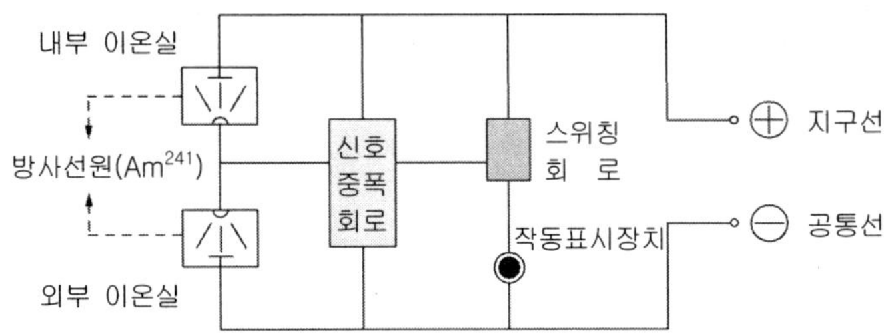


▎이온화식 감지기 ▎

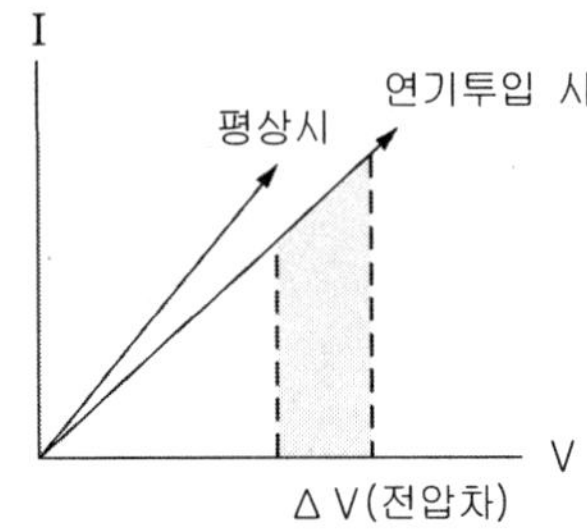


▎동작원리 ▎

① **이온*화식 스포트형 연기감지기**

"이온화식 감지기"란 주위의 공기가 일정한 농도의 연기를 포함하게 되는 경우에 작동하는 것으로서 일국소의 연기에 의하여 **이온전류**가 **변화**하여 작동하는 것을 말한다.

㉮ 구성요소 : 이온실, 신호증폭회로, 스위칭회로, 작동표시장치

㉠ 이온실 : 연기를 감지하는 부분

㉡ 신호증폭회로 : 이온실에서 발생된 미소한 전압 변화를 증폭함

㉢ 스위칭회로 : 증폭된 신호를 받아 폐회로*를 구성, 화재신호를 발함

㉣ 작동표시장치 : 감지기의 동작상태를 표시한다.

㉯ 동작원리*

일반적으로 연기가 흘러들어가는 외부이온실과 밀폐된 내부이온실로 구성되며 평상시에는 내부이온실 ⊕극과 외부이온실 ⊖극 사이에는 균형된 전압이 인가되어 있다. 화재 시 연기의 침입으로 외부이온실의 소량의 방사선원 **아메리슘* 241** ($Am^{241}$) 또는 **라듐(Ra)**에 의해 $\alpha$**선**이 조사*되면 외부 이온실 내의 공기가 이온화되어 이온전류가 발생되며, 평상시에는 내부이온실과 외부이온실의 전압이 균형을 이루고 있으나 곧바로 이온전류가 감소되고 전압이 상승하면서 그 균형이 깨지게 된다. 이러한 전압차를 증폭시켜 감지기에 편성되어 있는 전기회로를 작동시킴으로서 수신기에 화재신호를 발하게 된다.

* 이온 : 양 또는 음의 전기를 갖는 원자 또는 원자단

* 폐회로 : 닫혀진 회로

* 아메리슘 : 원자번호 95. 1944년에 발견된 인공방사성 원소

* 조사: 광선이나 방사선 따위를 쬠

② **광전식 스포트형 연기감지기**

"광전식 연기감지기" 란 주위 공기가 일정한 연기를 포함하게 되는 경우에 작동하는 것으로서 일국소의 연기에 의하여 광전소자에 접하는 광량의 변화로 작동되며 수광소자가 연기침입으로 빛을 감지하는 방식에 따라 되며 광원램프에서 빛이 산란현상을 일으키는 산란광식과 연기로 인해 빛이 감소되는 감광식으로 구분된다.

㉮ 구성요소 : 송광부(발광부), 수광부, 차광판, 신호증폭회로, 스위칭회로, 작동표시장치

㉠ 발광부 : 주기적으로 빛을 발하는 부분으로 LED*가 많이 쓰인다.

㉡ 수광부 : 연기 입자에 의해 난반사된 빛을 흡수하는 부분으로 수광증폭회로에 의해 빛의 신호를 전기신호로 바꾸어 그 신호를 증폭한다.

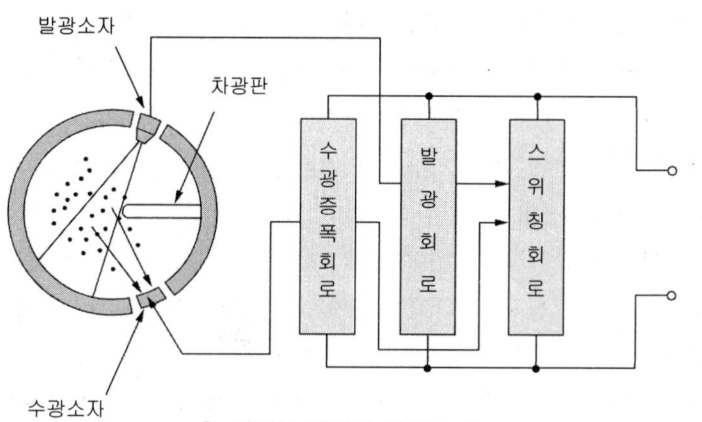


**▎광전식 감지기 연계도 ▎**

㉢ 차광판 : 발광부의 빛이 수광부에 직접 전달하는 것을 막는 판으로 산란광식의 기능을 가능하게 한다.

㉣ 신호증폭회로 : 빛을 산란현상에 의해 감지된 산란광을 증폭한다.

㉤ 스위칭회로 : 증폭된 신호를 받아 폐회로를 구성하여 화재신호를 발한다.

㉥ 작동표시장치 : 붉은색의 발광다이오드로 표시하는 장치이다.

㉯ **동작원리**

광전식의 경우는 적외선을 발사하는 발광부와 90° 방향에 위치하여 빛에너지를 전기적 에너지로 변환시켜 이를 검출하는 수광부로 구성된다. 화재가 발생하면 연기 입자 침입에 의해 발광소자에서 비추는 빛이 산란되어 산란광 일부가 수광 소자에 비추게 되어 수광량 변화를 검출하여 수신기에 화재신호를 보낸다.

* LED : Lighting Emitted Diode ; 발광다이오드

③ **광전식 분리형 감지기**

㉮ 구성요소 : 송광부(발광부), 수광부, 신호증폭회로, 스위칭회로, 작동표시장치

㉯ 동작원리

광전식 분리형 감지기는 발광부와 수광부를 별도로 분리하여 설치하고 있으며 평상시에는 발광부에서 수광부를 적외선 펄스(pulse)를 보내고 있고 이 사이로 연기가 유입되면 광축을 방해하면서 광량이 감소되어 곧 수신반에 신호를 보낸다.

㉰ 기준 : 광전식 분리형 감지기의 유효감지거리인 공칭감시거리는 5 ~ 100 [m] 이하로 하며 간격은 5 [m]로 한다.(* 큰 공간을 갖는 체육관 등에 효과적이다.)

④ **공기흡입식 감지기**

공기흡입형 감지기는 일반 연기감지기가 공기흐름이 빠른 곳이나 연기 미립자가 극히 작은 경우에 감지하지 못하거나 지연되는 문제를 해결하기 위해 개발되었다. 이는 일반 연기감지기보다 훨씬 조기에 감지할 수 있어 전산실, 반도체 공장, 의약품제조소 등 중요시설이나 환기관계로 연기감지기 설치가 어려운 장소에도 설치가 가능하다.

그 종류는 다음과 같다.

- 빛의 반사원리를 이용 레이저방법 : 흡입기를 이용 공기를 흡입하여 연기입자가 레이져 챔버의 레이저빔을 통과하는 방법.(* 가장 많이 사용한다.)
- 클라우드(Cloud) 챔버를 사용하는 방법 : 연기 미립자가 습기와 수적(Water Droplet, 작은 물방울)을 형성하여 부피가 커지는 원리를 이용하는 방법.
- 크세논 램프형 초미립자 연기감지기 : 크세논(제논)램프 빛을 쪼여서 공기 중에 부유하고 있는 미립자가 반사하는 광선을 측정하는 방법. (* 화재초기 약 0.005㎛ ~ 0.02㎛ 크기를 검출한다.)

### (7) 복합식 감지기

서로 다른 종별의 감지기 기능을 하나의 감지기 SET에 내장하여 2가지 성능이 동시에 작동될 때(AND회로) 신호를 발신하거나 또는 2개의 신호를 각각 발신하는(OR회로) 감지기를 말한다.

① **열복합식 (스포트형) 감지기**

차동식 스포트형 감지기와 정온식 스포트형 감지기의 성능을 겸한다. 이들 감지기 감도를 달리 결합할 수도 있다. 두 가지 성능 모두가 화재를 감지했을 때 화재신호를 발하며, 한 가지 신호를 발하거나 또는 2가지 신호를 각각 발할 수 있다.

② **연복합식 (스포트형) 감지기**

이온화식 스포트형 감지기와 광전식 스포트형 감지기의 성능을 모두 갖고 있는 감지기로서 두 가지 성능 모두가 화재를 감지했을 때 화재신호를 발하며 감도를 달리 결합할 수도 있고 한 가지 혹은 2가지 신호를 각각 발할 수 있다.

③ **열·연복합식 (스포트형) 감지기**

차동식 스포트형 또는 정온식 스포트형 감지기의 성능과 이온화식 스포트형 또는 광전식 스포트형 감지기의 성능을 모두 갖고 있는 감지기 형태임.

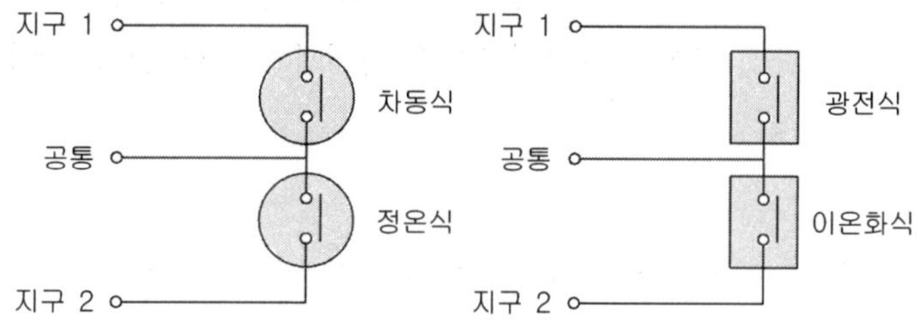


(a) 열복합 감지기 (b) 연복합 감지기 (c) 열·연복합 감지기

**Ⅰ 복합형 감지기의 종류 Ⅰ**

### (8) 다신호식 감지기

다신호식 감지기는 열 또는 연기 감지기의 감지 원리와 동일한 방식을 사용하고 있으나 화재 발생을 알리는 신호를 2회 이상 발신하는 감지기를 말한다. 즉, 1개의 감지기내에 서로 다른 종별 또는 감도기능을 갖춘 것으로서 일정시간 간격을 두고 각각 다른 2개 이상의 화재신호를 발하는 감지기를 말한다.

### (9) 불꽃감지기

화재 시 화염, 전기스파크 잔화(殘火)로부터 복사에너지는 스펙트럼상에서 자외선, 적외선, 가시광선 등 방출물을 나타낸다. 이에 불꽃감지기는 특정파장의 방사에너지를 전기에너지로 전환하여 이를 검출하는 것으로 광전효과*를 이용한 원리이다. 따라서 불꽃감지기는 불꽃에서 방사되는 적외선, 자외선, 적·자외선의 변화가 일정량 이상이 되었을 경우 작동하는 감지기로서 일국소의 적외선, 자외선, 적·자외선 수광소자가 받는 수광량의 변화로서 작동된다.

* 광전효과 : 물질이 빛을 흡수하면 광전자를 방출하여 기전력을 발생시키는 현상. 빛→전기

① **불꽃 자외선식**

불꽃에서 방사되는 자외선의 변화가 일정량 이상 되었을 때 작동하는 것으로서 일국소의 자외선에 의하여 수광소자의 수광량 변화에 의해 작동하는 것을 말한다.

② **불꽃 적외선식**

불꽃에서 방사되는 적외선의 변화가 일정량 이상 되었을 때 작동하는 것으로서 일국소의 적외선에 의하여 수광소자의 수광량 변화에 의해 작동하는 것을 말한다.

③ **불꽃 자외선·적외선겸용식**

불꽃에서 방사되는 불꽃의 변화가 일정량 이상 되었을 때 작동하는 것으로서 자외선 또는 적외선에 의한 수광소자의 수광량 변화에 의하여 1개의 화재신호를 발신하는 것을 말한다.

④ **불꽃 영상분석식**

불꽃의 실시간 영상이미지를 자동 분석하여 화재신호를 발신하는 것을 말한다.

⑤ **불꽃 복합식**

자외선식 불꽃감지기, 적외선식 불꽃감지기, 불꽃 영상분석식 중 2개 이상 감지기능이 함께 작동될 때 화재신호를 발신하거나 또는 2개의 화재신호를 각각 발신하는 것 등을 말한다.

### (10) 아날로그식 감지기

아날로그식 감지기는 주위의 온도나 연기량의 변화에 따라 각각 다른 전류치 또는 전압치 등의 출력을 발하는 방식의 감지기로서 순간의 검출량을 신호로서 전송할 수 있는 감지방식으로 수신반으로 표시할 때 감지기 자체의 상태도 알려주기 때문에 화재경보를 발하지 않고도 감지기 이상유무 상태를 알 수 있어 불량품 등의 감지기를 교체하기가 쉽고 타감지기의 경보검출정보를 수신할 수 있어 화재의 판단이 빠르다고 할 수 있다.

① **열 아날로그식 스포트형 감지기**

열 아날로그식 스포트형 감지기는 정온식 열 감지기 원리와 동일하며 출력방식이 단지 아날로그 신호를 발신하는 것을 말한다.

② **아날로그 이온화식 스포트형 감지기**

아날로그 이온화식 스포트형 감지기는 연기감지기로서 이온전류의 변화를 검출하여 이를 아날로그 신호로 발한다.

③ **아날로그 광전식 스포트형 감지기**

아날로그 광전식 스포트형 감지기는 광전식 연기감지기의 원리와 동일하며 아날로그 신호를 발한다.

④ **아날로그 광전식 분리형 감지기**

아날로그 광전식 분리형 감지기는 발광부와 수광부가 별도로 분리된 광전식 분리형 감지기의 원리에 아날로그 형태의 신호를 발하는 것을 말한다.

## 4. 감지기의 설치

### (1) 감지기의 부착높이

자동화재탐지설비의 **감지기**는 부착높이에 따라 다음 표에 의하여 감지기를 설치하여야 한다. 다만, 지하층, 무창층 등으로서 환기가 잘 되지 아니하거나 실내면적이 40 [$m^2$] 미만인 장소, 감지기 부착면과 실내바닥과의 거리가 2.3 [m] 이하인 곳으로서 일시적으로 발생한 열, 연기 또는 먼지 등으로 인하여 화재신호를 발신할 우려가 있는 장소에는 다음의 감지기 중 적응성 있는 감지기를 설치하여야 한다.

① 불꽃감지기 ② 정온식 감지선형 감지기 ③ 분포형 감지기
④ 복합형 감지기 ⑤ 광전식 분리형 감지기 ⑥ 아날로그방식의 감지기
⑦ 다신호방식의 감지기 ⑧ 축적방식의 감지기

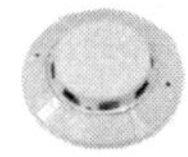

**▌ 부착높이에 따른 감지기 종류 ▌**

| 부착높이 | 감지기의 종류 |
|---|---|
| 4 [m] 미만 | 차동식 스포트형, 차동식 분포형, 보상식 스포트형, 정온식 스포트형 또는 감지선형, 이온화식 또는 광전식(스포트형, 분리형, 공기흡입형), 열복합형, 연기복합형, 열·연기복합형, 불꽃감지기 |
| 4 [m] 이상 8 [m] 미만 | 차동식 스포트형, 차동식 분포형, 보상식 스포트형, 정온식 스포트형, 특종 또는 1종, 이온화식 1종 또는 2종, 광전식(스포트형, 분리형, 공기흡입형) 1종 또는 2종, 열복합형, 연기복합형, 열·연기복합형, 불꽃감지기 |
| 8 [m] 이상 15 [m] 미만 | 차동식 **분**포형, **이**온화식 1종 또는 2종, **광**전식(스포트형, 분리형, 공기흡입형) 1종 또는 2종, **연**기복합형, 불꽃감지기 |
| 15 [m] 이상 20 [m] 미만 | **이**온화식 1종 또는 **광**전식(스포트형, 분리형, 공기흡입형) 1종, **연**기복합형, 불꽃감지기 |
| 20 [m] 이상 | 불꽃감지기, 광전식(분리형, 공기흡입형) 중 아날로그방식 |

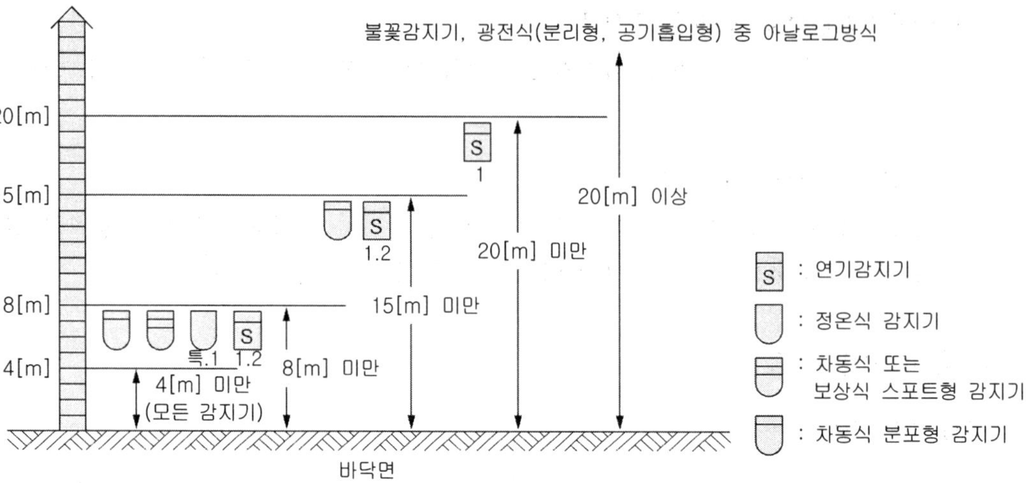


**▎감지기의 종별에 따른 설치 높이 ▎**

### (2) 연기감지기 설치장소

다음의 각 호에는 연기감지기는 설치하여야 한다. 다만 교차회로방식에 따른 감지기가 설치된 장소 또는 (1)항의 단서규정에 따른 감지기가 설치된 장소는 제외한다.

① **계단** 및 **경사로**(에스컬레이터 경사로 포함) (15 [m] 미만의 것을 제외한다.)

② **복도**(30 [m] 미만의 것을 제외한다.)

③ **엘**리베이터 권상기실, 린렌슈트, 파이프 피트 및 덕트, 기타 이와 유사한 장소

㉣ **천장** 또는 **반자***의 높이가 15 [m] 이상 20 [m] 미만인 장소

### (3) 감지기 설치기준

감지기는 다음의 기준에 의하여 설치한다. 다만 교차회로방식에 사용되는 감지기, 급속한 연소 확대가 우려되는 장소에 사용되는 감지기 및 축적기능이 있는 수신기에 연결하여 사용하는 감지기는 축적기능이 없는 것으로 설치하여야 한다.

① 감지기(**차동식 분포형**의 것을 제외한다)는 실내로의 **공기 유입구**로부터 **1.5 [m] 이상**의 떨어진 위치에 설치 할 것.

② 감지기는 천장 또는 반자의 옥내에 면하는 부분에 설치 할 것.

③ 보상식 스포트형 감지기는 **정온점***이 감지기 주위의 평상시 최고온도보다 **20℃ 이상** 높은 것으로 설치하여야 한다.

---

* 반자 : 방이나 마루의 종이나 나무 등으로 반반하게 만든 천장

* 정온점 : 감지기가 동작할 수 있도록 맞춰진 온도

④ 정온식 감지기는 **주방**, **보일러실** 등으로서 다량의 화기를 단속적으로 취급하는 장소에 설치하되 공칭작동 온도가 최고 주위온도보다 20℃ 이상 높은 것으로 설치하여야 한다.

⑤ 차동식 스포트형, 보상식 스포트형 및 정온식 스포트형 감지기는 그 부착높이 및 소방대상물에 따라 다음 표에 의한 바닥 면적마다 1개 이상을 설치할 것.

**▎면적에 따른 스포트형 감지기 종류 ▎** (단위 : $m^2$)

| 부착높이 및 소방대상물의 구분 | | 감지기의 종류 | | | | | | |
|---|---|---|---|---|---|---|---|---|
| | | 차동식 스포트형 | | 보상식 스포트형 | | 정온식 스포트형 | | |
| | | 1종 | 2종 | 1종 | 2종 | 특종 | 1종 | 2종 |
| 4 [m] 미만 | 주요 구조부를 **내화구조**로 한 소방대상물 또는 그 부분 | 90 | 70 | 90 | 70 | 70 | 60 | 20 |
| | 기타구조의 소방대상물 또는 그 부분 | 50 | 40 | 50 | 40 | 40 | 30 | 15 |
| 4 [m] 이상 8 [m] 미만 | 주요 구조부를 내화구조로 한 소방대상물 | 45 | 35 | 45 | 35 | 35 | 30 | |
| | 기타구조의 소방대상물 또는 그 부분 | 30 | 25 | 30 | 25 | 25 | 15 | |

⑥ 스포트형 감지기는 45° 이상 경사되지 아니하도록 부착할 것.

⑦ 공기관식 차동식 분포형 감지기는 다음의 기준에 의할 것.

㉮ 공기관의 노출부분은 감지구역마다 20 [m] 이상 100 [m] 이하가 되도록 할 것.

㉯ 공기관의 감지구역의 각 변과의 수평거리는 1.5 [m] 이하가 되도록 하고 공기관 상호간의 거리는 6 [m](주요 구조부를 내화구조*로 한 소방대상물 또는 그 부분에 있어서는 9 [m]) 이하가 되도록 할 것.

㉰ 공기관은 도중에서 분기하지 **아니**하도록 할 것.

㉱ 검출부*는 5° 이상 경사되지 아니하도록 부착할 것.

㉲ 검출부는 바닥으로부터 0.8 [m] 이상 1.5 [m] 이하의 위치에 설치할 것.

⑧ **열전대식 차동식 분포형 감지기**는 다음의 기준에 의할 것.

열전대부는 감지구역의 바닥면적 18 [$m^2$] 주요구조부가 **내화구조**로 된 소방대상물에 있어서는 22 [$m^2$] 마다 1개 이상으로 할 것.

---

* 내화구조 : 불을 차단하는 성능이 있고, 불을 제게 후에도 강도의 변화가 없는 것, 철근 콘크리트, 연와조(붉은 벽돌), 석조 등에 해당된다.

* 검출부 : 자동제어의 온도 등의 제어량을 검출하여 변위 전류 등의 목표 값과 비교제어 신호로 변화하는 부분과 검출단을 조합하는 부분을 말한다.

다만, 바닥면적이 72 [m²] (주요구조부가 내화구조로 된 소방 대상물에 있어서는 88 [m²]) 이하인 소방대상물에 있어서는 **4개 이상 20개** 이하가 되도록 한다.

**▎열전대식 감지기 바닥면적 ▎** (단위 : m²)

| 분 류 | 바닥면적 | 설치개수 |
|---|---|---|
| 내화구조 | 88 | 4개 이상 |
| 일반구조 | 72 | 4개 이상 |

⑨ **열반도체식 차동식 분포형 감지기**는 다음의 기준에 의할 것.

㉮ 감지기는 그 부착높이 및 소방대상물에 따라 다음 표에 의한 바닥면적마다 1개 이상으로 할 것. 다만, 바닥면적이 다음 표에 의한 면적의 2배 이하인 경우에는 2개(부착높이가 8[m] 미만이고 다만, 바닥면적이 다음 표에 의한 면적의 2배 이하인 바닥면적이 다음 표에 의한 면적 이하인 경우에는 1개) 이상으로 하여야 한다.

㉯ 하나의 검출기*에 접속하는 감지부는 2개 이상 15개 이하가 되도록 할 것.

**▎면적에 따른 분포형 열반도체식 감지기 ▎** (단위 : m²)

| 부착높이 및 소방대상물의 구분 | | 감지기의 종류 | |
|---|---|---|---|
| | | 1종 | 2종 |
| 8 [m] 미만 | 주요구조부가 내화구조로 된 소방대상물 또는 그 부분 | 65 | 36 |
| | 기타 구조*의 소방대상물 또는 그 부분 | 40 | 23 |
| 8 [m] 이상 15 [m] 미만 | 주요구조부가 내화구조로 된 소방대상물 또는 그 부분 | 50 | 36 |
| | 기타 구조의 소방대상물 또는 그 부분 | 30 | 23 |

⑩ **연기감지기**는 다음의 기준에 의하여 설치할 것.

㉮ 감지기의 부착높이에 따라 다음 표에 의한 바닥면적마다 1개 이상으로 할 것.

**▎면적에 따른 연기감지기 ▎** (단위 : m²)

| 부착높이 | 감지기의 종류 | |
|---|---|---|
| | 1종 및 2종 | 3종 |
| 4 [m] 미만 | 150 | 50 |
| 4 [m] 이상 20 [m] 미만 | 75 | |

* 검출기 : 자동제어의 검출부를 형성하는 기구

* 기타 구조 : 내화구조가 아닌 일반구조

㉯ 감지기는 복도 및 통로는 보행거리 **30 [m]** (3종은 **20 [m]**) 마다, 계단 및 경사로는 수직거리 **15 [m]** (3종은 **10 [m]**) 마다 1개 이상으로 할 것.

㉰ 천장 또는 반자가 낮은 실내 또는 좁은 실내에 있어서는 출입구 가까운 부분에 설치할 것.

㉱ 천장 또는 반자 부근에 배기구*가 있는 경우에는 **그 부근**에 설치할 것.

㉲ 감지기는 벽 또는 보*로부터 **0.6 [m]** 이상 떨어진 곳에 설치할 것.

⑪ **정온식 감지선형 감지기**는 다음의 기준에 따라 설치할 것

㉮ 보조선이나 고정금구를 사용하여 감지선이 늘어지지 않도록 설치할 것

㉯ 단자부와 마감 고정금구와의 설치간격은 **10 [cm]** 이내로 설치할 것

㉰ 감지선형 감지기의 **굴곡반경은 5 [cm]** 이상으로 할 것

㉱ 감지기와 감지구역의 각 부분과의 수평거리가 **내화구조의 경우 1종 4.5 [m] 이하, 2종 3 [m] 이하**로 할 것. **기타 구조의 경우 1종 3 [m] 이하, 2종 1 [m] 이하**로 할 것

㉲ 케이블트레이에 감지기를 설치하는 경우에는 케이블트레이 받침대에 **마감금구**를 사용하여 설치할 것

㉳ 지하구나 창고의 천장 등에 지지물이 적당하지 않는 장소에서는 **보조선**을 설치하고 그 보조선에 설치할 것

㉴ 분전반 내부에 설치하는 경우 접착제를 이용하여 **돌기를 바닥에 고정**시키고 그 곳에 감지기를 설치할 것

㉵ 그 밖의 설치방법은 형식승인 내용에 따르며 형식승인 사항이 아닌 것은 제조사의 시방(示方)에 따라 설치할 것

⑫ **불꽃감지기**는 다음의 기준에 따라 설치할 것

㉮ 공칭감시거리 및 공칭시야각은 형식승인 내용에 따를 것

㉯ 감지기는 공칭감시거리와 공칭시야각을 기준으로 감시구역이 모두 포용될 수 있도록 설치할 것

㉰ 감지기는 화재감지를 유효하게 감지할 수 있는 **모서리 또는 벽** 등에 설치할 것

㉱ 감지기를 천장에 설치하는 경우에는 감지기는 바닥을 향하여 설치할 것

㉲ 수분이 많이 발생할 우려가 있는 장소에는 방수형으로 설치할 것

㉳ 그 밖의 설치기준은 형식승인 내용에 따르며 형식승인 사항이 아닌 것은 제조사의 시방에 따라 설치할 것

---

* 배기구 : 공기를 배출하는 개구부. (연기를 배출할 수 있기에 연기감지기는 그 부근에 설치하여 감지시킨다.)
* 보 : 들보의 준말로서 건축물 내의 가로 기둥을 말한다.

⑬ **아날로그방식의 감지기**는 공칭감지온도범위 및 공칭감지농도범위에 적합한 장소에, 다신호방식의 감지기는 화재신호를 발신하는 감도에 적합한 장소에 설치할 것. 다만, 이 기준에서 정하지 않는 설치방법에 대하여는 형식승인 사항이나 제조사의 시방에 따라 설치할 수 있다.

⑭ **광전식 분리형 감지기**는 다음의 기준에 따라 설치할 것

㉮ 감지기의 수광면은 햇빛을 직접 받지 않도록 설치할 것

㉯ 광축(송광면과 수광면의 중심을 연결한 선)은 나란한 벽으로부터 **0.6 [m]** 이상 이격하여 설치할 것

㉰ 감지기의 송광부와 수광부는 설치된 뒷벽으로부터 1 [m] 이내 위치에 설치할 것

㉱ 광축의 높이는 천장 등(천장의 실내에 면한 부분 또는 상층의 바닥하부면을 말한다) 높이의 **80 [%] 이상**일 것

㉲ 감지기의 광축의 길이는 공칭감시거리 범위 이내일 것

㉳ 그 밖의 설치기준은 형식승인 내용에 따르며 형식승인 사항이 아닌 것은 제조사의 시방에 따라 설치할 것

⑮ **기 타**

감지기설치기준 규정에 불구하고 다음 각 호의 장소에는 각각 **광전식 분리형 감지기** 또는 **불꽃감지기**를 설치하거나 **광전식 공기흡입형 감지기**를 설치할 수 있다.

㉮ 화학공장·격납고·제련소 등 : 광전식 분리형 감지기 또는 불꽃감지기. 이 경우 각 감지기의 공칭감시거리 및 공칭시야각등 감지기의 성능을 고려하여야 한다.

㉯ 전산실 또는 반도체 공장 등 : 광전식 공기흡입형 감지기. 이 경우 설치장소·감지면적 및 공기흡입관의 이격거리 등은 형식승인 내용에 따르며 형식승인 사항이 아닌 것은 제조사의 시방에 따라 설치하여야 한다.

### (4) 감지기(모든) 설치제외장소

① **천장** 또는 반자의 높이가 **20 [m]** 이상인 장소(부착높이에 따라 적응성이 있는 장소는 제외한다.)

② 헛간 등 외부와 기류가 통하는 장소로서 **화재 발생**을 유효하게 **감지할 수 없는** 장소

③ **부식성 가스**가 체류하고 있는 장소

④ **고온도** 및 **저온도**로서 감지기의 기능이 정지되기 쉽거나 유지관리가 어려운 장소

⑤ **목욕실, 욕조나 샤워시설이 있는 화장실** 기타 이와 유사한 장소

⑥ **파이프덕트** 등 그 밖의 이와 비슷한 것으로서 2개 층마다 방화구획 된 것이나 수평 단면적이 5 [$m^2$] 이하인 것.

⑦ **먼지, 가루** 또는 **수증기**가 다량으로 체류하는 장소 (연기감지기에 한한다)

⑧ 프레스공장·주조공장 등 화재발생의 위험이 적은 장소로서 감지기의 **유지관리**가 **어려운** 장소

⑨ 지하구에 설치하는 감지기는 먼지·습기 등의 영향을 받지 아니하고 발화지점을 확인할 수 있는 감지기를 설치하여야 한다.

## 5. 감지기 설치방법

### (1) 공기관식 감지기 (차동식 분포형)

① 공기관의 노출부분은 감지구역마다 **20 [m] 이상 100 [m] 이하**가 되도록 할 것.
면적이 작은 사무실 등으로 부착면의 각 변에 공기관을 부설하여도 20 [m] 이상이 미치지 못하는 경우에는 기능을 유지하기 위하여 2중·3중 또는 코일감기로 20 [m] 이상이 되도록 할 것.

※ 20m 미만인 경우는 감지동작이 빨라 오동작 우려가 있기 때문이다.
100m 초과의 경우는 감지동작이 늦어 지연동작 우려가 있기 때문이다.

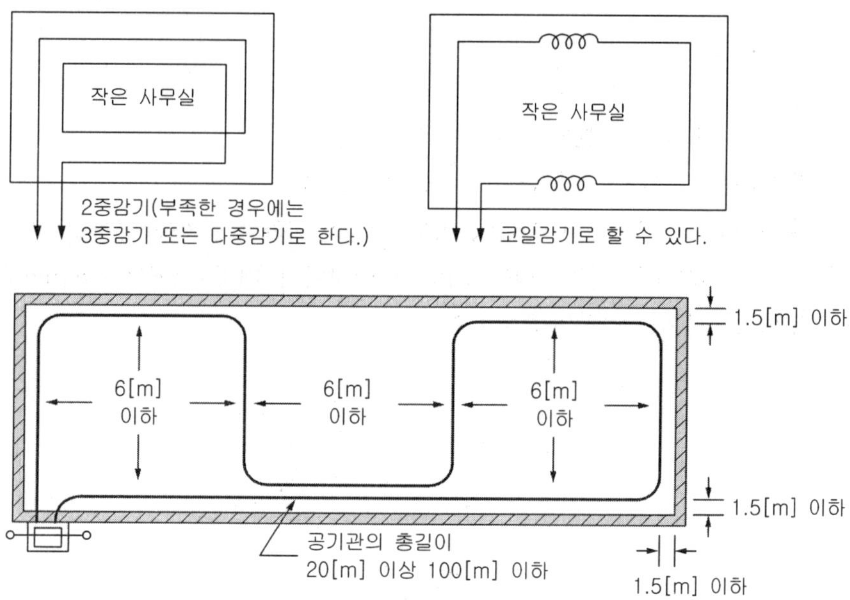


▎차동식 분포형 감지기의 공기관 설치 ▎

② 공기관과 감지구역의 각 변과의 수평거리는 **1.5 [m] 이내**로 설치할 것.

③ 공기관 상호간의 간격은 주요 구조부를 내화구조로 한 것에 있어서는 **9 [m] 이하**가 되어야 하고 그 외 일반구조는 **6 [m] 이하**가 되도록 설치할 것. ※ ( ) 안의 수치는 일반구조(=기타구조)를 말함.

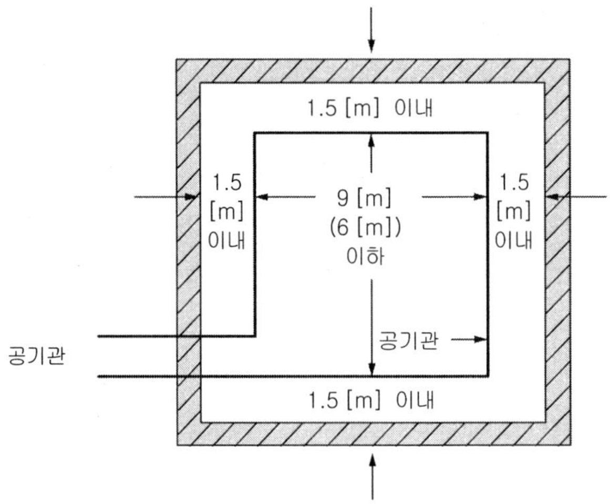


④ 공기관은 도중에서 **분기**하지 아니하도록 할 것.

⑤ 검출부는 **5°** 이상 경사되지 아니하도록 할 것.

⑥ 검출부는 바닥으로부터 **0.8 [m] 이상 1.5 [m] 이하**의 위치에 설치할 것.

⑦ 검출기 외함에의 강판두께는 1 [mm] 이상이며 매립 시에는 1.6 [mm] 이상으로 할 것(합성수지제는 강판의 2.5배 이상).

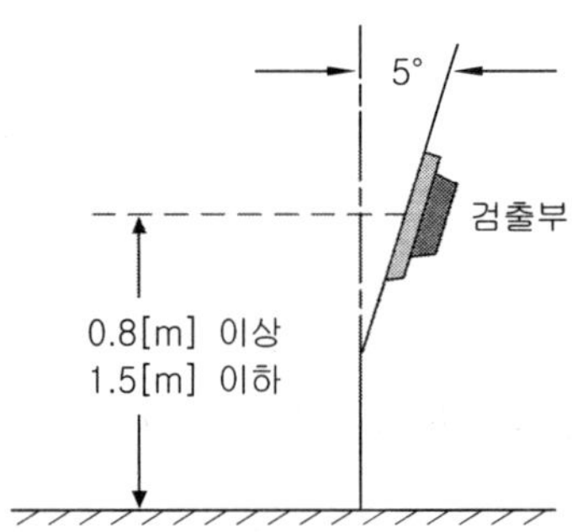

### (2) 열전대식 감지기

① 열전대부의 접속개수는 하나의 감지구역마다 **4개 이상 ~ 20개 이하**로 할 것.

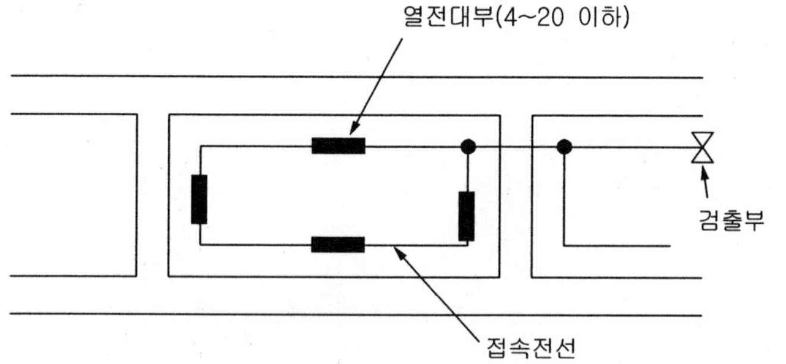


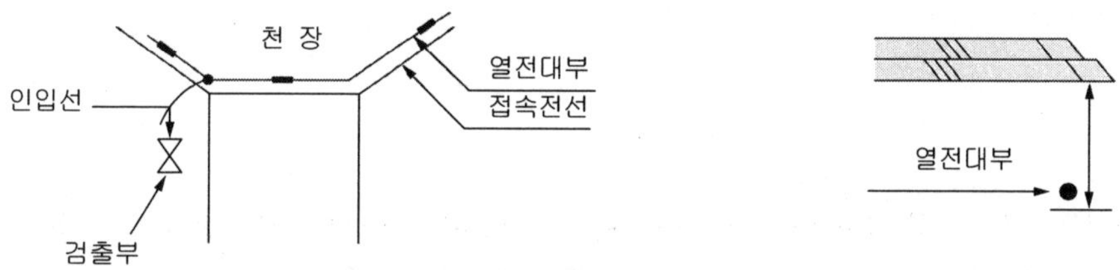


② 열전대부는 접속 전선과의 최대합성 저항치는 하나의 검출부에 대해 지정된 수치(검출부에 명기되어 있는 최대합성 저항치) 이하로 할 것.

### (3) 열반도체식 감지기

① 감열부의 최대접속개수는 하나의 감지구역마다 **2개**(부착면의 높이가 8 [m] 미만인 경우에는 1개) 이상 **15개** 이하로 할 것.

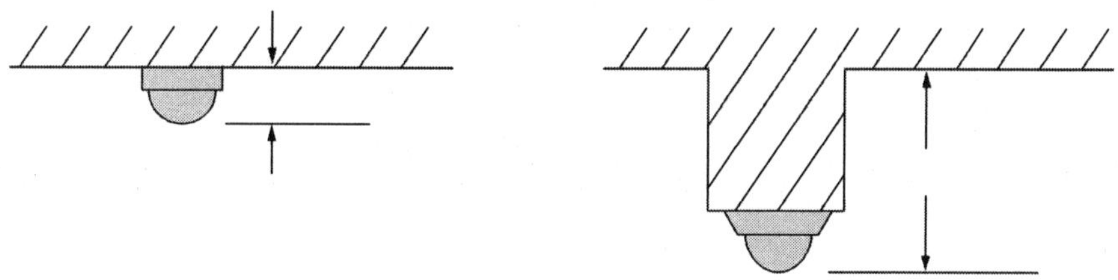

② 감열부의 접속전선의 합성저항은 하나의 검출부에 대하여 지정수치 이하로 할 것.

### (4) 차동식·정온식·보상식 스포트형 감지기

① 환기구 등 공기유입구가 있는 경우에는 그 유입구보다 **1.5[m]** 이상 떨어진 위치에 설치할 것.

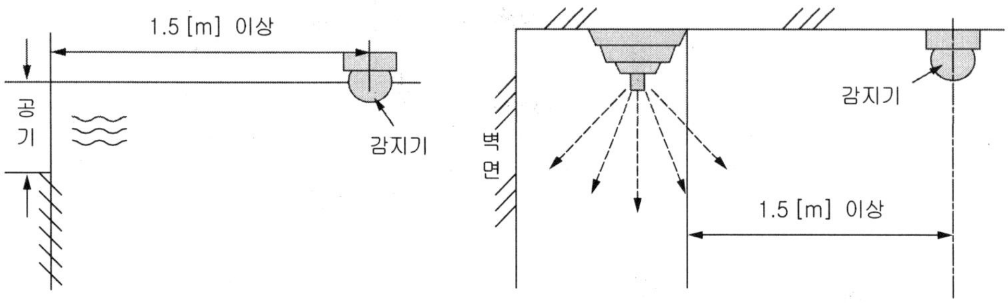


② 감지기는 45° 이상 경사되지 않도록 할 것(단, 45° 이상인 경사면에 설치하는 경우 좌판(목대)등을 사용하여 경사가 되지 않도록 설치한다.)

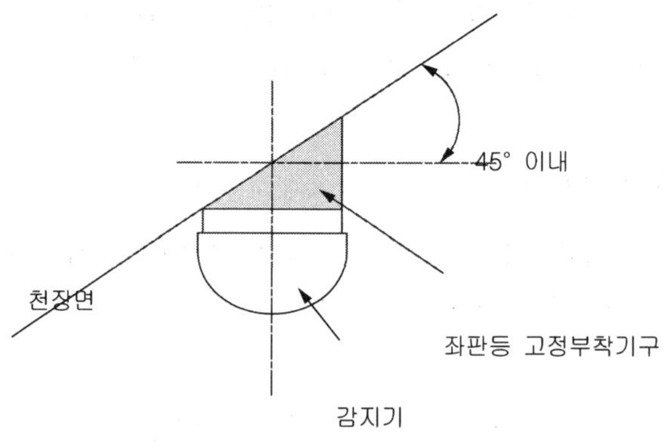


③ 보상식 스포트형 감지기는 **정온점***이 감지기 주위의 평상시 최고온도보다 **20℃ 이상** 높은 것으로 설치하여야 한다.

* 정온점 : 감지기가 동작할 수 있도록 맞춰진 온도

### (5) 정온식 감지선형 감지기

① 정온식 감지선형 감지거리

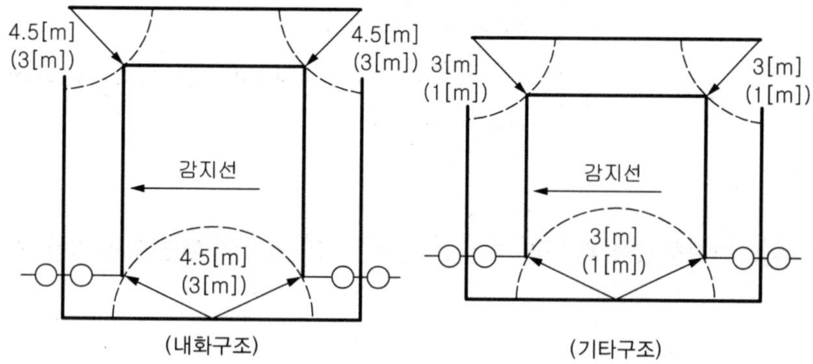


㉮ 내화구조인 경우 : 수평거리 4.5 [m] 이하 (1종)
수평거리 3 [m] 이하 (2종)

㉯ 기타구조인 경우 (일반구조) : 수평거리 3 [m] 이하 (1종)
수평거리 1 [m] 이하 (2종)

### (6) 연기감지기

① 감지기는 벽 또는 보로부터 **0.6 [m] 이상** 떨어 진 위치에 설치할 것.

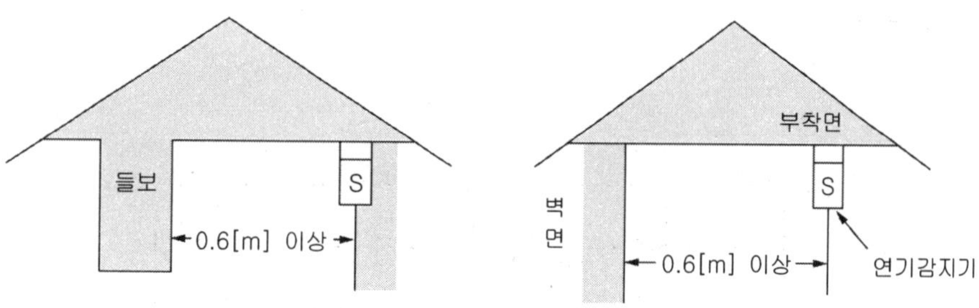


② 천장이 낮은 거실 또는 작은 거실에 있어서는 **출입구 부근**에 설치할 것.

※ 천장이 낮은 거실 : 감지기 부착면과 실내바닥까지의 거리가 **2.3 [m] 이하**인 곳

※ 작은 거실 : 실내면적이 **40 [$m^2$]** 미만인 장소

※ 실내용적이 20 [$m^3$] 이하인 장소는 설치하지 아니한다. (* 별도의 특수감지기 설치)

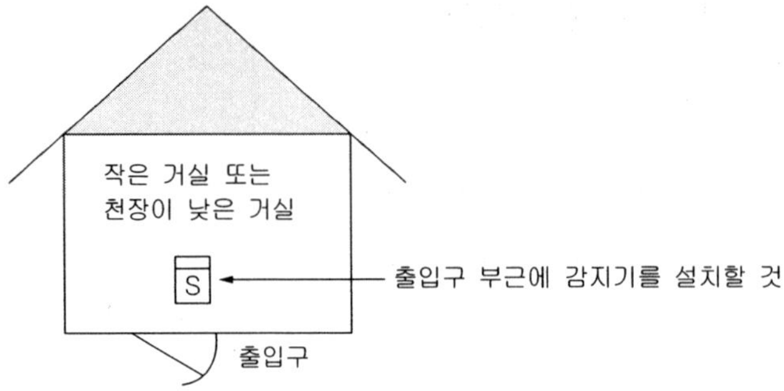


③ 천장 또는 반자부근에 **배기구***가 있는 경우는 그 배기구 **부근**에 설치할 것.

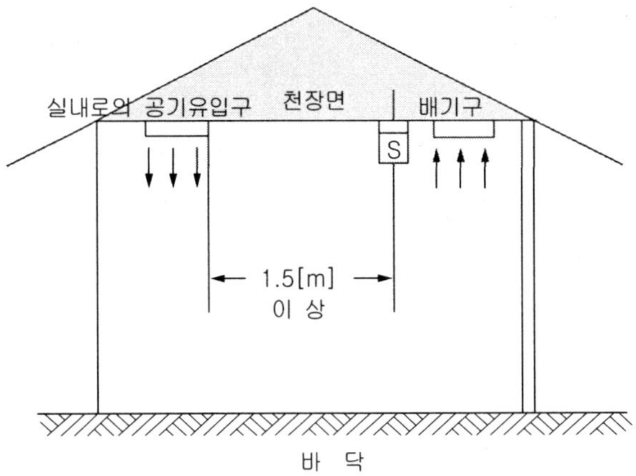


④ 연기감지기는 복도 및 통로에 있어서는 보행거리 30 [m] (3종은 20 [m])마다 1개 이상을 설치할 것

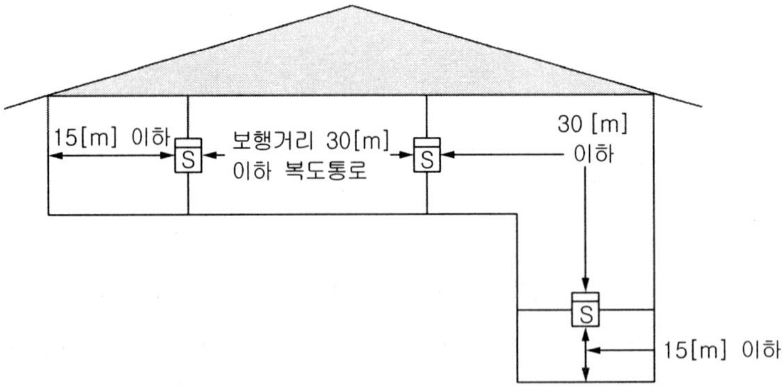


* 배기구 : 공기배출구

⑤ 계단 및 경사로(에스컬레이터 경사로 포함)에 있어서는 수직거리 15 [m] (3종은 10 [m]) 마다 1개 이상을 설치할 것(단, 지하층의 층수가 1개인 경우 지상층에 포함시킨다.)

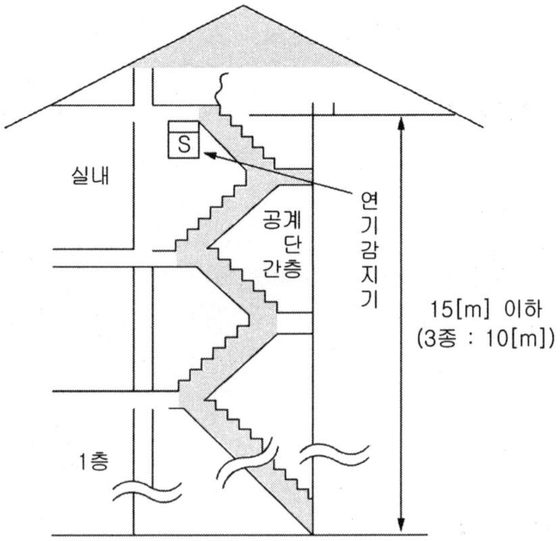


## 6. 감지기 배선방법

### (1) 감지기 배선 : 보내기 배선 (송배전 방식*)

수신기에서 2차측의 외부배선의 도통시험을 용이하게 하고 또한 확실하게 할 수 있도록 배선의 도중에서 분기하지 않도록 하는 배선이다(단, 차동식 분포형은 제외).

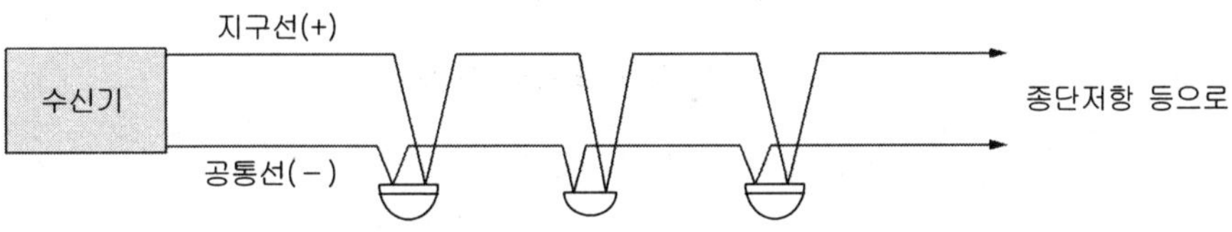


**▌ (a) 수신기와 차동식, 정온식 스포트형 감지기 배선 ▌**

즉, 감지기 회로의 배선은 회로도통시험을 확실하게 하기 위하여 송배전(보내기 배선) 방식으로 하여야 하는 구체적인 배선방법은 아래와 같다.

---

* 송배전 방식 : 배선의 도중에 분기하지 않는 배선방식

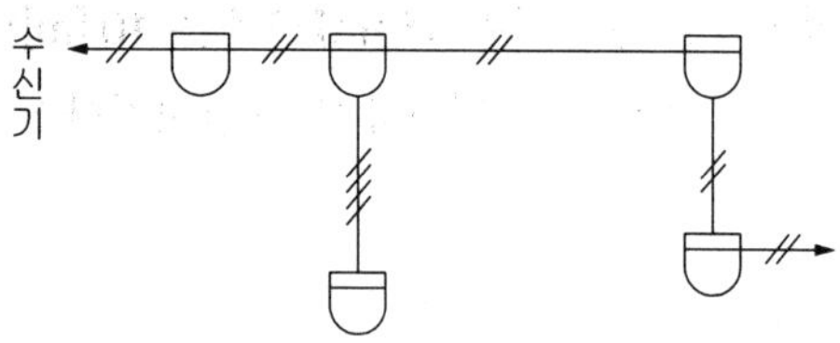


▎(b) 단선도 ▎

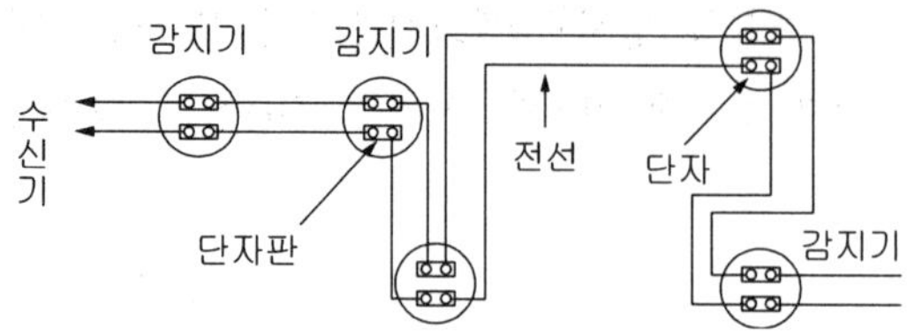


▎(c) 실제도 ▎

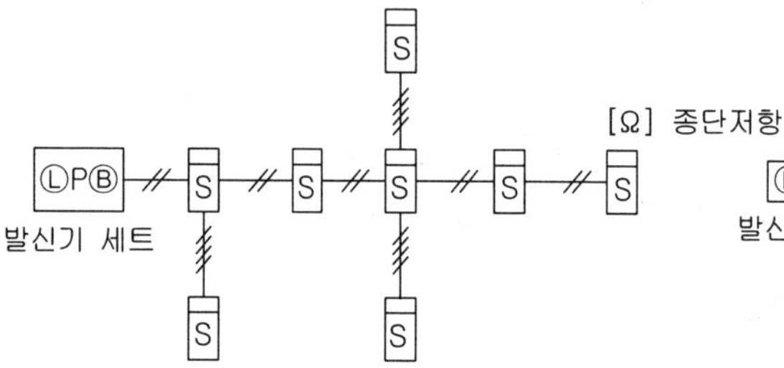


▎(d) 단선도 ▎

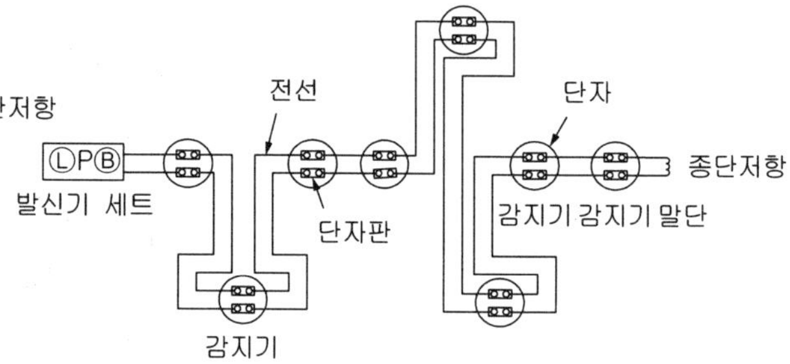


▎(e) 실제도 ▎

## (2) 수신기와 지구음향장치 배선

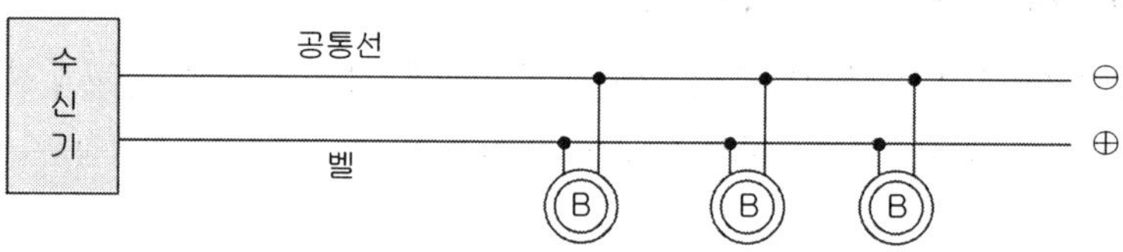


▎일제 명동식 배선 ▎

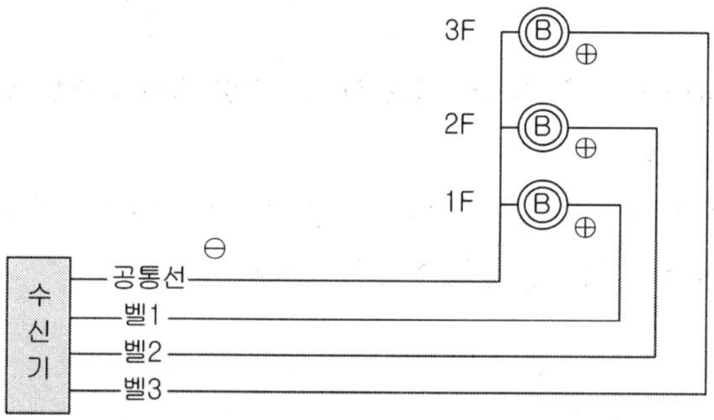


▎구분(우선) 명동식 배선 ▎

# 7. 감지기의 설치시험방법

## 1) 차동식 분포형 감지기 시험

### (1) 공기관식

① 화재작동시험

㉠ **펌프**시험 : 다음과 같이 감지기의 공기팽창압을 테스트펌프에 의해 상당한 공기량을 주입하고 시험동작할 때까지의 **시간**이 **지정수치**인가를 확인하는 시험

㉮ 그림과 같이 검출부의 시험공에 테스트펌프를 접속하고 시험코크 또는 key 등을 작동하여 시험위치에 맞춘다.

㉯ 검출부에 표시되어 있는 공기량을 공기관에 주입한다(너무 과다하면 다이어프램이 손상된다).

㉰ 공기를 주입하고 나서 작동할 때까지의 시간을 측정한다.

㉱ 적부판정 : 공기주입 후 감지기의 접점이 작동할 때까지의 시간이 각 검출부에 지정되어 있는 범위내의 값으로 하여야 한다.

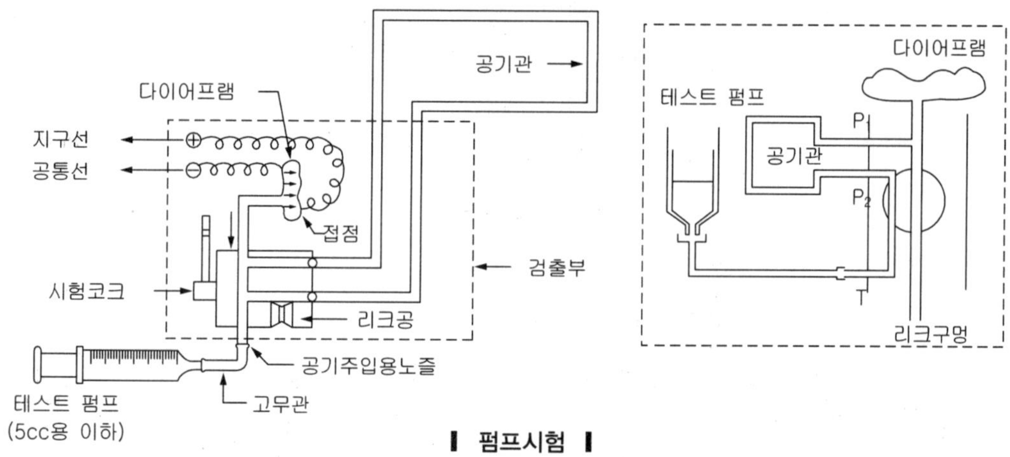


▎펌프시험 ▎

② **유통**시험 : 공기관에 공기를 주입시켜 **누설**, **찌그러짐**, **막힘** 등의 유무 및 공기관의 **길이**를 확인하는 시험

㉮ 검출부의 시험공 또는 공기관의 한쪽 끝에 마노미터를 접속하고 시험코크 등을 유동시험 위치에 맞춘 후 다른 끝에 테스트 펌프를 접속시킨다.

㉯ 테스트 펌프로 공기를 주입하고 마노미터 수위를 눈금의 0점부터 약 100 [mm] 상승시켜 수위를 정지시킨다(수위가 정지하지 않는 경우는 접속 개수로부터의 누출

을 생각할 수 있으므로 시험을 중지하고 점검한다.).

㉢ 시험코크 등에 의해 송기구를 개방하여 상승수위의 1/2까지 내려가는 시간(유통시간)을 측정한다.

㉣ 유통시간 : 마노미터*의 수위가 100 [mm]일 때 송기구를 열고 수위가 50 [mm]까지 내려가는 시간

㉤ 마노미터 수위가 불안정한 경우 : 공기관 접속부분의 불량 또는 물방울 등을 침입 (수위안정 : 20 [mm] 이상) ※ 수위가 안정된 다음에 개방한다.

㉥ 적부판정 : 유통시간에 따른 공기관의 길이를 산출하여 검출부에 접속하는 공기관은 적정범위 이내로 할 것.

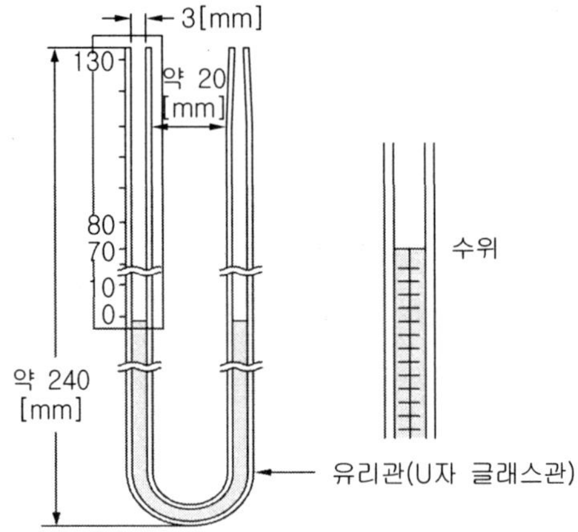


**❙ 마노미터 U자관 ❙**

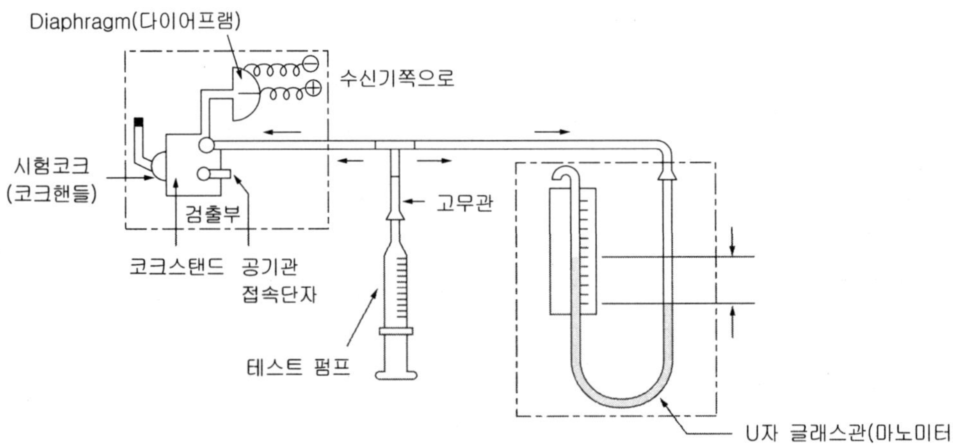


**❙ 유통시험 ❙**

* 마노미터 : 액기둥을 이용한 유체의 압력을 측정하는 계기(공기관 누설시험 측정기)

③ **작동계속**시험 : 감지기 작동을 시작한 때부터 정지할 때까지의 시간을 측정하여 감지기 작동이 계속 정상적인가를 확인하는 시험, 화재작동계속시험

㉮ 적부판정 : 감지기 작동계속시간이 각 검출부에 첨부되어 있는 제원표에 따른 범위 내로 되도록 할 것.

④ **접점수고**시험 : **접점간격이 적당한가를 알아보는 시험**으로서 접점 수고치가 기준치 미만으로 **낮으면** 감도가 과민(감도 예민)하게 되어 **비화재보**의 원인이 되며 접점수고 값이 기준치 이상으로 높으면 감도저하(감도 둔감)로 지연동작의 원인이 된다.

㉮ 공기관을 코크스탠드에서 떼어내고 마노미터 및 테스트 펌프를 접속한 다음 시험코크 등을 접점수고시험 위치에 맞추고 규정치 이하의 공기를 서서히 주입하여 접점이 닫혔을 때의 수위(접점 수고치)를 확인하여 측정한다.

㉯ 적부판정 : 접점 수고치가 검출부에 지정되어 있는 수치의 범위 내로 할 것

⑤ **리크**(Leak)시험

리크구멍은 흡습성이 적은 합성수지제의 면을 사용하여 서서히 공기의 출입이 가능하도록 되어 있으며 리크저항이 적으면(구멍이 크다) 내부공기압이 과누설되어 둔감해지므로 화재를 감지 못하는 실보의 원인이 되고 저항이 너무 크면(구멍이 작다) 온도변화에 과민해져 화재가 아닌 유사한 사태에서 동작하여 울리는 비화재보의 원인이 된다.

※ 리크저항 : 기준치 미만이면(구멍이 커지면) 감지기 동작이 늦어지고 기준치 이상이면(구멍이 작아지면) 동작이 빨라진다.

※ **기타 부속시험** - 다이어프램(Diaphragm)시험

다이어프램에 공기를 주입하여 접점에 붙는 수고값을 확인하는 것으로 실보 또는 오보(비화재보)의 원인 판단이 필요하다.

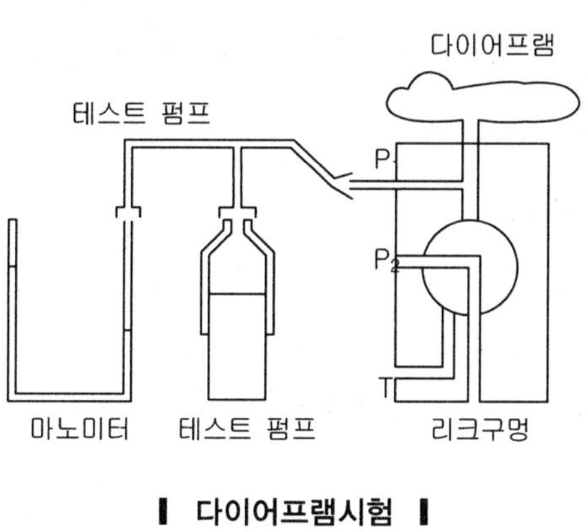


▌ 다이어프램시험 ▌

### (2) 열전대식 감지기

열전대식 검출기의 작동전압을 쉽게 시험할 수 있어야 하며 단선여부 및 도체 저항을 쉽게 시험할 수 있어야 한다.

① 화재작동시험

㉮ 감지기의 작동전압에 상당하는 전압을 **미터릴레이** 시험기에 의해 **검출부**에 인가하여 그때의 작동전압이 정상인가를 확인한다.

㉯ 미터릴레이의 시험구멍에 시험기의 플러그를 꽂고, 시험기의 스위치를 작동시험측에 넣어 다이얼을 천천히 조작하여 검출부에 전압을 가하면서 작동한 때의 작동전압치를 측정한다.

㉰ 적부판정 : 작동전압치가 검출부에 명시되어 있는 수치범위 내에 있을 것.

② 합성저항시험(회로저항시험)

㉮ 열전대회로의 합성저항치가 검출부에 명시되어 있는 규정 저항치 이상의 수치인 경우 작동하지 않을 우려가 있으므로 합성저항치가 적당한지를 측정한다.

㉯ 미터릴레이의 시험구멍에 시험플러그를 꽂아 열전대회로의 합성저항치를 측정한다.

### (3) 열반도체식 감지기

열전대식 감지기 시험을 준용한다.

※ **연소시험** - 특수한 천장 등에 공사된 경우 그 부착상태가 외부에서 가열 시 효율차가 생길 것으로 예상될 때 시험한다. 이 경우 하나의 감지구역의 수열면이 하나의 검출부 접속의 20% 이상(공기관식은 길이의 20%, 열전대식은 열전대부의 20% 이상, 열반도체식은 감열부의 접속개수의 20%)이 되는 장소를 선정하여 시험한다.

### (4) 차동식 스포트형 감지기

① 가열시험 : 감지기를 가열하여 정상적으로 작동하는지를 확인한다.

② 연소시험 : 감지기가 보 등이 있는 소구획이나 특수한 천장 등에 공사된 경우 그 부착상태가 외부에서 가열했을 때에 유효하게 작동하지 않을 우려가 있는 경우에 시험한다.

### (5) 정온식 감지선형 감지기

감지기회로의 배선과 감지선의 합성저항치를 확인한다.

① 합성저항시험 : 감지기의 회로저항을 측정하고 단선의 유무를 확인하는 것.

㉮ 수신기의 외선을 제거시키고 측정하는 회로의 말단을 단락(합선)시킨다.

㉯ 회로 중에 종단저항이 삽입되어 있는 것은 종단저항을 단락한다.

㉰ 감지기회로의 배선과 감지선의 합성저항을 회로시험기로 측정한다.

㉱ 적부판정 : 합성저항치가 지정되어 있는 값 이하일 것.

② 작동시험 : 감지기 말단에 설치한 회로시험기를 조작하여 경계구역 표시의 적정여부를 확인한다. (* 적부판정 : 경계구역표시가 적정할 것.)

### (6) 정온식 스포트형 감지기

① 가열시험 : 가열시험기로 감지기를 가열하는 경우 사용하고 있는 감지기가 정상적으로 작동하는가를 테스트해서 확인하는 것.

㉮ 가열시험기준에 의하여 감지기를 가열하고 작동할 때까지의 시간을 측정한다.

### (7) 연기감지기

① 가연시험 : 가연시험기로 감지기를 가연하는 경우에 사용하고 있는 감지기가 정상적으로 작동하는가를 테스트해서 확인하는 것.

### (8) 차동식 분포형 감지기 감도시험

분포형 감지기로서 공기관식의 감도는 그 종별로 다음 표의 공기관 자체의 온도 상승률 $t_1$ 및 $t_2$의 값에 따라 다음 각 호의 시험에 적합하여야 한다.

| 종 별 | $t_1$ | $t_2$ |
|---|---|---|
| 1종 | 7.5 | 1 |
| 2종 | 15 | 2 |
| 3종 | 30 | 4 |

① 작동시험 : 공기관 중 검출부로부터 가장 먼 거리에 있는 20 [m]의 부분이 $t_1$ [℃/min]의 직선적인 비율로 상승하는 경우 1분 이내로 작동하여야 한다.

② 부작동시험 : 공기관 전체가 $t_2$ [℃/min]의 직선적인 비율로 상승하는 경우 15분 이내에 작동하지 아니하여야 한다.

### (9) 감지기에 내장하는 음향(음성 제외)장치

① 사용전압의 80 [%]인 전압에서 소리를 내어야 한다.

② 사용전압에서의 음압은 무향실*내에서 정위치에 부착된 음향장치의 중심으로부터 1 [m] 떨어진 지점에서 70 [dB]* 이상이어야 한다.

### (10) 전원 전압 변동시의 기능

감지기는 전원전압이 정격전압의 ±20 [%] 범위에서 변동을 하는 경우 기능에 이상이 생기지 아니하여야 한다.

### (11) 노화시험

규정에 의한 온도를 지키며 공기 중에서 통전상태로 **30일간** 방치하는 경우 그 구조나 기능에 이상이 없어야 한다.

### (12) 반복시험

감지기(비재용형인 것은 제외)는 감지기가 작동하는 경우에 단자접점에 저항부하를 연결하고 정격전압전류를 가한 상태에서 조작을 **1,000회** 반복할 경우 이상이 생기지 아니하여야 한다.

### (13) 절연저항시험

감지기의 절연된 단자*간의 절연저항 및 단자와 외함간의 절연저항은 DC 500 [V]의 절연저항계로 측정한 값이 50 [MΩ](정온식 감지선형 감지기는 선간에서 1 [m]당 1,000 [MΩ]) 이상이어야 한다.

### (14) 절연내력시험

감지기의 단자와 외함간의 절연내력은 60㎐의 정현파에 가까운 실효전압 500V(정격전압이 60V를 초과하고 150V이하인 것은 1,000V, 정격전압이 150V를 초과하는 것은 그 정격전압에 2를 곱하여 1,000V를 더한 값)의 교류전압을 가하는 시험에서 1분간 견디는 것이어야 한다.

이외 주위온도시험, 방수시험, 살수시험, 내식시험, 진동시험, 충격시험, 분진시험, 충격전압시험, 재용성시험 등이 있다.

# Ⅳ. 중계기*

## 1. 개 요

일반적으로 R형 설비에서 사용하는 신호전송장치로서 감지기 또는 발신기 및 가스 탐지부 작동에 의한 신호를 받아 이를 수신기, 가스누설경보기, 자동소화설비의 제어반에 발신하며 소화설비, 제연설비 그밖에 이와 유사한 방재설비에 제어신호를 발하는 것으로 해당형 수신기와 접속되어 **고유의 신호**를 수신기에 발신한다.

## 2. 중계기의 종류

화재발생을 수신기로 연결되기 전, 중간에 중계하는 중계기는 회로(선로수)의 형태에 따라 집합형과 분산형으로 구분되며 연결되는 수신기의 종류에 따라 P형과 R형으로 나눌 수 있다.

**▎중계기의 비교 ▎**

| 구분 \ 종류 | 분산형 중계기 | 집합형 중계기 |
|---|---|---|
| 전원 | 전원 및 비상전원은 직류 24 [V]의 수신기의 전원을 이용하여 사용한다. | 외부 220 [V] 교류전원을 이용하여 비상전원을 내장하고 교류 220V를 직류 24V로 바꾸는 정류기를 설치한다. |
| 회로 | 5회로 미만의 소용량 | 30～40회로의 대용량 |
| 설치 | 발신함에 내장하거나 각 구역 기기별 1대씩 설치 | 전기실 등에 설치하거나 통상 2～3개 층당 1대씩 설치 |
| 적용 | 전기실 피트(Pit) 공간이 좁은 건축물, 아날로그 감지기를 객실별로 설치하는 호텔 등 | 수신기와 거리가 멀고 규모가 큰 초고층빌딩, 준초고층빌딩 또는 전압강하가 우려되는 장소 등에 설치. |

## 3. 중계기의 구조 및 기능

수신기에서 감지기까지의 외부배선의 도통시험을 행할 수 있도록 도통시험장치를 수신기 및 중계기에 설치한다. 또 수신기에 따라 감시된 전원 이외의 전원이 공급되는 것에 있어서는 정전 시에 자동적으로 절환되는 예비전원, 전원의 정전을 수신기에 표시하는 장치, 예비전원의 양부를 시험하는 장치의 기능을 가지고 있다.

---

* 단자 : 전선의 말단부분(터미널)

* 중계기 : 자동 혹은 수동으로 화재발신을 수신반등에 전달하는 기능을 갖춘 기기

## 4. 중계기의 설치기준

① 수신기에서 직접감지기회로의 도통시험을 행하지 아니하는 것에 있어서는 **수신기**와 **감지기** 사이에 설치할 것.

② **조작** 및 **점검**이 편리하고 방화상 유효한 장소에 설치할 것.

③ 수신기에 의하여 감시되지 아니하는 배선을 통하여 전력을 공급하는 것에 있어서는 전원 입력측에의 배선에 **과전류차단기**를 설치하고 해당 전원의 정전이 즉시 수신기에 표시되는 것으로 하며 **상용전원** 및 **예비전원**의 시험을 할 수 있도록 할 것.

**▎설치기준 해설 ▎**

| 화재안전기준에서의 중계기의 설치기준 해설 |
|---|
| ① 중계기는 수신기와 감지기 사이에 외부배선의 도통시험은 물론 선로의 이상유무를 감시하여 수신기로 신호를 전송할 수 있다. 그러므로 선이 시작되는 수신기에서 선이 끝나는 감지기까지 직접 도통시험을 할 수 없는 경우에는 이 사이에 중계기를 설치하여 단선유무의 도통시험을 할 수 있어야 한다. |
| ② 중계기는 상시 점검, 조작, 보수가 쉽고 화재 및 침수 등의 재해로 인한 피해를 받을 우려가 없는 장소(수신기 설치장소나 중계기 설치 전용함 등)에 설치해야 한다. |
| ③ 수신기 등을 거치지 않고 직접 배선을 통하여 전력을 공급받을 때는 전원 입력측의 선에 과전류차단기를 설치하고 해당 전원의 정전 시 즉시 신호를 보내어 수신기에 표시되는 것으로 하며, 평상시 상용전원 및 예비전원의 양부 시험을 할 수 있도록 하여야 한다. |

## 5. 중계기 설치 시 주의사항

① 정격전압이 60 [V]가 넘는 중계기 외함*에는 접지단자를 설치하여야 한다.

② 수신개시로부터 발신개시까지 시간은 **5초** 이내이어야 한다.

③ 중계기는 정격전압에서 정격전류를 흘리고 **2,000회** 작동을 반복하는 경우 그 구조 기능에 이상이 생기지 아니하여야 한다.

④ 중계기의 절연된 충전부와 외함 및 절연된 선로간의 절연저항은 직류 500 [V] 절연저항계로 측정하는 경우 20 [MΩ] 이상이어야 한다.

⑤ 변압기 정격1차 전압은 300V 이하로 외함에는 접지단자를 설치하여야 한다.

⑥ 표시등 전구는 사용전압의 130%인 교류전압을 20시간 연속하여 가하는 경우 단선, 현저한 광속변화, 흑화, 전류의 저하 등이 발생하지 아니하여야 하며 전구는 2개 이상을 병렬로 접속하여야 한다.

* 외함 : 기기를 보호하는 금속성함으로 접지 시 전류를 흘릴 수 있는 것이어야 한다.

# V. 발신기

## 1. 개 요

"발신기" 란 화재발생신호를 수신기에 수동조작에 의하여 발신하는 것을 말한다.

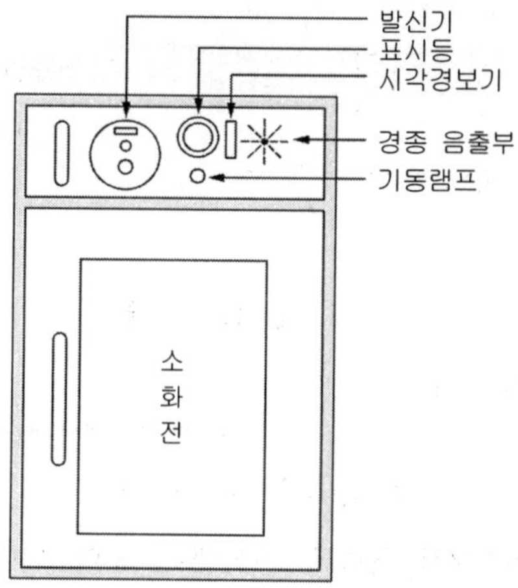


## 2. 발신기의 구분 및 구조원리

### (1) 구 분

설치장소에 따라 옥외형과 옥내형으로, 방폭구조 여부에 따라 방폭형 및 비방폭형으로, 방수성 유무에 따라 방수형 및 비방수형으로 구분한다.

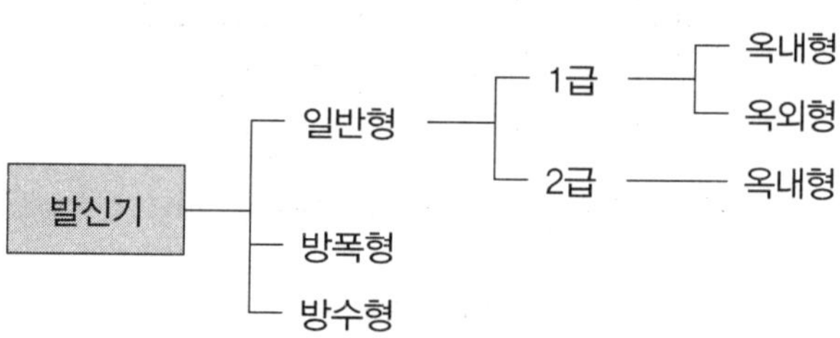

### (2) 1급 발신기*

P형 1급 수신기 또는 R형 수신기에 접속하여 사용되는 것으로서 수동으로 각 발신기의 공통신호를 수신기 또는 중계기에 발신하는 것으로서 **발신과 동시에는 통화가 되지 아니하는 것**을 말한다. 전화잭을 꽂음으로서 **동시**에 통화가 가능하다.

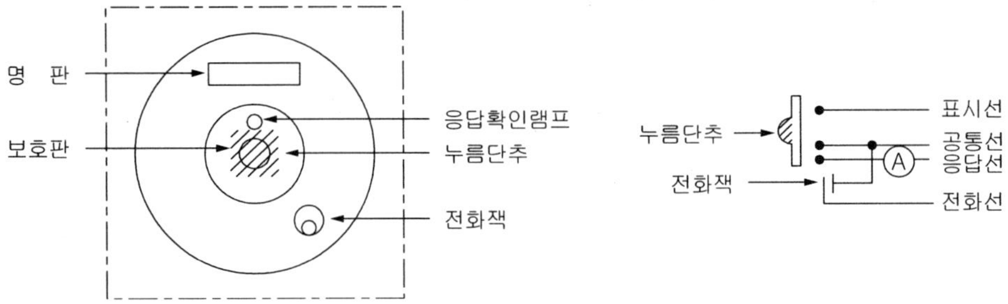


▍1급 발신기 ▍

1급 발신기의 구성 및 단자 등 제반사항은 다음과 같다.

① 구성 : **보호판, 누름스위치, 전화잭, 응답램프, 명판, 외함**

② 단자 : 발신기 공통선, 응답 확인선, 전화선, 지구 표시선

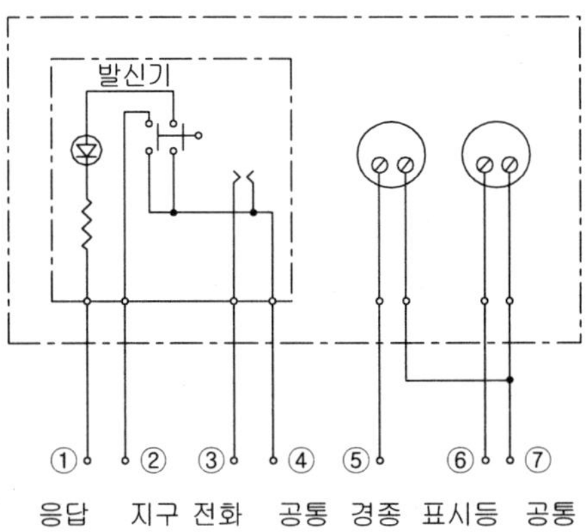


(a) 결선도

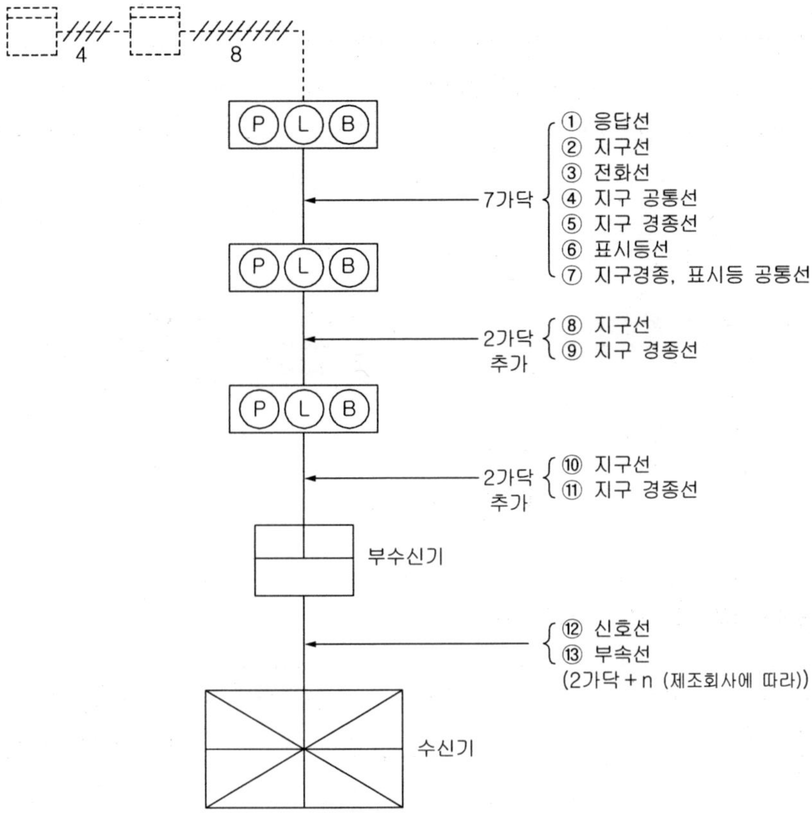


(b) 계통도

**▎ 발신기 결선도 및 계통도 ▎**

### (3) 2급 발신기

P형 2급 수신기에만 접속하여 사용한다. 누름버튼 기능만 가지며 통화가 불가능하다.

① 구성 : 보호판, 누름스위치, 명판, 외함

② 단자 : 발신기 공통선, 지구 표시선, 소화전 기동선

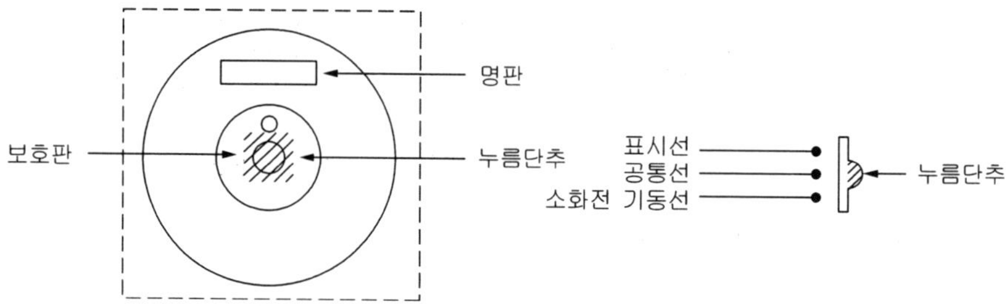


▌ 2급 발신기 ▌

### (4) 1급 발신기와 2급 발신기의 비교

| 종 별 | 누름버튼 스위치 | 전화 jack | 응답램프장치 | 접속수신기 |
|---|---|---|---|---|
| 1급 | ○ | ○ | ○ | P형 1급, R형 |
| 2급 | ○ | × | × | P형 2급 |

### (5) 방폭형 발신기

폭발성가스가 용기내부에서 폭발하였을 때 용기가 그 압력에 견디거나 또는 외부의 폭발성 가스에 인화될 우려가 없도록 만들어진 형태의 제품을 말한다.

### (6) 방수형 발신기

"방수형"이란 그 구조가 방수구조로 되어 있는 것을 말한다.

### (7) 무선식 발신기

"무선식"이란 전파에 의해 신호를 송·수신하는 방식의 것을 말한다. 작동한 발신기는 화재신호를 수신기 또는 중계기에 60초 이내 주기마다 발신하여야 한다.

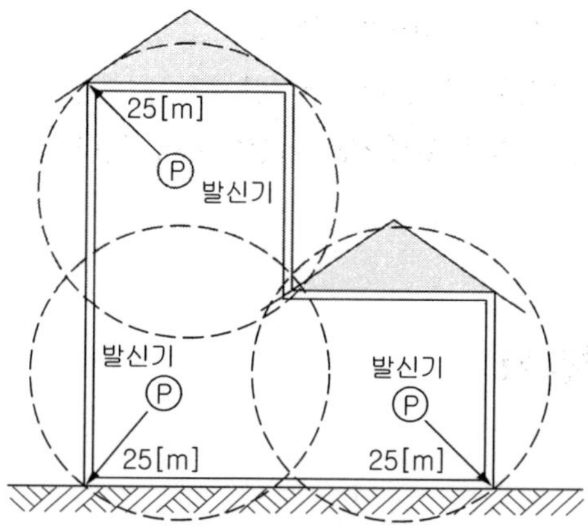


❙ 발신기의 설치거리 ❙

## 3. 발신기의 설치기준

① 조작이 쉬운 장소에 설치하고, 스위치는 바닥으로부터 0.8 [m] 이상 1.5 [m] 이하의 높이에 설치할 것.

② 특정소방대상물의 층마다 설치하되, 해당 특정소방대상물의 각 부분으로부터 하나의 발신기까지의 수평거리 **25 [m]** 이하가 되도록 할 것. 다만 복도 또는 별도로 구획된 실로서 보행거리가 40 [m] 이상일 경우는 추가로 설치한다.

③ 제②호에도 불구하고 제②호의 기준을 초과하는 경우로서 기둥 또는 벽이 설치되지 아니한 대형공간의 경우 발신기는 설치 대상 장소의 가장 가까운 장소의 벽 또는 기둥 등에 설치할 것

④ 발신기 위치를 표시하는 표시등은 함의 상부에 설치하되 그 불빛은 부착면으로부터 15° 이상의 범위 안에서 부착지점으로부터 10 [m] 이내의 어느 곳에서도 쉽게 식별할 수 있는 적색등으로 하여야 한다.

## 4. 발신기 설치 시 주의사항

① 발신기의 작동표시등은 등이 켜질 때 적색으로 표시되어야 한다.

② 조작부는 손끝으로 눌러 작동하는 방식의 발신기는 손끝에 접하는 면에 **20 [mm] 이상**의 투명한 **플라스틱**을 사용한 누름판을 설치하도록 한다. 작동기능은 2 [kg]을 초과하고 8 [kg] 이하의 범위에서 확실하게 동작되어야 하며 또한 2 [kg]의 정하중을 가하는 경우 동작되지 아니하여야 한다.

③ 발신기는 정격전압*에서 정격전류*를 흘려 **5,000회**의 작동반복시험을 하는 경우 그 구

조기능에 이상이 생기지 아니하여야 한다.

④ 발신기는 절연된 단자간의 절연저항 및 단자와 외함간의 절연저항은 DC 500 [V]의 절연저항계로 측정하는 경우 20 [MΩ] 이상이어야 한다.

# Ⅵ. 표시등, 음향장치

## 1. 표시등

발신기 **상부**에 설치하여 발신기의 위치를 알려주는 **적색**등이다.

① 발신기의 위치에서 가장 가까운 거리에 설치하고 표시등은 **항상 점등**되어 있고 적색등이어야 한다.

② 부착면에서 15° 이상의 각도로 되는 방향에 따라서 10 [m] 떨어진 곳에서 용이하게 식별할 수 있어야 한다.

③ 소켓은 접촉이 확실하여야 하며 쉽게 전구를 교체할 수 있도록 부착하여야 한다.

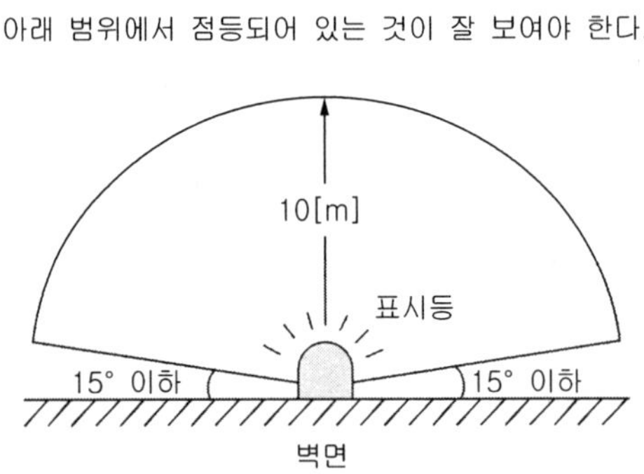


▎표시등 설치기준 ▎

* 정격전압 : 전기기기의 정격출력을 정할 때에 지정하는 전압

* 정격전류 : 전기기기의 정격출력상태에서 흐르는 전력

## 2. 음향장치

경종이란 경보기구 또는 비상경보설비에 사용하는 벨 등의 음향장치이다.

### (1) 음향장치 설치기준

① 주음향장치는 수신기의 **내부** 또는 그 **직근**에 설치할 것.

② 층수가 11**층**(공동주택의 경우에는 16층) **이상**의 특정소방대상물은 다음 각목에 따라 경보를 발할 수 있도록 하여야 한다.

㉠ **2층 이상**의 층에서 발화한때에는 발화층 및 그 직상 **4개층**에 경보를 발할 것

㉡ **1층**에서 발화한 때에는 발화층 그 직상 **4개층** 및 지하층에 경보를 발할 것

㉢ 지하층에서 발화한 때에는 발화층 그 직상층 및 그 밖의 **지하층**에 경보를 발할 것.

(단, 30층 이상 고층건축물은 2층 이상 층에서 발화한 때에는 발화층 및 그 직상 4개 층에 경보를 발하며 1층에서 발화한 때에는 발화층·그 직상 4개 층 및 지하층에 경보를 발할 수 있어야 한다.)

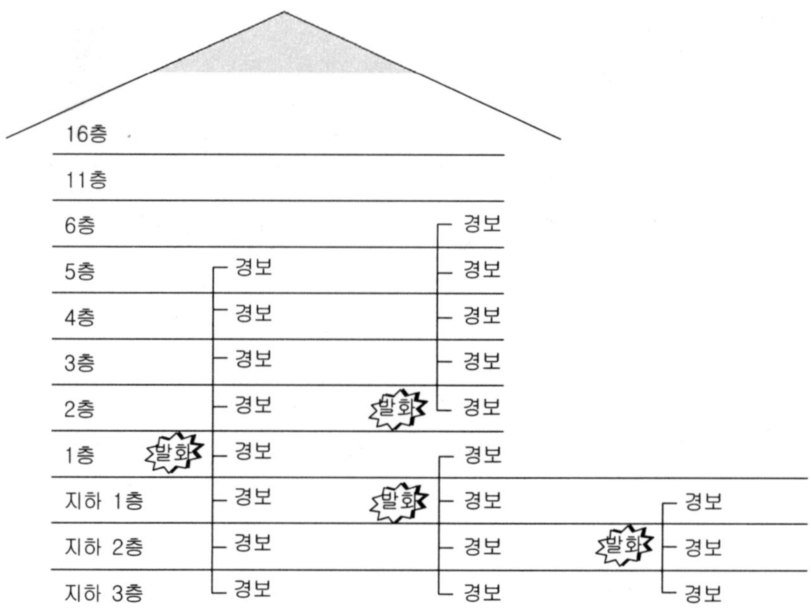


▎ 11층이상 우선경보(구분명동) 음향장치의 경보 ▎

(* 1층 이하에서 화재 시 지하는 1층을 통해서만 피난해야 하니 지하전체를 울린다.)

③ 지구음향장치는 특정소방대상물의 **층**마다 설치하되, 해당 특정소방대상물의 각 부분으로부터 하나의 음향장치까지를 수평거리가 25 [m] 이하가 되도록 할 것. 다만, 비상방송설비의 화재안전기준 규정에 적합한 방송설비를 **자동화재 탐지설비**의 **감지기**와 연동* 하여 작동하도록 설치한 경우에는 지구음향장치를 설치하지 아니할 수 있다.

④ 제③호에도 불구하고 제③호의 기준을 초과하는 경우로서 기둥 또는 벽이 설치되지 아니한 대형공간의 경우 지구음향장치는 설치 대상 장소의 가장 가까운 장소의 벽 또는 기둥 등에 설치할 것.

### (2) 음향장치의 구조 및 성능기준

① 정격전압의 **80 [%]** 전압에서 음향을 발할 수 있는 것.

② 음량은 부착된 음향장치의 중심으로부터 1[m] 떨어진 위치에서 **90 [dB]*** 이상이 되는 것으로 할 것.

③ **감지기의 작동과 연동**하여 작동할 수 있는 것으로 할 것.

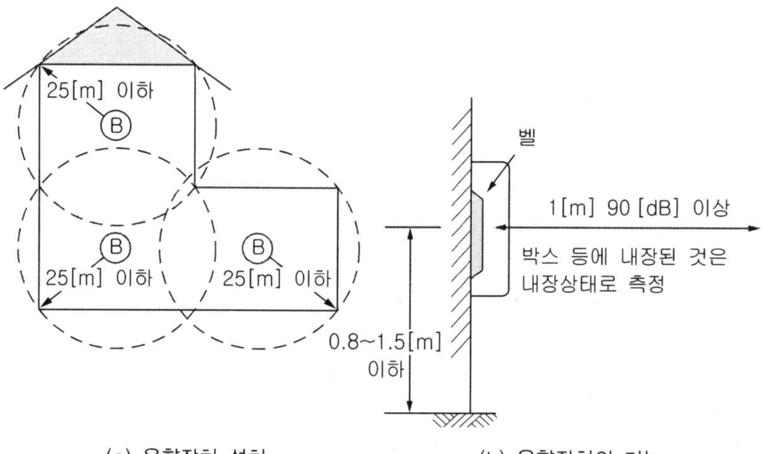


(a) 음향장치 설치 (b) 음향장치의 기능

**▎음향장치의 기능 ▎**

* 폰(phon) : 음의 강도나 소음을 나타내며 소음계 지시값으로 측정. 속삭임 10폰, 대화 40폰, 비행기 110폰 정도이다. * 연계 : 연계동작을 말함

## 3. 경종(음향장치)의 구조기능 및 시험

경종(음향장치)의 제반사항은 다음과 같다.

### (1) 구조 및 일반기능

① 외함은 불연성 또는 난연성 재질로 만들어져야 하며 뒷면커버를 합성수지로 사용하는 경우에는 (80±2)℃의 온도에서 열로 인한 변형이 생기지 아니하여야 하며, 자기 소화성이 있는 재료이어야 한다.

② 경종의 소비전류는 정격전압을 인가하는 경우 50 [mA] 이하이어야 한다.

### (2) 절연저항시험

경종의 절연된 단자간 및 단자와 외함간의 절연저항은 DC 500 [V]의 절연저항계로 측정하는 경우 20 [MΩ] 이상이어야 한다.

### (3) 주위온도시험

경종은 섭씨 영하 옥내형은 −(10±2)℃에서 (50±2)℃까지, 옥외형은 −(35±2)℃에서 (70±2)℃까지 주위온도에서 3시간 작동시키는 경우 기능에 이상이 생기지 아니하여야 한다.

### (4) 반복시험

① 정격전압에서 울림 5분, 정지 5분의 작동을 반복하여 통산한 울림시간이 8시간이 되게 하는 시험

② 정격전압에서 72시간 연속하여 울리게 하는 시험

### (5) 살수시험

방수형 또는 옥외형 경종은 맑은 물을 34.5 [kPa]의 압력으로 3개의 분무헤드를 이용하여 전면 상방에 (45±2)° 각도의 방향에서 시료를 향하여 일률적으로 1시간 이상 분사하는 경우에 내부에 물이 고이거나 기능에 이상이 생기지 아니하여야 한다.

### (6) 절연내력시험

경종의 단자와 외함간의 절연내력은 60 [Hz]의 정현파에 가까운 실효전압 500 [V](정격전압이 60 [V]를 초과하고 150 [V] 이하인 것은 1000 [V], 정격전압이 150 [V]를 초과하는 것은 그 정격전압에 2를 곱하여 1000 [V]를 더한 값)의 교류전압을 가하는 시험에서 1분간 견디는 것이어야 한다.

## 참고 자동화재탐지설비 결선도

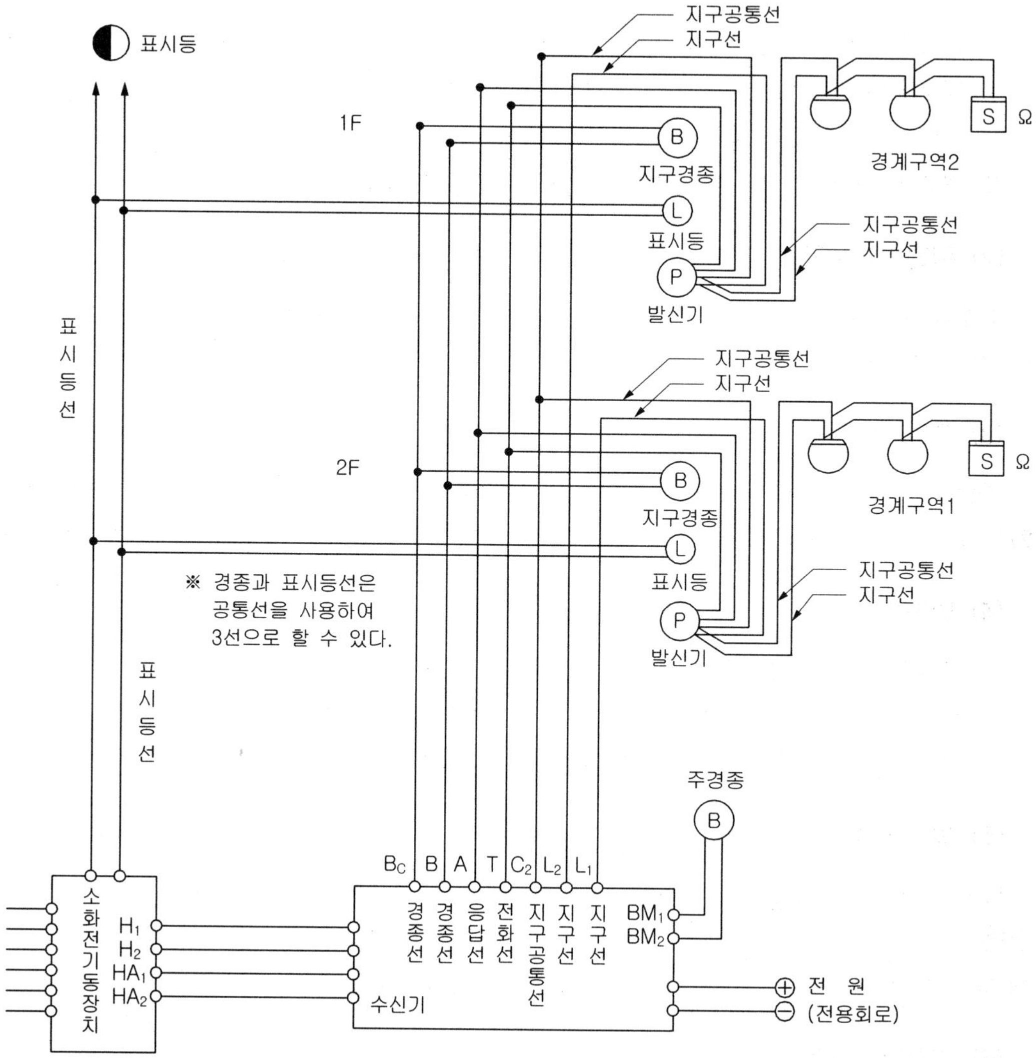


▌ 자동화재탐지설비 결선도 ▌

# 복습문제

# 경보설비

## 1 감지기

**01 다음 중 자동화재탐지설비의 주요 구성요소에 해당되지 않는 것은?**

① 수신기 ② 감지기

③ 발신기 ④ 누전경보기

설명 누전경보기는 누설전류를 경보해주는 설비에 해당된다.

**02 자동화재탐지설비를 설치하여야 할 소방대상물에 있어서 근린생활 및 복합건축물의 연면적은?**

① 600 [m$^2$] 이상 ② 1,000 [m$^2$] 이상

③ 2,000 [m$^2$] 이상 ④ 500배 이상

설명 근린생활시설 및 복합건축물은 600 [m$^2$] 이상이면 자·탐설비를 해야 한다.

**03 다음 중 열감지기의 종류에 해당되지 않는 것은?**

① 보상식 ② 차동식

③ 정온식 ④ 이온화식

설명 이온화식은 광전식과 함께 연기감지기에 해당된다.

---

1. ④ 2. ① 3. ④

**04 다음 중 차동식 분포형 감지기의 종류가 아닌 것은?**

① 공기관식
② 열전대식
③ 열반도체식
④ 감지선식

설명 감지선식은 차동식 분포형이 아닌 온도에 더 민감한 정온식 감지기에 해당된다.

**05 다음 중 정온식 감지기의 종류로 맞지 않는 것은?**

① 스포트형과 감지선형으로 구분한다.
② 감지선형은 특종, 1종, 2종으로 구분한다.
③ 스포트형은 특종, 1종, 2종으로 나눈다.
④ 스포트형과 분포형으로 구분한다.

설명 ④번은 차동식 감지기에 해당된다.

**06 자동화재탐지설비의 경계구역 설정기준으로 맞지 않는 것은?**

① 소방대상물의 주된 출입구에서 그 내부전체가 보이는 것은 1,000 [$m^2$] 이하로 할 것.
② 하나의 경계구역이 2개 이상의 층에 미치지 아니하도록 할 것(단, 바닥면적 합계가 500 [$m^2$] 이상인 경우 제외).
③ 하나의 경계구역 면적은 600 [$m^2$] 이하로 할 것.
④ 한 변의 길이는 100 [m] 이하로 할 것.

설명 한 변의 길이는 50 [m] 이하로 할 것.

**07 자동화재탐지설비의 하나의 경계구역 면적은?**

① 250 [$m^2$] 이하
② 500 [$m^2$] 이하
③ 600 [$m^2$] 이하
④ 800 [$m^2$] 이하

설명 경계구역 면적은 일반적으로 600 [$m^2$] 이하로 한다.

---

4. ④ 5. ④ 6. ④ 7. ③

**08 계단, 경사로, 엘리베이터 권상기실, 린넨슈트, 파이프피트 및 덕트 등의 부분에 대하여는 별도의 경계구역을 설정하되 하나의 경계구역의 높이는?**

① 35 [m] 이하　　② 45 [m] 이하
③ 55 [m] 이하　　④ 65 [m] 이하

설명 하나의 경계구역의 높이는 45 [m] 이하로 한다.

**09 하나의 경계구역의 면적을 1,000 [m$^2$]로 할 수 <u>없는</u> 장소는?**

① 학교의 강당 및 옥내경기장　　② 체육관 및 집회장
③ 집회장 및 관람장　　④ 사무실 및 창고

설명 사무실, 창고 등은 주 출입구에서 내부 전체가 보이는 것이 아니어서 600 [m$^2$]로 해야 한다.

**10 경계구역의 경계선으로 일반적으로 적합하지 <u>않는</u> 것은?**

① 복도　　② 통로　　③ 방화벽　　④ 계단

설명 경계구역 경계선은 일반적으로 복도, 통로, 방화벽을 기준으로 나눈다.

**11 지하층의 층수가 몇 층 이상일 때 지상층과 동일 경계구역으로 할 수 있는가?**

① 1층　　② 2층　　③ 3층　　④ 4층

설명 지하 1층일 경우 비교적 작은 건축물로 해석하여 지상층과 동일 경계구역에 산입한다.

**12 차동식 분포형 공기관식 감지기의 감열부에 해당하는 것은?**

① 리크구멍　　② 접점　　③ 다이어프램　　④ 공기관

설명 열을 감지하는 부분에 해당하는 것은 가운데가 텅 빈 구리관인 공기관(중공동관)이다.

---

8. ② 9. ④ 10. ④ 11. ① 12. ④

**13** **차동식 분포형 공기관식 감지기의 공기관의 두께 및 외경은 얼마 이상으로 하여야 하는가?**

① 두께 0.3 [mm] 이상, 외경 1.9 [mm] 이상
② 두께 0.3 [mm] 이상, 외경 1.0 [mm] 이상
③ 두께 0.4 [mm] 이상, 외경 1.9 [mm] 이상
④ 두께 0.5 [mm] 이상, 외경 1.0 [mm] 이상

설명 중공동관인 공기관의 두께 및 외경은 0.3 [mm] 이상 1.9 [mm] 이상이다.

**14** **차동식 분포형 공기관식의 검출부내의 다이어프램이 부식되어 표면에 구멍이 발생하였을 때 일어나는 현상은?**

① 동작이 빨라진다. ② 동작이 늦어진다.
③ 동작이 늦어지거나 빨라질 수도 있다. ④ 별로 이상이 없다.

설명 얇고 신축성 있는 금속 동판인 다이어프램이 열을 더 적게 받기 때문에 동작이 늦어진다.
* 다이아프램의 두께 : 0.03~0.04mm의 열을 받으면 휘어지는 얇은 황동판(구리막).

**15** **공기관식 감지기의 리크저항이 기준치 이하일 때 발생하는 현상은?**

① 작동이 빨라진다. ② 작동이 늦어진다.
③ 작동이 늦어지거나 빨라질 수도 있다. ④ 별로 이상이 없다.

설명 리크저항이 기준치 이하라면 (리크구멍이 커졌다는 해석으로) 작동이 늦어진다.

**16** **차동식 분포형 공기관식 감지기의 공기관 상호간의 접속방법은?**

① 슬리브로 압착한 후 납땜을 한다. ② 와이어 커넥터로 접속한다.
③ 비닐 절연테이프로 접속한다. ④ 슬리브 접속 후 납땜을 한다.

설명 공기관의 접속은 금속 슬리브(Sleeve), 양쪽으로 공기관을 끼우고 공기가 새지 않도록 접속부분에 납땜을 한다.

---

13. ① 14. ② 15. ② 16. ④

**17 차동식 감지기의 리크구멍이 먼지 등 이물질에 의해 막히게 되었을 때 감지기에 일어나는 현상 중 옳지 않은 것은?**

① 저항치가 높아진다.
② 감지기의 작동이 늦어진다.
③ 비화재보를 발생하는 원인이 된다.
④ 감열실 내의 압력과 외부압력의 조정이 불가능하다.

설명 열의 조절구멍인 리크구멍이 작아졌을 때의 현상은 (리크저항이 기준치 이상이 되어) 열이 많이 빠져나가자 못하므로 감지기 작동이 빨라진다.

**18 차동식 스포트형 감지기의 구성요소로서 맞지 않는 것은?**

① 감열실 ② 다이어프램 ③ 리크구멍 ④ 바이메탈

설명 온도에 민감한 접점인 바이메탈은 정온식(스포트형)으로만 생각하면 쉽다.

**19 보상식 스포트형 감지기의 성능에 해당되는 것은?**

① 광전식과 차동식의 성능을 겸한 것
② 이온화식과 정온식의 성능을 겸한 것
③ 정온식과 차동식의 성능을 겸한 것
④ 광전식과 이온화식의 성능을 겸한 것

설명 보상식은 차동식과 정온식의 구조와 성능을 보태어 만든 것이라고 생각하면 쉽다.
둘 중 하나의 성능으로 동작할 수 있으며 감지기 외형 크기가 조금 더 크다.

**20 이온화식 연기감지기의 방사선원에 의하여 방사되는 것은?**

① $\alpha$선 ② $\beta$선 ③ $\gamma$선 ④ $x$

설명 이온화식 연기감지기 동위원소는 아메리슘 241이고 방사선원은 $\alpha$선에 해당된다.

---

17. ② 18. ④ 19. ③ 20. ①

**21** **감지기 구조의 관련사항이 잘못된 것은?**

① 차동식 스포트형 : 리크구멍
② 광전식 감지기 : 광전소자 및 수광소자
③ 열전대식 감지기 : 미터릴레이
④ 정온식 감지기 : 공기관식

설명 정온식은 스포트형과 감지선형으로 구분하여 공기관식은 차동식 분포형에 해당된다.

**22** **감지기의 부착높이가 4 [m] 이상이 아닌 것은?**

① 광전식 2종　② 이온화식 2종
③ 정온식 스포트형 2종　④ 광전식 2종

설명 정온식은 특종, 1종, 2종으로 구분되므로 정온식스포트형 2종은 4m 이상을 감지하기 어렵다.

**23** **감지기 부착높이가 15 [m] 이상 20 [m] 미만일 경우 어떤 감지기를 설치하여야 하는가?**

① 차동식 1종　② 보상식 1종　③ 정온식 특종　④ 광전식 1종

설명 보기 중 광전식은 연기감지기로서 15~20m의 높은 곳에 설치할 수 있는 능력이 된다.
(* 연기는 고체미립자로서 연기감지기가 열감지기보다 더 높은 곳에 설치가 가능하다.)

**24** **다음은 3종 연기감지기의 설치기준이다. 해당되지 않는 것은?**

① 복도 및 통로에 있어서는 보행거리 20 [m] 마다 1개 이상
② 계단 및 경사로에 있어서는 수직거리 10 [m] 마다 1개 이상
③ 천장 또는 반자가 낮은 실내 또는 좁은 실내에 있어서는 출입구의 가까운 부분에 설치할 것.
④ 천장 또는 반자 부근에 배기구가 있는 경우에는 떨어진 그 부근에 설치할 것.

설명 천장 또는 배기구가 있는 경우는 연기가 배기구로 바로 빠져나가기 때문에 배기구 가까운 부근에 설치해야 한다.

---

21. ④　22. ③　23. ④　24. ④

**25** **차동식 분포형 감지기를 제외한 감지기는 실내로의 공기 유입구로부터 몇 [m] 이상 떨어진 위치에 설치하여야 하는가?**

① 0.3 [m] ② 0.6 [m] ③ 1.0 [m] ④ 1.5 [m]

**설명** 스포트형 열감지기는 실내로의 공기유입구가 있는 경우 1.5 [m] 떨어진 위치에 설치되어야 공기유입구를 들어오는 열로 인한 오동작을 방지할 수 있다.

**26** **차동식 분포형 공기관식 감지기에서 공기관의 접속에 대하여 적합하지 않는 것은?**

① 공기관의 노출부분은 감지구역마다 20 [m] 이상이 되도록 할 것.
② 하나의 검출부분에 접속하는 공기관의 길이는 100 [m] 이하가 되도록 할 것.
③ 공기관은 도중에서 분기하지 아니하도록 할 것.
④ 검출부는 45° 이상 경사되지 아니하도록 할 것.

**설명** 차동식분포형 혹은 차동식스포트형 감지기는 열만을 감지하기 때문에 45° 이상 경사되지 않으면 되지만 검출부는 민감한 부분이기 때문에 5° 이상 경사되지 아니하도록 해야 한다.

**27** **연기감지기 1, 2종의 부착높이가 10 [m]인 장소에 설치하는 경우 바닥면적의 몇 [$m^2$]인 경우 1개 이상을 설치하는가?**

① 50 [$m^2$] ② 75 [$m^2$] ③ 100 [$m^2$] ④ 150 [$m^2$]

**설명** 연기감지기 1, 2종의 경우 4 [m] 미만의 경우 150 [$m^2$]당 1개 이상 설치되지만 부착높이 4 [m] 이상 20 [m] 미만의 경우는 감지 능력이 약하기 때문에 그 두 배인 75 [$m^2$] 당 1개 이상(즉 150 $m^2$ 이라면 2개가 된다.)을 설치해야 한다고 개념을 잡아주면 이해가 쉽다.

**28** **복도 및 통로에 있어서 3종 연기감지기를 설치하고자 한다. 설치기준에 해당되는 것은?**

① 보행거리 15 [m]마다 1개 이상
② 수평거리 20 [m]마다 1개 이상
③ 수직거리 10 [m]마다 1개 이상
④ 보행거리 20 [m]마다 1개 이상

**설명** 계단 및 경사로는 수직(직선)거리이지만 복도 및 통로는 구부러진 곳이 있기 때문에 "보행거리" 라는 규정과 함께 1, 2종은 30 [m], 3종은 20 [m]마다 1개 이상 설치해야 한다.

---

25. ④ 26. ④ 27. ② 28. ④

**29** **연기감지기의 설치 개수로서 옳지 <u>않은</u> 것은?**

① 복도 및 통로에 설치하는 1, 2종 감지기는 보행거리 30 [m] 마다 1개 이상 설치
② 복도 및 통로에 설치하는 3종 감지기는 보행거리 20 [m] 마다 1개 이상 설치
③ 계단 및 경사로에 설치하는 1, 2종 감지기는 수직거리 20 [m] 마다 1개 이상 설치
④ 계단 및 경사로에 설치하는 3종 감지기는 수직거리 10 [m] 마다 1개 이상 설치

설명 계단 및 경사로의 1, 2종 연기감지기는 수직거리 15 [m] 마다 1개 이상 설치해야 한다.

**30** **출입구 부근에 연기감지기를 설치하는 경우?**

① 감지기의 유효면적이 충분할 때
② 부착할 반자 또는 천장이 목조건물일 때
③ 반자가 높은 실내 또는 넓은 실내일 때
④ 반자가 낮은 실내 또는 좁은 실내일 때

설명 반자가 2.3 [m] 미만이거나 실내가 40 [$m^2$] 미만인 거실은 출입구 부근에 설치하여야 한다.

**31** **다음 소방대상물 중 연기감지기가 적응되지 <u>않는</u> 장소?**

① 계단 ② 복도
③ 통로 ④ 보일러실

설명 보일러실은 온도가 높기 때문에 연기감지기 보다 열 감지기(정온식)를 설치해야 한다.

**32** **공기관식 차동식 분포형 감지기를 설치할 때 경사진 천장의 경우 일반적으로 경사각도가 얼마인 경우에는 평면으로 간주하는가?**

① 3/10 미만 ② 3/10 이상
③ 3/10 이하 ④ 3/10 초과

설명 공기관식에서 경사진 천장의 경우 3/10 미만은 평면으로 간주한다.

---

29. ③ 30. ④ 31. ④ 32. ①

**33 차동식 분포형 감지기의 공기관이 새는 곳이 있을 경우 이를 측정하기 위한 측정기는?**

① 가연시험 ② 가열시험기 ③ 마노미터 ④ 볼트미터

설명 마노미터는 공기누설측정기에 해당된다.

**34 자동화재탐지설비의 감지기의 동작과 연동해서 동작시키지 <u>않아도</u> 되는 소화설비는?**

① 스프링클러소화설비
② $CO_2$ 소화설비
③ 호스릴 포소화설비
④ 분말소화설비

설명 자·탐(자동화재탐지)설비 감지기와 연동(연결동작)시키지 않아도 되는 설비는 이동식 포말소화설비(호스릴 포소화설비)에 해당된다.

**35 감지기의 절연저항시험 중 감지기의 절연된 단자간의 절연저항 및 단자와 외함간의 절연저항은 DC 500 [V]의 절연저항계로 측정한 값은? (단, 정온식 감지선형 감지기 제외)**

① 50 [MΩ] 미만
② 50 [MΩ] 이하
③ 50 [MΩ] 초과
④ 50 [MΩ] 이상

설명 감지기 단자 절연저항은 50 [MΩ] 이상에 해당된다.
(※ 절연저항을 묻는 문제는 "주로" 0.1 [MΩ] 또는 50 [MΩ] 이상에 해당된다.)

## 2 수신기

**36 다음 중 수신기의 종류에 적합하지 <u>않는</u> 것은?**

① GP형 ② GR형 ③ P형 ④ T형

설명 수신기는 ①, ②, ③ 외 R형 등이 있다. (* T형은 발신기의 과거 법령에 있었다)

---

33. ③ 34. ③ 35. ④ 36. ④

**37** 자동화재탐지설비 중 P형 1급 수신기의 기능에 해당되지 않는 것은?

① 부표시장치
② 화재표시 작동시험장치
③ 외부배선 도통시험장치
④ 발신기와 전화연락장치

설명 부표시장치는 부수신기에 해당되며 P형 1급 수신기능은 ②, ③, ④외에 주전원, 예비전원 전환장치와 예비전원 양부시험장치 등이 있다.

**38** P형 2급 수신기에 비해 P형 1급 수신기의 기능에만 해당되는 것은?

① 화재표시 작동시험장치
② 예비전원 양부시험
③ 정전 시 예비전원으로 복구 시 주전원으로 자동절환장치
④ 수신기와 발신기 사이의 전화연락장치

설명 외부배선 도통시험장치와 전화연락장치는 P형 1급 수신기만 해당된다.

**39** 자동화재탐지설비의 수신기의 전압계 지시치가 0인 경우 관계가 없다고 판단되는 것은?

① 전압계 고장
② 정류기 고장
③ 감지기의 고장
④ 전원전압 회로의 고장

설명 문제에서 "수신기와 관계없는", 질문 시에는 보기 중 주로 감지기쪽이 해당된다고 생각하면 쉽다.

**40** 자동화재탐지설비에서 비 화재보가 계속되는 경우의 조치로서 적당하지 않는 것은?

① 감지기회로 배선의 절연상태조사
② 수신기 내부의 계전기 기능 조사
③ 전원회로의 전압계의 지시치 확인
④ 감지기 설치장소에 이상온도가 반입체가 있는지 조사

설명 정화재보나 비화재보가 울릴 경우는 전압은 크게 이상이 없다는 것으로 해석되므로 전압계 지시치 확인(24 [V])은 적당하지 않다.

---

37. ① 38. ④ 39. ③ 40. ③

**41** **R형 수신기의 기능으로 적당하지 않는 것은?**

① 화재표시작동시험장치
② 수신기와 감지기사이의 외부배선의 도통시험장치
③ 예비전원 양부시험장치
④ 교류전원과 예비전원 사이의 자동절환장치

설명 R형은 ①, ③, ④외 단선, 단락검출장치와 경계구역 기록장치, 표시장치가 있으며, 도통시험장치는 P형1급 수신기만 해당된다.

**42** **R형 수신기의 특징으로 틀린 것은?**

① 선로수가 적게 들어 경제적이다.
② 증설 또는 이설이 비교적 용이하다.
③ 신호의 전달이 정확하다.
④ 선로의 길이를 짧게 할 수 있다.

설명 ①, ②, ③외에 선로길이를 길게 할 수 있으며 R형은 레코드(record)형이기 때문에 화재발생지구를 숫자로 표시할 수 있다는, 5가지는 중요한 내용에 해당된다.

**43** **4층 이상의 소방대상물에 설치하는 자동화재탐지설비의 수신기로 옳은 것은?**

① P형 1급 수신기 또는 P형 2급 수신기
② P형 2급 수신기 또는 GR형 수신기
③ P형 1급 수신기 또는 R형 수신기
④ P형 2급 수신기 또는 R형 수신기

설명 P형 1급과 R형 수신기는 4층 이상 대상물에 설치된다.

**44** **수신기의 설치위치로 적당하지 않는 것은?**

① 수위실
② 비서실
③ 중앙방재실
④ 숙직실 또는 관리실

설명 수신기 설치위치로 비서관이나 주로 여자들이 사무를 보는 방인 비서실은 적당하지 못하다.

---

41. ② 42. ④ 43. ③ 44. ②

**45** **다음 중 수신기 설치장소로 옳지 않은 것은?**

① 충격, 진동의 영향을 받지 않는 곳
② 상시 사람이 있는 곳
③ 화재 발생 우려가 많은 곳
④ 직사광선을 정면으로 받지 않는 곳

설명 수신기는 화재발생 우려가 없는 곳에 설치하여야 화재감지나 발신동작을 수신할 수 있다.

**46** **자동화재탐지설비의 수신기의 화재표시 작동시험과 관계없는 것은?**

① 접점수고시험
② 화재표시 램프의 시험
③ 지구표시 램프의 시험
④ 음향장치시험

설명 접점수고시험은 감지기 검출부 내 접점간격이 적당한가를 알아보는 시험이다.

**47** **회로도통시험이란 무엇을 하기 위한 시험인가?**

① 배선의 단선유무 시험
② 회로말단의 발신기의 작동시험
③ 수개 회로의 동시작동시험
④ 화재표시작동시험

설명 회로도통시험이란 회로 배선의 단선 유무와 기기접속상황 시험으로서 수시 기능시험에 해당되며 기구로는 회로시험기(테스터기)로서 시험할 수 있다.

**48** **수신기의 동시작동 시험은 몇 회선을 동시에 작동시켜 실시하는가?**

① 3회선 ② 4회선 ③ 5회선 ④ 6회선

설명 "동시 작동" 하면 5회선으로 생각하면 쉽다.(* 5회선 미만은 전회선)

45. ③ 46. ① 47. ① 48. ③

**49** **자동화재탐지설비의 수신기에 사용하는 전압계의 최대 눈금은 정격회로전압의 몇 [%]로 하여야 하는가?**

① 100 [%] 이상 160 [%] 이하
② 120 [%] 이상 180 [%] 이하
③ 140 [%] 이상 200 [%] 이하
④ 130 [%] 이상 190 [%] 이하

설명 140 [%] 이상 200 [%] 이하에 해당된다. (수신기 형식승인기준 제4조 4항)

## 3 발신기

**50** **발신기의 공통인 신호를 수신기에 발신하는 것은?**

① 자동
② 전자동
③ 수동
④ 자동 혹은 수동

설명 "발신기"란 화재발생 신호를 수신기 또는 중계기에 수동으로 발신하는 것을 말한다.

**51** **발신기의 스위치 보호판에 사용하는 유리의 두께로 가장 적당한 것은?**

① 10 [mm]
② 20 [mm]
③ 30 [mm]
④ 40 [mm]

설명 발신기 스위치는 20 [mm] 이상의 투명한 유기질 유리를 사용한다.

**52** **다음 중 발신기의 구분이 아닌 것은?**

① 옥외형, 옥내형
② 방폭형, 비방폭형
③ 도로형, 비도로형
④ 방수형, 비방수형

설명 발신기는 설치장소에 따라 옥외형과 옥내형으로, 방폭구조 여부에 따라 방폭형 및 비방폭형으로, 방수성 유무에 따라 방수형 및 비방수형으로 구분한다.

49. ③ 50. ③ 51. ② 52. ③

**53** **발신기는 정격전압에서 정격 전류를 흘러 몇 회의 작동반복시험을 하는 경우 그 구조 또는 기능에 이상이 생기지 아니하여야 하는가?**

① 400 ② 600 ③ 800 ④ 5,000

설명 발신기 작동반복시험은 5,000회에 해당된다.

**54** **발신기 푸쉬버튼을 작동 시 화재표시등이 점등되지 않았다. 원인으로 적당하지 않는 것은?**

① 수신기의 불량
② 발신기의 접점 불량
③ 배선의 단락
④ 응답램프의 불량

설명 누름 버튼을 작동 시 표시등이 켜지지 않았다면 ①, ②, ③에 해당되며 응답램프의 불량은 누름 버튼 스위치와는 해당되지 않으며 전화잭을 꽂았을 때의 이상유무 관계이다.

## 4 중계기

**55** **중계기의 반복시험은 몇 회 이상 실시하는가?**

① 1,000회 ② 2,000회 ③ 5,000회 ④ 10,000회

설명 중계기 반복시험은 2,000회에 해당된다. (중계기의 형식승인 및 제품검사의 기술기준 제10조)

**56** **중계기의 설치기준에 관한 설명 중 맞지 않는 것은?**

① 중계기는 수신기와 감지기 사이에 설치하여야 한다.
② 항상 사람이 상주하는 곳에 설치하여야 한다.
③ 점검이 편리한 곳에 설치하여야 한다.
④ 화재 및 침수 등의 재해로 인한 피해를 받을 우려가 없는 장소에 설치한다.

설명 중계기는 항상 사람이 상주하는 곳보다 점검할 수 있는 곳이어야 한다. (화재안전기준 제6조)

---

53. ④ 54. ④ 55. ② 56. ②

57 **다음 중 중계기 설치기준에 맞지 않는 것은?**

① 조작 및 점검이 편리하고 방화상 유효한 장소에 설치할 것
② 중계기는 상용전원의 시험을 할 수 있어야 한다.
③ 수신기에서 직접 감지기회로의 도통시험을 행하지 아니할 때 수신기측에 설치한다.
④ 중계기는 예비전원의 시험을 할 수 있어야 한다.

설명 중계기는 수신기에서 직접 감지기회로의 도통시험을 행하지 아니할 때에는 수신기와 감지기 사이에 설치해야 한다.(* 이유는 수신기와 감지기 사이에 중계기를 설치하여 단선유무의 도통시험을 할 수 있어야 한다.)

58 **중계기의 구조 및 기능에 관한 설명으로 옳지 않은 것은?**

① 정격전압이 50 [V]를 넘는 중계기의 강판 외함에 접지단자를 설치한다.
② 예비전원회로에는 퓨즈 등 과전류 보호장치를 설치하여야 한다.
③ 예비전원을 병렬로 접속하는 경우는 역충전 방지 등의 조치를 강구하여야 한다.
④ 수신개시로부터 발신개시까지의 시간이 5초 이내이어야 한다.

설명 60 [V]를 넘는 외함에는 접지단자를 설치해야 한다. (중계기의 형식승인 및 제품검사의 기술기준 제3조)

## 5 음향장치

59 **특정소방대상물의 각 부분으로부터 음향장치까지의 수평거리는 몇 [m] 이하인가?**

① 10 ② 15
③ 20 ④ 25

설명 각 부분으로부터 음향장치까지의 수평거리는 25 [m] 이하이다. (NFSC 203 제8조)

57. ③ 58. ① 59. ④

**60** **자동화재탐지설비의 음향장치의 설치기준으로 적합하지 않은 것은?**

① 주 음향장치는 수신기의 내부 또는 그 직근에 설치한다.
② 정격전압의 80 [%] 전압에서 음향을 발하여야 한다.
③ 층수가 11층(공동주택의 경우에는 16층) 이상의 특정소방대상물에서 2층 이상의 층에서 발화한 때에는 발화층 및 그 직상 4개층에 경보를 발한다.
④ 층수가 11층(공동주택의 경우에는 16층) 이상의 특정소방대상물에서 1층 이상의 층에서 발화한 때에는 발화층 및 그 직상 4개층에 경보를 발한다.

설명 11층(공동주택의 경우에는 16층) 이상의 특정소방대상물에서 1층에서 발화한 때에는 발화층 그 직상 4개층 및 지하층에 경보를 발할 것

■ 공동주택(共同住宅): 하나의 건물 안에서 여러 세대가 각각 독립된 생활을 할 수 있게 만들어진 주택. 아파트, 연립주택, 다세대주택, 기숙사 등

**61** **음향장치의 단자간 및 단자와 외함간의 절연저항은?**

① 5 [MΩ] 이상 ② 20 [MΩ] 이상
③ 50 [MΩ] 이상 ④ 1,000 [MΩ] 이상

설명 음향장치 단자간 및 단자와 외함간의 절연저항은 DC 500 [V]의 절연저항계로 측정하는 경우 20 [MΩ] 이상이다. (경종 형식승인 및 제품검사의 기술기준 제10조)

**62** **자동화재탐지설비에 사용하는 음향장치의 설치기준에 적합하지 않는 것은?**

① 주 음향장치는 수신기의 내부 또는 그 직근에 설치한다
② 정격전압의 80 [%] 전압에서 음향을 발하여야 한다.
③ 층수가 11층(공동주택의 경우에는 16층) 이상의 특정소방대상물에서 2층 이상의 층에서 발화한 때에는 발화층 및 그 직상 4개층에 경보를 발한다
④ 층수가 11층(공동주택의 경우에는 16층) 이상의 특정소방대상물에서 1층 이상의 층에서 발화한 때에는 발화층 및 그 직상 4개층에 경보를 발한다.

설명 11층(공동주택의 경우에는 16층) 이상의 특정소방대상물에서 1층에서 발화한 때에는 발화층 그 직상 4개층 및 지하층에 경보를 발할 것

■ 공동주택(共同住宅): 하나의 건물 안에서 여러 세대가 각각 독립된 생활을 할 수 있게 만들어진 주택. 아파트, 연립주택, 다세대주택, 기숙사 등

60. ② 61. ② 62. ④

## exercise

❶ 경계구역에 대하여 설명하시오.

❷ 수신기 설치기준에 대해 서술하시오.

❸ P형과 R형 수신기를 비교 설명하시오.

❹ 감지기 종류와 동작원리에 대하여 기술하시오.

❺ 연기감지기 설치장소와 모든 감지기 설치제외장소를 열거하시오.

❻ 중계기 설치기준을 설명하시오.

❼ 발신기의 정의와 설치장소에 따라, 방폭구조 여부에 따라, 방수성 유무에 따라 그 구분을 분류하시오.

❽ 표시등과 음향장치 설치기준을 설명하시오.

❾ 자동화재탐지설비에 대하여 설명하시오.

❿ 자동화재탐지설비 결선도를 그리시오.

# 제 2 편

# 기타경보설비

제 1 절

# 자동화재속보설비

## 1. 개 요

화재 시 자동적으로 화재대상물의 위치 및 화재발생(화재신호)을 음성으로 소방관서 통보하여 주는 설비이다.

아래도면은 자동화재속보설비의 연계구성을 나타낸 것이다. 자동화재속보설비는 소방관서 등에 곧바로 연락되는 설비이므로 “자동화재탐지설비”와 연동하여 소방서에 직접 연결되도록 되어 있다. 하지만 최근에 와서는 재난예방에 대한 국민의식과 셀룰러폰(Cellular Phone)의 증가로 업무시설 등에서는 그 실효성이 축소화되고 있다.

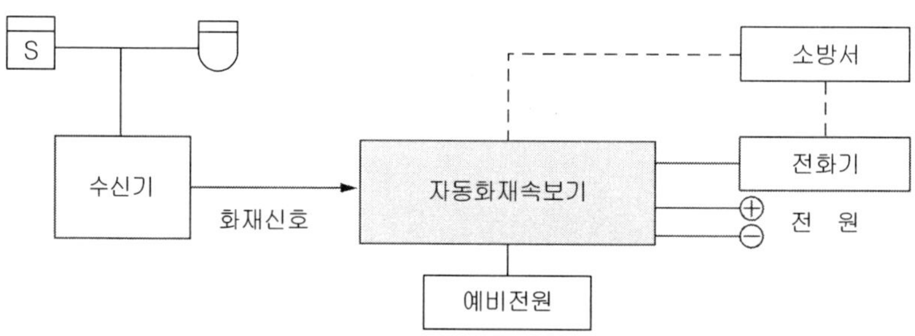


❙ 자동화재속보설비 구성 ❙

## 2. 기 능

자동화재속보설비의 기능은 소방대상물에 화재가 발생 시 신속하게 소방관서에 자동적으로 통보해주는 설비로서 일반적으로 동작원리는 화재감지기에서 감지된 신호를 수신기에서 신호를 받아 신고를 알려 119 상황실에 접수시키는 각지(覺知)설비이다.

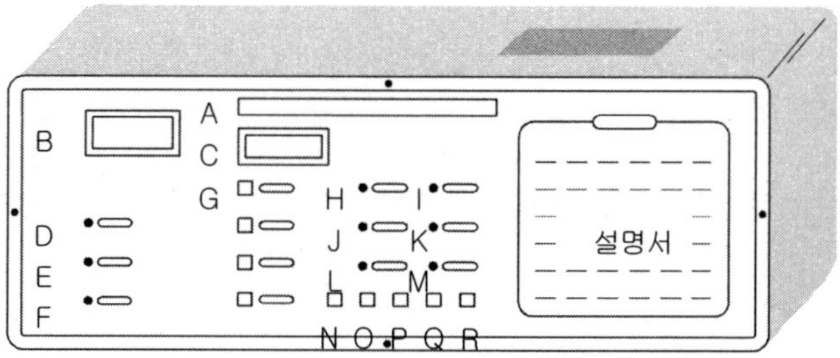


| A 속보기 명판 | J 비상신고 표시등 |
|---|---|
| B 전압계 | K 음성송출 표시등 |
| C 작동시간 표시창 | L 신고 표시등 |
| D 교류전원 감시등 | M 대기 표시등 |
| E 예비전원 감시등 | N 비상신고 Sw |
| F 축전지 감시등 | O 예비전원시험 Sw |
| G RESET Sw | P 전화 Sw |
| H 화재 감시등 | Q 교류전원 Sw |
| I 전화 표시등 | R 복구 Sw |

▌119 자동화재 속보기 전면 ▌

## 3. 특 징

자동화재속보설비의 특징은 다음과 같다.

① **자동화재탐지설비와 연동***으로 작동되어 사람이 없어도 화재 발생 시 언제든지 신속한 속보가 가능하다.

② 부가적으로 특정소방대상물의 관계인에게 화재발생상황을 전달되도록 할 수 있다.

③ 소방관서에 통신망으로 통보하도록 하며, 데이터 또는 코드전송방식을 부가적으로 설치할 수 있다.

④ 문화재에 설치하는 자동화재속보설비는 속보기에 감지기를 직접 연결하는 방식(자동화재탐지설비 1개의 경계구역에 한한다)으로 할 수 있다.

⑤ 스위치는 바닥으로부터 **0.8[m] 이상 1.5[m] 이하**의 높이에 설치한다.

⑥ 예비전원은 자동적으로 충전되어야 하며 자동과충전방지장치가 있어야 한다.

* 연동 : 연결동작

## 4. 기 능

① 작동신호를 수신하거나 수동으로 동작시키는 경우 20초 이내에 소방관서에 자동적으로 신호를 발하여 통보하되, 3회 이상 속보할 수 있어야 한다.

② 주전원이 정지한 경우에는 자동적으로 예비전원으로 전환되고, 주전원이 정상상태로 복귀한 경우에는 자동적으로 예비전원에서 주전원으로 전환되어야 한다.

③ 송수화장치가 정상위치가 아닌 경우에도 연동이나 수동으로 속보가 가능하여야 한다.

④ 예비전원은 감시상태를 60분간 지속한 후 10분 이상 동작(화재속보 후 화재표시 및 경보를 10분간 유지하는 것을 말한다)이 지속될 수 있는 용량이어야 한다.

⑤ 속보기는 연동 또는 수동 작동에 의한 다이얼링 후 소방관서와 전화접속이 이루어지지 않는 경우에는 최초 다이얼링을 포함하여 10회 이상 반복이 이루어져야 한다.
이 경우 매회 다이얼링 완료 후 호출은 30초 이상 지속되어야 한다.

## 5. 법적 설치대상물

자동화재속보설비를 설치하여야 하는 특정소방대상물은 다음과 같다.

① 업무시설, 공장, 창고시설, 교정 및 군사시설 중 국방·군사시설, 발전시설(사람이 근무하지 않는 시간에는 무인경비시스템으로 관리하는 시설만 해당)로서 바닥면적이 **1천5백** [$m^2$] **이상**인 층. 다만, 사람이 24시간 상시 근무하고 있는 경우에는 자동화재속보설비를 설치하지 않을 수 있다.

② 숙련시설(숙박시설이 있는 건축물만 해당한다)로서 바닥면적이 **500**[$m^2$] **이상**인 층이 있는 것. 노유자 생활시설, 의료시설 중 요양병원, 층수가 30층 이상인 것 등

③ 「문화재보호법」에 따라 보물 또는 국보로 지정된 목조건축물 등

■ **특정소방대상물의 정의**

특정소방대상물은 법령에 특별히 정해진 소방대상물로서 소방시설을 설치하여야 하는 소방대상물을 말한다. 즉, 소방시설을 필요로 하는 공장, 아파트 등은 "특정소방대상물" 이다. 하지만 단독주택, 산림 등은 소방시설이 설치되어 있지 않아서 특정소방대상물이라고 하지 않으나 언제나 화재 가능성은 있기 때문에 화재 시 소방대원이 소화가 가능한 대상물로서 "소방대상물" 이라고 칭한다.

* 특정소방대상물 : 소방시설을 설치하여야 하는 소방대상물을 말한다.

## 제2절 비상경보설비

### 1. 개 요

비상경보설비는 비상벨과 자동식 사이렌으로 구성되며 화재 시 자동화재탐지설비 등에 의해서 감지된 화재를 신속하게 소방대상물 경보하여 피난 또는 초기소화* 진압을 하기 위한 설비이다.

### 2. 종 류

비상벨설비, 자동식사이렌설비 : 수용인원이 적은 소규모 대상물에 설치한다.

### 3. 구조 및 기능

#### (1) 비상경보설비 (비상벨 및 자동식 사이렌)

화재 시 기동장치를 수동 및 자동으로 음향장치를 통하여 화재를 통보하는 장치이다.

① 음향장치는 정격전압의 80 [%] 전압에서 음향을 발할 수 있도록 하여야 한다.

② 전원 전압이 기준치(± 20 [%])를 변하더라도 기능에는 이상이 없어야 한다.

③ 음압은 음향의 중심으로부터 1 [m] 떨어진 위치에서 **90 [dB]** 이상이어야 한다.

④ 각 층마다 그 층의 각 부분으로부터 하나의 음향장치까지 수평거리는 **25 [m]** 이하가 되도록 할 것

⑤ 기동장치는 바닥으로부터 높이 **0.8 [m] 이상 1.5 [m] 이하**의 위치에 설치하고 그 상부에 적색 표시등을 부착할 것

---

* 초기소화 : 건축물의 관계인(소유자·관리자·점유자)이 소방차가 도착하기 전 할 수 있는 소화

## 4. 비상경보설비의 특징

일반적인 제반사항에 대해 알아본다.

① 자동화재탐지설비 이외에 인위적으로 행하는 설비이다(자동 및 수동으로 행한다).

② 업무용 방송설비와 겸용할 수 있다.

③ 필요한 층을 임의로 선택하면서 화재를 알릴 수 있다.

④ 비교적 설비가 간단하고 설비비가 저렴하다.

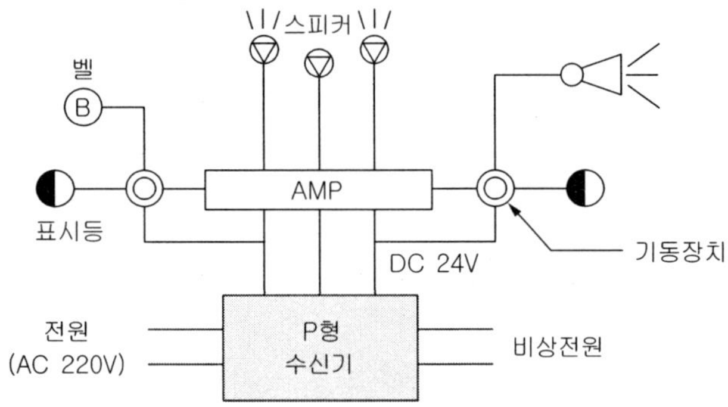


❙ 비상경보설비 ❙

⑤ 비상벨설비 또는 자동식 사이렌설비에는 그 설비에 대한 감시상태를 **60분간 지속한 후** 유효하게 **10분**(단, 30층 이상은 30분) **이상** 경보할 수 있는 축전지설비(수신기에 내장하는 경우를 포함)를 설치하여야 한다.

⑥ 전원은 전기가 정상적으로 공급되는 **축전지** 또는 **교류전압 옥내간선**으로 하고 전원까지의 배선은 전용으로 할 것

## 5. 비상벨

① 비상벨의 구성은 다음과 같다.

| 구성요소 | 기 능 |
|---|---|
| ① 기동장치 | 푸쉬버튼 스위치(발신기) |
| ② 음향장치 | 사이렌 등 |
| ③ 표 시 등 | 필요시 설치하여 위치 및 작동을 표시 |
| ④ 배 선 | 전원 배선 및 기기 상호간의 배선 |
| ⑤ 전 원 | 상용전원, 비상전원 |

다음은 비상벨 경보설비의 구성을 나타낸 것으로 조작장치, 표시등, 기동장치, 비상벨 또는 사이렌 그리고 상용전원과 비상전원 등으로 구성된다.

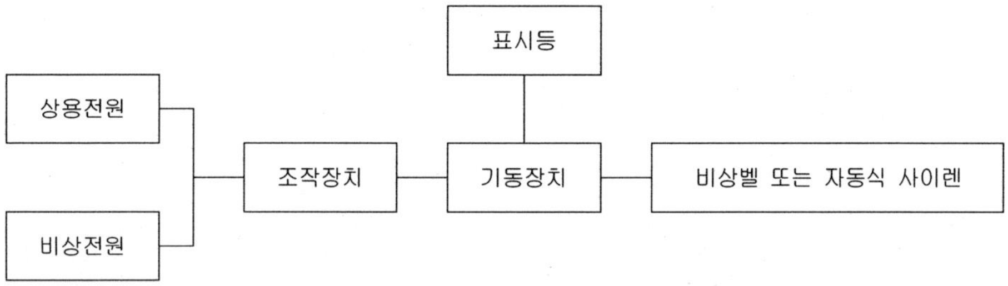


**▎비상경보설비 구성 ▎**

## 6. 자동식 사이렌

소방시설은 소화설비, 경보설비, 피난설비 등으로 구분되며 자동식 사이렌설비는 비상벨설비와 함께 비상경보설비로서 경보설비에 속한다. 자동식 사이렌설비는 부식성 가스 또는 습기 등으로 인하여 부식의 우려가 없는 장소에 설치하며 그 구분은 다음과 같다.

**▎자동식 사이렌설비 ▎**

| 구 분 | 내 용 | 비 고 |
|---|---|---|
| ① 용도 분류 | 옥내용 | 실 내 |
| | 옥외용 | 실 외 |
| ② 원 리 | 풍속 저항을 이용 | |
| | 특수 가동편을 진동 | |
| ③ 자동식 사이렌의 구성 장치 | 음향발생장치 | 일체형 |
| | 기동장치 | |
| ④ 사용전압 | 단상 교류 | 학교, 직장, 교회 등 |
| | 3상 교류전압 | 관공서, 공장, 시청, 군, 면 |

※ 단독경보형 감지기는 각 실(이웃하는 실내의 바닥면적이 각각 30 [$m^2$] 미만이고 벽체 상부의 전부 또는 일부가 개방되어 공기가 상호 유통되는 경우 1실로 본다)마다 설치하되 바닥면적이 150 [$m^2$]를 초과하는 경우 150 [$m^2$] 마다 1개 이상 설치할 것. 또한 음압은 음향장치의 중심선으로부터 1 [m] 떨어진 지점에서 70 [db(데시벨)] 이상이어야 한다.

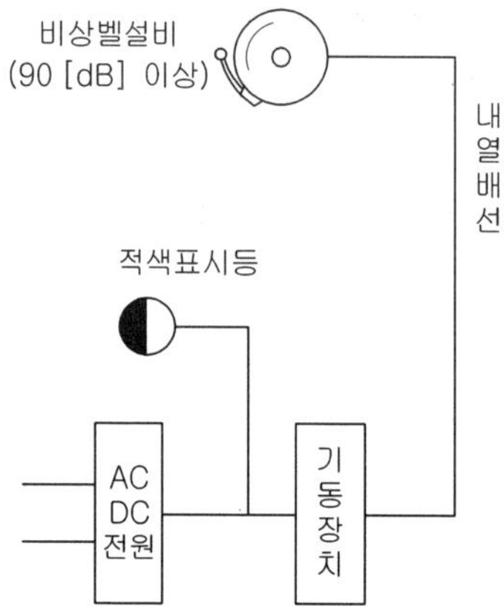


┃ 비상벨 ┃

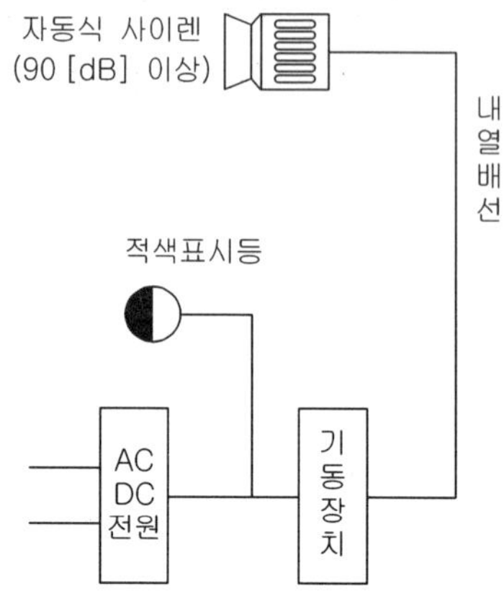


┃ 자동식 사이렌 ┃

## 7. 법적 설치대상물

비상경보설비를 설치하여야 하는 특정소방대상물은 다음과 같다.

① 비상경보설비는 연면적 400 [m$^2$] 이상(지하가 중 터널, 사람이 거주하지 않는 곳, 벽이 없는 축사를 제외한다), 지하층, 무창층의 바닥면적 150 [m$^2$] 이상 공연장 100 [m$^2$] 이상인 소방 대상물에 설치하여야 한다.

② 지하가 중 터널길이가 500 [m] 이상인 것

③ 50인 이상 근로자가 작업하는 옥내작업장

④ 가스시설, 지하구는 제외한다.

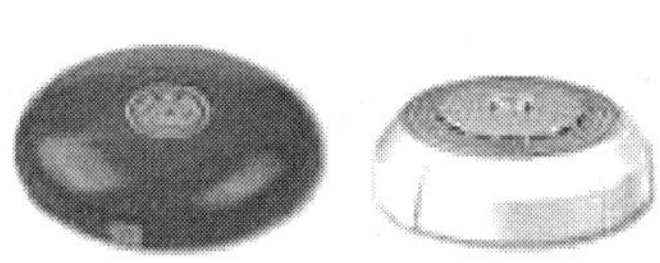

제 3 절

# 비상방송설비

## 1. 개 요

자동화재탐지설비의 감지기가 작동하거나 또는 수동으로 기동장치를 조작하여 수신반의 수신기에 화재신호를 보내면 수신반에서 소화활동 및 피난유도등을 원활하게 하기 위한 목적으로 스피커를 통해 알리게 하는 설비이다.

## 2. 비상방송설비 구성

비상방송설비는 아래와 같이 입력장치, 기동장치, 증폭기, 음량조절기, 스피커, 혼합기, 표시등, 조작장치, 전원장치 등으로 구성된다.

| | 구 성 | 기 능 |
|---|---|---|
| | ① 입력장치 | 입력신호 발생장치(프리앰프, 테이프, 라디오, 사이렌 등) |
| | ② 기동장치 | 입력 및 전력증폭(발신기) |
| | ③ 증 폭 기 | 전압·전류의 진폭을 늘림(입력신호의 증폭) |
| | ④ 음량조절기 | 필요시 설치하여 음량을 조절 |
| 비상방송설비 | ⑤ 스 피 커 | 음향장치 |
| | ⑥ 혼 합 기 | 신호의 혼합 및 입력 레벨 조절 |
| | ⑦ 표 시 등 | 필요시 설치하여 위치 및 작동을 표시 |
| | ⑧ 조작장치 | 원격조작, 회로조작 등 |
| | ⑨ 전원장치 | 상용전원, 비상전원 |

## 3. 비상방송설비 설치기준

① 확성기의 음성입력은 3 [W] (실내 1 [W]) 이상일 것.

② 확성기는 각 층마다 설치하되 그 층의 각 부분으로부터 하나의 확성기까지의 수평거리가 25 [m] 이하로 하고 해당층의 각 부분에 유효하게 경보를 발하도록 할 것.

③ 음량조정기*를 설치하는 경우 음량조정기의 배선은 **3선식**으로 할 것.

④ 조작부의 조작스위치는 바닥으로부터 0.8 [m] 이상 1.5 [m] 이하의 높이에 설치할 것.

⑤ 조작부는 기동장치의 작동과 연동하여 해당 기동장치가 작동한 층 또는 구역을 표시할 수 있는 것으로 할 것.

⑥ 증폭기 및 조작부는 수위실 등 항상 사람이 근무하는 장소로서 점검이 편리하고 방화상 유효한 곳에 설치할 것.

⑦ 5층(지하층을 제외) 이상이고 연면적 3,000 [$m^2$] 초과하는 건축물에 있어서는 **2층 이상의 층**에서 발화한 때에는 **발화층 및 그 직상층**에, **1층**에서 발화한 때에는 **발화층 그 직상층 및 지하층에**, **지하층**에서 발화한 때에는 **발화층 그 직상층 및 기타의 지하층**에 한하여 우선적으로 경보를 발할 수 있도록 할 것.

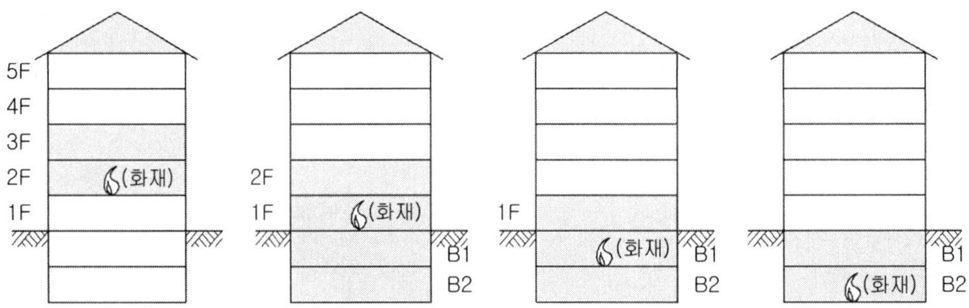


**❙ 음향장치의 설치요령 ❙**

⑧ 다른 방송설비와 공용하는 곳에 있어서는 화재 시 비상경보 외의 방송을 차단할 수 있는 구조로 할 것.

⑨ 다른 전기회로에 의하여 유도장애*가 생기지 아니하도록 할 것.

---

* 음량조정기 : 신호음의 대소를 조절하며 배선은 업무용배선, 긴급용 배선, 공통선의 3선으로 한다.

* 유도장애 : 약 전류의 전선에 규격이상의 전압이나 잡음이 생겨 일어나는 장애

⑩ 하나의 소방대상물에 2 이상의 조작부가 설치되어 있을 때 상호간에 **동시통화**가 가능한 설비를 설치하고, **어느 조작부에서도** 전 구역에 방송을 할 수 있도록 할 것.

⑪ 기동장치에 의한 화재신고를 수신한 후 필요한 음량으로 방송이 개시될 때까지의 소요시간으로 **10초** 이하로 할 것.

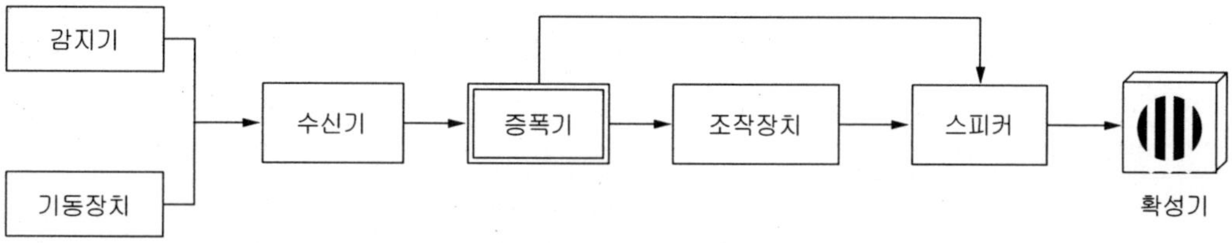


**❙ 비상방송설비 계통도 ❙**

## 4. 비상방송설비 기동방법

① 자동화재탐지설비와 연동

다음과 같이 감지기의 동작과 연동되어 자동화재탐지설비가 증폭기를 기동하여 확성기를 통하여 비상방송설비를 자동으로 동작시킬 수 있다.

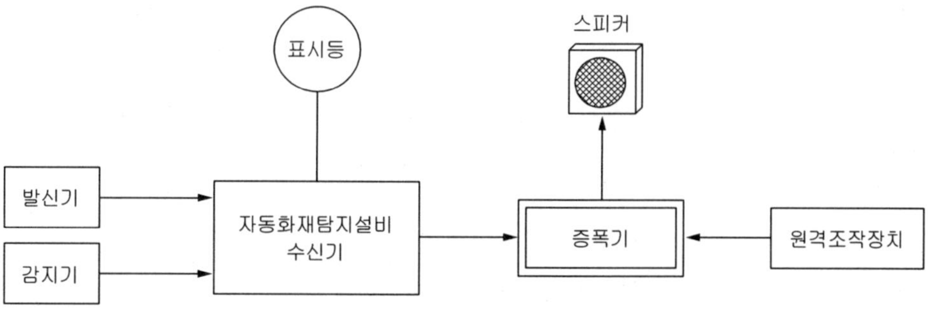


**❙ 자동화재탐지설비와 연동 ❙**

② 비상전화와 연동

다음은 비상방송설비와 비상전화와의 연동관계를 설명한 것으로 비상전화를 사용함과 동시에 비상방송설비가 동작하는 구조를 나타낸 것이다.

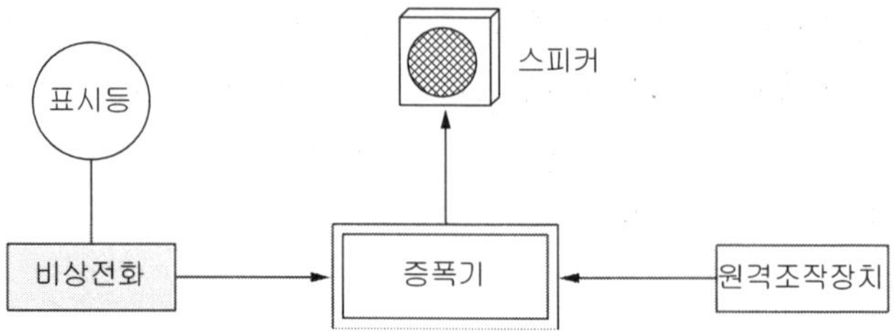


**❙ 비상전화와 연동 ❙**

③ 발신기와 연동

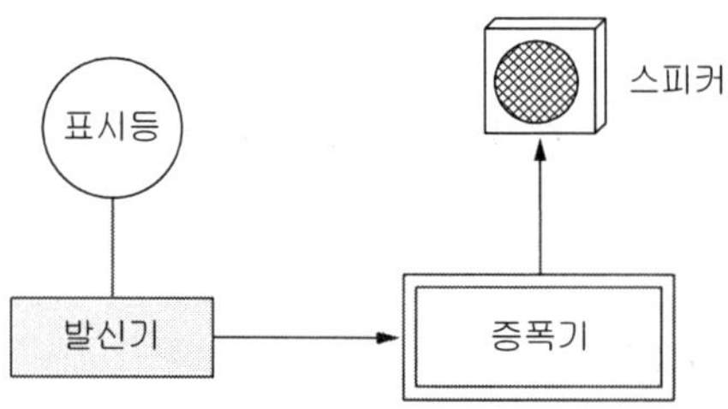


**❙ 발신기와 연동 ❙**

④ 비상경보설비와의 공용

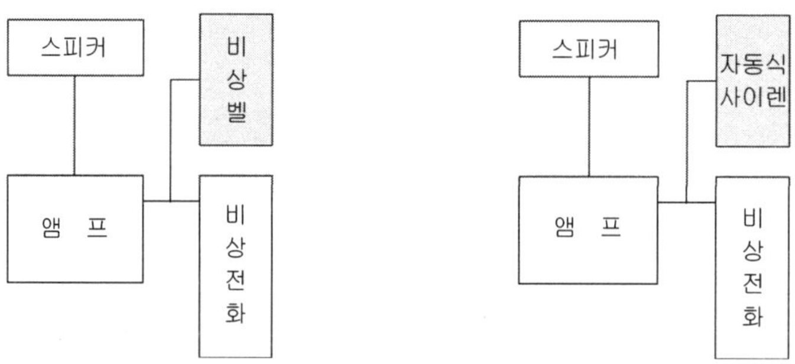


**❙ 비상방송설비와 비상경보설비의 공용 ❙**

## 5. 법적 설치대상물

① 비상방송설비는 연면적 3,500 [$m^2$] 이상, 층수가 11층 이상 또는 지하층의 층수가 3층 이상인 소방대상물에 설치하여야 한다.

② 위험물 저장 및 처리 시설 중 가스시설, 사람이 거주하지 않는 동물 및 식물 관련 시설, 지하가 중 터널, 축사 및 지하구를 제외한다.

제 4 절

# 누전경보기

## 1. 개 요

누전경보기는 사용전압이 저압으로 구분되는 **600 [V] 이하**인 전기배선이나 전기 기기의 부하측이 사고로 인하여 건축물내의 천장 바닥 벽 등의 보강재료로 사용하고 있는 금속류 등이 통전중인 전기와 접촉 시 누전의 경로가 되어 화재를 발생시킬 수 있으므로 누설전류*가 흐르면 사전에 자동적으로 경보를 발하도록 한 것이다.

## 2. 영상변류기 및 수신기 종류

① 영상변류기는 구조에 따라 옥외형과 옥내형으로 구분하고 수신부와의 접속연결 유무에 따라 호환성형과 비호환성형으로 구분한다.

② 수신기는 정격전류가 60 [A]를 기준으로 1급과 2급으로 구분하고, 변류기와의 접속연결 유무에 따라 호환성형과 비호환성형으로 구분한다.

**| 영상변류기 및 수신기 종류 |**

| 구 성 | 구 분 | 내 용 |
|---|---|---|
| 영상변류기 | 구조에 의한 분류 | 옥내형, 옥외형 |
| | 설치에 의한 분류 | 관통형, 분할형 |
| | 수신기와 접속연결 | 호환성형, 비호환성형 |
| 수신기 | 정격전류에 의한 분류 | 1급, 2급 |
| | 변류기와 접속 연결 | 호환성형, 비호환성형 |

* 누설전류 : 전로(전선로) 이외로 흐르는 전류

## 3. 구 성

① **(영**상)변류기 : 누설 전류를 **검출**하여 수신기에 송신한다.

② **수**신기 : 증폭기가 내장되어 누설전류를 **증폭**한다.

③ **음**향장치 : 누설전류가 흐를시 경보를 발한다.

④ **차**단릴레이 : 누설전류가 흐를 시 전원을 자동 차단시켜 준다.

## 4. 구조 및 기능

### (1) 구 조

① (영상)변류기

변류기는 **누설전류를 검출**하여 수신기에 송신하는 기구로 환상형 철심에 검출용 2차 전선을 내장시킨 변류기의 중앙부에 전로의 전선을 관통시키는 관통형과 철심 2개를 분할하여 배선된 전선을 그대로 투입하는 분할형이 있으며 관통형의 경우 단상2선식, 단상3선식, 3상3선식, 3상4선식의 경우 2선, 3선, 4선 **모두** 변류기에 관통시켜야 한다. 또한 변류기는 **방수구조상 옥내형과 옥외형**으로 나눈다.

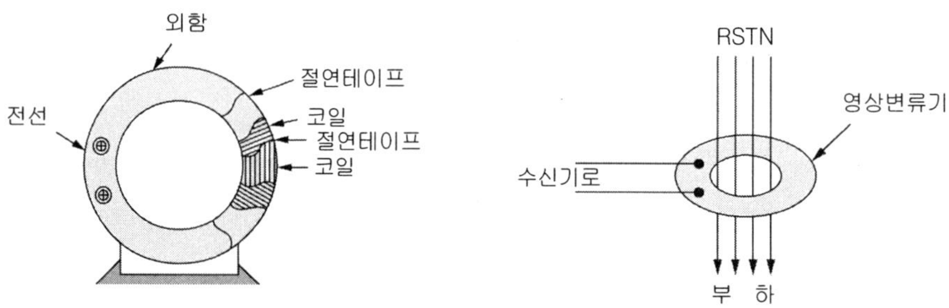


**❙ 관통형 누전경보기 ❙**

② 수신기

㉮ 수신부는 누설 전류를 유기한 변류기의 **미소한 전압**을 수신하여 계전기를 동작시켜 음향장치의 경보를 발할 수 있도록 내장된 증폭기로 증폭시켜 주는 역할을 한다.
※ 수신기의 회로수는 5～10회로인 것을 주로 사용한다.

㉯ 수신기의 기능

㉠ **호환성형*** 수신기는 신호입력 회로에 공칭작동 전류치에 대응하는 변류기의 설계출력전압의 **52 [%]**의 전압을 가했을 때 30초 이내에 동작하지 말아야 한다.

㉡ 비호환성형 수신기는 신호입력 회로에 공칭작동전류치의 42 [%]에 대응하는 변류기의 설계출력전압을 가했을 경우 30초 이내에 작동하지 말아야 한다.

㉢ 수신부는 전원전압을 정격전압의 **80～120 [%]**까지의 범위로 변화시키는 경우기능에 이상이 생기지 아니하여야 한다.

※ 차단기구가 있는 수신부는 경계전로에 변류기의 정격전압을 가하고 개폐부를 **닫은 상태**로 시험을 하는 경우 개폐부를 쉽게 조작할 수 있어야 한다.

※ "집합형 누전경보기의 수신부"란 **2개** 이상의 변류기를 연결하여 사용하는 수신부로서 하나의 전원장치 및 음향장치 등으로 구성된 것을 말한다.

㉰ 호환성형 변류기는 경계전로*에 전류를 흘리지 아니한 상태에서 또는 경계전로에 해당 변류기의 정격주파수로 해당 변류기의 정격전류를 흘린 상태에서 시험전류를 0～1,000 [mA]로 흘리는 경우, 그 출력 전압치는 시험전류치에 비례하여 변화하고, 그 변동 범위는 설계 출력전압치의 75～125 [%] 이하이어야 한다.

㉱ 공칭작동전류치* : 누전경보기를 작동시키기 위하여 필요한 누설전류의 값 ( * 공칭작동전류치는 **200 [mA]** 이하)

㉲ 감도조정장치 : 감도조정장치를 가지고 있는 누전경보기에 있어서 감도조정장치의 범위는 최대치가 **1 [A]**이어야 하며 변류기의 입력신호에 의한 감도를 **수신기**에서 조정한다.

③ 경보장치(음향장치)는 다음 기준에 의하여야 한다.

㉮ 사용전압의 **80 [%]**인 전압에서 음향을 발할 것.

㉯ 사용전압에서의 음압은 음향의 중심으로부터 1 [m] 떨어진 지점에서 **70 [dB]** 이상일 것.

㉰ 고장표시 장치용 등에서의 음압은 60 [dB] 이상이어야 한다.

---

* 호환 : 서로 교환함

* 경계전로 : 경계전선로

* 공칭작동전류치 : 기기를 작동시키기 위한 전류의 값

④ 검출시험 : 누설전류를 변류기에 흐르게 하는 시험

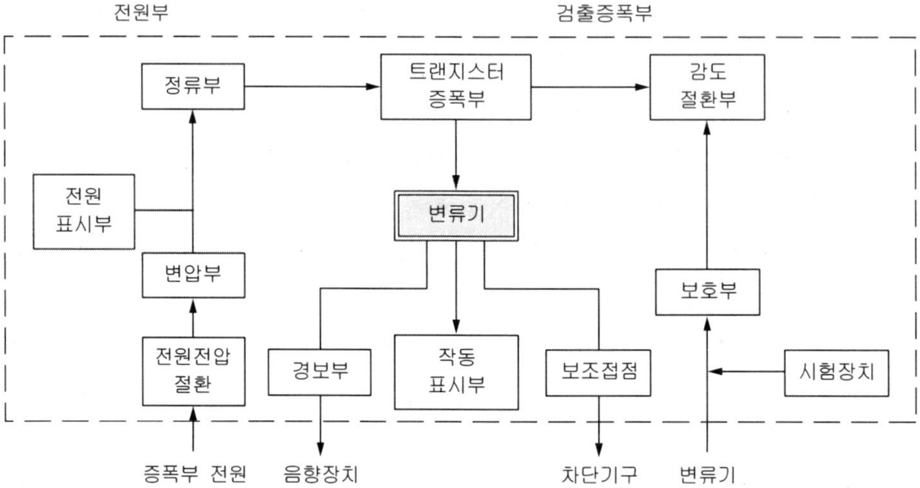


▎누전경보기 수신기의 내부구조 ▎

### (2) 작 동

① 영상변류기에 유기전압의 식은 다음과 같다.

$$E = 4.44 f N_2 \phi g \times 10^{-8} \quad [\text{V}]$$

$\phi g$ : 누설전류에 의한 자속
$N_2$ : 변류기 2차 권선수
$f$ : 주파수
$E$ : 유기전압

② 누설경보기를 작동시 동작순서
경계전원차단 → 감동설정조정 → 분기회로차단

③ 누전경보기에서 비화재보 (오보)가 울리는 경우 절연불량과 오결선 및 검출누설전류 설정치가 적정치 못할 경우인데 이때 조정장치의 **감도탭을 올려** 둔하게 한다.

④ 누전경보기 온도보정용 **더어미스터**[*]는 온도가 상승하면 전기저항이 **감소**한다.

⑤ 차단기구 개폐부는 **수동**으로 **개폐**되어야 하며 **자동**으로 복귀하지 **아니**하여야 한다.

* 더어미스터(Thermister) : 온도상승에 수반되어 저항이 현저하게 감소되는 것을 이용한 반도체 소자

## 5. 설치기준

### (1) 설치방법

① 경계전로의 정격전류가 **60 [A]를 초과**하는 전로에 있어서는 1급 누전화재경보기를 **60 [A] 이하의 전로에 있어서는 1급 또는 2급** 누전경보기를 설치할 것. 다만, 정격전류가 60 [A]를 초과하는 경계전로가 분기되어 각 분기회로의 정격전류가 60 [A] 이하로 되는 경우 해당 분기 회로마다 **2급** 누전경보기를 설치한 때에는 해당 경계전로에 1급 누전경보기를 설치한 것으로 본다.

| 전로의 정격전류 | 급수별 |
|---|---|
| 60 [A] 초과 | 1급 누전경보기 |
| 60 [A] 이하 | 1급 또는 2급 누전경보기 |

② 변류기는 소방대상물의 형태, 인입선의 시설방법 등에 따라 **옥외 인입선***에 제 1지점의 **부하측** 또는 **제2종의 접지선측**의 점검이 쉬운 위치에 설치할 것 다만, 인입선의 형태로 또는 소방대상물의 구조상 부득이한 경우에 있어서는 **인입구에 근접한 옥내**에 설치할 것.
③ 변류기를 옥외의 전로에 설치하는 경우에는 옥외형의 것을 설치할 것.
④ 변류기는 전로에 제2종 접지공사를 한다.

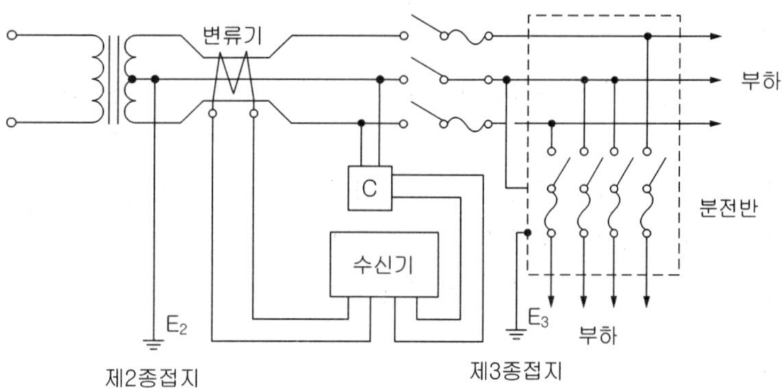


### (2) 설치장소

누전경보기의 수신기는 옥내의 점검이 편리한 장소에 설치하되, 가연성의 증기, 먼지 등이

* 인입선 : 배전선로부터 수용가의 인입선 부착점에 이르는 전선

체류할 우려가 있는 장소의 전기회로에는 해당 전기회로를 차단할 수 있는 차단기구를 가진 수신기를 설치하여야 한다. 이 경우 차단기구의 부분은 해당 장소 외의 안전한 곳에 설치하여야 한다.

### (3) 누전경보기 수신기 설치할 수 없는 장소

① **가연성** 증기, **먼지**, 가스등이나 부식성의 증기, 가스등이 다량으로 체류하는 장소
② **화약류**를 제조하거나 저장 또는 취급하는 장소 **습도**가 높은 장소
③ 온도의 변화가 **급격한** 장소
④ **대전류회로**, 고주파발생회로 등에 의한 영향을 받을 우려가 있는 장소

### (4) 전 원

① 전원은 분전반으로부터 전용회로로 하고 각 극에 개폐기 및 **15 [A] 이하**의 **과전류차단기***(**배선용차단기***에 있어서는 20 [A] 이하의 것으로 각 극을 개폐할 수 있는 것)를 설치할 것.
② 전원을 분기할 때에는 다른 차단기에 의하여 전원이 차단되지 아니하도록 할 것.
③ 전원의 개폐기는 누전경보기임을 표시한 표지를 할 것.

## 6. 절연저항시험

### (1) 변류기

변류기는 DC 500 [V]의 절연저항계로 다음 각 호에 의한 시험을 하는 **5 [MΩ] 이상**이어야 한다.

① 절연된 1차 권선과 2차 권선간의 절연저항
② 절연된 1차 권선과 외부금속간의 절연저항
③ 절연된 2차 권선과 외부금속간의 절연저항

### (2) 수신부

수신부는 절연된 충전부와 외함간 및 차단기구의 개폐부의 절연저항을 DC 500 [V]의 절연저항계로 측정하는 경우 5 [MΩ] 이상이어야 한다.

---

* 과전류차단기 : 전로에 이상전류가 흘렀을 때 순간적으로 차단하는 기기로 퓨즈, 배선용차단기 등이 있다.
* 배선용차단기 : 퓨즈를 사용하지 않고 바이메탈(Bimetal)이나 전자석으로 회로를 차단하는 소형 경량인 저압용차단기로서 No fuse Breaker라 한다.

## 7. 법적 설치대상물

누전경보기를 설치하여야 하는 특정소방대상물은 다음과 같다.

① 누전경보기는 계약전류용량(동일 건축물에 계약종별이 다른 전기가 공급되는 경우에는 그 중 최대계약전류 용량을 말한다)이 100암페어를 초과하는 특정소방대상물(내화구조가 아닌 건축물로서 벽·바닥 또는 반자의 전부나 일부를 불연재료 또는 준불연재료가 아닌 재료에 철망을 넣어 만든 것에 한한다)에 설치하여야 한다.

② 다만, 가스시설·지하구 또는 지하가 중 터널의 경우에는 그러하지 아니하다.

## 8. 법적 용어의 뜻

누전경보기는 사용전압 600 [V] **이하**인 경계전로의 누설전류를 검출하여 해당 소방대상물의 관계자에게 경보를 발하는 설비로서 **변류기**와 **수신부**로 구성된 것을 말한다.

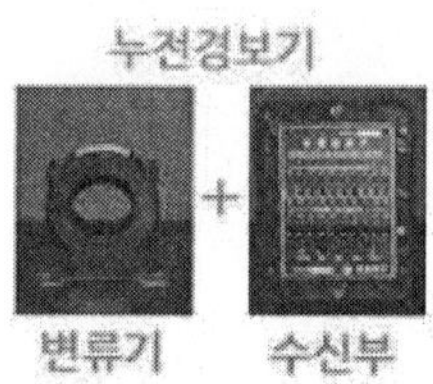

제5절

# 가스누설경보기

## 1. 개 요

"가스누설경보기"란 가스가 새는 것을 탐지하여 관계자나 이용자에게 경보하여 주는 것을 말한다.

## 2. 경보기의 종류

(1) **단독형*** : 가정용

(2) **분리형*** :
- 영업용 : **1회로용**
- 공업용 : 1회로 이상용

## 3. 가스누설경보기의 구조

가스누설경보기는 그 구조에 따라 단독형, 분리형으로 나눌 수 있다.

**▎가스누설경보기의 분류 ▎**

| 구 조 | | 내 용 | |
|---|---|---|---|
| 단독형 | 가정용 | 탐지부와 수신부가 1개의 상자 내에 넣어 일체로 되어 있는 형태 | |
| 분리형 | 공업용 | 공업용은 1회로 이상 | 탐지부와 수신부가 분리되어 있는 형태 |
| | 영업용 | 영업용은 1회로 | |

* 단독형 : 탐지부와 수신부가 일체로 되어 있는 형

* 분리형 : 탐지부와 수신부가 분리되어 있는 형

## 4. 가스누설경보기 구성

가스누설경보기는 탐지부, 수신기, 중계기, 경보 및 표시장치 등으로 구성된다.

**▎가스누설경보기의 구성 ▎**

| | | |
|---|---|---|
| 가스누설경보기의 구성 | 탐지부 | 반도체식 |
| | | 접촉연소식 |
| | | 기체열전도식 |
| | 수신기 | G형 수신기 |
| | | GP형 수신기 |
| | | GR형 수신기 |
| | 중계기 | (탐지부에서 수신기로 중계) |
| | 경보 및 표시장치 | 음성경보장치 |
| | | 가스누설표시등 |
| | | 탐지구역 경보장치 |

## 5. 설치방식과 동작원리에 따른 종류

### (1) 단독형 가스경보기

단독형이란 그림과 같이 탐지부와 수신부가 1개의 상자 내에 넣어 일체로 되어 있는 형태의 경보기로서 설치하고자 하는 곳에 가장 간편하게 설치할 수 있는 형이다. 그러나 대형저장소, 소음이 많은 곳에는 부적합하며 또한 사람이 항상 경보기를 감시해야 하므로 경보기 주위에 있어야 하는 단점이 있다.

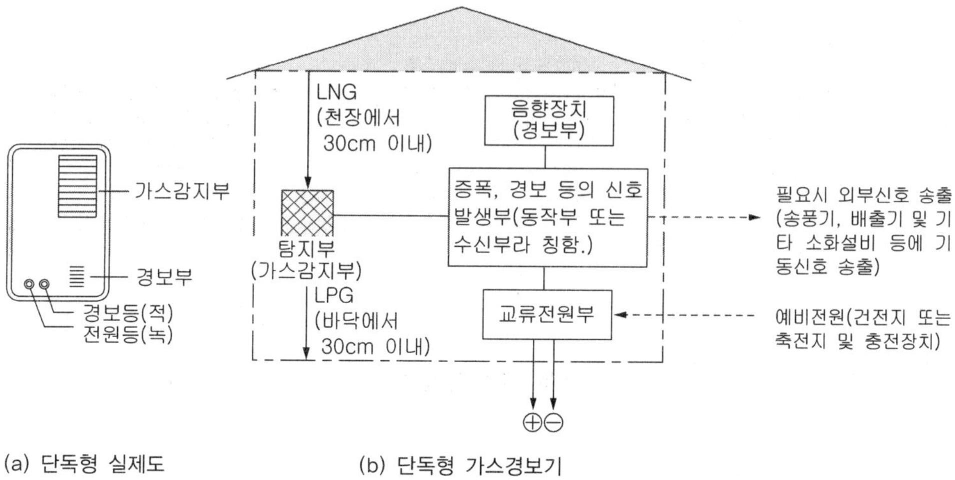


(a) 단독형 실제도 (b) 단독형 가스경보기

### (2) 분리형

분리형은 **탐지부**와 **수신부**가 **분리**되어 있어 탐지부는 가스가 누설될 수 있는 곳에 경보부는 경비실 등 사람이 항상 상주하는 장소에 설치하여 먼 거리에서도 탐지부실의 가스누설상태를 쉽게 감지할 수 있는 형이다. 또한 환풍장치와 수신부를 연결 일정 농도 이상이 되어 경보가 울리면 환풍기가 자동적으로 동작하여 가스를 배출시켜 주는 방법도 있다. 대개는 공업용으로 많이 쓰이고 있다.

(a) 가스누설수신기

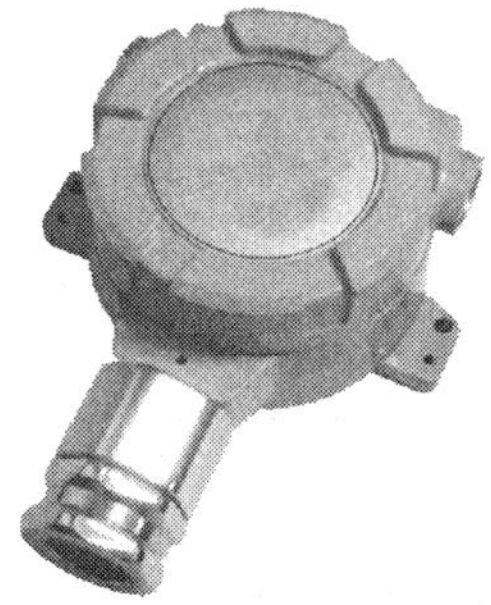

(b) 가스누설감지기

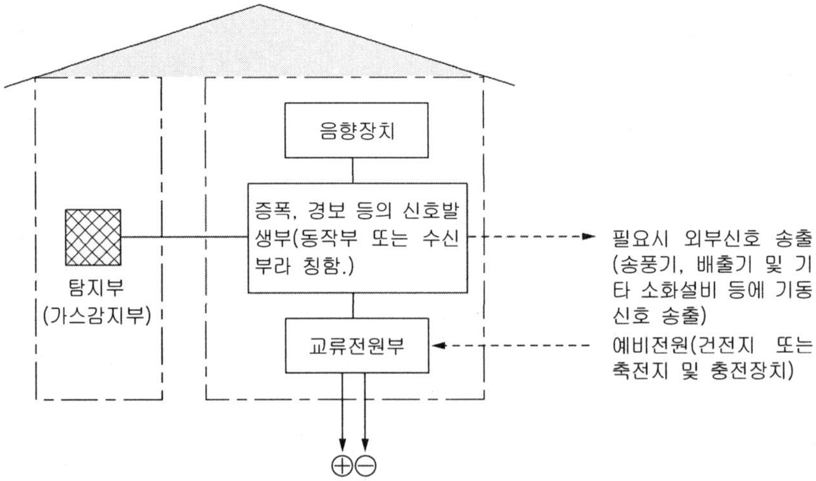


**▎가스누설경보기(분리형) ▎**

① 공업용 : 감지소자가 들어있는 탐지부에서 누설된 가스를 감지하여 경보음과 동시에 환풍기를 작동시켜 주며 방폭형으로 되어 있다.

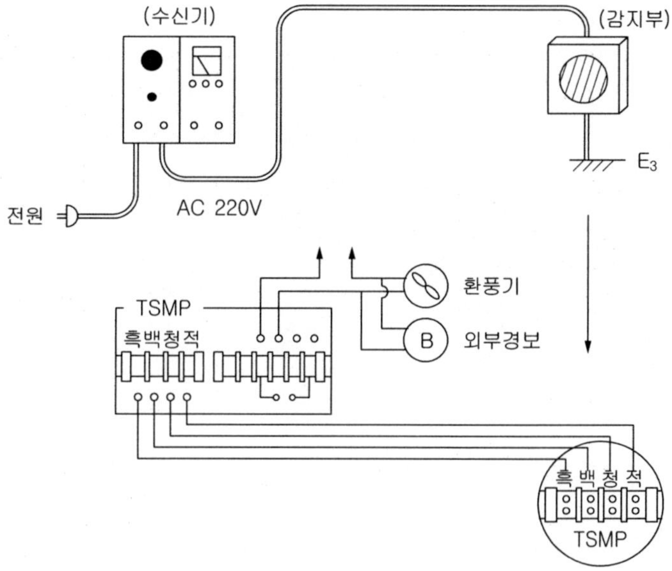


▎가스누설경보기(공업용) ▎

② 일반용 : 보통 소규모 실이나 음식점 또는 주방 등에 설치하며 탐지부는 공업용과 마찬가지로 방폭형으로 되어 있다.

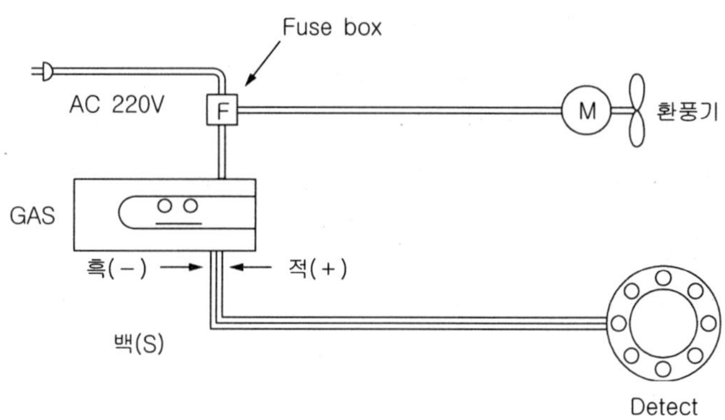


▎가스누설경보기(일반용) ▎

## 6. 탐지부 감지방식

탐지부 감지방식은 반도체식, 접촉연소식, 기체열전도식으로 나누며 그 제반사항은 다음과 같다.

| 구분 / 감지방식 | 구 성 | 재 질 | 증폭기 | 특 징 |
|---|---|---|---|---|
| 반도체식 | 히터, 반도체, 전극 | 히터<br>전극 : 인듐과 팔라듐의 합금<br>반도체 : 산화주석($SnO_2$) | 불필요 | 가스변화가 안정적 대출력과 장기간 사용 가능 |
| 접촉연소식 | 검출소자, 보상소자 | 검출소자, 보상소자 : 백금선 | 필요 | 보상소자를 사용하므로 특성이 우수하다. |
| 기체열전도식 | 검출소자, 보상소자 | 검출소자, 보상소자 : 백금선<br>반도체 : 산화주석($SnO_2$) | 필요 | 보상소자를 사용하므로 특성이 우수하다. |

① **반도체식 원리**

반도체식은 **산화주석**, 산화철 등의 반도체를 350℃ 전후로 온도를 상승시킨 상태로 가스를 통과시키면 반도체표면에 가스가 흡착하여 반도체자체의 전기저항값이 가스에 의하여 감소 변화된다. 또한 반도체소자의 출력은 가스농도에 따라 40～80 [V]의 고출력이 얻어지므로 증폭기 없이 소형의 부저를 울릴 수 있다.

② **접촉연소식 원리**

접촉연소식은 백금선에 알루미늄, 팔라듐 등의 산화촉매를 따른 다음 이것을 500℃ 전후로 상승시키면 가스는 표면에서 접촉연소하여 백금선의 온도가 상승하고 전기저항이 증가한다. 즉 코일상태로 감은 백금(Pt)선의 표면에서 Gas가 산화반응할 때의 발열에 의하여 백금선의 전기저항값이 변화한다. 이러한 성질을 이용한 방식이 접촉연소식이다.

③ **기체열전도식 원리**

기체열전도식의 원리는 공기와 가스는 열전도도가 다르므로 가열한 백금선에 가연성 가스가 닿으면 백금선에 온도가 변화하여 그 전기저항값이 달라진다. 즉 코일(Coil) 형태로 감겨진 백금선에 발라진 반도체는 가스에 대한 열전도도가 다르다는 원리를 응용한 것으로 접촉연소식과는 반대로 변화한다. 그리고 접촉연소식과 기체열전도식은 검출회로의 출력은 최대 50 [mV] 정도이므로 부저(Buzzer) 혹은 표시등(Lamp) 등을 작동시키려면 증폭기(AMP) 회로가 필요하다.

## 7. 음향장치 및 절연저항시험

### (1) 음향장치

가스누설경보기의 종류에 따라 음량은 다음과 같다.

① 주음향장치용(공업용) : 90 [dB] 이상

② 주음향장치용(단독형, 영업용) : 70 [dB] 이상

③ 고장표시장치용 : 60 [dB] 이상

### (2) 절연저항시험

절연저항시험치는 DC* 500 [V] 절연저항계로 측정한 값이 다음 값 이상이어야 한다.

① 절연된 충전부와 외함간 : 5 [MΩ] 이상

② 교류입력측과 외함간 : 20 [MΩ] 이상(다만, 회선수가 10 이상인 것 또는 접속되는 중계기가 10 이상인 것은 교류입력측과 외함간을 제외하고는 1회선당 50 [MΩ] 이상이어야 한다.)

③ 절연된 선로간 : 20 [MΩ] 이상

## 8. 제반사항

① 수신개시로부터 가스누설표시까지의 소요시간은 **60초** 이내이어야 한다.

② 예비전원을 병렬로 접속하는 경우는 **역충전 방지** 등의 조치를 강구하여야 한다.

③ 가스의 누설을 표시하는 표시등은 **황색**으로 표시되어야 한다.

④ 전원전압의 변동범위는 **±10 [%]**인 전압에서 시험하는 경우 기능에 이상이 없어야 한다.

⑤ 변압기 1차 정격전압은 **300 [V]** 이하로 한다.

⑥ 가스누설을 탐지하는 탐지소자의 금속망은 **100 메시(mesh)**이어야 한다.

⑦ 예비전원은 경보기의 **주전원**으로 사용하여서는 **아니**된다.

⑧ 예비전원 축전지를 직렬* 또는 병렬*로 사용하는 경우에는 용량(전압, 전류)이 **균일**한 축전지를 사용하여야 한다.

⑨ 경보기의 예비전원은 알칼리계 2차 축전지, 리튬계 2차 축전지 또는 무보수 밀폐형 연축전지로서 10분간 경보를 발할 수 있는 용량이어야 한다.

---

* DC(direct current) : 일정한 방향으로 크기가 변화지 않는 전류(직류)
* 직렬 : 하나의 출력이 다른 입력이 되도록 접속하는 것
* 병렬 : 2개 이상의 회로 각각의 2단자가 모두 공통의 2단자로 접속되는 것

⑩ 공기보다 무거운 경우 (예 : LPG)
탐지부의 높이는 바닥면 위로부터 30 [cm] 이내의 벽면에 그림과 같이 설치하며, 탐지부의 거리는 가스연소기의 중심으로부터 직선거리 4m 이내에 설치한다.

⑪ 공기보다 가벼운 경우 (예 : LNG, 도시가스)
탐지부의 높이는 천장에서 30 [cm] 이내의 벽면에 그림과 같이 설치한다. 탐지부의 거리는 가스연소기의 중심으로부터 직선거리 8m 이내에 설치한다.

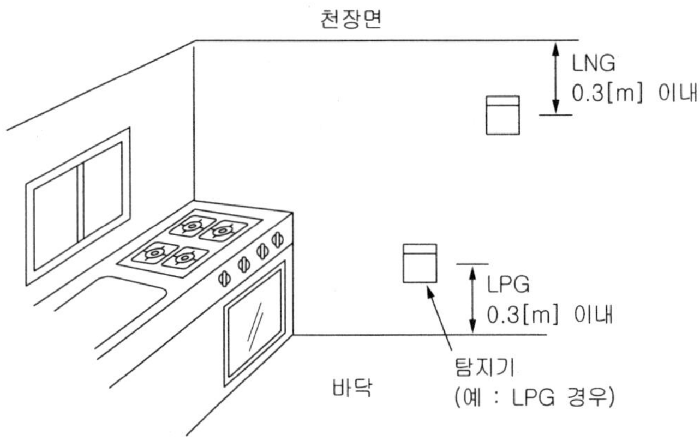


▌ 가스누설경보기 탐지부 설치 ▌

## 9. 가스누설경보기 설치대상

다음은 가스누설경보기의 설치대상 및 내용을 설명한 것이다. 설치대상은 충전실, 저장탱크실, 용기저장실 내부나 배관이 되어 있는 곳으로서 충전소, 차량충전소, 중앙공급실 및 주방 등이다.

▌ 설치대상 ▌

| 설치대상 | 내 용 |
|---|---|
| 용기충전소 | 가스 용기 등에 저장탱크로부터 충전하는 곳 |
| 차량충전소 (Auto - Stand) | 탱크로리로부터 가스를 공급받아 저장탱크에 저장 Auto - Stand로 자동차 등에 충전하는 곳 |
| 중앙공급실 | 집단사용처나 대량사용처에 공급하기 위하여 다량의 용기를 저장실에 집단 수용하는 중앙공급시설 |
| 가정용 주방 | 아파트, 주택 등 가정의 주방에 필요한 시설 |

## 10. 용어의 정의

① "경보기구"란 자동화재탐지설비, 비상경보설비의 축전지, 화재속보설비, 누전경보기, 가스누설경보기 등 화재의 발생 또는 화재의 발생이 예상되는 상황에 대하여 경보를 발하여 주는 설비를 말한다.

② "가스누설경보기"란 가연성 가스 또는 불완전연소가스가 새는 것을 탐지하여 관계자나 이용자에게 경보하여 주는 것을 말한다.

③ "방폭형"이란 폭발성가스가 용기내부에서 폭발하였을 때 용기가 그 압력에 견디거나 또는 외부의 폭발성가스에 인화될 우려가 없도록 만들어진 형태의 제품을 말한다.

④ "방수형"이란 그 구조가 방수구조로 되어 있는 것을 말한다.

⑤ "탐지부"란 가스누설경보기 중 가스누설을 검지하여 중계기 또는 수신부에 가스누설의 신호를 발신하는 부분 또는 가스누설을 검지하여 이를 음향으로 경보하고 동시에 중계기 또는 수신부에 가스누설의 신호를 발신하는 부분을 말한다.

⑥ "수신부"란 경보기 중 탐지부에서 발하여진 가스누설신호를 직접 또는 중계기를 통하여 수신하고 이를 관계자에게 음향으로서 경보하여 주는 것을 말한다.

⑦ "지구경보부"란 경보기의 수신부로부터 발하여진 신호를 받아 경보음을 발하는 것으로서 경보기에 추가로 부착하여 사용되는 부분을 말한다.

⑧ "부속장치"란 경보기에 연결하여 사용되는 환풍기 또는 지구경보부 등에 작동신호원을 공급시켜 주기 위하여 경보기에 부수적으로 설치되어진 장치를 말한다.

⑨ "중계기"란 감지기 또는 발신기의 작동에 의한 신호 또는 탐지부에서 발하여진 가스누설신호를 받아 이를 수신기 또는 수신부에 발신하여, 소화설비·제연설비 그밖에 이와 유사한 방재설비에 제어 또는 누설신호를 발신 또는 신호증폭을 하여 발신하는 설비를 말한다.

## 11. 법적 설치대상물 (가스시설이 설치된 경우에 한한다)

가스누설경보기를 설치하여야 하는 특정소방대상물은 다음과 같다.

① 판매시설, 운수시설, 노유자시설, 숙박시설, 창고시설 중 물류터미널

② 문화 및 집회시설, 종교시설, 의료시설, 수련시설, 운동시설, 장례식장

# 제6절 시각경보기

## 1. 개 요

시각경보기는 청각장애인을 위하여 시각경보장치(Strobe light)를 도입한 것으로 공공기관이나 불특정 다수인이 모이는 장소를 위주로 하여 적용 규정하였다.

시각경보장치는 자동화재탐지설비에서 발하는 화재신호를 시각경보기에 전달하여 청각장애인에게 표시등으로부터 점멸식 시각경보를 발하는 것을 말하며 한국소방산업기술원 등으로부터 검증을 받아야 한다.

## 2. 설치장소

시각경보기를 설치하여야 하는 특정소방대상물은 규정에 의한 자동화재탐지설비를 설치하여야 하는 특정소방대상물 중 다음 각 목의 어느 하나에 해당하는 것으로 한다.

① 근린생활시설, 문화 및 집회시설, 종교시설, 판매시설, 운수시설, 운동시설, 위락시설, 창고시설 중 물류터미널

② 의료시설, 노유자시설, 업무시설, 숙박시설, 발전시설 및 장례식장

③ 교육연구시설 중 도서관, 방송통신시설 중 방송국

④ 지하상가

## 3. 설치기준

① 복도·통로·청각장애인용 객실 및 공용으로 사용하는 거실(로비, 회의실, 강의실, 식당, 휴게실, 오락실, 대기실, 체력단련실, 접객실, 안내실, 전시실 등)에 설치하며, 각 부분으로부터 유효하게 경보를 발할 수 있는 위치에 설치할 것

② 공연장·집회장·관람장 또는 이와 유사한 장소에 설치하는 경우에는 시선이 집중되는 무대부 부분 등에 설치할 것

③ 설치높이는 바닥으로부터 2~2.5 [m] 이하의 장소에 설치할 것. 다만, 천장의 높이가 2 [m] 이하인 경우에는 천장으로부터 0.15 [m] 이내의 장소에 설치하여야 한다.

④ 시각경보기의 광원은 전용 축전지설비 또는 전기저장장치*에 의하여 점등되도록 할 것. 다만, 시각경보기에 작동전원을 공급할 수 있도록 형식승인을 얻은 수신기를 설치한 경우에는 그러하지 아니하다.

⑤ 하나의 소방대상물에 2 이상의 수신기가 설치된 경우 어느 수신기에서도 지구음향장치 및 시각경보장치를 작동할 수 있도록 할 것

## 4. 용어의 정의

① "신호장치"란 자동화재탐지설비에서 발하는 화재신호를 시각경보장치에 전달하는 장치를 말한다.

② "유효광도"란 화재경보를 불특정 다수인에게 통보하기 위하여 요구되는 빛의 세기를 말한다.

③ "동기화"란 2개 이상의 시각경보장치가 동시 점멸하는 것을 말한다.

▮ 시각경보기 ▮

* 전기저장장치 : 외부 전기에너지를 저장해 두었다가 필요한 때 전기를 공급하는 장치

# 복습문제

# 기타경보설비

## 1 자동화재속보설비

**01 다음 중 자동화재속보설비에 대한 설명 중 옳지 <u>않은</u> 것은?**

① 기계적인 작동방법

② 대형건물이라도 1대로 가능

③ 목적달성의 정확도

④ 항상 일반전화 별도로 설치

**설명** 자·속(자동화재속보)설비는 일반전화와 겸용으로 설치할 수 있다.

**02 자동화재속보설비의 설치 시 주의사항으로 <u>틀린</u> 것은?**

① 상용전원은 속보기 전용으로 설치하지 않아야 된다.

② 자동화재탐지설비와 연동으로 작동할 수 있게 한다.

③ 전화선에 연결할 때 옥내 통신기구의 1차 측에 연결한다.

④ 속보내용을 신속히 알려야 한다.

**설명** 상용전원은 속보기 전용으로 설치하며, 상용전화선은 속보기와 겸용으로 설치할 수 있다.

---

1. ④ 2. ①

**03** **소방관서에 통보하는 자동화재속보설비에 대한 설명으로 틀린 것은?**

① 자동화재탐지설비와 연동되어야 한다.
② 스위치는 바닥으로부터 0.8 [m] 이상 1.5 [m] 이하의 높이에 설치한다.
③ 종합방재센터가 있고 상주자가 있는 경우도 항상 자동화재속보설비를 설치해야 한다.
④ 자동화재속보설비는 화재 시 소방관서에 자동적으로 연락되는 설비이다.

설명 방재센터와는 관계없이 감시인이 상주시에는 화재 시 소방서에 직접 전화를 할 수 있으므로 자·속(자동화재속보설비)설비는 설치하지 않아도 된다.

**04** **공장 및 창고시설은 바닥면적이 몇 [$m^2$] 이상일 때 자동화재속보설비를 설치하여야 하는가?**

① 500 [$m^2$] ② 1,000 [$m^2$] ③ 1,500 [$m^2$] ④ 600 [$m^2$]

설명 자·속설비는 해당건물에 바닥면적을 1500 [$m^2$] 이상일 때 설치한다.

**05** **자동화재속보설비를 설치하지 않아도 되는 것은?**

① 공장 ② 창고 ③ 업무시설 ④ 학교

설명 자·속에 해당건물은 공장 및 창고시설 또는 업무시설로서 바닥면적 1,500 [$m^2$] 이상일 때 설치된다.

**06** **자동화재속보설비의 속보기에 대한 설명으로 옳지 않은 것은?**

① 예비전원은 자동적으로 충전할 수 있어야 한다.
② 속보기의 내부에 주전원의 양극을 동시에 개폐할 수 있는 전원 스위치 설치해야 한다.
③ 전원입력측의 양단 및 속보기로부터 외부 부하에 직접 전원을 송출하도록 구성된 회로에서는 퓨즈를 설치해야 한다.
④ 스위치는 바닥으로부터 1 [m] 이상 1.5 [m] 이하이어야 한다.

설명 스위치는 바닥으로부터 0.8 [m] 이상 1.5 [m] 이하이어야 한다.

3. ③ 4. ③ 5. ④ 6. ④

# 2 누전경보기

**07 누전경보기의 주요 구성요소는?**

① 변류기, 수신기, 전원장치, 증폭기 ② 수신기, 감지기, 전원장치, 변류기
③ 변류기, 표시등, 차단장치, 수신기 ④ 변류기, 수신기, 음향장치, 차단기

설명 누전경보기 구성요소는 영상변류기 수신기 음향장치 차단릴레이로 구분된다.

**08 누전경보기에서 누전되는 것을 무엇이 검출하는가?**

① 차단기 ② 수신기 ③ 변류기 ④ 음향장치

설명 누설전류를 검출하는 곳은 (영상)변류기이며 미소전압을 증폭시켜 주는 곳은 수신기이다.

**09 경계전로의 정격전류에 의한 1급 누전경보기를 사용하는 경우 정격 전류의 값은 몇 [A]로 하여야 하는가?**

① 60 [A] 초과 ② 60 [A] 이하 ③ 60 [A] 미만 ④ 60 [A] 이상

설명 경계전로의 정격전류는 60 [A] 초과를 기준으로 한다.

**10 누전경보기의 전원은 분전반으로부터 전용회로로 하고 각 극에 개폐기 및 과전류 차단기를 몇 [A]를 설치하여야 하는가?**

① 15 [A] 미만 ② 15 [A] 이하 ③ 15 [A] 초과 ④ 15 [A] 이상

설명 과전류차단기는 15 [A] 이하의 것을 설치하며, 배선용차단기는 20 [A] 이하의 것을 설치한다.

---

7. ④ 8. ③ 9. ① 10. ②

**11** **누전경보기의 수신기를 설치하여도 적당한 장소는?**

① 옥내 건조한 장소
② 대전류회로, 고주파발생회로 등에 의한 영향을 받을 우려가 있는 장소
③ 온도의 변화가 급격한 장소
④ 가연성 증기, 먼지, 가스 등 다량으로 체류하는 장소

설명 옥내의 건조한 장소는 수신기 설치에 적합하다.

**12** **누전경보기의 수신기를 설치할 수 없는 장소로서 맞지 않는 것은?**

① 부식성의 증기, 가스 등 다량으로 체류하는 장소
② 습도가 낮은 장소
③ 대전류회로, 고주파 발생회로 등에 의한 영향을 받을 우려가 있는 장소
④ 화약류의 제조, 저장 또는 취급하는 장소

설명 습도가 높은 장소가 누전경보기 수신기를 설치할 수 없는 장소에 해당된다.

**13** **누전경보기의 공칭작동전류치는 몇 암페어 이하인가?**

① 20 [mA] ② 100 [mA] ③ 150 [mA] ④ 200 [mA]

설명 공칭작동전류치란 누전경보기를 작동시키기 위하여 필요한 누설전류의 값으로서 제조자에 의하여 표시된 값을 말하며 그 값은 200 [mA] 이하이어야 한다.

**14** **누전경보기를 작동하였을 때 취하는 동작으로 옳은 것은?**

① 경보정지 → 분기회로점검 → 전원차단 → 원상복귀
② 경보정지 → 감도설정조정 → 테스터점검 → 원상복귀
③ 경계전원차단 → 감도설정조정 → 분기회로차단 → 원상복귀
④ 경계전원차단 → 분기회로점검 → 주 회로점검 → 원상복귀

설명 누전경보기 작동 시 동작순서는 경계전원을 차단 이상 유무를 확인 후 감도 조정장치를 조정한 후 분기회로를 하나씩 차단해가며 점검한다.

---

11. ① 12. ② 13. ④ 14. ③

**15** **누전경보기의 감도조정장치의 기능에 대한 설명으로 가장 적절한 것은?**

① 변류기의 입력신호를 증대한다.
② 변류기의 입력신호에 의한 감도를 수신기에 조정한다.
③ 변류기의 입력신호를 일정하게 한다.
④ 음향장치의 음압을 조정한다.

설명 감도조정장치의 범위는 1 [A] 이하이며 변류기 입력신호에 의한 감도를 수신기에서 조정한다.

**16** **누전경보기에서 누설전류 설정치가 부족하여 오보를 일으킬 때 취하는 조치로서 옳은 것은?**

① 정격전류가 큰 것으로 교체한다.
② 누전경보기의 공칭 작동치를 감소시킨다.
③ 조정장치의 감도를 둔하게 한다.
④ 조정장치외 감도를 예민하게 한다.

설명 감도 탭을 올려서 둔하게 해야 한다.

**17** **누전경보기의 온도를 보정하기 위한 장치는?**

① 더어미스터　　② 콘덴서
③ 트랜지스터　　④ 리액터

설명 온도보정장치는 더어미스터로서 온도가 상승하면 전기저항이 감소한다.

**18** **누전경보기는 사용전압 몇 [V] 이하인 경계전로의 누설전류를 검출하여야 하는가?**

① 300 [V]　　② 400 [V]
③ 500 [V]　　④ 600 [V]

설명 누전경보기는 저압 즉, 600 [V] 이하 누설전류를 검출한다.

---

15. ② 16. ③ 17. ① 18. ④

**19 누전경보기에 관한 설명 중 맞지 않는 것은?**

① 음향장치는 사용전압의 80 [%]인 전압에서 소리를 내어야 한다.
② 음향장치는 중심에서 1 [m] 떨어진 곳에서 60 [dB] 이상이어야 한다.
③ 누전경보기는 변류기와 증폭부로 구성되어 있다.
④ 변류기의 입력신호에 의한 감도는 수신기에서 조정한다.

설명 음향장치는 대부분 1 [m] 떨어진 곳에서 90 [dB]에 해당되나 감지기와 누전경보기 또는 가스누설경보기(가정용, 영업용)는 1 [m] 떨어진 곳에서 70 [dB]에 해당된다.

**20 집합형 누전경보기의 수신부란 무엇을 의미하는가?**

① 1개 이상 변류기를 사용하는 수신부 ② 2개 이상 변류기를 사용하는 수신부
③ 3개 이상 변류기를 사용하는 수신부 ④ 4개 이상 변류기를 사용하는 수신부

설명 집합형 수신부는 2개 이상의 변류기를 연결 사용하는 수신부를 말한다.

**21 차단기구를 갖는 누전경보기의 구조로 적합한 것은 다음 중 어느 것인가?**

① 개폐부는 수동으로 개폐할 수 있고 또 자동적으로 복귀하지 않는 구조일 것
② 개폐부는 원활하고 확실하게 작동하고 정지점이 명확하지 않는 구조일 것
③ 개폐부는 자동으로 개폐할 수 있고 또 수동적으로 복귀하지 않는 구조일 것
④ 개폐부는 수동으로 개폐할 수 없으나 자동적으로 복귀할 수 있는 구조일 것

설명 개폐부는 수동으로 개폐할 수 있고 복귀도 확인 후 수동으로 할 수 있는 구조이어야 한다.

**22 누전경보기의 수신부의 절연된 충전부와 외함간의 절연저항을 DC 500 [V]의 절연저항계로 측정할 경우 몇 [MΩ] 이상이어야 하는가?**

① 0.1 [MΩ] 이상 ② 5 [MΩ] 이상 ③ 20 [MΩ] 이상 ④ 50 [MΩ] 이상

설명 충전부와 외함은 5 [MΩ] (중계기 제외)으로 생각하면 선별하기가 쉽다.

19. ② 20. ② 21. ① 22. ②

# 3 가스누설경보기

**23** **가스누설경보기의 종류에 해당하는 것은?**

① 제1종과 제2종
② 단독형과 분리형
③ 공업용과 일반용
④ A형과 B형

설명 단독형과 분리형으로 구분되며 분리형은 영업용과 공업용으로 구분한다.

**24** **정격전압이 몇 [V]를 초과하는 기구의 금속제 외함에 접지단자를 설치하는가?**

① 60 [V]
② 80 [V]
③ 100 [V]
④ 120 [V]

설명 60 [V]를 초과하는 기기의 금속제 외함에 접지단자를 설치한다.

**25** **수신기 개시부터 가스누설 표시까지 소요시간은 몇 초 이내이어야 하는가?**

① 60초
② 120초
③ 180초
④ 240초

설명 수신기 개시부터 가스누설 표시까지 소요시간은 60초 이내이다.

**26** **가스누설경보기의 예비전원에 대한 설명으로 옳지 않은 것은?**

① 경보기의 주 전원으로 사용할 수 있다.
② 인출선은 적당한 색깔에 의하여 쉽게 구분하여야 한다.
③ 축전지의 충전시험 및 방전시험은 방전종지전압을 기준하여 시작한다.
④ 알칼리계 2차 축전지, 리튬계 2차 축전지, 무보수 밀폐형 연축전지가 사용된다.

설명 예비전원은 주전원으로 사용하여서는 아니 된다. (제8조)

---

23. ② 24. ① 25. ① 26. ①

**27** **공기보다 무거운 연소가 체류되어 있을 때 가스누설경보기는 바닥면으로부터 몇 [cm] 이내에 설치하여야 하는가?**

① 10 [cm]　② 20 [cm]
③ 30 [cm]　④ 50 [cm]

설명 LPG 등 공기보다 무거운 가스는 일반적으로 그 설치된 바닥으로부터 30 [cm] 이내에 설치된다.

**28** **가스누설경보기를 용도에 따라 분류할 때 단독형은 어떤 용도로 사용되는가?**

① 가정용　② 영업용
③ 공업용　④ 산업용

설명 단독형은 탐지부와 수신부가 일체형으로서 가정용에서 해당된다. 참고로 분리형은 공업용과 영업용에 사용된다.

**29** **가스누설경보기에서 분리형으로 영업용인 것의 회로수는?**

① 1　② 2
③ 3　④ 4

설명 분리형 중 영업용 회로수는 1회로이다.

**30** **가스의 누설을 탐지하는 탐지소자의 금속망은 몇 mesh에 해당하는가?**

① 10　② 50
③ 100　④ 200

설명 가스누설경보기의 탐지소자 금속망은 100 메시의 금속망을 밀착시켜 사용하도록 한다. 여기서 메시(mesh)란 그물망의 크기를 말한다.

27. ③ 28. ① 29. ① 30. ③

# 4 비상경보 · 비상방송설비

31 **비상경보설비의 특징이 아닌 것은?**

① 필요한 층만 선택하면서 화재를 알릴 수 있다.
② 자동적으로 경보를 발하는 장치이다.
③ 업무용 방송과 겸용할 수 있다.
④ 초기 소화 활동을 용이하게 할 수 있다.

설명 비상경보는 (자동 및) 수동으로 경보를 발하는 장치이다.

32 **비상벨 또는 자동식 사이렌 설비를 설치하지 않아도 되는 곳은?**

① 누전경보기의 유효부분
② 자동화재탐지설비의 유효부분
③ 자동화재속보설비의 유효부분
④ 비상방송설비의 유효부분

설명 자동화재탐지설비 이외에 행하는 설비이다.

33 **비상경보설비의 특징에 맞지 않는 것은?**

① 업무용 방송과 겸용할 수 있다.
② 초기 소화 활동을 용이하게 할 수 있다.
③ 비교적 설비가 복잡하고 설비비가 비싸다.
④ 필요한 층만 임의로 선택하면서 화재를 알릴 수 있다.

설명 비상경보는 비교적 설비가 간단하고 설비비용이 싸다.

31. ② 32. ② 33. ③

**34** **비상방송설비의 설치기준으로 옳지 않은 것은?**

① 확성기까지의 수평거리는 25 [m] 이하로 한다.
② 음량조정기를 설치할 때는 3선식 배선으로 한다.
③ 확성기 음성입력은 실외 1 [W] 이상일 것
④ 조작부의 조작스위치는 바닥으로부터 0.8 [m] 이상 1.5 [m] 이하에 설치한다.

설명 확성기 음성입력은 실내 1 [W] 실외 3 [W]이다.

**35** **비상경보설비의 기동장치 상부에 설치하는 표시등은 부착면과 얼마의 떨어진 위치에서 식별할 수 있어야 하는가?**

① 5° 이상 10 [m]
② 10° 이상 15 [m]
③ 15° 이상 10 [m]
④ 20° 이상 10 [m]

설명 표시등은 15° 각도에서 10 [m] 떨어진 곳에서 식별이 가능하여야 한다.

**36** **비상방송설비에서 음량조정기를 설치하는 경우 배선은?**

① 1선식
② 2선식
③ 3선식
④ 4선식

설명 음량조정기 설치 시는 업무용 배선, 긴급용 배선, 공통선, 3선식으로 하여야 한다.

**37** **비상방송설비에서 1층에서 화재발생시 경보를 발하는 곳은?**

① 발화층, 그 직상층 및 지하층에 한하여
② 발화층, 그 직상층 및 기타 지하층에 한하여
③ 발화층 및 그 직상층 한하여
④ 발화층 및 지하 전층에 한하여

설명 1층에서 화재 시는 1층, 2층 그리고 지하 전층을 경보하여야 지하층에 있는 인원을 피난층으로 대피할 수 있다.

---

34. ③ 35. ③ 36. ③ 37. ①

## 38 비상방송설비에 관한 기준으로서 틀린 것은?

① 확성기는 각 층마다 설치하되 그 층의 각 부분으로부터 하나의 확성기까지의 거리는 25 [m] 이하가 되도록 한다.

② 음량조정기를 설치하는 경우 음량조정기의 배선은 3선식으로 할 것

③ 다른 방송설비와 공용하는 것은 화재발생 시 일반방송이 비상방송을 차단할 수 있는 구조로 할 것

④ 비상벨 및 자동식사이렌의 음량은 음량장치의 중심으로부터 1 [m] 떨어진 위치에서 90 [dB] 이상이어야 한다.

설명 설비공용을 하는 경우 화재 시 비상방송이 일반방송을 차단할 수 있는 구조가 되어야 한다. (비상방송설비의 화재안전기준(NFSC 202 제4조))

38. ③

## exercise

❶ 자동화재속보기 기능에 대해 설명하시오.

❷ 시각경보기 설치 목적과 그 높이에 대하여 기술하시오.

❸ 비상경보설비의 기능을 설명하시오.

❹ 비상방송설비 설치기준에 대해 설명하시오.

❺ 누전경보기 구성요소와 함께 설명하시오.

❻ 누전경보기를 설치할 수 없는 장소를 나열하시오.

❼ 가스누설경보기 중 단독형과 분리형에 대해 설명하시오.

제 3 편

# 피난 · 소화 및 전기설비

제 1 절

# 유도등

## 1. 개 요

유도등은 화재 시 해당 건물 내에 거주하고 있는 인원을 안전함과 함께 긴급 대피를 안내하기 위하여 사용되는 방향표시등으로서 정상상태에서 상용전원에 의하여 켜지고 상용전원이 정전되는 경우에는 비상 전원으로 자동 전환되어 켜지는 등을 말한다.

### (1) 종 류

피난구유도등, 객석유도등, 통로유도등 (계단통로유도등, 복도통로유도등, 거실통로유도등)

### (2) 설치 대상물 및 장소

① 특정소방대상물* : 피난구유도등, 통로유도등 및 유도표지
② 유흥주점영업과 문화 및 집회시설 운동시설, 종교시설 : 객석유도등
③ 지하구 및 지하가 중 터널은 제외한다.
④ 동물 및 식물 관련 시설 중 축사로서 가축을 직접 가두어 사육하는 부분

## 2. 피난구유도등

재난 시 피난구 또는 피난경로로 사용되는 출입구가 있다는 것을 표시하는 녹색등화의 유도등을 말한다.

### (1) 설치기준

피난구유도등은 피난구의 바닥으로부터 높이 **1.5 [m] 이상**의 사람이 식별 가능한 곳(1 [m] 거리에서 눈높이로부터 30 [cm] 위치)에 설치하여야 한다.

---

* 특정소방대상물 : 소방시설을 설치하여야 하는 소방대상물로서 소방법령에서 대통령령으로 정하는 것

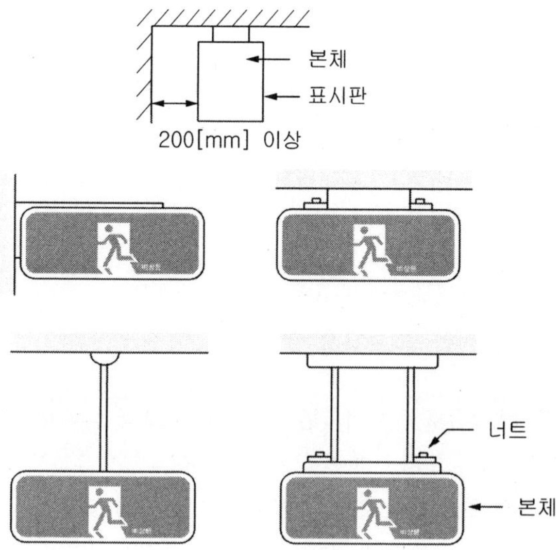


▌ 피난구 유도등의 설치 ▌

### (2) 설치장소

① **옥**내로부터 직접지상으로 통하는 출입구 및 그 부속실의 출입구
② **직**통계단, 직통계단의 계단실 및 그 부속실의 출입구
③ **출**입구에 이르는 복도 또는 통로로 통하는 출입구
④ **안**전구획된 거실*로 통하는 출입구

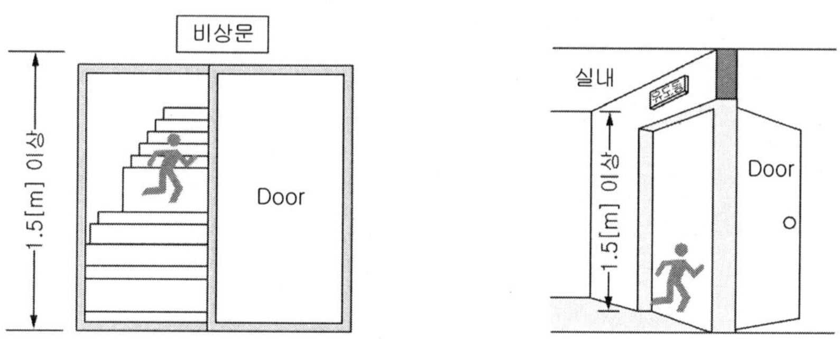


▌ 피난구 유도등의 설치장소 ▌

* 거실 : 거주 집무, 작업, 오락 등을 대상으로 사람이 오랜 시간 머무는 장소(복도 · 현관 · 계단실 · 기계실 · 변소 · 욕실은 제외)

### (3) 표시면의 표시

**피난**구유도등의 표시면은 국제표준화기구(ISO)기준에 의한 그림문자로 하며 **녹색**바탕에 **백색**의 글씨로 "비상문", "비상탈출구", "EXIT*", "FIRE EXIT" 또는 "화살표" 등을 함께 표시할 수 있다.

## 3. 통로유도등

피난 통로를 안내하기 위한 유도등을 말한다.

통로유도등
- **계단통로유도등** : 바닥면 및 디딤바닥면을 비추며 계단참이나 경사로에 설치함
- **복도통로유도등** : 피난방향을 명시하는 통로유도등이며 높이 1m 이하에 설치함
- **거실통로유도등** : 거실, 주차장 등의 개방된 통로에 설치. 거실통로의 경우 피난구 방향을 명시하며 1.5 [m] 이상에 설치함

(a) 복도통로유도등(매입형)

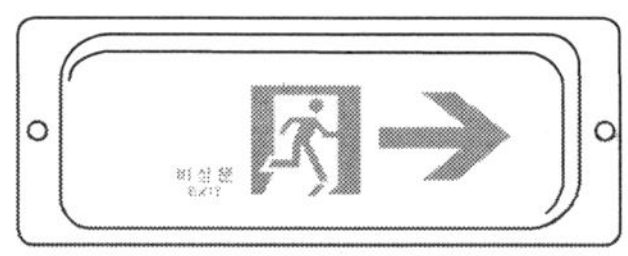

(b) 복도통로유도등(돌출형)

**❙ 복도통로유도등 ❙**

### (1) 통로유도등 설치기준

① 통행에 지장이 없도록 하며 주위에 등화광고물·게시물 등을 설치하지 말 것.

② 복도·계단통로유도등은 바닥으로부터 1 [m] 이하의 위치에 설치하여야 한다.

③ 거실통로유도등은 1.5 [m] 이상에 설치하되 기둥이 있는 경우는 그 바닥면으로부터 1.5 [m] 이하에 설치한다.

④ 조도*는 통로유도등과 바로 밑의 바닥으로부터 수평으로 0.5 [m] 떨어진 지점에서 측정하여 1 [lx] 이상(바닥에 매설하는 것에 있어서는 통로유도등의 직상부 1 [m]의 높이에서 측정하여 [lx] 이상)이어야 한다.

⑤ **통**로유도등은 **백색바탕**에 **녹색**으로 피난방향을 표시한 등으로 하여야 한다. (다만, 계단에 설치하는 것에 있어서는 피난의 방향을 표시하지 아니할 수 있다.)

* EXIT : 출구

* 조도 : 빛의 밝기 단위는 럭스(lx)

### (2) 설치장소

① **옥**내로부터 직접지상으로 통하는 출입구(다만, 부속실을 경유하여 지상으로 통하는 경우에는 그 부속실의 출입구에 설치)

② 복도통로유도등은 복도에, 거실통로유도등은 거실의 통로에 계단통로유도등은 계단 및 경사로에 설치(다만, 거실의 통로가 벽체 등으로 구획된 통로의 경우에는 복도통로유도등을 설치하여야 한다.)

③ **복도통로**유도등 또는 **거실통로**유도등은 구부러진 모퉁이 및 보행거리 20 [m] 마다 설치하고, 계단통로유도등은 각 층의 경사로 참* 또는 계단 참마다(1개 층에 경사로 참 또는 계단 참이 2 이상 있는 경우에는 2개의 계단 참마다)설치

※ **복**도**통**로유도등( 및 거실통로유도등)의 설치개수

$$\text{설치개수} \geq \frac{\text{구부러진 곳이 없는 부분의 보행거리 [m]}}{\text{20 [m]}} - 1$$

### (3) 통로유도등의 구조

통로유도등의 표시면 및 조사면의 구조는 바닥면과 피난방향을 비출 수 있는 것이어야 하며 표시면은 그 옆방향에서도 그 일부가 보일 수 있도록 외함에서 10 [mm] 이상 돌출되어야 한다.

## 4. 객석유도등

"객석유도등"이란 객석의 통로*, 바닥 또는 벽에 설치하는 유도등을 말한다.

① 객석유도등의 설치

**객석**내의 통로가 경사로 또는 수평으로 되어 있는 부분에 있어서는 다음의 식에 의하여 산출한 수(소수점 이하의 수는 1로 본다.)의 유도등을 설치하여야 한다.

$$\text{※ 객석유도등 설치개수} \geq \frac{\text{객석통로의 직선부분의 길이 [m]}}{\text{4 [m]}} - 1$$

* 참 : 경사로 또는 계단 등을 가다 걸음을 쉬어갈 수 있는 곳

* 통로 : 3 [m] 이상의 사림이 통행할 수 있는 길

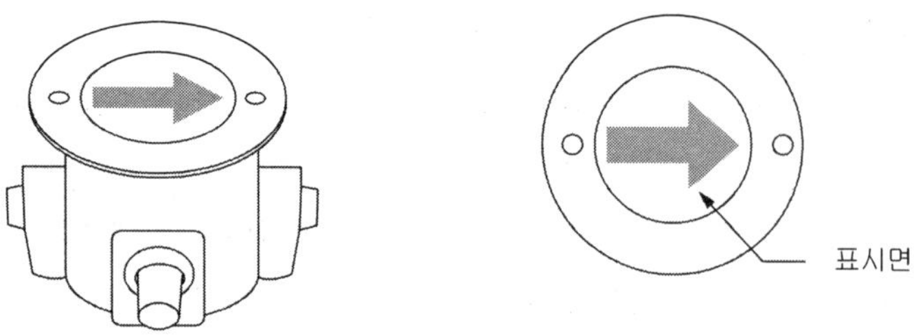


Ⅰ 객석유도등 Ⅰ

※ 강당 등으로 사용하는 경우라도 의자가 이동식으로 사용하는 경우에는 객석유도등을 제외할 수 있다.

## 5. 유도등의 전원

① 유도등의 전원은 **축전지*** 또는 **교류전압의 옥내간선**으로 하고 전원까지의 배선은 **전용**으로 하여야 한다.

② 비상전원은 축전지로 하고 그 용량은 해당 유도등을 유효하게 20분 이상 작동시킬 수 있는 것으로 하여야 한다. (다만, 11층 이상의 고층건축물과 지하층, 무창층으로서 지하상가·지하역사, 도소매 시장, 여객자동차터미널은 60분 이상 작동하여야 한다.)

③ 배선은 전기설비기술기준고시에 정한 것 외에 다음 각 호의 기준에 의하여야 한다.

㉮ 유도등의 인입선과 옥내배선은 직접 연결할 것.

㉯ 유도등의 전기회로에는 점멸기(유도등의 축전지설비에 내장한 것 또는 3선식 배선* 에 의하여 상시 충전되어 있는 것을 제외한다)를 설치하지 아니할 것. 다만, 소방대상물 또는 그 부분에 사람이 없거나 피난구 또는 피난방향을 쉽게 식별할 경우에는 그러하지 아니하다.

④ 3선식 배선에 의하여 상시 충전되는 유도등의 전기회로에 점멸기를 설치하는 경우에는 다음에 해당하는 때에 점등되도록 하여야 한다.

㉮ **자**동화재탐지설비의 감지기 또는 발신기가 작동되는 때

㉯ **비**상경보설비의 발신기가 작동되는 때

㉰ **상**용전원이 정전되거나 전원선이 단선되는 때

---

* 축전지 : 전기적 에너지를 화학적 에너지로 축적했다가 필요시 다시 전기적 에너지로 쓸 수 있는 전지(배터리)
* 3선식 배선 : 예비전원을 필요로 하는 흑색·백색·녹색으로 구분되는 3선의 방식을 말함.

㉣ **방**재업무를 통재하는 곳 또는 전기실의 배전반에서 수동으로 점등하는 때

㉤ **자**동소화설비가 작동되는 때

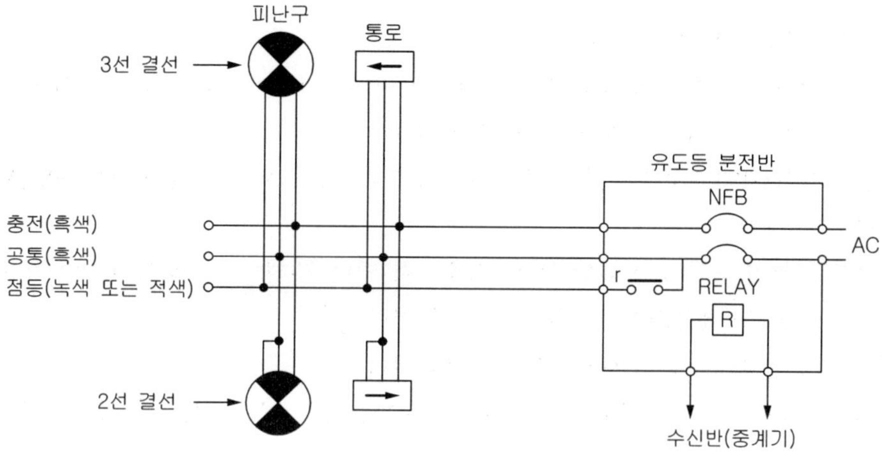


**▎유도등 2 · 3선 결선도 ▎**

⑤ 3선식 배선의 원리

㉮ 백색의 공통선, 흑색의 충전선, 녹색 또는 적색의 점등선 3선을 이용하며 축전지는 충전선과 공통선을, 표시등은 점등선과 공통선을 접속한다.

㉯ 평소에 점등선에 점멸기를 설치하여 소등상태이나 축전지는 상시충전상태이다.

㉰ 비상시 수신기의 입력신호에 따라 유도등 분전반내의 릴레이가 동작되면 점등선의 릴레이가 자동투입하여 유도등은 점등된다.

| 2선식 배선 | 3선식 배선 |
|---|---|
| ① 피난구유도등을 상시 점등하는 상태의 배선방식이다. 2선식 배선을 상시점등되도록 하는 것을 원칙으로 한다.<br>② 점멸기 의해 소등을 하면 자동으로 예비전원으로 절환되어 20분간 점등된 후 꺼진다.<br>③ 소등을 하면 예비전원으로 자동충전되는 기능이 아니므로 유도등으로서의 기능은 없다. | ① 평상시 소등상태를 유지하다가 화재 시 유도등이 점등되는 방식으로 평상시 주간의 경우도 상시 점등시켜야 하는 불합리한 점을 개선시킬 수 있다.<br>② 점멸기 의해 소등을 하면 유도등은 꺼지나 예비전원에 충전은 계속되고 있는 상태가 된다.<br>③ 정전이나 단선이 되면 교류전압에 의한 전원공급이 안되며 자동적으로 예비전원으로 절환되어 20분 이상 점등된다. |

## 6. 유도등의 구조 및 기능

### (1) 일반구조

유도등의 일반구조는 다음과 같다.

① 외함의 표시면은 쉽게 분해할 수 있도록 하여야 하며 축전지 등 내부 부품을 쉽게 교환, 보수, 점검할 수 있도록 조립된 구조이어야 한다.

② 사용전압은 300 [V] 이하이어야 한다. 다만, 충전부가 노출되지 아니한 것은 300 [V]를 초과할 수 있다.

③ 유도등은 내부의 온도가 비정상적으로 상승하지 아니하도록 하여야 하며 축전지와 내부 부품은 양호한 **방열처리**가 되도록 하여야 한다.

④ 축전지 배선 등을 직접 **납땜**하지 **아니**하여야 한다.

⑤ 전선의 굵기는 인출선인 경우에는 단면적인 0.75 [$mm^2$] 이상, 인출선* 외의 경우에는 단면적이 0.5 [$mm^2$] 이상이어야 한다.

⑥ 인출선의 길이는 전선인출부분으로부터 150 [mm] 이상이어야 한다. 다만, 인출선으로 하지 아니할 경우에는 풀어지지 아니하는 방법으로 전선을 쉽고 확실하게 부착할 수 있도록 접속단자를 설치하여야 한다.

### (2) 식별도 시험

식별도 시험은 다음과 같다.

① 피난구유도등 및 거실통로유도등은 상용전원으로 등을 켜는(평상 사용상태로 연결, 사용전압에 의하여 점등 후 주위조도를 10~30 [ lx ]까지의 범위 내로 한다.) 경우에는 직선거리 30 [m]의 위치에서 비상전원으로 등을 켜는(비상전원에 의하여 20분간 등을 켠 후 주위조도를 0～1 [lx]까지의 범위 내로 한다.)경우에는 직선거리 20 [m]의 위치에서 각기 보통시력(시력 1.0에서 1.2의 범위 내를 말한다.)에 의하여 표시면의 글자, 색채 및 화살표가 함께 표시된 경우에는 화살표가 쉽게 식별이 되어야 한다.

② 복도통로유도등에 있어서 상용전원으로 등을 켜는 경우에는 직선거리 20 [m]의 위치에서, 비상전원으로 등을 켜는 경우에는 직선거리 15 [m]의 위치에서 보통시력에 의하여 표시면의 화살표가 쉽게 식별되어야 한다.

---

* 인출선 : 전력을 외부로 공급하거나 신호를 송출할 때 쓰이는 선

### (3) 조도시험

피난구유도등 및 객석유도등은 그 유도등을 비상전원의 성능에 따라 유효점등시간동안 등을 켠 후 주위조도가 0 [lx]인 상태에서 다음과 같은 방법으로 측정하는 경우, 그 조도는 각각 다음 각 호에 적합하여야 한다.

① 계단통로유도등은 바닥면 또는 디딤 바닥으로부터 높이 2.5 [m]의 위치에 그 유도등을 설치하고 그 유도등 바로 밑으로부터 수평거리 10 [m] 떨어진 위치에서의 법선조도가 0.5 [ lx ] 이상이어야 한다.

② 복도통로유도등은 바닥면으로부터 1 [m] 높이에, 거실통로유도등은 바닥면으로부터 2 [m] 높이에 설치하고 그 유도등의 중앙으로부터 0.5 [m] 떨어진 위치에서의 바닥면조도와 유도등 전면 중앙으로부터 0.5 [m] 떨어진 위치의 조도가 1 [ lx ] 이상이어야 한다. (다만, 바닥면에 설치하는 통로유도등은 그 유도등의 바로 윗부분 1 [m]의 높이에서 법선조도가 1 [lx] 이상이어야 한다.)

③ 객석유도등은 바닥면 또는 디딤 바닥면에서 높이 0.5 [m]의 위치에서 설치하고 그 유도등의 바로 밑에서 0.5 [m] 떨어진 위치에서의 수평조도가 0.2 [ lx ] 이상이어야 한다.

### (4) 절연저항시험

유도등의 교류 입력측과 외함사이, 절연된 교류입력측과 충전부사이 및 충전부와 외함사이의 각 절연저항은 DC 500 [V]의 절연 저항계로 측정한 값이 5 [MΩ] 이상이어야 한다.

## 7. 법적 용어의 뜻

"**유도등**"이라 함은 화재 시에 긴급대피를 안내하기 위하여 사용되는 등으로서 정상상태에서는 상용전원에 의하여 켜지고, 상용전원이 정전되는 경우에는 비상전원으로 자동전환되어 켜지는 등을 말한다. (유도등의 형식승인 및 제품검사의 기술기준 제2조)

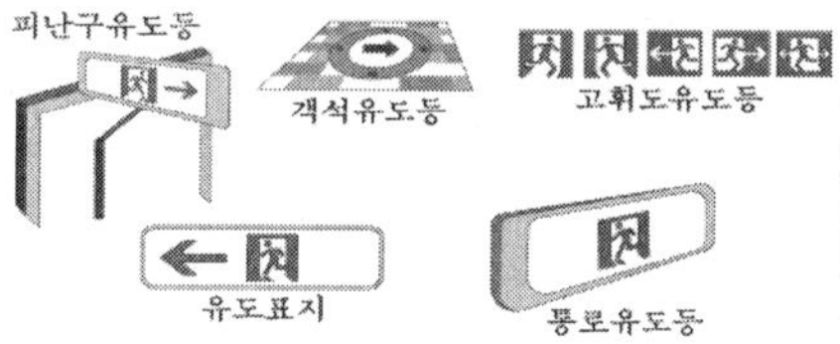


【유도등 및 유도표지】

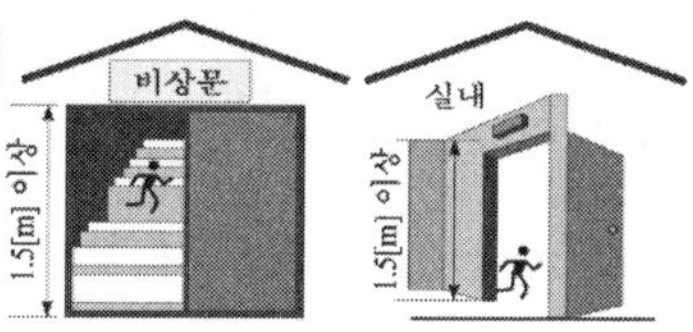


【피난구 유도등(비상문)의 설치 장소】

# 제 2 절 유도표지

유도표지란 화재가 발생하였을 때 해당 건물 내에 거주하고 있는 인원을 신속하고 안전하게 피난할 수 있는 장소를 표시하거나 또는 피난장소의 신속한 유도를 목적으로 설치하는 표시판을 말한다. 유도표지는 사람이 항상 익숙한 곳으로 가는 귀소본능과 밝은 곳으로 가려고 하는 지광본능 또한 추종본능·좌회본능·퇴피본능을 고려할 수가 있다.

유도표지
- 발광식 유도표지 – 대형, 중형, 소형
- 축광식 유도표지 – 소형(20분 동안 발광)

(a) 피난구용　　(b) 복도통로용　　(c) 계단통로용

❙ 축광 유도표지 ❙

### (1) 설치기준

유도표지 설치기준 제반사항은 다음과 같다.

① 피난구유도표지는 출입구 상단에 설치하고, 통로유도표지는 바닥으로부터 높이 1 [m] 이하의 위치에 설치할 것.

② 계단에 설치하는 것을 제외하고는 각 층마다 복도 및 통로의 각 부분으로부터 하나의 유도표지까지의 보행거리가 15 [m] 이하가 되는 곳과 구부러진 모퉁이의 벽에 설

치할 것.

③ 주위에는 이와 유사한 등화·광고물·게시물 등을 설치하지 아니할 것.

④ 유도표지는 부착판 등을 사용하여 쉽게 떨어지지 아니하도록 설치할 것.

⑤ 축광방식의 유도표지는 외광 또는 조명장치에 의하여 상시 조명이 제공되거나 비상조명등에 의한 조명이 제공되도록 설치할 것.

⑥ 방사성 물질을 사용하는 위치표지는 쉽게 파괴되지 아니하는 재질로 처리할 것.

### (2) 설치기준 제외

유도표지 설치기준 제외사항은 다음과 같다.

① 피난구 유도등, 통로유도등이 규정에 적합하게 설치된 출입구, 복도, 계단 및 통로에는 유도표지를 설치하지 아니한다.

② 피난구 유도등이 바닥면적이 1,000 [$m^2$] 미만인 층으로 옥내로부터 직접 지상으로 통하는 출입구(외부의 식별이 용이한 경우에 한한다) 및 거실의 각 부분으로부터 쉽게 도달할 수 있는 출입구에도 설치하지 아니할 수 있다.

### (3) 설치장소

유도표지 설치장소는 다음과 같다.

계단에 설치하는 것을 제외하고는 각 층마다 복도 및 통로의 각 부분으로부터 하나의 유도표지까지의 보행거리가 15 [m] 이하가 되는 곳과 구부러진 모퉁이의 벽에 설치할 것.

$$※\ \text{유도표지 설치개수} \geq \frac{\text{구부러진 곳이 없는 부분의 길이 [m]}}{15\ [m]} - 1$$

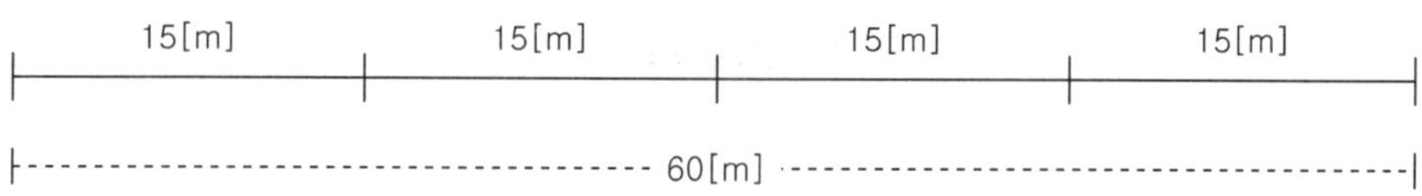


▌ 유도표지 설치개수 ▌

# 제 3 절 비상조명등

비상조명등이란 화재발생 등에 의한 정전 시 안전하고 원활한 피난활동을 할 수 있도록 거실 및 피난통로 등에 설치하는 조명등으로서 비상전원용 축전기가 내장되어 상용전원이 정전된 경우에는 비상전원으로 자동전환되어 점등되는 조명등을 말하며 정상상태에서는 상용전원에 의하여 점등되는 것을 포함한다.

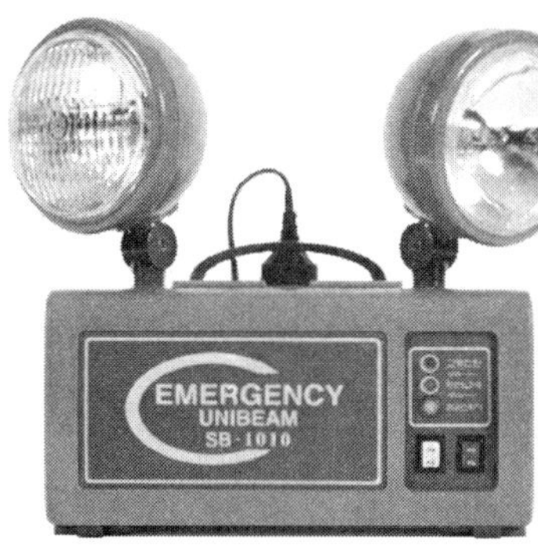


❙ 비상조명등 ❙

## 1. 비상조명등의 종류

비상용 조명등에는 다음의 종류가 있다.

① 전용형 : 상용 광원과 비상용 광원이 각각 별도로 내장되어 있거나 또는 비상시에 점등하는 비상용 광원만 내장되어 있는 비상조명등을 말한다.

② 겸용형 : 동일한 광원을 상용 광원과 비상용 광원으로 겸하여 사용하는 비상조명등을 말한다.

또한 적응장소에 따라 방폭형과 방수형으로 나누며, 방폭형은 폭발성 가스가 용기 내부에서 폭발하였을 때 용기가 그 압력에 견딜 수 있도록 만든 구조를 말하며, 방수형은 물 등에 견딜 수 있도록 만든 구조를 말한다.

## 2. 비상조명등의 설치기준

비상조명등의 설치기준은 다음과 같다.

① 특정소방대상물의 각 거실과 그로부터 지상에 이르는 복도, 계단 및 그 밖의 통로에 설치할 것.

② **조도**는 비상조명이 설치된 장소의 각 부분의 바닥에서 1 [lx] 이상이 되도록 할 것.

③ 예비전원을 내장하는 비상조명등에는 평상시 점등여부를 확인할 수 있는 **점검 스위치**를 설치하고 해당 조명등을 유효하게 작동시킬 수 있는 용량의 **축전지**와 **예비전원 충전장치**를 내장할 것.

④ 예비전원을 내장하지 아니하는 비상조명등에는 비상전원은 자가발전설비, 축전지설비 또는 전기저장장치를 설치하여야 한다.

⑤ 비상전원을 실내에 설치하는 때에는 그 실내에 비상조명등을 설치할 것.

⑥ 다음 소방대상물의 경우에는 그 부분에서 피난층에 이르는 부분의 비상조명등을 **60분** 이상 유효하게 작동시킬 수 있는 용량으로 하여야 한다.

※ 지하층을 제외한 층수가 **11층** 이상의 층

※ 지하층 또는 무창층으로서 용도가 도매시장·소매시장·여객자동차터미널·지하역사 또는 지하상가

## 3. 휴대용 비상조명등 기준

휴대용 비상조명등이란 건물화재, 지진, 지하철사고, 기타 재난 등에 의한 정전 시 원활하고 신속한 피난을 위하여 피난자가 휴대할 수 있는 손전등을 말하며 휴대용 비상조명등은 다음의 기준에 적합하게 하여야 한다.

① 숙박시설 또는 다중이용업소에는 객실 또는 영업장안의 구획된 실마다 잘 보이는 곳(외부에 설치 시 출입문 손잡이로부터 1 [m] 이내 부분)에 1개 이상 설치

② 백화점·대형점·쇼핑센터 및 영화상영관에는 보행거리 50 [m] 이내마다 **3개** 이상 설치

③ 지하상가 및 지하역사에는 보행거리 25 [m] 이내마다 **3개** 이상 설치

④ 설치높이는 바닥으로부터 0.8 [m] 이상 1.5 [m] 이하의 높이에 설치할 것

⑤ 어둠속에서 위치를 확인할 수 있도록 할 것

⑥ 사용 시 자동으로 점등되는 구조일 것
⑦ 외함은 난연성능이 있을 것
⑧ 건전지를 사용하는 경우에는 방전방지조치를 하여야 하고, 충전식 배터리의 경우에는 상시 충전되도록 할 것
⑨ 건전지 및 충전식 배터리의 용량은 **20분** 이상 유효하게 사용할 수 있는 것으로 할 것

## 4. 비상조명등의 제외

다음 경우에는 **비상조명등**을 설치하지 **아니**한다.

① 거실의 각 부분으로부터 하나의 출입구에 이르는 보행거리가 15 [m] 이내인 부분
② 의원·경기장·공동주택·의료시설·학교의 거실

※ **지상 1층** 또는 **피난층으로서 복도·통로 또는 창문** 등의 개구부를 통하여 피난이 용이한 경우 또는 숙박시설로서 복도에 비상조명등을 설치한 경우에는 "**휴대용 비상조명등**"을 설치하지 아니한다.

## 5. 법적 설치대상물

비상조명등을 설치하여야 하는 특정소방대상물은 다음과 같다.

① 지하층을 포함한 층수가 5층 이상인 건축물로서 연면적 3,000 [$m^2$] 이상인 것
② ①항에 해당하지 아니하는 지하층 또는 무창층의 바닥면적이 450 [$m^2$] 이상인 경우에는 그 지하층 또는 무창층
③ 지하가 중 터널로서 그 길이가 500 [m] 이상인 것
④ 창고시설 중 창고 및 하역장 또는 가스시설은 제외한다.

## 6. 법적 용어의 뜻

"**비상조명등**"이란 화재발생등에 의한 정전 시에 안전하고 원활한 피난활동을 할 수 있도록 거실 및 피난통로 등에 설치하는 조명등으로서 비상전원용 축전지가 내장되어 상용전원이 정전되는 경우에는 비상전원으로 자동전환되어 점등되는 조명등을 말하며 정상상태에서는 상용전원에 의하여 점등되는 것을 포함한다. (비상조명등의 형식승인 및 제품검사의 기술기준 제2조)

# 제 4 절 비상콘센트

## 1. 개 요

11층 미만의 층에서 화재가 발생하였을 경우에는 소방차에 적재된 발전시설 등의 소화 활동상 필요한 기구를 가지고 화재 진압활동을 가능하지만 11층 이상의 층에서 화재가 발생한

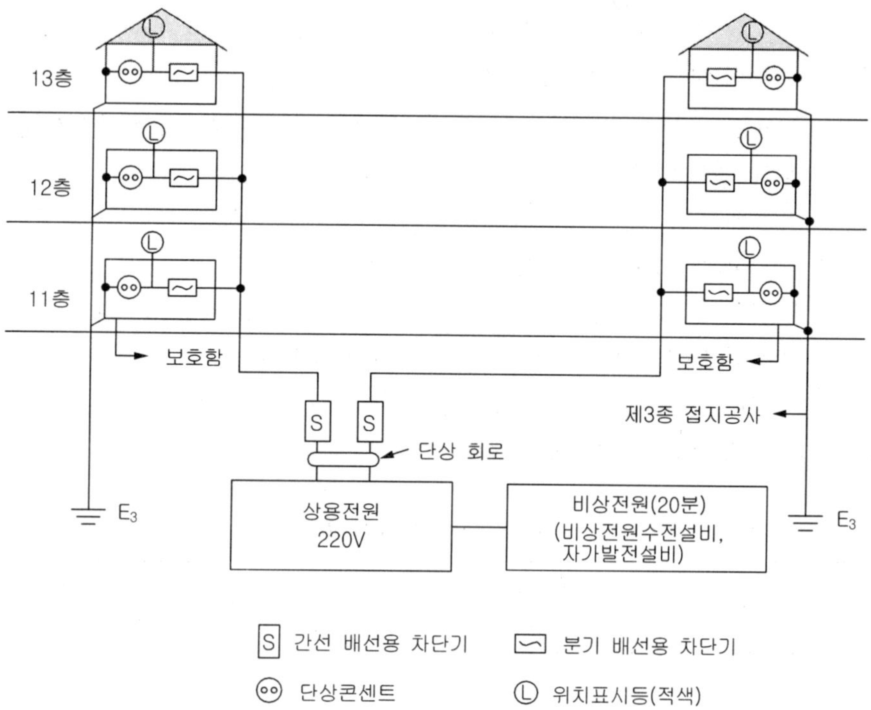


※ 비상콘센트는 단상회로로 구성되어 있다.
※ 지하층 포함 11층 이상의 층과 지하 3층 이상의 층에 설치한다.

▎비상콘센트 설비의 전원회로 구성 ▎

경우에는 소방차에 의한 전원공급이 용이하지 아니하다. 따라서 11층 이상의 층에는 **내화배선**에 의한 고정설비로서 비상콘센트를 설치하여 비상시에 소방대가 조명장치용으로 사용하거나 소화활동상 필요한 파괴장비 등의 전원으로 사용할 수 있도록 하여야 한다.
즉, "비상콘센트 설비"란 화재 시 소방대원이 벽체 파괴, 문 파괴, 사람들의 피난활동 등 소화활동에 필요한 기구 등의 전원을 전용회선으로 공급받기 위해 플러그* 접속기와 보호함 등으로 구성된 설비라 할 수 있다.

## 2. 설치기준

### (1) 전원회로

① 비상콘센트 설비의 전원회로는 **단상**교류* 220 [V]인 것으로서 공급용량은 1.5 [kVA] 이상인 것으로 할 것.

② 전원회로는 각 층에 있어서 전압별로 **2 이상**이 되도록 설치할 것. 다만, 전압별로 설치하여야 할 층의 콘센트가 1개인 때에는 하나의 회로로 할 수 있다.

③ 전원회로는 주배전반에서 전용회로로 할 것. 다만, 다른 설비의 회로의 사고에 따른 영향을 받지 아니하도록 되어 있는 것은 그러하지 아니하다.

④ 전원으로부터 각 층에 있어서는 비상콘센트에 분기되는 경우에는 **분기 배선용 차단기**를 보호함 안에 설치할 것.

⑤ 콘센트마다 배선용 차단기를 설치하여야 하며 충전부가 노출되지 아니하도록 할 것.

⑥ 개폐기에는 **비상콘센트**라고 표시하는 표지를 할 것.

⑦ 비상콘센트용의 풀박스 등은 방청도장을 한 것으로 두께 1.6 [mm] 이상의 철판으로 할 것.

⑧ 하나의 전용회로에 설치하는 비상콘센트는 **10개 이하**로 할 것.
이 경우 전선의 용량은 비상콘센트 (비상콘센트가 3개 이상인 경우에는 3개)의 공급용량을 합한 용량 이상의 것으로 하여야 한다.

**▎비상콘센트 규격 ▎**

| 구 분 | 전 압 | 용 량 | 플러그 접속기 |
|---|---|---|---|
| 단상교류 | 220 [V] | 1.5 [kVA] 이상 | 접지형 2극 |

* 플러그(plug) : 코드를 콘센트에 접속하기 위한 전선 끝에 부착한 접속기구
* 단상교류 : 하나의 회로에 위상이 동일한 하나의 교류 전압이 흐르는 것

## 3. 설치 시 주의사항

① **아파트** 또는 바닥면적 1,000 [$m^2$] 미만의 층은 계단의 출입구에 **5 [m] 이내**에, 1,000 [$m^2$] 이상인 층은 계단 및 계단부속실의 출입구로부터 5 [m] 이내에 설치한다.

② **지하상가** 또는 지하층 바닥면적 합계가 3,000 [$m^2$] 이상인 것은 수평거리 **25 [m]** 이하가 되도록 한다.

③ ①, ②항 그 외 비상콘센트는 건물의 각 부분으로부터 **수평거리 50 [m]** 이하가 되도록 한다.

④ 바닥으로부터 높이 **0.8~1.5 [m]** 이하의 위치에 설치하여야 한다.

⑤ 전원회로의 배선은 **내화배선**으로 그 밖의 배선은 내화배선 또는 내열배선으로 한다.

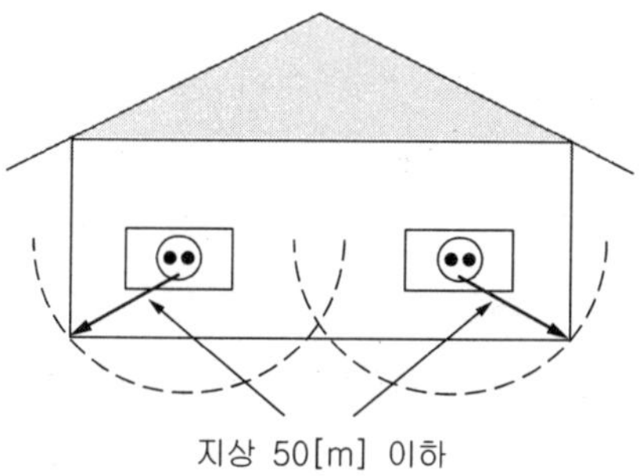


**▎콘센트의 수평거리 ▎**

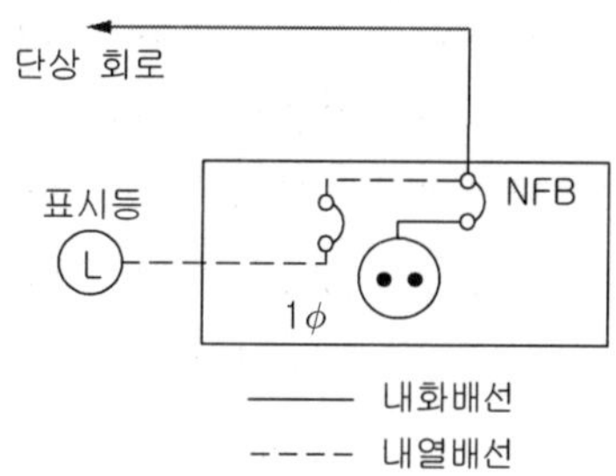


**▎콘센트 배선 ▎**

## 4. 비상전원 및 상용전원

### (1) 비상전원

① 점검에 편리하고 화재, 침수 등의 피해를 받을 우려가 없는 곳에 설치할 것.

② 전원의 용량은 20분 이상 작동할 수 있는 것이라야 한다.

③ 상용전원이 정전된 경우 자동적으로 비상전원으로 전환되어야 한다.

④ 비상전원의 설치장소는 다른 장소와 방화구획 할 것. 이 경우 그 장소에는 비상전원의 공급에 필요한 기구나 설비외의 것을 두어서는 아니 된다.

⑤ 비상전원을 실내에 설치하는 때에는 그 실내에 비상조명등을 설치할 것.

### (2) 상용전원

① 저압수전인 경우 : 인입구 개폐기직후에서 분기하여 전용배선으로 할 것.

② 고압 또는 특별고압인 경우 : 전력용 변압기 2차측 주차단기 1차측 또는 2차측에서 분기하여 전용배선으로 할 것.

③ 지하층을 제외한 층수가 7층 이상으로서 연면적이 2,000 [$m^2$] 이상이거나 지하층의 바닥면적의 합계가 3,000 [$m^2$] 이상인 특정소방대상물의 비상콘센트설비에는 자가발전설비, 비상전원수전설비 또는 전기저장장치를 비상전원으로 설치할 것. 다만, 둘 이상의 변전소에서 전력을 동시에 공급받을 수 있거나 하나의 변전소로부터 전력의 공급이 중단되는 때에는 자동으로 다른 변전소로부터 전력을 공급받은 수 있도록 상용전원을 설치한 경우에는 비상전원을 설치하지 아니할 수 있다.

## 5. 비상콘센트 보호함

① 비상콘센트를 보호하기 위하여 **비상콘센트 보호함**을 설치하여야 한다.

② 보호함은 쉽게 개폐할 수 있는 문을 설치하여야 한다.

③ 비상콘센트의 보호함에는 그 표면에 **비상콘센트**라고 표시한 표지를 하여야 한다.

④ 비상콘센트 보호함에는 그 상부에 **적색**의 표시등을 설치하여야 한다. 다만, 비상콘센트의 보호함을 옥내 소화전함등과 접속하여 설치하는 경우에는 옥내 소화전함등이 표시등과 겸용할 수 있다.

(a) 외형

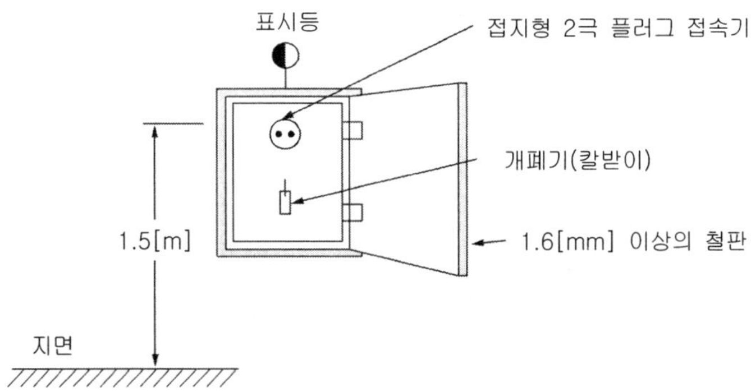


(b) 보호함의 내부

**| 비상콘센트 보호함과 내부구조 |**

## 6. 절연저항시험 및 절연내력시험

① 절연저항은 전원부와 외함사이를 500 [V] 절연저항계로 측정할 때 **20 [MΩ]** 이상일 것.
② 절연저항 시험부위의 절연내력은 전원부와 외함사이에 정격전압이 150 [V] 이하인 경우에는 1,000 [V]의 실효전압*을, 정격전압이 150 [V]를 초과하는 경우에는 그 정격전압의 2를 곱하여 1,000을 더한 교류전압을 가하는 시험에서 1분 이상 견디는 것으로 할 것.

## 7. 비상콘센트설비의 기능

비상콘센트설비의 기능은 다음 각 호에 적합하여야 한다.
① 전원회로는 단상 220 [V]인 것으로서 공급용량은 1.5 [kVA] 이상인 것으로 할 것. 다만, 단상교류 100 [V] 또는 3상 교류 200 [V] 또는 380 [V]인 것으로 공급용량은 3상 교류인 경우 3 [kVA] 이상인 것과 단상교류는 1.5 [kVA] 이상인 것을 추가할 수 있다.
② 비상콘센트설비의 플럭접속기는 3상 교류 200 [V] 또는 3상 교류 380 [V]의 것에 있어서는 접지형 3극 플럭접속기를, 단상교류 100 [V] 또는 단상교류 220 [V]의 것에 있어서는 접지형 2극 플럭접속기를 사용할 것.
③ 비상콘센트설비의 배선용차단기 용량은 제2호의 접속기 용량과 같아야 한다.
(비상콘센트설비의 성능인증 및 제품검사의 기술기준 제6조)

## 8. 법적 설치대상물

비상콘센트를 설치하여야 하는 특정소방대상물은 다음과 같다.
① 지하층을 포함한 층수가 11층 이상인 것은 **11층** 이상의 층
② 지하층의 층수가 3개 층 이상이고 지하층의 바닥면적의 합계가 1,000 [$m^2$] 이상인 것은 지하층의 전층
③ 지하가 중 터널로서 길이가 500 [m] 이상인 것
④ 위험물 저장 및 처리 시설 중 가스시설 또는 지하구를 제외한다.

* 실효전압 : 교류를 저항에 흘렀을 경우에 생기는 저항중의 손실과 같은 것을 주는 직류전압을 그 교류의 실효전압이라 함.

제 5 절

# 무선통신 보조설비

## 1. 개 요

소방대가 효과적으로 소화활동을 하기 위하여 무선통신을 사용하는 데, 지하가 또는 지하층에는 전파의 반송특성이 나빠지므로 무선연락이 곤란하게 된다. 따라서 방재센터(防災 Center) 또는 지상에서 소화활동을 지휘하는 소방대원과 지하가, 지하가 중 터널, 지하층, 지하구에서 소화활동을 하는 소방대원간에 원활한 무선통신을 할 수 있도록 누설동축케이블 등을 사용하는 본격소화활동설비이다. 무선통신의 원리는 마이크로폰에 의하여 송신기에서 음파를 전기신호로 바꾸어 저주파전류로 만든 다음 송신안테나를 통해 고주파의 반송파에 실어 공중으로 방사한 전파를 검파하여 신호 전류인 저주파 전류를 재생한 다음 이를 확성기로 보내어 음파로 재생시킨 것이다.

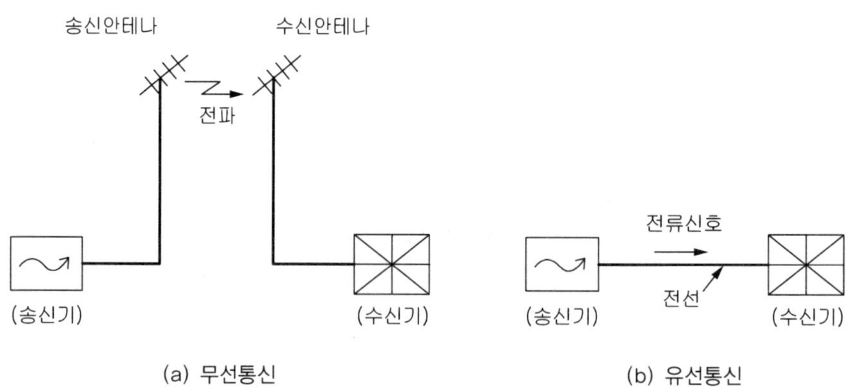


▎유 · 무선 통신설비 ▎

## 2. 구 성

무선통신 보조설비의 구성은 다음과 같다.

전송장치(누설동축케이블, 동축케이블, 안테나), 증폭기, 분배기 등(분배기, 분파기, 혼합기), 접속단자, 무반사 종단저항 등으로 구성되어 있다.

## 3. 종 류

무선통신 보조설비에는 누설동축케이블 방식, 안테나 방식, 누설동축케이블과 안테나혼합 방식이 있다.

### (1) 누설동축케이블* 방식

누설동축케이블은 동축케이블과 누설동축케이블(LCX)을 그림과 같이 조합한 것으로서 터널, 지하철 홈 등 폭이 좁고 긴 지하가나 건축물 내부에 적합하며, 전파를 균일하고 광범위하게 방사할 수 있으며 케이블(cable)이 외부로 노출되므로 관리유지가 쉽다.

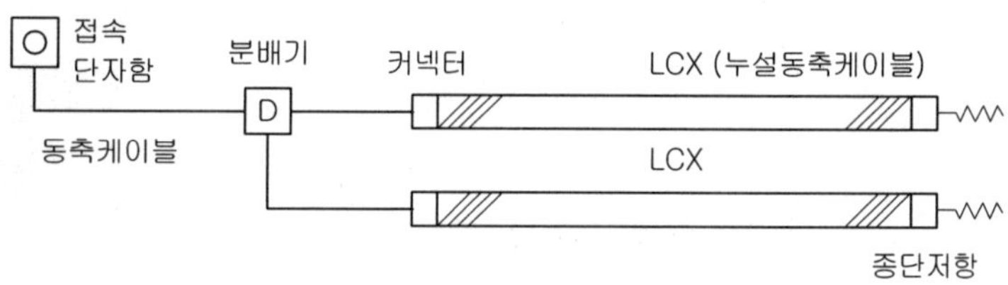


▍누설동축케이블 방식 ▍

### (2) 안테나(antenna)* 방식

안테나 방식은 동축케이블과 안테나(antenna)를 그림과 같이 조합한 것으로서 장애물이 적은 대강당, 극장 등의 건축물에 적합하고 누설동축케이블 방식보다 경제적이다. 또한 동축케이블을 불연재료로 한 천장내부에 은폐하여 배선할 수 있기 때문에 화재에 의한 영향이 적고 미관을 해치지 않는 장점이 있다. 그러나 말단에서는 전파의 강도가 떨어져 통화의 어려움이 있기도 하다. (※ 안테나는 동축케이블의 말단에 설치한다.)

---

* 누설동축케이블 : 빌딩지하 터널 안 등, 외부로부터 전파가 도달 불가능한 장소 등에 사용되며, 외부도체는 절연되고 있고 내부도체로부터 전파가 누설되도록 한 동축케이블(Leakage co-Axial cable)

* 안테나 : 전파를 발사하거나 흡수하기 위해 공중에 도선을 늘인 장치. 공중선

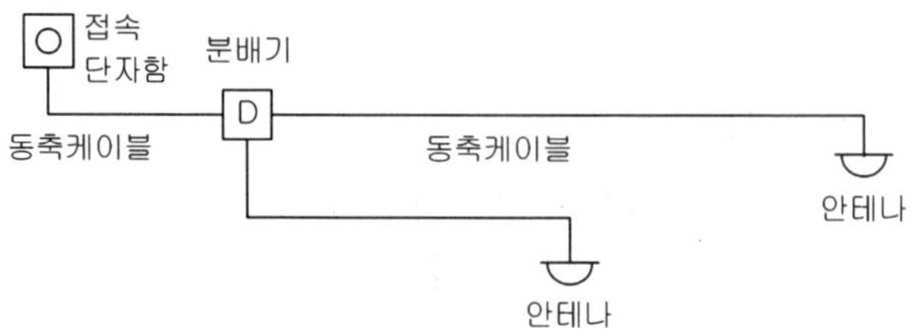


❙ 안테나 방식 ❙

### (3) 누설동축케이블과 안테나혼합 방식

누설동축케이블과 안테나혼합 방식은 누설동축케이블 방식의 장점과 안테나 방식의 장점을 이용하여 그림과 같이 조합하여 사용한다.

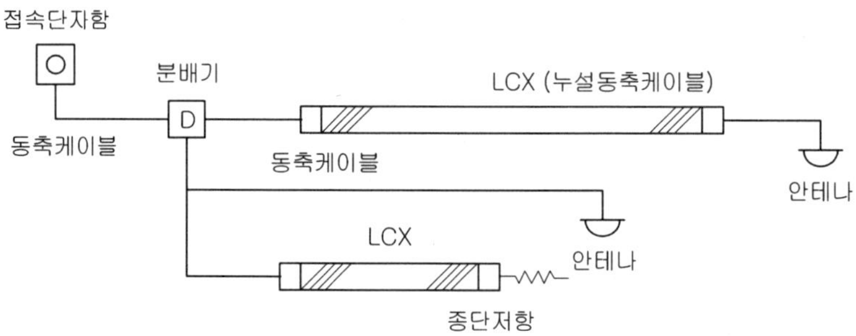


❙ 누설동축케이블과 안테나혼합 방식 ❙

**(4)** 다음은 안테나 방식과 누설동축케이블 방식의 외관상의 미관, 설치비, 통화범위에 대해 비교설명한 것이다.

| 종 류 | 외 관 | 설치비 | 통화범위 |
|---|---|---|---|
| 안테나 방식 | 은폐할 수 있다. | 비싸다 | 안테나의 설치위치에 따라 영향을 많이 받음. |
| 누설동축케이블 방식 | 노출부분이 많다. | 경제적 | 광범위하게 통화범위를 가질 수 있다. |

**(5)** 다음은 누설동축케이블만의 장점을 별도로 정리한 것이다.

① 균일하고 광범위하게 전자계*를 방사시킬 수 있다.

② 전자계의 방사량을 조절할 수 있다.

---

* 전자계 : 전계와 자계를 뜻하여 유도전자계와 방사전자계를 나눈다.

③ 케이블이 외부로 노출되므로 유지보수가 용이하다.
④ 이동체 통신에 적합하다.
⑤ 전자파*방사특성이 우수하다.

**(6)** 다음은 조금은 난해한 무선통신 보조설비의 도움을 추가하기로 한다.

① 동축케이블 : 일반케이블과 달리 내·외부 도체를 구성하며 외부와 전기적으로 차폐되어 외부잡음에 영향을 받지 않는 고주파 도체이나 거리에 따라 약해지므로 증폭기가 설치된다.
② 누설동축케이블 : 케이블길이방향으로 일정하게 슬롯(slot)을 만들어 슬롯의 기울기와 길이에 따라 주파수를 선택할 수 있도록 한 것으로 결국 동축케이블과 안테나를 겸한 방식이 된다.
③ 무반사종단저항 : 누설동축케이블로 전송된 전자파는 케이블 말단에서 반사되어 전파를 방해한다. 따라서 송신부로 되돌아오는 전자파의 반사를 막기 위하여 누설동축케이블 끝부분에 설치한다.

## 4. 설치기준

### (1) 무선통신 보조설비의 누설동축케이블

① 소방전용 주파수대에서 **전파의 전송** 또는 **복사**에 적합한 것으로서 소방전용의 것으로 할 것. 다만, 소방대상호간의 무선연락에 지장이 없는 경우에는 다른 용도와 겸용할 수 있다.
② **누설동축케이블**과 이에 접속하는 **안테나** 또는 **동축케이블**과 이에 접속하는 **안테나**에 의한 것으로 할 것.
③ 누설동축케이블은 **불연** 또는 **난연성**의 것으로서 습기에 의하여 전기의 특성이 변질되지 아니하는 것으로 하고 노출하여 설치하는 경우는 피난 및 통행에 장해가 없도록 할 것.
④ 누설동축케이블은 화재에 의하여 해당 케이블의 피복이 소실된 경우에 케이블 본체가 떨어지지 아니하도록 4[m] 이내마다 금속제 또는 자기제 등의 지지금구로 벽, 천장, 기둥 등에 견고하게 고정시킬 것 다만, 불연재료로 구획된 반자 안에 설치하는 경우에는 그러하지 아니하다.
⑤ 누설동축케이블 및 안테나는 금속판 등에 의하여 **전파의 복사** 또는 **특성**이 현저하게 저하되지 아니하는 위치에 설치할 것.

---

* 전자파 : 전자계의 주기적인 변화로 전파와 자파가 동시에 서로 동반하여 널리 공간에 전반되는 파동

⑥ 누설동축케이블 및 안테나는 고압의 전로로부터 1.5 [m] 이상 떨어진 위치에 설치할 것. 다만, 정전기 차폐장치를 유효하게 설치하는 경우에 그러하지 아니하다.

⑦ 누설동축케이블의 끝부분에는 **무반사종단저항**을 견고하게 설치할 것.

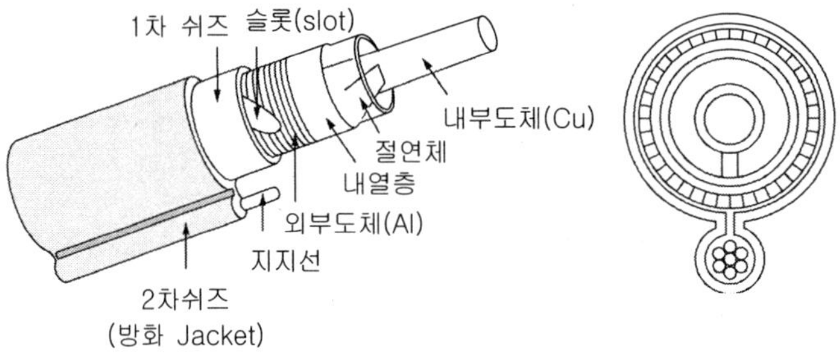


(a) 누설동축케이블 슬롯 (b) 단면도

**▌ 누설동축케이블(LCX)의 구조 ▌**

### (2) 특성임피던스

누설동축케이블 또는 동축케이블의 임피던스*는 50 [Ω]으로 하고 이에 접속하는 안테나, 분배기 기타의 장치는 해당 임피던스에 적합한 것으로 하여야 한다.

### (3) 무선기기 접속단자

무선기기 접속단자에 대한 내용은 다음과 같다.

① 지상에서 유효하게 소방활동을 할 수 있는 장소 또는 수위실 등 상시 사람이 근무하고 있는 장소에 설치할 것.

② 단자를 한국산업규격에 적합한 것으로 하고 바닥으로부터 높이 0.8 [m] 이상 1.5 [m] 이하의 위치에 설치할 것.

③ 지상에 설치하는 접속단자는 **보행거리 300 [m]** 이내마다 설치하고 다른 용도로 사용되는 접속단자에서 5 [m] 이상의 거리를 둘 것.

④ 지상에 설치하는 단자를 보호하기 위하여 견고하고 함부로 개폐 할 수 없는 구조의 보호함을 설치하고 먼지, 습기 및 부식 등에 의하여 영향을 받지 아니하도록 조치할 것.

⑤ 단자 보호함의 표면은 적색으로 도색하고 무선기 접속단자 라는 표시한 표지를 할 것.

---

* 임피던스 : 교류가 흐를 때 그 회로에 생기는 저항. 전압의 최대값과 전류의 최대값의 비로 나타냄.

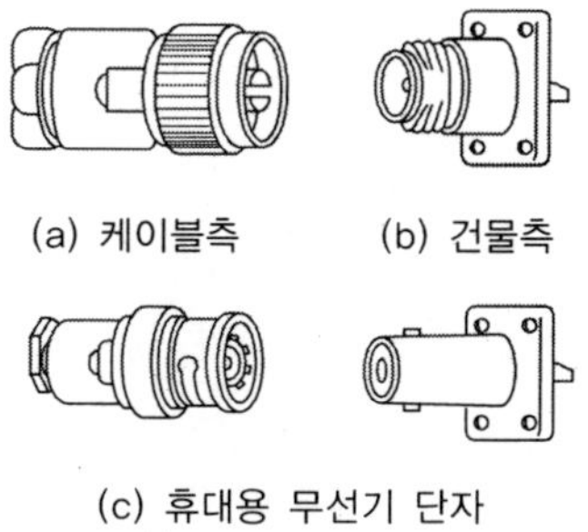


❙ 무선기 접속단자 ❙

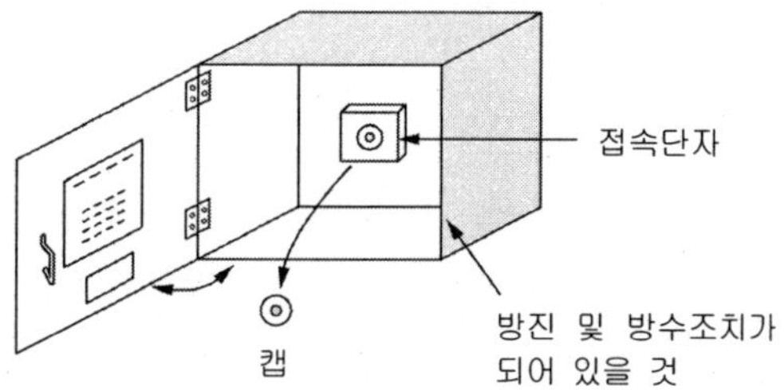


❙ 무선기 접속단자함 ❙

### (4) 분배기 등 (분배기*, 분파기*, 혼합기*)

① 먼지, 습기 및 부식 등에 의하여 기능에 이상을 가져오지 아니하도록 할 것.

② 임피던스는 **50 [Ω]**의 것으로 할 것.

③ 점검에 편리하고 화재 등의 재해로 인한 피해의 우려가 없는 장소에 설치할 것.

### (5) 증폭기 및 무선이동중계기

① 전원은 전기가 정상적으로 공급되는 **축전지**, 전기저장장치 또는 **교류전압 옥내간선**으로 하고 전원까지 배선은 **전용**으로 할 것.

② 증폭기의 전면에는 주전원이 정상인지를 표시하는 **표시등**, **전압계**를 설치할 것.

③ 증폭기에는 비상전원이 부착된 것으로 하고 해당 비상전원 용량은 무선통신 보조설비를 유효하게 **30분** 이상 작동시킬 수 있는 것으로 할 것.

④ 무선이동중계기를 설치하는 경우에는 전파법 규정에 따른 적합성평가를 받은 제품으로 설치할 것.

❙ 각종 설비에 사용되는 비상전원 용량 ❙

| 설비의 명칭 | 비상전원 용량 | 설비의 명칭 | 비상전원 용량 |
|---|---|---|---|
| 자동화재탐지설비(30층 이상 제외) | 10분 이상 | 유도등, 제연설비 등 | 20분 이상 |
| 옥내소화전, 물분무등소화설비 | 20분 이상 | 무선통신 보조설비의 증폭기 | 30분 이상 |

* 분배기 : 신호균등분배를 위해 신호의 선로가 분기되는 곳에 쓰며 2·4·6 분배기 등이 있다.
* 분파기 : 서로 다른 주파수의 합성된 신호를 분리하기 위한 부속기기
* 혼합기 : 2개 이상의 입력신호를 원하는 비율로 조합한 출력이 발생되도록 하는 장치

## 5. 법적 설치대상물

무선통신 보조설비를 설치하여야 하는 특정소방대상물은 다음과 같다.

① 지하가로서 연면적 1,000 [$m^2$] 이상인 소방대상물(터널 제외)

② 지하층의 바닥면적의 합계가 3,000 [$m^2$] 이상인 것 또는 지하층의 층수가 3층 이상이고 지하층의 바닥면적의 합계가 1,000 [$m^2$] 이상인 것은 지하층의 모든 층

③ 지하가 중 터널로서 길이가 500 [m] 이상인 것

④ 지하구로서 규정에 의한 공동구

⑤ 층수가 30층 이상인 것으로서 16층 이상 부분의 모든 층

⑥ 가스시설은 제외한다.

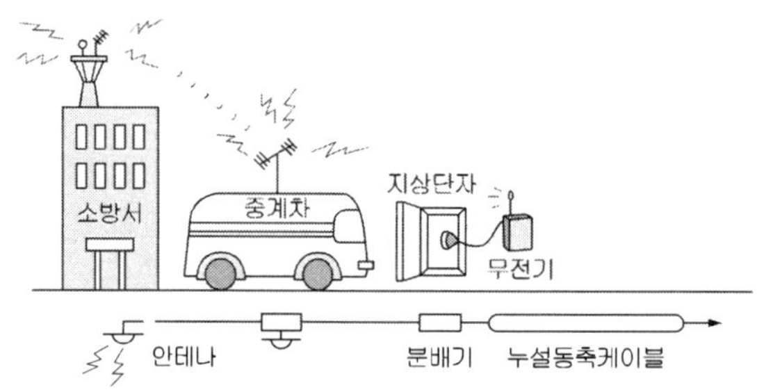

【무선통신 보조설비】

* 누설동축케이블 : 동축케이블의 외부도체에 가느다란 홈을 만들어 전파가 외부로 새어나갈 수 있도록 한 케이블.

* 분배기 : 임피던스 매칭(Matching)과 신호 균등분배를 위해 사용하는 장치.

* 증폭기 : 신호 전송시 신호가 약해져 수신이 불가능해지는 것을 방지하기 위한 증폭장치

# 제6절 소화설비

## 1. 옥내소화전 설비

### (1) 개 요

건축물내의 화재를 진화하도록 고정되어 있으며 소방대상물 자체요원(관계인)에 의하여 초기소화를 목적으로 설치되어 있는 설비이다. 여기서는 필수사항을 포함하여 주로 전기적인 사항을 다루기로 한다.

- **소화설비**의 종류
  - **소**화기구(소화기, 자동확산소화기, 간이소화용구) 및 자동소화장치
  - **옥**내소화전 설비*
  - **스**프링클러 설비 등*
  - **물**분무등 소화설비
    - **물**분무 소화설비* 및 **미**분무 소화설비*
    - **포** 소화설비* 및 **강**화액 소화설비
    - **이**산화탄소 소화설비
    - **할**론 소화설비
    - **분**말 소화설비
    - **할**로겐화합물 및 불활성기체 소화설비
  - **옥**외소화전 설비*

* 옥내소화전설비 : 복도 등에 설치되는 소화전함내의 호스 등을 이용한 초기 화재진압용 소화설비
* 스프링클러설비 : 천장, 벽 등에 설치하여 화재 시 직접 감지해서 적상주수로서 자동으로 살수됨
* 물분무 소화설비 : 그 원리는 스프링클러설비와 유사하며. 물이 무상주수로서 안개처럼 주수됨
* 포 소화설비 : 물과 소량의 약제를 혼합 수용액을 공기로 발포시켜 소화함, 거품소화설비로서 질식소화함
* 옥외소화전설비 : 건물 외부의 고정식설비로서 주로 1층, 2층 저층건물에 사용되며 큰 건물에 사용됨
* 미분무 소화설비 : 가압된 물이 헤드 통과 후 미세한 입자로 분무됨으로써 소화성능을 가지는 설비

### (2) 옥내소화전 설비의 전원

① 옥내소화전 설비에는 그 소방대상물의 수전방식에 따라 다음의 기준에 따른 상용전원 회로의 배선을 설치하여야 한다. 다만 가압수조방식으로서 모든 기능이 20분간 유효하게 지속될 수 있는 경우는 그러하지 아니하다.

㉮ **저압**수전인 경우에는 **인입개폐기 직후**에서 분기하여 **전용**배선으로 하여야 하며 전용의 전선관에 보호되도록 할 것.

㉯ **특별고압** 또는 **고압**수전일 경우에는 **전력용변압기 2차측의 주차단기 1차측**에서 분기하여 **전용**배선으로 하여야 하며 상용전원의 상시공급에 지장이 없을 경우에는 주차단기 2차측에서 분기하여 전용배선으로 할 것. (다만, 가압송수장치의 정격입력전압이 수전전압과 같은 경우에는 저압수전의 기준에 의한다.)

② 다음에 해당하는 소방대상물의 옥내소화전 설비에는 비상전원을 설치하여야 한다. 다만 **2 이상**의 변전소에서 전력을 동시에 공급받을 수 있거나 하나의 변전소로부터 전력의 공급이 중단되는 때에는 자동적으로 다른 변전소로부터 전력을 공급을 받을 수 있도록 상용전원을 설치한 경우와 가압수조방식에는 그러하지 아니하다.

㉮ 지하층을 제외한 층수가 **7층** 이상으로서 연면적이 2,000 [$m^2$] 이상인 것.

㉯ ㉮에 해당하지 아니하는 소방대상물로서 지하층의 바닥면적의 합계가 3,000 [$m^2$] 이상인 것.

③ ②항의 규정에 따른 비상전원은 **자가발전설비, 축전지설비*** 또는 **전기저장장치***로서 다음 각 호의 기준에 따라 설치하여야 한다.

㉮ **점검**에 편리하고 화재, 침수 등의 피해를 받을 우려가 없는 곳에 설치할 것.

㉯ 옥내소화전설비를 유효하게 **20분** 이상 작동할 수 있어야 할 것.

㉰ 상용전원으로부터 전력의 공급이 중단된 때에는 자동으로 **비상전원**으로부터 전력을 공급받을 수 있도록 할 것.

㉱ 비상전원(내연기관의 기동 및 제어용 축전기를 제외한다)의 설치장소는 다른 장소와 **방화구획** 할 것. 이 경우 그 장소에는 비상전원의 공급에 필요한 기구나 설비외의 것(열병합발전설비에 필요한 기구나 설비는 제외한다)을 두어서는 아니 된다.

㉲ 비상전원을 실내에 설치하는 때에는 그 실내에 **비상조명등**을 설치할 것.

---

* 축전지설비 : 내연기관에 따른 펌프를 사용하는 경우에는 내연기관의 기동 및 제어용 축전지
* 전기저장장치 : 외부 전기에너지를 저장해 두었다가 필요한 때 전기를 공급하는 장치

### (3) 옥내소화전설비 제어반

① 옥내소화전설비에는 제어반을 설치하되 **감시제어반**과 **동력제어반**으로 구분하여 설치하여야 한다. 다만, 다음에 해당하는 옥내소화설비의 경우에는 **감**시제어반과 **동**력제어반으로 구분하여 설치하지 **아니할 수 있다**.

㉮ **비**상전원을 설치하지 아니하는 소방대상물에 설치되는 옥내소화전설비

㉯ **내**연기관에 의한 가압송수장치를 사용하는 옥내소화전설비

㉰ **고**가수조*에 의한 가압송수장치*를 사용하는 옥내소화전설비

㉱ 가압수조에 따른 가압송수장치를 사용하는 옥내소화전설비

② **감시제어반의 기능**

㉮ 각 펌프의 작동여부를 확인할 수 있는 **표시등** 및 **음향경보기능**이 있어야 할 것

㉯ 각 펌프를 자동 및 수동으로 작동시키거나 작동을 중단시킬 수 있어야 할 것

㉰ 비상전원을 설치한 경우에는 상용전원 및 비상전원의 공급여부를 확인할 수 있어야 할 것

㉱ 수조 또는 물올림탱크가 저수위로 될 때 표시등 및 음향으로 **경보**할 것

㉲ 각 확인회로(기동용수압개폐장치의 압력스위치회로·수조 또는 물올림탱크의 감시회로를 말한다)마다 **도통시험** 및 **작동시험**을 할 수 있어야 할 것

㉳ 예비전원이 확보되고 예비전원의 적합여부를 시험할 수 있어야 할 것

③ **감시제어반의 기준**

㉮ 화재 및 침수 등의 재해로 인한 피해를 받을 우려가 없는 곳에 설치할 것

㉯ 감시제어반은 옥내소화전설비의 전용으로 할 것. 다만, 옥내소화전설비의 제어에 지장이 없는 경우에는 다른 설비와 겸용할 수 있다.

㉰ 감시제어반은 다음 각목의 기준에 따른 전용실 안에 설치할 것. 다만 ①의 각 호의 하나에 해당하는 경우와 공장, 발전소 등에서 설비를 집중 제어·운전할 목적으로 설치하는 중앙제어실내에 감시제어반을 설치하는 경우에는 그러하지 아니하다.

㉠ 다른 부분과 방화구획을 할 것. 이 경우 전용실의 벽에는 기계실 또는 전기실 등의 감시를 위하여 두께 **7 [mm] 이상의 망입유리**(두께 16.3 [mm] 이상의 접합유리 또는 두께 28 [mm] 이상의 복층유리를 포함한다)로 된 4 [$m^2$] 미만의 붙박이창을 설치할 수 있다.

---

* 고가수조 : 옥상 등에 설치되는 고가물탱크를 말함

* 가압송수장치 : 물을 송수할 수 있는 모터펌프(물올림장치, 압력챔버)를 말함

㉡ 피난층 또는 지하 1층에 설치할 것. 다만, 다음의 1에 해당하는 경우에는 지상 2층에 설치하거나 지하 1층 외의 지하층에 설치할 수 있다.

i ) 특별피난계단이 설치되고 그 계단(부속실을 포함한다) 출입구로부터 보행거리 5 [m] 이내에 전용실의 출입구가 있는 경우

ii) 아파트의 관리동(관리동이 없는 경우에는 경비실)에 설치하는 경우

㉢ **비상조명등** 및 **급·배기**설비를 설치할 것

㉣ 무선통신 보조설비의 화재안전기준의 규정에 따른 무선기기 접속단자 무선통신 보조설비가 설치된 특정소방대상물에 한한다)를 설치할 것

㉤ 바닥면적은 감시제어반의 설치에 필요한 면적 외에 화재 시 소방대원이 그 감시제어반의 조작에 필요한 최소면적 이상으로 할 것

㉣ 전용실에는 소방대상물의 기계·기구 또는 시설 등의 제어 및 감시설비 외의 것을 두지 아니할 것

④ **동력제어반의 기준**

㉮ 앞면은 적색으로 하고 "옥내소화전설비용 동력제어반"이라고 표시한 표지를 설치할 것

㉯ 외함은 두께 1.5 [mm] 이상의 강판 또는 이와 동등 이상의 강도 및 내열성능이 있는 것으로 할 것

㉰ 그 밖의 동력제어반의 설치에 관하여는 ③의 ㉮ 및 ㉯의 기준을 준용할 것

### (4) 배선 등

① 옥내소화전설비의 배선은 전기사업법의 규정에 따른 기술기준에서 정한 것 외에 다음 각 호의 기준에 따라 설치하여야 한다.

㉮ 비상전원으로부터 동력제어반 및 가압송수장치에 이르는 전원회로의 배선은 **내화배선**으로 할 것. 다만, 자가발전설비와 동력제어반이 동일한 실에 설치된 경우에는 자가발전기로부터 그 제어반에 이르는 전원회로의 배선은 그러하지 아니하다.

㉯ 상용전원으로부터 동력제어반에 이르는 배선, 그 밖의 옥내소화전설비의 감시·조작 또는 표시등회로의 배선은 내화배선 또는 내열배선으로 할 것. 다만, 감시제어반 또는 동력제어반 안의 감시·조작 또는 표시등회로의 배선은 그러하지 아니하다.

② 내화배선 및 내열배선에 사용되는 전선 및 설치방법은 화재안전기준에 따른다.

③ 옥내소화전설비의 과전류차단기 및 개폐기에는 "옥내소화전설비용"이라고 표시한 표지를 하여야 한다.

### (5) 옥내소화전 수원

① 옥내소화전설비 수원의 저수량은 옥내소화전의 설치개수가 가장 많은 층의 설치개수에 2.6 [$m^3$] (규정방수량 130 [L/min] × 20 [min] = 2,600 [L])을 곱한 양 이상으로 한다. 단, 30～50층 미만은 40분(5.2 [$m^3$]), 50층 이상은 60분(7.8 [$m^3$]) 이상의 값을 산정한다.

② 옥내소화전설비가 설치된 건축물의 주된 옥상에는 규정에 따라 산출된 유효수량 외 유효수량의 1/3 이상을 옥상에 설치하여야 한다. ※ 2.6 [$m^3$] = 2,600 [L]

즉, 수원의 저수량 $Q\,(m^3) = N \times 2.6\,[m^3]$ 이상

$N$ : 가장 많은 층의 옥내소화전 설치개수(최대 2개)

※ 1 [$m^3$] = 1,000 [L]

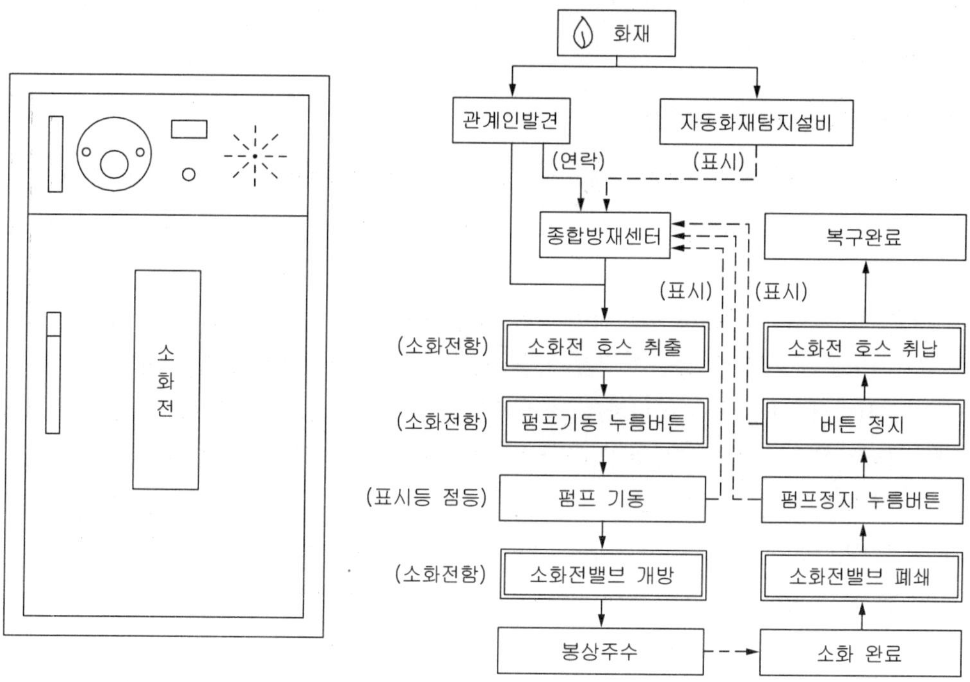


❙ 옥내소화전 동작 흐름도 ❙

## 2. 스프링클러설비

건축물의 천장과 벽 등에 고정되어 있는 설비로서 적상(물방울 모양)의 물을 이용한 냉각소화가 주작용이며 보조적으로 질식소화효과의 작용도 기대할 수 있다.

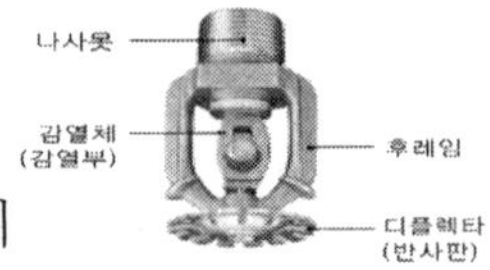


### (1) 스프링클러설비의 전원

① 스프링클러설비에는 앞서 기술한 옥내소화전설비의 기준에 의한 저압수전, 특별고압수전 및 고압수전 설치방법에 의하여 상용전원 회로의 배선을 설치하여야 한다. 다만 가압수조방식으로서 모든 기능이 20분 이상 유효하게 지속될 수 있는 경우에는 그러하지 아니하다.

② 스프링클러설비에는 자가발전설비, 축전지설비 또는 전기저장장치에 따른 비상전원을 설치하되, 차고·주차장으로서 스프링클러설비가 설치된 부분의 바닥면적 합계가 1,000 [$m^2$] 미만인 경우에는 비상전원수전설비로 설치할 수 있다. 또한 2 이상의 변전소에서 전력을 동시에 공급받거나 한 변전소에서 전력이 중단된 때에 다른 변전소로부터 자동으로 전력을 공급받을 수 있도록 상용전원이 설치된 경우와 가압수조방식에는 비상전원을 설치하지 아니할 수 있다.

### (2) 스프링클러설비의 제어반

스프링클러설비에는 제어반을 설치하되 **감시제어반**과 **동력제어반**으로 구별하여 설치한다. 다만, 다음에 해당하는 경우에는 감시제어반과 동력제어반으로 구분하여 설치하지 아니할 수 있다.

① 다음 각 목에 해당하지 아니하는 소방대상물에 설치되는 스프링클러설비
  ㉮ 지하층을 제외한 층수가 7층 이상으로서 연면적이 2,000 [$m^2$] 이상인 것
  ㉯ 제1호에 해당하지 아니하는 소방대상물로서 지하층의 바닥면적의 합계가 3,000 [$m^2$] 이상인 것. 다만, 차고·주차장 또는 보일러실·기계실·전기실 등 이와 유사한 장소의 면적은 제외한다.

② 내연기관에 따른 가압송수장치를 사용하는 스프링클러설비

③ 고가수조에 따른 가압송수장치를 사용하는 스프링클러설비

④ 가압수조에 따른 가압송수장치를 사용하는 스프링클러설비

⑤ 감시제어반의 기능은 다음 각 호의 기준에 적합하여야 한다. 다만 ①항 각 호 1에 해당하는 경우에는 ㉰항, ㉲항의 규정을 적용하지 아니한다.
  ㉮ 각 펌프의 작동여부를 확인할 수 있는 표시등 및 음향경보기능이 있어야 할 것

㉯ 각 펌프를 자동 및 수동으로 작동시키거나 작동을 중단시킬 수 있어야 한다.
㉰ 비상전원을 설치한 경우에는 상용전원 및 비상전원의 공급여부를 확인할 것
㉱ 수조 또는 물올림탱크가 저수위로 될 때 표시등 및 음향으로 경보할 것
㉲ 예비전원이 확보되고 예비전원의 적합여부를 시험할 수 있어야 할 것

### (3) 스프링클러설비의 음향장치 및 기동장치

① 스프링클러설비에는 다음 기준에 의하여 음향장치를 설치를 한다.
㉮ 습식유수검지장치 또는 건식유수검지장치를 사용하는 설비에 있어서는 헤드가 개방되면 유수검지장치가 화재신고를 발하고 그에 따라 **음향장치**가 경보되도록 한다.
㉯ 준비작동식유수검지장치 또는 일제개방밸브를 사용하는 설비에는 **화재감지기**의 **감지**에 의하여 **음향장치**가 경보 되도록 하여야 한다. 이 경우 화재감지기 회로를 **교차회로방식***(하나의 준비작동식유수검지장치 또는 일제개방밸브*의 담당구역 내에 2 이상의 화재감지기회로를 설치하고 인접한 2 이상의 화재 감지기가 동시에 감지되는 때에 준비작동식유수검지장치 또는 일제개방밸브가 개방 작동되는 방식을 말한다.)으로 하는 때에는 하나의 화재감지기 회로가 화재를 감지하는 때에도 음향장치가 경보 되도록 하여야 한다.
㉰ 음향장치는 유수검지장치 및 일제개방밸브의 담당구역마다 설치하되 그 구역의 각 부분으로부터 하나의 음향장치까지의 수평거리는 25 [m] 이하가 되도록 한다.
㉱ 음향장치는 경종 또는 사이렌(전자식사이렌 포함)으로 하되 주위의 소음 및 다른 용도의 경보와 구별이 가능한 음색으로 하여야 하다. 이 경우 경종 또는 사이렌은 자동화재탐지설비, 비상벨설비 또는 자동식 사이렌설비의 음향장치와 겸용할 수 있다.

### (4) 스프링클러 수원

소방대상물별 헤드의 기준개수(설치개수가 기준개수보다 작을 경우 그 설치개수)에 1.6 [$m^3$] (규정방수량 80 [L/min] × 20 [min] = 1,600 [L])을 곱한 양 이상으로 한다. 단, 규정에 따라 산출된 유효수량 외 유효수량의 1/3 이상을 옥상에 설치한다. ※ 1.6 [$m^3$] = 1,600 [L] 즉, 수원의 저수량 $Q = N \times 1.6$ [$m^3$] 이상

$N$ [개] : 헤드 개수, $Q$ [$m^3$] : 수원의 저수량

* 교차회로방식 : 오동작을 방지하기 위해서 2개 이상 감지기가 동시에 감지 시 설비가 동작되는 방식
* 일제개방밸브 : 스프링클러한 방식인 일제살수식에 쓰이는 밸브로서 감압 개방식과 가압개방식이 있다.

## 3. 이산화탄소 소화설비

불연성 가스인 탄산가스(이산화탄소의 기체)는 비전도성으로서 전기실도 가능하며 자체 높은 압력으로 배관을 통해 방출할 수 있고 질식 및 냉각효과로서 소화를 기대할 수 있다. 여기서는 역시 전기적인 부분만 다루기로 한다.

### (1) 이산화탄소 소화설비의 화재감지기

① 이산화탄소 소화설비*의 자동식 기동장치는 다음의 기준에 의한 화재감지기를 설치한다.

㉮ 각 방호구역내의 화재감지기에 의하여 작동되도록 하여야 한다.

㉯ 화재감지기 회로는 교차회로방식으로 설치하여야 한다. (* 오동작 방지목적)

### (2) 이산화탄소 소화설비의 기동장치

① 이산화탄소 소화설비의 수동식 기동장치는 다음의 기준에 의하여 설치하여야 한다.

㉮ 기동장치의 조작부는 바닥으로부터 높이 0.8 [m] 이상 1.5 [m] 이하의 위치에 설치하고 보호판 등에 의한 보호장치를 설치할 것.

㉯ 기동장치에는 그 가까운 곳의 보기 쉬운 곳에 "이산화탄소 소화설비 기동장치"라고 표시한 표지를 할 것.

㉰ 전기를 사용하는 기동장치에는 전원표시등을 설치할 것.

㉱ 기동장치의 방출용 스위치는 음향경보장치와 연동하여 조작될 수 있는 것으로 할 것.

㉲ 전역방출방식은 방호구역마다, 국소방출방식은 방호대상물마다 설치할 것.

② 이산화탄소 소화설비의 자동식 기동장치는 자동화재탐지설비의 감지기의 작동과 연동하는 것으로서 다음의 기준에 의하여 설치하여야 한다.

㉮ 자동식 기동장치에는 수동으로 기동할 수 있는 구조로 할 것.

㉯ 전기식 기동장치로서 **7병** 이상 저장용기를 동시에 개방하는 설비에 있어서는 **2병** 이상 저장용기에 전자개방밸브*를 부착할 것.

③ 기계식 기동장치는 저장용기를 쉽게 개방할 수 있는 구조로 할 것.

④ 이산화탄소 소화설비가 설치된 부분의 출입구 등의 보기 쉬운 곳에 소화약제의 방사를 표시하는 표시등을 설치하여야 한다.

---

* 이산화탄소 소화설비 : $CO_2$ 가스를 고압용기에 저장하여 소화하는 설비로서 질식·냉각 효과가 있다.
* 전자개방밸브 : 소화설비배관에 부착하여 감지기에 의해 전류가 흐르면 전자석의 자력을 이용 밸브시트를 열어주는 역할을 하는 밸브(솔레노이드 밸브)

### (3) 이산화탄소 소화설비의 제어반 등

① 이산화탄소 소화설비의 제어반 및 화재표시반은 다음 기준에 의하여 설치하여야 한다.

㉮ 제어반은 수동기동장치 또는 감지기에서의 신호를 수신하여 **음향경보장치**의 **작동 소화약제의 방출** 또는 지연 기타의 제어기능을 가진 것으로 하고 제어반에는 **전원 표시등**을 설치할 것.

② 화재표시반은 제어반에서 신호를 수신하여 작동하는 기능을 가진 것으로 하되 다음의 기준에 의하여 설치할 것.

㉮ 각 방호구역마다 음향경보장치의 조작 및 감지기의 작동을 명시하는 표시등과 이와 연동하여 작동하는 벨, 버저 등의 경보기를 설치할 것. 이 경우 음향경보장치의 조작 및 감지기의 작동을 명시하는 표시등을 겸용할 수 있다.

㉯ 수동식 기동장치에 있어서는 그 방출용 스위치의 작동을 명시하는 표시등을 설치할 것.

㉰ 소화약제의 방출을 명시하는 표시등을 설치할 것.

㉱ 자동식 기동장치에 있어서는 자동, 수동의 절환을 명시하는 표시등을 설치할 것.

③ 제어반 및 화재표시반의 설치장소는 화재에 의한 영향, 진동 및 충격에 의한 영향 및 **부식의 우려가 없고 점검에 편리한 장소**에 설치할 것.

④ 제어반 및 화재표시반에는 해당 회로도 및 취급설명서를 비치할 것.

### (4) 이산화탄소 소화설비의 음향경보장치

① 이산화탄소 소화설비의 음향경보장치는 다음의 기준에 의하여 설치하여야 한다.

㉮ 수동식 기동장치를 설치한 것에 있어서는 그 기동장치의 조작 과정에서 자동식 기동장치를 설치한 것에 있어서는 **화재감지기와 연동**하여 자동으로 경보를 발하는 것으로 할 것.

㉯ 소화약제의 방사개시 후 **1분** 이상까지 경보를 계속할 수 있는 것으로 할 것.

② 방송에 따른 경보장치를 설치할 경우에는 다음 기준에 따라야 한다.

㉮ 증폭기 재생장치는 화재 시 연소 우려가 없고 유지관리가 쉬운 장소에 설치할 것.

㉯ 방호구역 또는 방호대상물이 있는 구획의 각 부분으로부터 하나의 확성기까지 수평거리는 25 [m] 이하가 되도록 할 것.

㉰ 제어반 복구스위치를 조작하여도 경보를 계속 발할 수 있는 것으로 할 것.

## 4. 제연설비

화재 시 연기를 제어하는 제연설비는 화재 시 온도효과(부력, 열팽창), 굴뚝효과, 기후조건(바람, 외부온도), 공조설비 영향 등으로 건물에 적절한 제연설비를 설계, 설치하여야 하며 그에 따른 전기설비도 여기에 적용되어야 한다.

### (1) 제연설비의 설치기준

① 하나의 제연*구역의 면적은 1,000 [$m^2$] 이내로 할 것.
② 거실과 통로는 상호*제연구획 할 것.
③ 통로상의 제연구역은 보행중심선의 길이가 60 [m]를 초과하지 아니 할 것.
④ 하나의 제연구역은 직경 60 [m] 원내에 들어갈 수 있을 것.
⑤ 하나의 제연구역은 2개 이상 층에 미치지 아니하도록 할 것. 다만, 층의 구분이 불분명한 부분은 그 부분을 다른 부분과 별도로 제연 구획하여야 한다.
⑥ 제연경계는 제연경계의 폭이 0.6 [m] 이상이고, 수직거리는 2 [m] 이내이어야 한다. (단, 구조상 불가피한 경우는 제외)

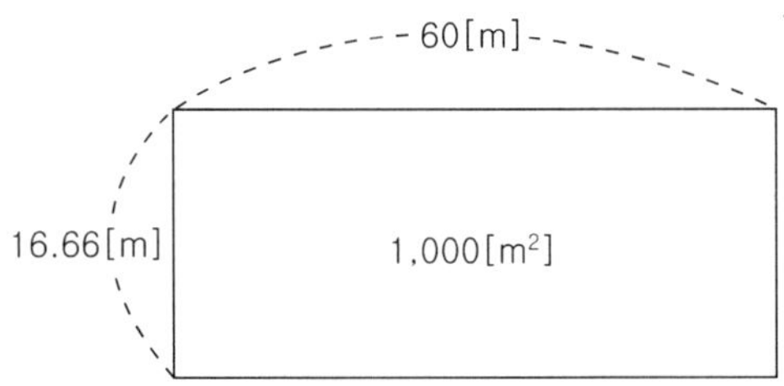


▎①, ③항 설명 ▎

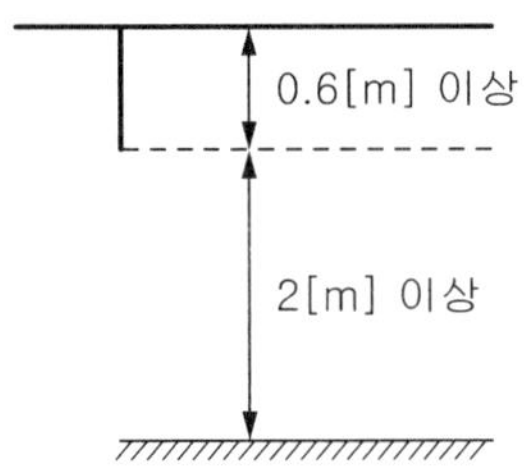


▎⑥항 설명 ▎

* 제연 : 연기를 제어함, 배연과 방연으로 구분함
* 상호 : 여기서는 따로따로라는 뜻

### (2) 제연설비구조 및 제반사항

① **가동식의 벽, 제연경계벽, 댐파** 및 **배출기**의 작동은 **자동화재감지기**와 **연동**되어야 하며 예상제연구역(또는 인접장소) 및 제어반에서 수동으로 기동이 가능하도록 하여야 한다.

② 배출기와 배출풍도의 접속부분에 사용하는 캔버스*는 **석면*** 등 내열성이 있는 것으로 할 것.

③ 배출기의 전동기 부분과 배풍기 부분은 분리하여 설치하여야 하며 배풍기 부분은 유효한 내열처리를 할 것.

④ 제연구획의 구역은 **보**, **제연경계벽** 및 **벽**(**가동벽·셔터·방화문***)으로 한다.

⑤ 제연설비 비상전은 제연설비가 20분간 동작할 수 있어야 한다.

⑥ 배출기의 **흡입측** 풍도안의 풍속은 **15 [m/s]** 이하로 하고 **배출측** 풍속은 **20 [m/s]** 이하로 할 것.

⑦ 유입풍도안의 풍속은 20 [m/s] 이하로 하여야 한다.

⑧ 예상제연구역의 각 부분으로부터 하나의 배출구까지의 수평거리는 **10 [m]** 이내가 되도록 하여야 한다.

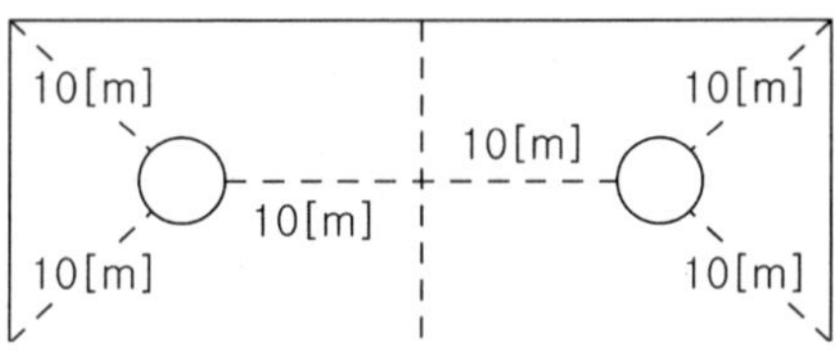


**▎⑧항 설명 ▎**

---

* 캔버스(canvas) : 두껍게 짠 면표지

* 석면 : 유연성과 내열성이 많고 열전도율이 작아 보온재나 전기절연재료로 사용된다(사문암류의 섬유상 광물).

* 방화문 : 연소차단 목적의 문으로 갑종방화문과 을종방화문이 있다.

제 7 절

# 전기설비

## 1. 전원의 종류

전원은 상용전원 비상전원, 예비전원의 3종류가 있다.

상용전원은 평상시 생활의 주전원으로 사용되는 전원이며 예비전원은 상용전원 고장 시 또는 용량부족 시, 화재 시 최소한의 기능을 유지하기 위한 전원으로 종류로는 소방용품 등에 사용되는 알칼리계 2차 축전지, 리튬계 2차 축전지, 무보수밀폐형 연축전지 등을 말한다.

비상전원은 예비전원의 최소한 기능으로 유지하기 어려운 상황이라던지 상용전원의 정전 등 예비전원보다는 그때 상황의 최소한의 시간이 더 요구될 때의 개념이다. 종류로는 자가발전설비, 축전지 설비, 전기저장장치, 비상전원 전용수전 설비가 있다.

## 2. 상용전원

### (1) 교류전원

전원은 교류* 전압 옥내간선으로 전용으로 하며 개폐기에는 자동화재탐지설비에 있어서는 "자동화재탐지설비용"이라는 뜻임은 표시할 것.

### (2) 축전지 설비

전원은 축전지로서 전원까지의 배선 도중에 다른 배선을 분기시키지 않는 것으로 하고 개폐기에는 "자동화재탐지설비용"이라고 표시할 것.

① 충전방식

㉮ **보통충전** : 필요할 때마다 표준시간을 충전하는 방식

㉯ **급속충전** : 보통 충전전류의 2배의 전류로 충전하는 방식

---

* 교류 : 일정한 시간마다 번갈아 역(逆)방향으로 흐르는 전류. 교번전류

㉰ **부**동충전 : 축**전**지의 **자**기 방전을 보충함과 동시에 **상**용부하(**사**용부하)에 대한 **전**력 공급은 **충**전기가 부담하되 **충**전지가 부담하기 어려운 **일**시적인 대전류부하는 **축**전지가 부담하도록 하는 방식으로 가장 많이 사용된다.

㉱ **균**등충전 : 각 축전지의 전위차를 보정하기 위해 1~3개월마다 10~12시간 1회 충전하는 방식

㉲ **세**류충전(트리클 충전) : 자기 방전량만은 항상 충전하는 방식

② 2차 충전전류 및 출력

㉮ 2차 충전전류 $= \dfrac{\text{축전지의 정격용량}}{\text{축전지의 공칭용량(방전율)}} + \dfrac{\text{상시부하}}{\text{표준전압}}$ [A]

㉯ 충전기 2차 출력 = 표준전압 × 2차 충전전류 [kVA]

③ 축전지 용량

축전지의 용량산출에는 다음 식을 사용한다.

$$C = \frac{1}{L}\left[K_1 I_1 + K_2(I_2 - I_1) + K_3(I_3 - I_2) + \cdots + K_n(I_n - I_{n-1})\right] \ [\mathrm{Ah}]$$

$C$ : 25℃에서의 정격방전율 환산용량 [Ah]
$L$ : 경년용량저하율(보수율) [h]
$I$ : 방전전류 [A]

④ 연축전지와 알칼리 축전지의 비교

| 구 분 | 연축전지 | 알칼리 축전지 |
|---|---|---|
| 기전력* | 2.05~2.08 [V] | 1.32 [V] |
| 공칭전압* | 2.0 [V] | 1.2 [V] |
| 공칭용량 | 10 [Ah] | 5 [Ah] |
| 충전시간 | 길다 | 짧다 |
| 기계적 강도 | 약하다 | 강하다 |
| 종 류 | 클레드식*, 페이스트식* | 소결식*, 포켓식* |

* 기전력 : 전류를 흐르게 하는 능력
* 공칭전압 : 송배전선 전기기구 등에 대하여 결정된 전압
* 클레드식 : 납합금으로 된 심금속에 유리섬유 등의 미세한 구멍이 많은 튜브를 삽입한 그 속에 양극물질 납합금으로 된 격자에 음극물질을 채운 것, 완방전형(C.S형)
* 페이스트식 : 납합금 격자에 양극·음극 물질을 채운 것, 급속방전형(H.S형)
* 소결식 : 니켈을 주성분으로 한 금속분말을 소결해서 만든 알칼리 축전지의 한 형식
* 포켓식 : 구멍 뚫은 니켈도금 강판의 포켓 속에 양극·음극 물질을 채운 것

⑤ 축전지의 화학반응

㉮ 연축전지의 화학반응식

$$\underset{\text{이산화납}}{\overset{(+)}{PbO_2}} + \underset{\text{전해액}}{\overset{(-)}{2H_2SO_4}} + Pb \xrightleftharpoons[\text{충전}]{\text{방전}} \overset{(+)}{PbSO_2} + 2H_2O + \overset{(-)}{PbSO_4}$$

㉯ 알칼리축전지의 화학반응식

$$\underset{\text{수산화니켈}}{\overset{(+)}{2NiOOH}} + 2H_2O + \overset{(-)}{Cd} \xrightleftharpoons[\text{충전}]{\text{방전}} \overset{(+)}{2Ni(OH)_2} + \overset{(-)}{Cd(OH)_2}$$

⑥ 구　조

㉮ 축전지*설비는 부동충전 또는 트리클(세류) 충전에 따라 통상 자동적으로 충전시키는 것으로 하고 충전전원전압이 90～110 [%]까지의 사이로 변동하여도 기능에 이상이 없이 충전할 수 있는 것으로 할 것.

㉯ 축전지설비에는 과충전방지장치 및 과방전방지장치를 설치할 것.

㉰ 축전지설비에는 자동적으로 또는 수동에 따라 용이하게 균등충전을 행할 수 있는 장치를 설치할 것.

㉱ 축전지설비의 출력전압은 소방용설비 등의 조작장치 정격전압의 ±10 [%]의 범위로 할 것.

㉲ 축전지설비에서 소방용설비 등의 조작상태에 이르는 배선의 도중에 주전원의 각 극을 개폐할 수 있는 개폐기 및 최대부하전류의 1.5～3.0배의 정격전류로 작동하는 밀폐형의 퓨즈를 설치할 것.

㉳ 축전지설비(유도등에 쓰이는 것은 제외)에는 해당설비의 출력전압을 감시할 수 있는 전압계를 설치할 것.

## 3. 비상전원

비상전원은 비상전원 수전설비 또는 축전지설비에 의한 것으로 할 것. (단, 수신기의 예비전원의 용량이 비상전원으로서 필요한 용량이상을 가지고 있는 경우는 비상전원을 생략할 수 있다.)

* 축전지 : 외부의 전원에서 받은 전기를 화학에너지의 형태로 변화 축적해두었다가 필요 시 전기로 재생하는 장치. 배터리

### (1) 비상전원 수전설비

비상전원 수전설비는 해당설비전용의 변압기에 따라 수전하거나 또는 수전설비의 주변압기의 2차측에서 직접 전용의 개폐기에 의해 수전하는 설비로 되어 있다. (또, 개폐기에는 "자동화재 탐지설비전용"의 표시를 할 것)

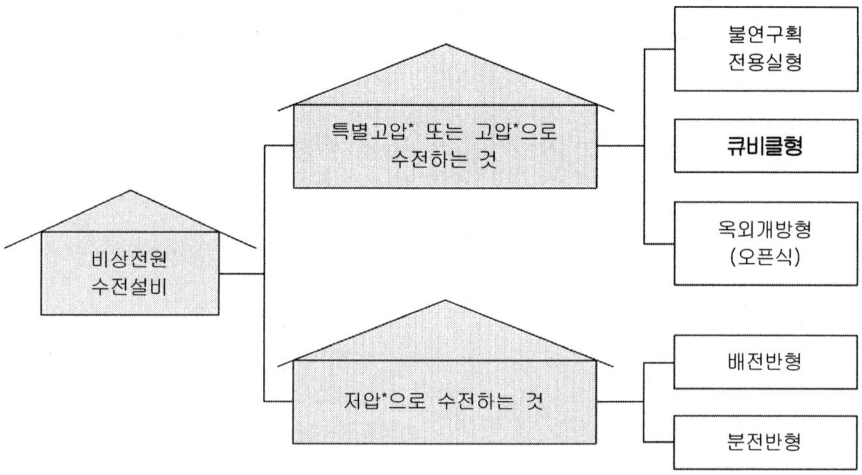


▎비상전원 수전설비의 종류 ▎

### (2) 축전지설비

전기에너지를 화학적 에너지로 축적시켜 두고 필요시 화학적 에너지를 다시 전기에너지로 바꾸어 쓰는 설비로서 구성은 **축**전지, **충**전장치, **보**안장치, **제**어장치, **역**변환장치로 구별된다.

① 전지의 종류

화학변화에 의해서 생기는 에너지, 열, 빛 등의 물리적인 에너지를 전기에너지로 변환하는 장치를 전지라고 한다.

㉮ 1차 전지 : 한번 방전하면 재차 사용할 수 없는 전지로 건전지가 대표적임.

㉯ 2차 전지 : 방전방향과 반대 방향으로 충전하여 재사용할 수 있는 전지로 연축전지, 알칼리 축전지가 있다.

* 저압 : 교류 600 [V] 이하(직류 750 [V] 이하)
* 특별고압 : 7,000 [V]를 넘는 전압
* 고압 : 601 [V] 이상～7,000 [V] 이하(직류 751 [V] 이상～7,000 [V] 이하)

### (3) 자가발전설비

① 개 요

개인이 소규모의 발전시설을 가지고 전기를 자급하는 일로서 자가발전설비의 원동기* 로는 주로 내연기관(디젤기관, 가솔린기관)을 사용하고 있다.

② 자가발전설비의 구성

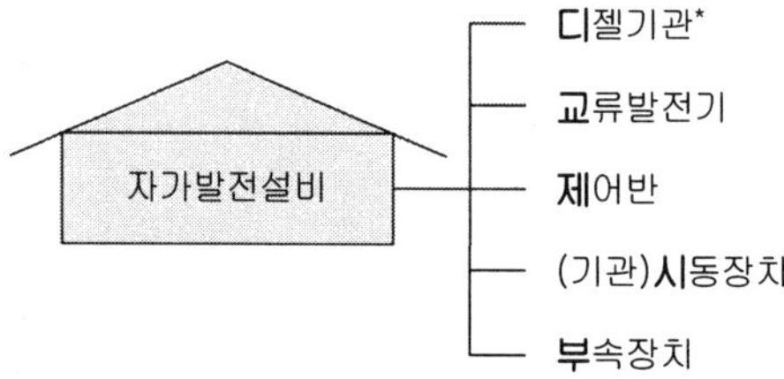


③ 자가발전기의 용량산정

발전기의 용량을 산정할 때는 부하의 종류, 부하의 용량을 보고 산정한다.

㉮ 전부하 정상 운전시의 소요입력에 의한 용량

발전기용량 [kVA] = 부하의 총정격입력 [kW] × 수용률

㉯ 기동용량이 큰 부하인 경우

$$P_n > \left(\frac{1}{e} - 1\right) X_L P \quad [\mathrm{kVA}]$$

$P_n$ : 발전기 정격출력 [kVA]

$e$ : 허용전압강하　　$X_L$ : 과도 리액턴스

$P$ : 기동용량 [kVA]　($P = 3 \times$ 정격전압 × 기동전류)

④ 발전기용 차단기의 용량

$$P_s = \frac{1.25 P_n}{X_L} \ [\mathrm{kVA}] = \frac{\text{발전기}^{*}\ \text{용량}}{\text{리액턴스}^{*}} \times 1.25 \ [\mathrm{kVA}]$$

$P_s$ : 발전기 용량 [kVA]　　$X_L$ : 과도 리액턴스

---

* 디젤기관 : 실린더 안에 공기를 흡입하고 압축시켜 고온상태에서 연료를 뿜어 넣어 점화하는 형식의 내연기관

* 원동기 : 열, 수력, 화력을 이용 이것을 기계적 에너지로 변화시키는 기계

## 4. 예비전원

예비전원은 상용전원이 고장난 경우, 또는 용량이 부족한 때 최소한의 기능을 유지하기 위한 것으로서 이 경우 예비전원은 밀폐형 축전지로 한다.

① 상용전원이 정전한 때는 자동적으로 예비전원으로 절환되고 상용전원 정전 복구 시에는 자동적으로 예비전원에서 상용전원으로 절환되는 것으로 할 것

## 5. 전선 및 접지

### (1) 전선의 구비조건

① 도전율이 클 것
② 내구성이 좋을 것
③ 비중이 작을 것
④ 기계적 강도가 클 것
⑤ 가격이 저렴할 것

### (2) 연선*의 직경과 단면적

① 소선*의 총수

$$N = 3n(1 + n) + 1$$

여기서, $n$ : 소선의 층수

② 연선의 직경

$$D = (1 + 2n)d \text{ [mm]}$$

여기서, $d$ : 소선 1가닥의 지름

* 발전기 : 자계 안에서 코일을 움직임으로 기전력을 발생시킨다(제네레타)
* 리액턴스(reactance) : 교류저항이외 전류의 흐름을 방해 하는 것
* 연선 : 복수개의 소선을 꼰 것
* 소선 : 연선을 구성하는 각 단선

③ 연선의 단면적

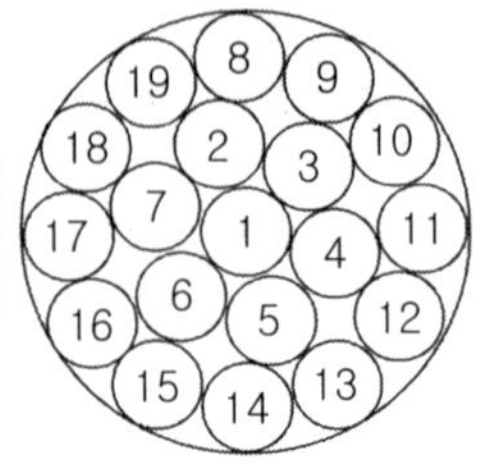

$$A = \pi r^2 N\ [\mathrm{mm}^2]\ \text{혹은}\ \frac{\pi}{4}D^2 N\ [\mathrm{mm}^2]$$

여기서, $r$ : 소선가닥의 반지름 $N$ : 개수

▎연선의 단면적 ▎

### (3) 전선 접속 시 주의사항

① 전선의 강도를 20% 이상 감소시키지 말 것
② 접속점의 전기저항을 증가시키지 않도록 할 것
③ 접속부분의 절연성은 다른 부분과 동등 이상이 되도록 할 것
④ 접속 시에 피복을 벗기는 경우에는 심선에 흠이 생기지 않도록 할 것

### (4) 접지*공사

① 접지공사의 종류에 따라 접지저항 측정값과 제반사항은 다음과 같다.

| 접지공사의 종류 | 접지저항 측정값 | 사용전압 | 사용목적 |
|---|---|---|---|
| 제1종 접지공사 | 10 [Ω] 이하 | 고압, 특별고압 | 기기보호, 피뢰기 등 |
| 제2종 접지공사 | 5 [Ω] 이하 | 고압, 특별고압 | 고·저압 혼촉방지 |
| 제3종 접지공사 | 100 [Ω] 이하 | 400[V] 미만 | 기기보호 |
| 특별 제3종 접지공사 | 10 [Ω] 이하 | 400[V] 이상 | 기기보호 |

(*^^ 가정은 220[V], 공장은 주로 380[V]로서, 400[V] 미만은 제3종 접지를 하며, 그 측정값은 100[Ω] 이하이다.)

② 접지공사의 용도

㉮ 제1종 접지공사 : 접지 사고 발생 시 고압, 특고압이 걸릴 위험이 있을 때
㉯ 제2종 접지공사 : 고압, 특고압이 저압과 혼촉사고가 일어날 위험이 있을 때
㉰ 제3종 접지공사 : **400 [V] 미만**의 저압용 기기에 누전발생시 감전방지
㉱ 특별 제3종 접지공사 : 400 [V] 이상의 저압용 기기에 누전 발생 시 감전방지

---

* 접지 : 안전을 위하여 전로 혹은 기기 등을 대지에 접속시키는 것(어스)

## 전동기(Motor) 용량의 공식과 약식

발전기(Generator)를 쉽게 표현해서 **발**생시키는 **전**기기계라 한다면, 전동기(Motor)는 쉽게 표현해서 **전**기를 **동**력으로 바꾸는 기계라 할 수 있다. 즉, 전동기는 전기적 에너지를 기계적 에너지로 바꾸는 장치로서 직류전동기, 유도전동기 등이 있다. 전동기 용량은 다음 식에 의하여 구해진다.

$$P = \frac{1{,}000 \times Q \times H}{102 \times 60 \times E} \times K \ \ [\mathrm{kW}]$$

여기서,
- **1,000**이라는 숫자는 가로세로 높이가 1 [m]인 체적에 물을 넣으면 1,000 [L]가 채워지기 때문에, 1 [m³] = 1,000 [L]의 부피의 식이 성립되고 **물의 비중량*** 1,000 [kg/m³] 무게의 식이 성립된다.
- **102**라는 숫자는 **1 [kW]**의 **일률**(즉 말이 1초에 76 [kg]을 1 [m] 만큼 이동시킬 수 있는 힘에 비해 기계는 102 [kg·m/sec]이라는 비율로 나타낸다. ∴ 1 [HP] = 76/102≒0.746 [kW])
- **60**이라는 숫자는 **분단위** 맞추기 위한 개념
- $Q$ : 물을 위로 퍼 올리는 **양수량** [m³/min]
- $H$ : 지상의 전동기가 옥상의 고가수조까지 물을 뽑아 올리는 **전양정*** [m]
- $K$ : 축으로 전달되는 **전달계수** (전동기 : 보통 1.1, 원동기 : 1.2)
- $E\,[\eta]$ : 기계의 한일과 그에 공급된 에너지와의 비. 즉, **효율**에 해당된다.

그러나 우리는 위의 공식을 약소화하여 약식을 많이 쓰고 있는 실정이다.

약식 ① $P[\mathrm{kW}] = \dfrac{0.163Q \times H}{E} \times K \qquad * \left(0.163 = \dfrac{1000}{102 \times 60}\right)$

약식 ② $P[\mathrm{kW}] = \dfrac{Q \times H}{6.12 \times E} \times K \qquad * \left(\dfrac{1}{6.12} = \dfrac{1000}{6{,}120}\right)$

약식 ③ $P[\mathrm{kW}] = 9.8 \times \dfrac{Q \times H}{60 \times E} \times K \qquad * \left(9.8 = \dfrac{1000}{102}\right)$

---

* 비중 : 4℃ 1기압에서 순수한 물의 중량의 비(물과 비교한 중량)

* 양정 : 펌프가 물을 퍼 올리는 높이이며 흡입수면에서 펌프높이까지를 “흡입양정” 펌프중심에서 토출수면까지를 “토출양정” 흡입수면에서 토출면까지를 “실 양정” 이라 하며, 여기에 관내 기타의 마찰손실수두를 가한 것을 “전 양정” 이라 정의한다.

## 6. 전기방식에 따른 전선 굵기 결정방법

### (1) 전압강하식

| 전기방식 | 전선 단면적[$mm^2$] | 비 고 |
|---|---|---|
| 단상 2선식 | $A = \dfrac{35.6LI}{1000e}$ | $L$ : 선로길이 [m]<br>$I$ : 전부하전류 [A]<br>$e$ : 각 선간 전압강하 [V] |
| 단상 3선식<br>3상 4선식 | $A = \dfrac{17.8LI}{1000e}$ | |
| 3상 3선식 | $A = \dfrac{30.8LI}{1000e}$ | |

## 7. 배선시공

### (1) 기 준

① 감지기회로의 상시개로식의 배선은 용이하게 도통시험을 할 수 있도록 그 말단에 **발신기, 누름 스위치**, 또는 **종단저항** 등을 설치할 것.

② 감지기사이의 회로의 배선은 **송배전식***으로 하며 그 밖의 설치에 관하여 행정자치부 장관이 정하여 고시하는 바에 의한다.

③ 감지기회로 및 부속회로의 전로와 대지사이 또는 배선상호간의 절연저항은 1개의 경계구역마다 DC 250 [V] 절연저항은 측정기로 측정한 값 0.1 [MΩ] 이상으로 할 것.

④ P형 수신기 및 GP형 수신기의 감지기회로의 배선에 있어서 하나의 공통선에 접속할 수 있는 경계구역은 7개 이하로 할 것.

⑤ 자동화재탐지설비의 감지기회로의 전로저항은 50 [Ω] 이하가 되도록 하여야 한다.

⑥ 전원회로의 배선은 내화배선에 의하고 그 밖의 배선(감지기 상호간 또는 감지기로부터 수신기에 이르는 감지기회로에 배선을 제외한다)은 내화배선(FP) 또는 내열배선(HP)에 의한다.

⑦ 감지기회로의 도통시험을 위한 종단저항의 설치기준

㉮ 점검 및 관리가 쉬운 장소에 설치할 것.

㉯ 전용함을 설치하는 경우, 그 설치높이는 바닥으로부터 1.5 [m] 이내로 할 것.

㉰ 감지기 회로의 끝 부분에 설치하며, 종단감지기에 설치할 경우에는 구별이 쉽도록 해당 감지기의 기판 등에 별도의 표시를 할 것.

* 송배전식 : 접촉저항이 생기지 않게 하기 위해 배선 도중에 분기하지 않는 방식

⑧ 자동화재탐지설비 배선방법

㉮ **합**성수지관* 공사

㉯ **금**속관, 금속턱트공사(금속몰드공사제외)

㉰ **케**이블 공사

㉱ **가**요전선관* 공사

### (2) 배선의 기입방법

배선은 전선의 굵기, 가닥수 및 전선관이 있는 경우는 전선관의 굵기에 맞도록 다음 방법으로 기입할 것

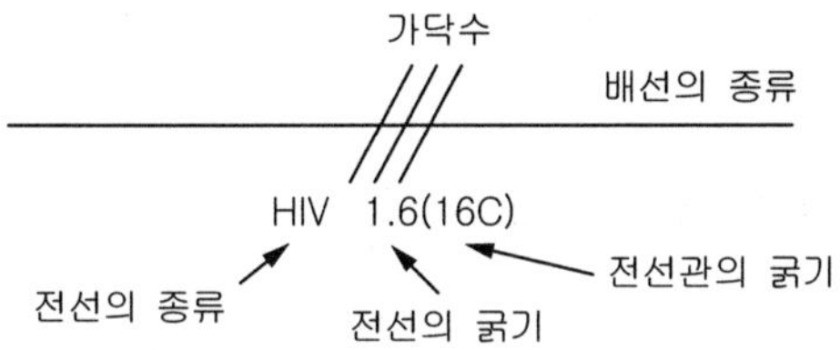


(※ 600 [V] 제2종 비닐절연전선 1.6 [mm] 3선이 16 [C] 전선관에 들어 있다.)

**※ 소방법상 "0.8~1.5 [m] 이하"의 숫자가 자주 나오게 되는 동기**

성인 남성이 직립자세에 서서 바닥에서부터 손까지는 약 0.8 [m]에 해당되며, 직립자세를 유지한 상태에서 팔을 수평으로 뻗은 자세에서 바닥에서부터 손바닥까지는 약 1.5 [m]에 해당되니 우리나라의 수동 조작할 수 있는 대부분 설비 높이는 0.8~1.5 [m] 이하에 준한다.

* 합성수지관 : 플라스틱관
* 가요전선관 : 굴곡 장소가 많은 곳에 구부러짐을 가질 수 있는 전선관

복습문제

# 피난·소화 및 전기설비

## 1 유도등, 유도표지, 비상조명등

**01 다음 중 유도등의 종류에 해당되지 않는 것은?**

① 피난구 ② 통로유도등
③ 객석유도등 ④ 비상유도등

설명 유도등은 피난구, 통로, 객석유도등으로 구분한다.

**02 다음 중 통로유도등에 해당되지 않는 것은?**

① 거실통로유도등 ② 복도통로유도등
③ 계단통로유도등 ④ 비상통로유도등

설명 통로유도등은 거실통로, 복도통로, 계단통로유도등으로 구분한다.

**03 피난구유도등은 피난구의 바닥으로부터 몇 [m] 이상의 높이에 설치하여야 하는가?**

① 0.8 ② 1.0 ③ 1.2 ④ 1.5

설명 피난구유도등은 바닥으로부터 1.5 [m] 이상 높이에 설치한다.

1. ④ 2. ④ 3. ④

**04** **피난구유도등의 설치장소로 적당하지 않는 것은?**

① 옥내로부터 직접 지상으로 통하는 출입구
② 직통계단, 직통계단의 계단실 및 그 부속실의 출입구
③ 안전구획된 거실로 통하는 출입구
④ 거실 각 부분으로부터 쉽게 도달할 수 있는 출입구

설명 피난구유도등 설치장소는 ①, ②, ③에 해당된다.

**05** **복도통로유도등은 바닥으로부터 몇 [m]의 위치에 설치하여야 하는가?**

① 0.8 [m] 이상　　② 1.0 [m] 이하
③ 1.0 [m] 이상　　④ 1.5 [m] 이하

설명 복도통로유도등은 바닥으로부터 1.0 [m] 이하에 설치하여야 한다.

**06** **계단통로유도등의 설치기준에 맞지 않는 것은?**

① 각 층의 경사로참 또는 계단참마다 설치하여야 한다.
② 유도등은 백색 바탕에 녹색 문자로 표시한다.
③ 통행에 지장이 없도록 한다.
④ 화살표시는 반드시 하여야 한다.

설명 계단통로유도등 설치기준 중 ④번은 해당사항에 포함되지 아니하다.

**07** **복도 및 거실통로유도등은 보행거리 몇 [m]마다 설치하여야 하는가?**

① 10　　② 20　　③ 30　　④ 50

설명 복도, 거실통로유도등은 보행거리 20 [m]마다 설치한다.

---

4. ④ 5. ② 6. ④ 7. ②

## 08 유도표지의 설치기준에 맞지 않는 것은?

① 계단에 설치하는 것을 제외하고는 각 층마다 복도 및 통로의 각 부분으로부터 하나 유도표지까지의 보행거리가 1.5 [m] 이하가 되는 곳과 구부러진 모퉁이의 벽에 설치할 것
② 피난구에 설치하는 유도표지는 바닥으로부터 높이 1.5 [m] 이상의 위치에 설치할 것
③ 주위에 이와 유사한 등화 광고물 게시물 등을 설치하지 아니할 것
④ 유도표지는 부착판등을 사용하여 쉽게 떨어지지 아니하도록 설치 할 것

설명 유도표지는 바닥으로부터 1 [m] 이하의 위치에 설치한다.

## 09 유도등의 비상전원의 축전지의 용량은 해당 유도등을 몇 분 이상 작동시킬 수 있는 것인가?

① 5분 ② 10분
③ 15분 ④ 20분

설명 소방에서 사용되는 비상전원용량은 자탐(자동화재탐지설비)과 무통(무선통신 보조설비)의 증폭기 등을 제외하고는 주로 20분 이상으로 생각하면 선별이 쉽다.

## 10 피난구유도등의 구성 요소가 아닌 것은?

① 비상전원(니켈카드뮴축전지) ② 형광 램프
③ 형광용 램프 안정기 ④ 타이머

설명 피난구유도등에는 타이머가 설치되어 있지 않다.

## 11 비상조명등의 설치장소로 맞지 않는 것은?

① 복도 ② 계단
③ 통로 ④ 출입구

설명 비상조명등은 피난 시 피난로에 설치하는 조명등으로서 출입구에는 피난구유도등이 설치되어 있다.

---

8. ② 9. ④ 10. ④ 11. ④

**12** 비상조명등의 설치된 장소의 조도는 각 부분바닥에서 몇 [lx] 이상이어야 하는가?

① 0.2 [lx] ② 1.0 [lx] ③ 0.5 [lx] ④ 10 [lx]

설명 비상조명등은 조도(빛의 밝기)는 바닥에서 1 [lx]에 해당된다.

## 2 비상콘센트

**13** 11층에 설치된 비상콘센트는 지하상가 등을 제외하고 일반적으로 해당 층의 각 부분으로부터 하나의 비상콘센트까지 수평거리 몇 [m] 이하가 되도록 설치하는가?

① 25 ② 50 ③ 75 ④ 100

설명 각 부분으로부터 하나의 비상콘센트까지 수평거리는 지하상가 또는 지하층 바닥면적 합계가 3,000 [$m^2$] 이상인 것 등을 제외하고 일반적으로 50 [m] 이하이다.

**14** 비상콘센트설비의 전원회로 공급용량은 단상교류 220 [V]로서 몇 [kVA] 이상인 것으로 하여야 하는가?

① 1.0 ② 1.2 ③ 1.5 ④ 3.0

설명 단상(전원)교류는 1.5 [kVA] 이상으로 한다.

**15** 비상콘센트의 전원회로는 각 층에 있어서 전압별로 몇 개 이상이 되도록 설치하여야 하는가?

① 1 ② 2 ③ 3 ④ 4

설명 비콘(비상콘센트)은 11층 이상마다 전압별로 2 이상이 되도록 설치하도록 한다.

12. ② 13. ② 14. ③ 15. ②

**16** **비상콘센트의 풀박스 등은 방청도장을 한 것으로 두께 몇 [mm] 이상의 철판으로 하여야 하는가?**

① 1.0 [mm]　② 1.2 [mm]　③ 1.5 [mm]　④ 1.6 [mm]

설명 비상콘센트의 풀박스는 두께 1.6 [mm] 이상 철판으로 한다.

**17** **비상콘센트의 플러그 접속기의 칼받이의 접지극에는 몇 종 접지공사를 하여야 하는가?**

① 제1종　② 제2종　③ 제3종　④ 제4종

설명 비상콘센트는 400 [V] 미만이기 때문에 규정에 의해 제3종 접지공사를 한다.

**18** **비상콘센트는 바닥으로부터 몇 [m]의 높이에 설치하여야 하는가?**

① 0.8～1.5　② 1.3～1.6　③ 1.5～1.8　④ 1.7～2.0

설명 비상콘센트의 설치높이는 0.8 [m] 이상～1.5 [m] 이하에 설치한다.

**19** **비상콘센트 보호함의 설치기준으로 옳지 않은 것은?**

① 비상콘센트 보호함에 비상콘센트라고 표시한 표시를 한다.
② 보호함에는 쉽게 개폐할 수 있는 문을 설치한다.
③ 보호함 상부에 적색의 표시등을 설치한다.
④ 보호함을 옥내소화전함과 접속하여 설치하는 경우 옥내소화전의 표시등과 겸용할 수 없다.

설명 옥내소화전과 겸용보호함 사용 시 표시등은 겸용할 수 있다.

**20** **비상콘센트설비의 전원회로의 배선은?**

① 내화배선　② 내열배선
③ 내화배선 또는 내열배선　④ 일반배선

설명 비상콘센트의 배선은 내화배선(F.P)으로 하여야 한다.

---

16. ④　17. ③　18. ①　19. ④　20. ①

**21** **비상콘센트의 배선용차단기는 220 [V] 회로에 있어서 용량은 몇 [A]인가?**

① 10 [A] ② 20 [A] ③ 30 [A] ④ 15 [A]

설명 배선용차단기는 단상교류(전등회로)에 있어서는 20 [A]로 한다.

**22** **비상콘센트를 설치하여야 할 층의 기준은?**

① 지하층을 포함한 7층 이상의 각층
② 지하층을 제외한 9층 이상의 각층
③ 지하층을 포함한 11층 이상의 각층
④ 지하층을 제외한 13층 이상의 각층

설명 ③번에 해당된다.

## 3 무선통신 보조설비

**23** **무선통신 보조설비에 관한 설명으로 맞지 <u>않는</u> 것은?**

① 안테나 방식, 누설동축케이블 방식 및 안테나 방식과 누설동축케이블 방식을 혼합한 방식
② 안테나 방식은 설치비가 비싸다.
③ 안테나 방식은 안테나의 설치위치에 따라 통화에 영향을 많이 받는다.
④ 동축케이블 방식의 외관은 노출부분이 적다.

설명 누설동축케이블 방식 외관은 노출부분이 많다.

**24** **무선통신 보조설비의 주요 구성물이 <u>아닌</u> 것은?**

① 전등 ② 분배기 ③ 누설동축케이블 ④ 무선기기 접속단자

설명 전등은 무통(무선통신 보조설비)의 구성요소에 해당되지 아니하다.

---

21. ② 22. ③ 23. ④ 24. ①

**25** 누설동축케이블 및 안테나는 고압의 전로로부터 몇 [m] 이상 떨어진 위치에 설치하여야 하는가? (단, 전로에는 정전기 차폐장치를 설치하지 아니한 경우)

① 0.5 [m]　　② 10 [m]
③ 1.5 [m]　　④ 그 부근에 설치한다.

설명 "고압의 전로"라는 문제가 나올 때는 항상 1.5 [m] 떨어진 위치로 생각하면 쉽다.

**26** 무선통신 보조설비의 지상에서 설치하는 접속단자는 몇 [m] 이내마다 설치하여야 하는가?

① 수평거리 50 [m]　　② 수평거리 300 [m]
③ 보행거리 50 [m]　　④ 보행거리 300 [m]

설명 지상에 설치하는 무선기 접속단자만 보행거리 300 [m]로 구분하면 쉽다.

**27** 지상에 설치하는 무선기기 접속단자는 다른 용도로 사용되는 접속단자에서 몇 [m] 이상의 거리를 두어야 하는가?

① 1 [m]　　② 2 [m]
③ 4 [m]　　④ 5 [m]

설명 5 [m] 이상의 거리를 두어야 한다.

**28** 분배기, 분파기, 혼합기의 임피던스는 몇 [Ω]의 것으로 하여야 하는가?

① 50　　② 20
③ 1,000　　④ 5

설명 소방에서 임피던스하면 주로 50 [Ω]으로 구분하면 쉽다.

---

25. ③ 26. ④ 27. ④ 28. ①

29 무선통신 보조설비의 설치대상물로서 맞지 않는 것은?

① 지하가로서 연면적 1,000 [$m^2$] 이상
② 지하층의 바닥면적의 합계가 3,000 [$m^2$] 이상
③ 지하 3층 이상이고 지하층 바닥면적의 합계가 1,000 [$m^2$] 이상은 지하층의 전층
④ 층수가 11층 이상인 것은 11층 이상의 층

설명 ④는 비상콘센트의 설치대상물에 해당된다.

30 무선통신 보조설비의 누설동축케이블은 3300 [V]의 고압의 전로로부터 최소 몇 [m] 이상 떨어진 위치에 설치하여야 하는가?

① 1.5 ② 3 ③ 4.5 ④ 4

설명 고압의 전로로부터 1.5 [m] 이상 떨어진 위치에 설치한다.

## 4 소화설비

31 옥내소화전 비상전원은 그 기준이 몇 분 이상 작동할 수 있어야 하는가?

① 자가발전설비 20분
② 자가발전설비 30분
③ 축전지설비 10분
④ 축전지설비 5분

설명 비상전원은 옥내소화전 설비를 유효하게 20분 이상 작동할 수 있어야 한다.

32 스프링클러설비의 제어반은 어떻게 구분하여 설치하여야 하는가?

① 감시제어반과 동력제어반
② 자동제어반과 수동제어반
③ 원방제어반과 현장제어반
④ 수전제어반과 변전제어반

설명 옥내소화전 및 스프링클러 제어반은 감시, 동력제어반으로 나눈다.

29. ④ 30. ① 31. ① 32. ①

**33 스프링클러설비의 경보장치에 대한 설명으로 틀린 것은?**

① 경보장치는 유수검지장치가 담당하는 구역마다 설치한다.
② 경보장치는 일제개방밸브가 담당하는 구역마다 설치한다.
③ 경보장치는 그 구역의 각 부분에 유효한 경보가 될 수 있도록 설치한다.
④ 경보장치는 그 음색이 다른 용도의 경보와 동일하도록 설치한다.

설명 경보장치는 음색이 다른 경보와 동일하지 않도록 하여야 한다.

**34 스프링클러설비의 경보장치 기준 중 적합하지 않는 것은?**

① 유수검지장치를 사용하는 경우 헤드가 개방되면 유수검지장치가 발신되고 그에 따라 경보장치가 작동될 것
② 일제개방밸브를 사용하는 경우 스프링클러설비 헤드의 감지에 의하여 경보장치가 작동될 것
③ 경보장치는 유수검지장치 또는 일제개방밸브가 담당하는 구역마다 설치하고 그 구역의 각 부분에 유효한 경보가 될 수 있도록 할 것
④ 경보장치의 음색이 다른 용도의 경보와 구별이 가능한 것을 할 것

설명 ②번은 화재감지기의 감지에 의하여 경보되도록 한다.

**35 습식 폐쇄형 스프링클러 설비에는 스프링클러 헤드 하나만 동작해도 경보를 울리게 하는 전기 경보장치가 사용된다. 이것은 다음의 어느 원리를 이용한 것인가?**

① 관내의 물의 온도변화
② 관내의 물의 비중변화
③ 관내의 물에 흐르는 누설 전류값의 변화
④ 관내의 물의 압력변화

설명 헤드가 동작하면 배관 내 압력이 저하된다.

33. ④ 34. ② 35. ④

**36** **차고 또는 주차장에 설치하는 포소화설비의 수동식 기동장치는 방사구역마다 몇 개 이상 설치하여야 하는가?**

① 1　　② 2　　③ 3　　④ 4

설명 비행기격납고는 주요하니 2개 이상이며 그 외는 1개 이상으로 구분한다.

**37** **$CO_2$ 소화설비의 전기식 기동장치로서 몇 본 이상의 저장용기를 동시에 개방하는 설비에 있어서는 2병 이상의 저장용기에 전자 개방밸브를 부착하도록 되어있는가?**

① 5　　② 6　　③ 7　　④ 8

설명 이산화탄소 소화설비는 7병 이상에 2병 이상의 솔레노이드 밸브를 부착하도록 한다.

**38** **이산화탄소 소화설비에 있어서 소화약제가 방사되었을 때 음향경보장치는 몇 분 이상 경보를 발하여야 하는가?**

① 30초　　② 1분　　③ 2분　　④ 5분

설명 이산화탄소의 약제방사 시 음향경보는 1분 이상 경보되어야 한다.

**39** **다음 중 제연설비의 제연구획의 구획기준에 맞지 않는 것은?**

① 하나의 제연구획의 면적은 1,000 [$m^2$] 이내로 할 것
② 거실과 통로는 상호제연구획으로 하여야 한다.
③ 통로상 제연구역은 보행 중심선의 길이가 60 [m]를 초과하지 말 것
④ 하나의 제연구획은 3개 이상 층에 미치지 아니하도록 할 것

설명 하나의 제연구획은 2개 이상 층에 미치지 아니하도록 한다.

---

36. ①　37. ③　38. ②　39. ④

**40** **제연설비에서 배출기 및 배출풍도에 관한 다음 설명 중 틀린 것은?**

① 배출기와 배출풍도의 접속부분에 사용하는 캔버스는 내열성이 있는 것으로 할 것
② 배출기의 전동기부분과 배풍기 부분은 분리하여 설치할 것
③ 배출기의 흡입측 풍도안의 풍속은 초속 15 [m/s] 이상으로 할 것
④ 배출기의 배출측 풍도안의 풍속은 초속 20 [m/s] 이하로 할 것

설명 배출기 급기(흡입)측 풍도안의 풍속은 15 [m/s] 이하로 하여야 한다.

**41** **통로상 제연구역은 보행중심선 길이를 몇 [m]까지 할 수 있는가?**

① 50 ② 60
③ 70 ④ 80

설명 통로상 제연구역에서 보행중심선 길이는 60 [m]까지 제연구역으로 할 수 있다.

## 5 전기설비

**42** **비상전원의 종류에 해당되지 않는 것은?**

① 비상전원 수전설비
② 자가발전설비
③ 축전지설비
④ 건전지설비

설명 비상전원의 종류에 건전지설비는 해당되지 아니하다.

40. ③ 41. ② 42. ④

## 43 비상전원 수전설비의 설명으로 틀린 것은?

① 비상전원의 일종이다.
② 실내에 설치하는 경우에는 원칙상 불연구획 내에 설치하여야 한다.
③ 비상전원수전설비의 종류는 오픈식의 것도 있다.
④ 비상전원설비는 반드시 큐비클식이어야 한다.

설명 비상전원설비는 반드시 큐비클식만은 아니다.

## 44 다음설비 중 비상전원의 작동시간 기준이 틀린 것은?

① 옥내소화전 : 20분
② $CO_2$ 소화설비 : 20분
③ 자동화재탐지설비 : 20분
④ 피난구유도등 : 20분

설명 자·탐설비 비상전원 작동시간과 근린생활을 제외한 간이스프링클러 설비는 10분에 해당된다.

## 45 다음 축전지 설비에 대한 설명으로 옳은 것은?

① 축전지, 충전장치 및 제어장치로 구성된다.
② 축전지, 충전장치, 제어장치 및 변환장치로 구성된다.
③ 축전지, 충전장치, 보안장치, 제어장치 및 역변환장치로 구성된다.
④ 축전지, 충전장치, 보안장치, 제어장치 및 변환장치로 구성된다.

설명 축전지는 ③번에 해당된다.

## 46 비상전원에 가장 가까운 말은?

① 상용전원이 고장난 경우를 대비하기 위한 전원
② 상용전원이 정전된 때를 대비하기 위한 전원
③ 상용전원의 용량이 부족한 때 최소한의 기능을 유지하기 위한 전원
④ 평상시 주전원으로 사용되는 전원

설명 비상전원은 일반적으로 상용전원이 정전될 때 대비하기 위한 전원에 해당된다.

---

43. ④ 44. ③ 45. ③ 46. ②

## 47 예비전원에 가장 가까운 말은?

① 상용전원이 정전된 경우를 대비하기 위한 전원
② 비상전원이 고장난 경우를 대비하기 위한 전원
③ 상용전원이 고장난 경우를 대비하기 위한 전원
④ 평상시 주전원으로 사용되는 전원

설명 예비전원은 일반적으로 상용전원이 고장난 경우 용량부족 시 필요한 전원에 해당된다.

## 48 비상경보설비의 축전지 외함에는 정격전압의 몇 [V]를 넘는 경우에 접지단자를 설치하여야 하는가?

① 30 ② 60 ③ 100 ④ 300

설명 "외함", "접지" 하는 문제가 나올 시는 60 [V]로 생각하면 쉽다.

## 49 경보기구에 사용되는 변압기의 정격 1차 전압은 몇 [V] 이하로 하여야 하는가?

① 100 ② 150 ③ 300 ④ 400

설명 변압기 정격 1차 전압은 300 [V] 이하로 구분된다. (변압기가 나오면 300 [V]로 생각하면 쉽다.)

## 50 내화전선의 약호는?

① HP ② FP ③ HIV ④ IV

설명 내화전선은 FP에 해당된다.
(① : 내열전선, ③ : 내열용 비닐절연전선, ④ : 600 [V] 비닐절연전선)

## 51 자동화재탐지설비의 배선공사방법이 아닌 것은?

① 금속관 공사 ② 가요전선관 공사
③ 합성수지관 공사 ④ 금속몰드 공사

설명 자·탐설비 배선공사방법에 금속관, 금속덕트는 해당되나 금속몰드 공사는 해당되지 아니하다.

---

47. ③ 48. ② 49. ③ 50. ② 51. ④

**52** **자동화재탐지설비의 배선방법 중 옳지 <u>않은</u> 것은?**

① 개방형 스프링클러 헤드를 설치하는 스프링클러설비
② 불연성가스 소화설비
③ 이동식인 포말소화설비
④ 분말소화설비

설명 자·탐설비 감지기와 연동시키지 않아도 되는 것은 이동식인 포말소화설비에 해당한다.

**53** **자동화재탐지설비의 상시개로식 배선에서 도통시험을 용이하게 하기 위하여 회로의 말단에 설치하는 것이 <u>아닌</u> 것은?**

① 발신기　　② 종단저항
③ 푸쉬버튼　　④ 퓨즈

설명 발신기, 종단저항, 누름스위치는 회로말단에 설치하여야 한다.

**54** **자동화재탐지설비의 배선방법 중 옳지 <u>않은</u> 것은?**

① 상시개로의 배선에는 도통시험할 수 있도록 회로말단에 발신기 누름 스위치와 종단저항 설치
② P형 수신기 감지회로의 배선을 공통선으로 사용할 때는 하나의 공통선에는 7경계구역 이하
③ 차동식, 보상식, 정온식 스포트형 감지기 회로의 배선은 송배전의 방법
④ 배선상호간의 절연저항은 직류 250 [V] 절연측정기 사용, 측정 수치가 전로의 대지전압이 150 [V] 이하인 때 0.1 [MΩ] 이상 150 [V] 이상인 때는 0.5 [MΩ] 이상

설명 전로의 대지전압이 150 [V]를 넘는 경우는 0.2 [MΩ] 이상이어야 한다.

---

52. ③ 53. ④ 54. ④

## 55 자동화재탐지설비의 배선방법 중 옳지 않은 것은?

① 상시개로식 배선은 도통시험을 할 수 있도록 말단에 발신스위치와 종단저항을 설치한다.
② 감지기 회로의 배선은 송배전식으로 한다.
③ 1개의 공통선은 7경계구역 이하로 하여야 한다.
④ 감지기의 회로의 저항은 30 [Ω] 이하가 되도록 한다.

**설명** 자·탐설비 감지기 회로의 전로저항은 50 [Ω] 이하이어야 한다.
([Ω]이 나오면 주로 50 [Ω], [MΩ]을 물으면 주로 0.1 [MΩ]으로 생각하면 선별이 쉽다.)

## 56 감지기회로의 도통시험을 위한 종단저항의 설치기준은?

① 감지기 회로의 끝부분
② 동일 층 발신기함 외부
③ 바닥으로부터 1.8 [m] 이내의 전용함
④ 눈에 보이지 않는 폐쇄된 것

**설명** 종단저항은 감지기 회로의 끝부분이며 종단저항 전용함은 바닥으로부터 1.5 [m] 이내로 한다.

## 57 1.6 [mm] 19가닥의 경동연선의 바깥지름 [mm]은?

① 8 ② 24 ③ 12 ④ 30

**설명** $19 = 3n(1+n)+1$ $n=2$, $D=(1+2n)d=(1+2\times2)\times1.6=8$ $\therefore$ 8 [mm]

55. ④ 56. ① 57. ①

## exercise

❶ 유도등의 설치장소에 대하여 설명하시오.

❷ 통로유도등의 설치개수와 객석유도등의 설치개수를 설명하시오.

❸ 유도표지의 설치개수를 설명하시오.

❹ 비상조명등의 설치기준을 설명하시오.

❺ 비상콘센트 단상교류의 전원과 공급용량에 대하여 설명하시오.

❻ 무선통신 보조설비 설치기준을 설명하시오.

❼ 옥내소화전 전원설비에서 저압과 고압 및 특별고압의 설치기준에 대하여 비교하시오.

❽ 옥내소화전 표시등 설치기준을 기재하시오.

❾ 교차회로 방식에 대하여 설명하시오.

❿ 제연설비 설치기준에 대하여 기술하시오.

# 숫자에 따른 분류

## 1. 거 리

- 수평거리 25 [m] : 발신기, 비상경보, 비상방송, 지하상가 등의 비상콘센트
- 수평거리 50 [m] : 비상콘센트(지하상가 등 제외), 연결송수관 방수구
- 보행거리 300 [m] : 무선통신 보조설비, 무선기접속단자

## 2. 높 이

- 1 [m] 이하 : 복도통로유도등, 계단통로유도등, 유도표지
- 1.5 [m] 이하 : 종단저항 전용함, 수동식 소화기
- 1.5 [m] 이상 : 피난구유도등, 거실통로유도등
- 0.8~1.5 [m] 이하 : 수동으로 조작할 수 있는 대부분 설비

## 3. 데시벨

- 40 [dB] : 비상조명등, 유도등소음시험
- 60 [dB] : 전화용 버저 및 고장표시용
- 70 [dB] : **누전경보기**, 감지기, 가스누설경보기(공업용 제외), 간이형화재경보기
- **90 [dB]** : 수신기, 중계기, 경종, 자동화재속보설비 등 대부분 설비

## 4. 절연저항

- 0.1 [MΩ] 이상 : 자탐설비 감지기 회로, 부속회로(전로와 대지사이 배선상호간 절연저항) 1경계구역마다, 전로의 대지전압 150 [V] 이하
- 0.2 [MΩ] 이상 : 대지전압이 150 [V]를 넣고 300 [V] 이하
- 0.3 [MΩ] 이상 : 사용전압이 300 [V]를 넣고 400 [V] 이하
- 0.4 [MΩ] 이상 : 사용전압이 400 [V] 이하
- 5 [MΩ] 이상 : <u>누전경보기</u> 자동화재속보설비, 비상조명등, 유도등 "충전부와 외함 사이" 란 말 기재 시(중계기 제외)
- 20 [MΩ] 이상 : <u>중계기</u>, 경종, 발신기, 비상콘센트, 가스화재탐지기, "교류입력측, 절연전선로" 란 말 기재 시
- 50 [MΩ] 이상 : <u>감지기</u>
- 1,000 [MΩ] 이상 : 정온식감지선형 감지기 선간에서 1 [m]당

## 2. 연상기억법

**문기법(문자기억법)**

| 1 | 2 | 3 | 4 | 5 | 6 | 7 | 8 | 9 | 0 | 1. | 3. | 6. | 8 | 1'1 | 2'2 | 3'3 | 6'6 |
|---|---|---|---|---|---|---|---|---|---|---|---|---|---|---|---|---|---|
| ㄱ | ㄴ | ㄷ | ㄹ | ㅁ | ㅂ | ㅅ | ㅇ | ㅈ | ㅊ | ㅋ | ㅌ | ㅍ | ㅎ | ㄲ | ㅥ | ㄸ | ㅃ |
| ㅏ | ㅑ | ㅓ | ㅕ | ㅗ | ㅛ | ㅜ | ㅠ | ㅡ | ㅣ | | | | | | | | |

**숫기법(숫자기억법)**

| 0 | 1 | 2 | 3 | 4 | 5 | 6 | 7 | 8 | 9 | 10 | ° |
|---|---|---|---|---|---|---|---|---|---|---|---|
| 영 | 하 | 두 | 세 | 네 | 다 | 여 | 치 | 파 | 아 | 열 | 도 |
| 공 | 닐 | 니 | 산 | 시 | 고 | 죽 | 철 | 발 | 기 | 장 | 정 |

**기억법을 만드는 아이디어 6공식(※ 보생바나꺼부)**

① 보태어 본다. ② 생략하거나 빼어본다. ③ 바꾸어 본다.
④ 나누어 본다. ⑤ 거꾸로 해 본다. ⑥ 부분적으로 변경한다.

### 1. 상정은 인상이 강하게 즉 새롭고 특이할수록

① 엉뚱할수록(특정할수록) ② 큰 물건일수록
③ 비쌀수록 ④ 거리감이 없을수록(근시일수록)
⑤ 밀접하게 결합된 상태일수록

### 2. 기억법의 원리

① 반복하던지(여러 번) ② 자극을 받던가(강한)
③ 눈으로 보아두던가(어떤 현상을) ④ 연결시키던가(이미 알고 있는 것과)
⑤ 상상하던가(마음의 눈으로)

### 3. 약 기호

| | | | | | | | |
|---|---|---|---|---|---|---|---|
| + | 와, 과 | = | 은, 는 | · | 할 | ·ㅇ | 하여 |
| − | 을, 를 | −− | 에게 | ·ㄱ | 하고 | ·ㅁ | 하므로 |
| × | 에서 | ∴ | 그러므로 | ·ㄴ | 하는 | ㅇ·ㅇ | 의하여 |
| ÷ | 의 | ~ | 될 | ·ㄷ | 하다 | / | 문장이 너무 길 때 |

# 제 4 편

# 형식승인기준

# 수신기 형식승인 및 제품검사의 기술기준

[ KOFEIS 0304 ]

소방청고시 제2017-4호(2017.12.6.)

## 제1장 총칙

**제1조 (목적)** 이 기준은 「화재예방, 소방시설 설치·유지 및 안전관리에 관한 법률」 제36조 제5항에서 소방청장에게 위임한 「수신기 형식승인 및 제품검사의 기술기준」에 관한 사항을 규정함을 목적으로 한다. <개정 2017.12.6.>

**제2조 (용어의 정의)** 이 기준에서 사용하는 용어의 정의는 다음과 같다.

1. "**P형 수신기**"란 감지기 또는 발신기로부터 발하여지는 신호를 직접 또는 중계기를 통하여 **공통신호**로서 수신하여 화재의 발생을 해당 소방대상물의 관계자에게 경보하여 주는 것을 말한다. <개정 2017.12.6.>
2. "**R형 수신기**"란 감지기 또는 발신기로부터 발하여지는 신호를 직접 또는 중계기를 통하여 **고유신호**로서 수신하여 화재의 발생을 해당 소방대상물의 관계자에게 경보하여 주는 것을 말한다. <개정 2017.12.6.>
3. 삭제 <2016.1.11>
4. "**GP형 수신기**"란 **P형 수신기**의 기능과 **가스누설경보기**의 수신부 기능을 겸한 것을 말한다. 다만, 가스누설경보기의 수신부의 기능 중 가스농도 감시장치는 설치하지 아니할 수 있다.
5. "**GR형 수신기**"란 **R형 수신기**의 기능과 **가스누설경보기**의 수신부 기능을 겸한 것을 말한다. 다만, 가스누설경보기의 수신부의 기능 중 가스농도 감시장치는 설치하지 아니할 수 있다.
6. "**방폭형**"이란 폭발성가스가 용기내부에서 폭발하였을 때 용기가 그 압력에 견디거나 또는 외부의 폭발성가스에 인화될 우려가 없도록 만들어진 형태의 제품을 말한다.
7. "**방수형**"이란 그 구조가 방수구조로 되어 있는 것을 말한다.
8. "**P형 복합식수신기**"란 감지기 또는 발신기로부터 발하여지는 신호를 직접 또는 중계기를 통하여 공통신호로서 수신하여 화재의 발생을 해당 소방대상물의 관계자에게 경보하여 주고 자동 또는 수동으로 옥내·외소화전설비, 스프링클러설비, 물분무소화설비, 포소화설비, 이산화탄소소화설비, 할로겐화물소화설비, 분말소화설비, 배연설비 등의 가압송수장치

또는 기동장치 등을 제어하는(이하 "제어기능"이라 한다) 것을 말한다. <개정 2017.12.6.>

9. "**R형 복합식수신기**"란 감지기 또는 발신기로부터 발하여지는 신호를 직접 또는 중계기를 통하여 고유신호로서 수신하여 화재의 발생을 해당 소방대상물의 관계자에게 경보하여 주고 제어기능을 수행하는 것을 말한다. <개정 2017.12.6.>
10. "**GP형 복합식수신기**"란 P형 복합식수신기와 가스누설경보기의 수신부 기능을 겸한 것을 말한다.
11. "**GR형 복합식수신기**"란 R형 복합식수신기와 가스누설경보기의 수신부 기능을 겸한 것을 말한다.
12. "**간이형수신기**"란 「화재예방, 소방시설 설치·유지 및 안전관리에 관한 법률 시행령」 제37조에서 규정하고 있는 수신기 및 가스누설경보기의 기능을 각각 또는 함께 가지고 있는 제품으로 수신기 및 가스누설경보기의 형식승인기준에서 규정한 수신기 또는 가스누설경보기의 구조 및 기능을 단순화시켜 "수신부·감지부", "수신부·탐지부", "수신부·감지부·탐지부" 등으로 각각 구성되거나 여기에 중계부가 함께 구성되어 화재발생 또는 가연성가스가 누설되는 것을 자동적으로 탐지하여 관계자 등에게 경보하여 주는 기능 또는 도난경보, 원격제어기능 등이 복합적으로 구성된 제품을 말한다. <개정 2017.12.6.>
   가. "**화재수신용**"이란 수신부 및 감지부로 구성된 것 또는 여기에 중계부 등이 함께 구성된 것으로서 도난경보, 원격제어 기능 등이 복합적으로 구성된 간이형수신기를 말한다.
   나. "**가스누설수신용**"이란 수신부 및 탐지부로 구성된 것 또는 여기에 중계부 등이 함께 구성된 것으로서 도난경보, 원격제어 기능 등이 복합적으로 구성된 제품을 말한다.
   다. "**화재수신용 및 가스누설수신용**"이란 수신부·감지부 및 탐지부로 구성된 것 또는 여기에 중계부 등이 함께 구성된 것으로서 도난경보, 원격제어 기능 등이 복합적으로 구성된 제품을 말한다.
   라. "**수신부**"란 감지부에서 발하는 화재신호나 탐지부에서 발하는 가스누설신호를 직접 또는 중계부를 통하여 수신하고 이를 관계자나 이용자에게 음향경보 또는 음성경보를 발하여 주는 부분을 말한다. <개정 2017.12.6.>
   마. "**감지부**"란 「감지기의 형식승인 및 제품검사의 기술기준」에 의한 감지기를 말한다. <개정 2017.12.6.>
   바. "**탐지부**"란 「가스누설경보기의 형식승인 및 제품검사의 기술기준」 제2조제2호에 의한 가스누설경보기 중 단독형가스누설경보기를 탐지부로 사용하는 것을 말한다. <개정 2017.12.6.>
   사. "**중계부**"란 감지기에서 발하는 화재신호나 탐지부에서 발하는 가스누설신호를 받아 그 신호를 수신부로 중계하여 주는 것을 말한다.
   아. "**부속장치**"란 화재경보기능 및 가스누설경보기능 외에 부수적 기능을 가지는 부분으

로서 간이형수신기에 추가적으로 설치하거나 분리된 상태로 연결하여 사용하는 도난경보, 인터폰, 전화기 및 기타 각종 가전제품 등의 원격제어, 지구경보부 또는 가스를 환기시키기 위한 환풍기 등의 장치를 말한다.

자. "**화재표시등**(이하 "화재등"이라 한다)"이란 수신부가 화재신호를 수신하는 경우 화재의 발생을 자동적으로 표시하여 주는 표시등을 말한다. <개정 2017.12.6.>

차. "**화재지구표시등**(이하 "화재지구등"이라 한다)"이란 수신부가 화재신호를 수신하는 경우 화재가 발생한 경계구역의 위치를 자동적으로 표시하여 주는 표시등을 말한다.

카. "**가스누설표시등**(이하 "누설등"이라 한다)"이란 수신부가 가스누설신호를 수신하는 경우 가스누설의 발생을 자동적으로 표시하여 주는 표시등을 말한다.

타. "**가스누설지구표시등**(이하 "누설지구등"이라 한다)"이란 수신부가 가스누설신호를 수신하는 경우 가스누설이 발생한 경계구역의 위치를 자동적으로 표시하여 주는 표시등을 말한다.

파. "**복귀스위치**"란 화재발생 및 가스누설을 경보하고 있는 수신부 및 작동상태가 지속되고 있는 감지기를 화재발생 및 가스누설을 감시하는 정상 상태로 전환시키기 위하여 수신부에 설치되는 스위치를 말한다.

하. "**지구경보부**"란 수신부에 추가로 연결하여 사용하는 음향장치로서 화재발생 또는 가스누설 발생시 수신부에서 발하는 경보신호를 받아 음향경보 또는 음성경보를 발하여 주는 것을 말한다.

13. "**기록장치**"란 수신기의 화재신호, 고장신호 및 수신기에 접속된 타 기구에 대한 외부배선으로의 신호 등을 저장할 수 있는 것을 말한다.
14. "**무선식**"이란 전파에 의해 신호를 송·수신하는 방식의 것을 말한다. <신설 2017.12.6.>

## 제2장 수신기(간이형수신기 제외)

**제3조 (구조 및 일반기능)** 수신기의 구조 및 일반기능은 다음 각 호에 적합하여야 한다.

1. 작동이 확실하고, 취급·점검이 쉬워야 하며, 현저한 잡음이나 장해전파를 발하지 아니하여야 한다. 또한 먼지, 습기, 곤충 등에 의하여 기능에 영향을 받지 아니하여야 한다.
2. 보수 및 부속품의 교체가 쉬워야 한다. 다만, 방수형 및 방폭형은 그러하지 아니하다.
3. 부식에 의하여 기계적 기능에 영향을 초래할 우려가 있는 부분은 칠, 도금 등으로 유효하게 내식가공을 하거나 방청가공을 하여야 하며, 전기적 기능에 영향이 있는 단자, 나사 및 와셔 등은 동합금이나 이와 동등이상의 내식성능이 있는 재질을 사용하여야 한다.
4. 외함은 불연성 또는 난연성 재질로 만들어져야 하며 다음과 같아야 한다.

가. 외함에 강판을 사용하는 경우에는 다음에 기재된 두께이상의 강판을 사용하여야 한다.

다만, 합성수지를 사용하는 경우에는 강판의 2.5배 이상의 두께이어야 한다.

(1) 1회선용은 1.0 [mm] 이상

(2) 1회선을 초과하는 것은 1.2 [mm] 이상

(3) 직접 벽면에 접하며 벽속에 매립되는 외함의 부분은 1.6 [mm] 이상

나. 외함(화재표시창, 지구창, 지도판, 전화기, 조작부수납용 뚜껑, 스위치의 손잡이, 발광다이오드, 지시전기계기, 각종 표시명판 등은 제외한다)에 합성수지를 사용하는 경우에는 80±2℃의 온도에서 열로 인한 변형이 생기지 아니하여야 하며 UL 94규정에 의한 V-2 이상의 난연성능이 있는 재료이어야 한다.

5. 기기내의 배선은 충분한 전류용량을 갖는 것으로 하여야 하며, 배선의 접속이 정확하고 확실하여야 한다.
6. 극성이 있는 경우에는 오접속을 방지하기 위하여 필요한 조치를 하여야 한다.
7. 부품의 부착은 기능에 이상을 일으키지 아니하고 쉽게 풀리지 아니하도록 하여야 한다.
8. 전선 이외의 전류가 흐르는 부분과 가동축 부분의 접촉력이 충분하지 아니한 곳에는 접촉부의 접촉불량을 방지하기 위한 적당한 조치를 하여야 한다.
9. 외부에서 쉽게 사람이 접촉할 우려가 있는 충전부는 충분히 보호되어야 한다.
10. 정격전압이 **60 [V]**를 넘는 기구의 금속제 외함에는 **접지단자**를 설치하여야 한다.
11. 예비전원회로에는 단락사고 등으로부터 보호하기 위한 **퓨즈**를 설치하여야 한다.
12. 내부의 부품 등에서 발생되는 열에 의하여 구조 및 기능에 이상이 생길 우려가 있는 것은 방열판 또는 방열공 등에 의하여 보호조치를 하여야 한다. 다만, 방수형 또는 방폭형의 것은 방열공을 설치하지 아니할 수 있다.
13. 방폭형수신기의 방폭구조는 산업안전보건법령에 의하여 정하는 규격에 적합하여야 한다.
14. 수신기(접속되는 회선수가 1회선인 것은 제외한다)는 발신기가 작동하는 경우 그 표시를 할 수 있어야 한다.
15. 수신기(1회선용은 제외한다)는 2회선이 동시에 작동하여도 화재표시가 되어야 하며, 감지기의 감지 또는 발신기의 발신개시로부터 P형, P형 복합식, GP형, GP형 복합식, R형, R형 복합식, GR형 또는 GR형 복합식 수신기의 수신완료까지의 소요시간은 **5초(축적형의 경우에는 60초) 이내**이어야 한다. <개정 2017.12.6.>
16. 화재신호를 수신하는 경우 P형, P형 복합식, GP형, GP형 복합식, R형, R형 복합식, GR형 또는 GR형 복합식의 수신기에 있어서는 2이상의 지구표시장치에 의하여 각각 화재를 표시할 수 있어야 한다.
17. 수신기는 발신기와 화재신호 전달에 지장이 없다면 상호 연락을 위한 전화를 선택적으로 설치할 수 있다.
18. 삭제 <2016.1.11> 19. 삭제 <2016.1.11>

20. 내부에 주전원의 **양극**을 동시에 개폐할 수 있는 **전원스위치**를 설치할 수 있다. <개정 2017.12.6.>
21. 전원입력 및 외부부하에 직접 전원을 송출하도록 구성된 회로에는 퓨즈 또는 브레이커 등을 설치하여야 한다.
22. 수신기는 내부에는 예비전원을 설치하여야 한다. 다만, 방화상 유효한 조치를 강구한 것은 그러하지 아니하다.
23. 전면에는 **예비전원**의 상태를 감시할 수 있는 감시장치가 있어야 한다.
24. 전면에는 **주전원**을 감시하는 장치를 설치하여야 한다.
25. 복귀스위치의 작동 또는 음향장치의 울림을 정지시키는 스위치를 설치하는 경우에는 그 목적에만 사용되는 것이어야 한다.
26. 자동적으로 정위치에 복귀하지 아니하는 스위치를 설치하는 경우에는 음신호장치 또는 점멸하는 주의등을 설치하여야 한다.
27. 수신기의 외부배선 연결용 단자에 있어서 공통신호선용 단자는 **7개**회로마다 **1개** 이상 설치하여야 한다.
28. 제어기능 수동조작 스위치는 부주의로 인한 작동을 방지할 수 있는 구조이어야 한다.
29. 무선식 수신기 중 전파를 직접 발신하는 수신기는 다음 각 목에 적합하여야 한다. <신설 2017.12.6.>
    가. 전파에 의한 감지기·발신기·중계기·수신기간의 화재신호 또는 화재정보신호는 「신고하지 아니하고 개설할 수 있는 무선국용 무선설비의 기술기준」 제7조(특정소출력무선국용 무선설비) 제3항의 「도난, 화재경보장치 등의 안전시스템용 주파수」를 적용하여야 한다.
    나. 「전파법」 제58조의2(방송통신기자재등의 적합성평가)에 적합하여야 한다.
30. 예비전원은 다음 각 목에 적합하게 설치하여야 한다. <신설 2017.12.6.>
    가. 인출선은 적당한 색깔에 의하여 쉽게 구분할 수 있어야 한다.
    나. 수신기의 예비전원은 원통밀폐형 니켈카드뮴축전지 또는 무보수 밀폐형 연축전지로서 그 용량은 감시상태를 60분간 계속한 후 다음에서 규정하는 부하에 견딜 수 있는 크기 이상이어야 한다. 이 경우 지구음향장치의 작동을 위한 예비전원의 소비전류는 P형, P형 복합식, GP형 및 GP형 복합식의 수신기에 있어서는 접속가능한 회선수(R형, R형 복합식, GR형 및 GR형 복합식의 수신기에 있어서는 접속가능한 중계기의 회선수)에 2를 곱하여 얻은 수의 지구음향장치가 울리는데 소비되는 전류로 하고 직상층 발화식인 수신기로서 경종 또는 중계기의 회선수가 20을 넘는 경우에는 20을 부하로 하는 전류를 소비전류로 한다.
        (1) P형 및 P형 복합식의 수신기용은 2회선이 작동하는 데의 소비전류(감시상태의 소

비전류보다 적은 경우에는 감시상태의 소비전류)로 10분 이상 계속하여 흘릴 수 있는 용량

(2) R형 및 R형 복합식의 수신기용은 2개의 중계기가 작동하는 때의 소비전류(감시상태의 소비전류보다 적은 경우에는 감시상태로 소비전류)로 10분간 계속하여 흘릴 수 있는 용량

(3) GP형 및 GP형 복합식의 수신기용은 (1)의 용량과 가스누설경보기의 관련 용량을 합한 용량, 다만, 가스누설경보기의 부분에 예비전원이 필요 없는 구조인 것은 (1)의 용량

(4) GR형 및 GR형 복합식의 수신기용은 (2)의 용량과 가스누설경보기의 관련 용량을 합한 용량, 다만, 가스누설경보기의 부분에 예비전원이 필요 없는 구조인 것은 (2)의 용량

다. 자동충전장치 및 전기적 기구에 의한 자동과충전방지장치를 설치하여야 한다. 다만, 과충전 상태가 되어도 성능 또는 구조에 이상이 생기지 아니하는 축전지를 설치하는 경우에는 자동과충전방지장치를 설치하지 아니할 수 있다.

라. 전기적 기구에 의한 자동과방전방지장치를 설치하여야 한다. 다만, 과방전의 우려가 없는 경우 또는 과방전의 상태가 되어도 성능이나 구조에 이상이 생기지 아니하는 축전지를 설치하는 경우에는 그러하지 아니하다.

마. 예비전원을 병렬로 접속하는 경우는 역충전 방지등의 조치를 강구하여야 한다.

**제4조 (부품의 구조 및 기능)** 수신기에 다음 각 호의 부품을 사용하는 경우 해당 각 호의 규정에 적합하거나 이와 동등 이상의 성능이 있는 것이어야 한다.

1. **스위치**

가. 조작이 쉽고 작동이 확실하여야 하며, 정지점이 명확하고 적정하여야 한다.

나. 각 접점의 최대사용전압으로 최대사용전류의 200%인 전류를 저항부하를 통하여 흘리는 작동을 **1만회**(전원스위치의 경우에는 5천회) 반복하는 경우 그 구조 또는 기능에 이상이 생기지 아니하여야 한다.

다. 접점은 최대사용전류 용량에 적합하여야 하고 부식될 우려가 없는 것이어야 한다.

라. 눕혀서 끊어지는 형의 스위치(수은스위치 등)를 사용할 경우에는 정위치에 복귀시키는 것을 잊지 아니하도록 알려주는 적당한 장치를 하여야 한다.

2. **표시등**

가. 전구는 사용전압의 **130%**인 교류전압을 **20시간** 연속하여 가하는 경우 **단선**, **현저한 광속변화**, **흑화**, **전류의 저하** 등이 발생하지 아니하여야 한다.

나. 소켓은 접촉이 확실하여야 하며 쉽게 전구를 교체할 수 있도록 부착하여야 한다.

다. 전구는 **2개** 이상을 **병렬**로 접속하여야 한다. 다만, **방전등** 또는 **발광다이오드**의 경우에

는 그러하지 아니한다.

라. 전구에는 적당한 보호커버를 설치하여야 한다. 다만, 발광다이오드의 경우에는 그러하지 아니하다.

마. 화재의 발생을 표시하는 표시등(이하 "화재등"이라 한다)은 등이 켜질 때 적색으로 표시되어야 하며, 화재가 발생한 경계구역의 위치를 표시하는 표시등(이하 "지구등"이라 한다)과 기타의 표시등은 다음과 같아야 한다.

(1) 지구등은 적색으로 표시되어야 한다. 이 경우 화재등이 설치된 수신기의 지구등은 적색외의 색으로도 표시할 수 있다.

(2) 기타의 표시등은 적색외의 색으로 표시되어야 한다. 다만, 화재등 및 지구등과 쉽게 구별할 수 있도록 부착된 기타의 표시등은 적색으로도 표시할 수 있다.

바. 주위의 밝기가 **300 [lx]**인 장소에서 측정하여 앞면으로부터 **3 [m]** 떨어진 곳에서 켜진 등이 확실히 식별되어야 한다.

**3. 전자계전기**

가. 접점은 **G·S합금** 또는 이와 동등이상이어야 한다.

나. 자체하중에 의하여 영향을 받지 아니하도록 부착하고, 접점밀봉형 외의 것은 접점이나 가동부에 먼지가 들어가지 아니하도록 적당한 방진커버를 설치하여야 한다.

다. 최대사용전압에서 최대사용전류를 저항부하를 통하여 흘려도 그 구조 또는 기능에 현저한 변화가 생기지 아니하여야 한다.

라. 접점의 사용은 다음과 같이 하여야 한다.

(1) 지구음향장치용 접점 또는 지구표시장치용 접점은 보조계전기에 접속하여 사용하는 경우를 제외하고는 다른 용도로 사용할 수 없도록 하여야 한다.

(2) 동일접점에서 동시에 내부부하와 외부부하에 직접 전력을 공급하지 아니하도록 하여야 한다.

4. 전압 지시전기계기의 최대눈금은 사용하는 회로의 정격전압의 **140 [%] 이상 200 [%] 이하**이어야 한다.

**5. 퓨즈** 등

가. 퓨즈 등 과전류보호장치는 「산업표준화법」에 의한 KS제품인증표시품, 「전기용품 및 생활용품 안전관리법」에 의한 안전인증품 또는 국제적 공인기관으로부터 인증을 받은 제품을 사용하여야 한다. 다만, 과전류 보호장치로 자체 복원력에 의한 재용성이 있는 폴리스위치 등을 사용하는 경우에는 그러하지 아니하다. <개정 2017.12.6.>

나. 점검 및 교체가 쉬워야 한다.

다. 쉽게 흔들리지 아니하도록 부착되어야 한다.

**6. 수신기에 내장하는 음향장치**

가. 사용전압의 **80 [%]**인 전압에서 소리를 내어야 한다.

나. 사용전압에서의 음압은 무향실내에서 정위치에 부착된 음향장치의 중심으로부터 1 [m] 떨어진 지점에서 주음향장치용의 것은 **90 [dB]** 이상이어야 한다. 다만, 전화용 버저 및 고장표시장치용 등의 음압은 60 [dB] 이상이어야 한다.

다. 사용전압으로 8시간 연속하여 울리게 하는 시험, 또는 정격전압에서 3분20초 동안 울리고 6분40초 동안 정지하는 작동을 반복하여 통산한 울림시간이 20시간이 되도록 시험하는 경우 그 구조 또는 기능에 이상이 생기지 아니하여야 한다.

**7. 예비전원**

가. 삭제 <2017.12.6.> 나. 삭제 <2017.12.6.> 다. 삭제 <2017.12.6.>

라. 삭제 <2017.12.6.> 마. 삭제 <2017.12.6.> 바. 삭제 <2017.12.6.>

사. 축전지를 직렬 또는 병렬로 사용하는 경우에는 용량(전압, 전류)이 균일한 축전지를 사용하여야 한다.

아. 축전지의 충전시험 및 방전시험은 방전종지전압을 기준하여 시작한다. 이 경우 방전종지전압이란 원통형 니켈카드뮴축전지는 셀당 1.0 [V]의 상태를, 무보수 밀폐형 연축전지는 단전지당 1.75 [V]의 상태를 말한다.

자. 원통형 니켈카드뮴축전지의 상온충·방전시험은 완전방전상태의 축전지를 상온에서 1/20 [C]의 전류로 48시간 충전하고, 무보수 밀폐형 연축전지의 상온 충·방전시험은 방전종지전압까지 방전시킨 다음 0.1 [C]로 48시간 충전하여, 1 [C]의 전류로 방전시킬 때 니켈카드뮴축전지는 48분 이상, 연축전지는 45분 이상 지속 방전되어야 한다.

차. 원통형 니켈카드뮴축전지의 주위온도 충·방전시험은 방전종지전압 상태의 축전지를 주위온도 (−10±2)℃ 및 (50±2)℃의 조건에서 1/20 [C]의 전류로 48시간 충전한 다음 1 [C]로 방전하는 충·방전을 3회 반복하는 경우 방전종지전압이 되는 시간이 25분 이상이어야 하며 외관이 부풀어 오르거나 누액 등이 생기지 아니하여야 한다.

카. 무보수 밀폐형 연축전지의 주위온도 충·방전시험은 방전종지전압 상태의 축전지를 (−10±2)℃ 및 (50±2)℃의 조건에서 0.1 [C]로 48시간 충전한 다음 1시간 방치하여 0.05 [C]로 방전시킬 때 정격용량의 95% 용량이 되는 시간이 30분 이상이어야 한다.

타. 예비전원의 안전장치시험은 1/5 [C] 이상 1 [C] 이하의 전류로 역충전하는 경우 5시간 이내에 안전장치가 작동하여야 하며, 외관이 부풀어 오르거나 누액 등이 생기지 아니하여야 한다.

8. 삭제 <2000.12.12>

9. 송수화기는 확실히 작동할 수 있어야 하며, 내구성이 있는 것이어야 한다.

**제5조 (전원전압 변동시의 기능)** 수신기는 전원전압이 정격전압의 **±20 [%] 범위**에서 변동하

는 경우 기능에 이상이 생기지 아니하여야 한다.

**제6조 (회로방식의 제한)** 수신기는 다음 각 호의 회로방식을 사용하지 아니하여야 한다.

1. 접지전극에 직류전류를 통하는 회로방식
2. 수신기에 접속되는 외부배선과 다른 설비(화재신호의 전달에 영향을 미치지 아니하는 것은 제외한다)의 외부배선을 공용으로 하는 회로방식

**제7조 (부속장치)** 수신기의 기능에 유해한 영향을 미치는 부속장치는 설치하지 아니하여야 한다.

**제8조 (시험조건)** 수신기의 시험은 특별히 규정된 경우를 제외하고는 실온이 5℃ 이상 35℃ 이하이고, 상대습도가 45 [%] 이상 85 [%] 이하의 상태에서 실시한다.

**제9조 (수신기의 종별)** 수신기는 P형, P형 복합식, R형, R형 복합식, GP형, GP형 복합식, GR형, GR형 복합식으로 분류한다.

**제10조 (주위온도시험)** 수신기는 주위온도가 (−10±2)℃에서 (50±2)℃까지의 범위에서 기능에 이상이 생기지 아니하여야 한다.

**제11조 (수신기의 제어기능)** ① 제어기능은 각 설비의 전용으로 하여야 한다. 다만, 다른 설비의 사고등에 의한 영향을 받지 아니하도록 되어있는 경우에는 그러하지 아니하다.

② 옥내·외소화전설비, 물분무소화설비 및 포소화설비의 제어기능은 다음에 적합하여야 한다.

1. 각 펌프의 작동여부를 확인할 수 있는 표시등 및 음향경보기능이 있어야 한다.
2. 각 펌프를 자동 및 수동으로 작동시키거나 작동을 중단시킬 수 있어야 한다.
3. 수조 또는 물올림탱크가 저수위로 될 때 표시등 및 음향으로 경보되어야 한다.

③ 스프링클러설비의 제어기능은 다음에 적합하여야 한다.

1. 각 유수검지장치, 일제개방밸브 및 펌프의 작동여부를 확인할 수 있는 표시기능이 있어야 한다.
2. 수원 또는 물올림탱크의 저수위 감시 표시기능이 있어야 한다.
3. 일제개방밸브를 개방시킬 수 있는 스위치를 설치하여야 한다.
4. 각 펌프를 수동으로 작동 또는 중단시킬 수 있는 스위치를 설치하여야 한다.
5. 일제개방밸브를 사용하는 설비의 화재감지를 화재감지기에 의하는 경우에는 경계회로 별로 화재표시를 할 수 있어야 한다.

④ 이산화탄소소화설비, 할로겐화합물소화설비 및 분말소화설비의 제어기능은 다음에 적합하여야 한다.

1. 수동기동장치 또는 감지기에서의 신호를 수신하여 음향경보장치를 작동, 소화약제의 방출 또는 지연 등의 제어기능을 가져야 한다. 다만, 약제방출 지연시간은 경보음을 발한 후 30

초 이내로 하며, 지연시간을 조정할 수 있는 장치는 조정된 시간의 표시가 쉽게 판별될 수 있어야 한다.

2. 각 방호구역마다 음향경보장치의 조작 및 감지기의 작동을 명시하는 표시등과 이와 연동하여 작동하는 벨, 버저 등의 경보장치를 부착하여야 한다. 이 경우 음향장치의 조작 및 감지기의 작동을 명시하는 표시등을 겸용할 수 있다.
3. 수동식 기동장치에 있어서는 그 방출용 스위치와 작동을 명시하는 표시등을 설치하여야 한다.
4. 소화약제의 방출을 명시하는 표시등을 설치하여야 한다.
5. 자동식기동장치에 있어서는 자동, 수동의 전환을 명시하는 표시등을 설치하여야 한다.

⑤ 기동식의 벽, 배연경계벽, 댐퍼 및 배출기의 작동은 감지기와 연동되어야 하며, 수동으로 기동이 가능하여야 한다.

⑥ 기타 이 조에서 정하지 아니한 사항은 법 제9조제1항의 규정에 따라 소방청장이 정하여 고시하는 화재안전기준의 각 소화설비별 제어반의 기준을 준용한다.

**제12조 (화재표시)** ① 수신기는 화재신호를 수신하는 경우 적색의 화재표시등에 의하여 화재의 발생을 자동적으로 표시함과 동시에, 지구표시장치에 의하여 화재가 발생한 해당 경계구역을 자동적으로 표시하고 주음향장치 및 지구음향장치가 울리도록 되어야 하며, 주음향장치는 스위치에 의하여 주음향장치의 울림이 정지된 상태에서도 새로운 경계구역의 화재신호를 수신하는 경우에는 자동적으로 주음향장치의 울림정지 기능을 해제하고 주음향장치가 울려야 한다. 다만, 다음 각 호에 정하는 것은 설치하지 아니할 수 있다.

1. P형 및 P형 복합식의 수신기로서 접속되는 회선수가 1인 것은 화재표시등 및 지구표시장치
2. 삭제 <2016.1.11> 3. 삭제 <2016.1.11> 4. 삭제 <2016.1.11>

② 제1항의 화재표시는 수동으로 복귀시키지 아니하는 한 그 화재의 표시를 계속 유지하는 것이어야 한다. 다만, 축적형, 다신호식 및 아날로그식인 수신기의 예비표시신호(화재표시를 할 때까지의 사이에 보조적으로 표시되는 지구표시등 및 주음향장치 등을 말한다)는 그러하지 아니하다.

③ 표시장치로서 기록장치를 설치한 것은 작동한 감지기, 중계기 및 P형 발신기 등을 포함한 경계구역을 자동적으로 쉽게 식별할 수 있는 것이어야 한다.

④ GP형, GP형 복합식, GR형 및 GR형 복합식의 수신기는 가스누설신호를 수신하는 경우 황색의 가스누설 등 및 주음향장치에 의하여 가스누설의 발생을 자동적으로 표시하여야 하며, 지구표시장치에 의하여 가스누설이 발생한 해당 경계구역을 자동적으로 표시하여야 한다.

⑤ GP형, GP형 복합식, GR형 및 GR형 복합식의 수신기의 지구표시장치는 화재가 발생한 경계구역과 가스누설이 발생한 경계구역을 명확히 구분하여 식별할 수 있도록 표시하여야 한다.

⑥ **다신호식 수신기**는 다음 각 호에 적합하여야 한다.

1. 감지기로부터 최초의 화재신호를 수신하는 경우 주음향장치 또는 부음향장치의 명동 및 지구표시장치에 의한 경계구역을 각각 자동적으로 표시하여야 한다.
2. 제1호의 표시중에 동일 경계구역의 감지기로부터 두 번째 화재신호 이상을 수신하는 경우 제1호의 상태를 계속함과 동시에 화재등 및 지구음향장치가 자동적으로 작동되어야 한다.

⑦ **축적형인 수신기**는 축적시간동안 지구표시장치의 점등 및 주음향장치를 명동시킬 수 있으며 화재신호 축적시간은 **5초 이상 60초 이내**이어야 하고, 공칭축적 시간은 **10초 이상 60초 이내에서 10초 간격**으로 한다.

⑧ 아날로그식인 수신기는 아날로그식감지기로부터 출력된 신호를 수신한 경우 예비표시 및 화재표시를 표시함과 동시에 입력신호량을 표시할 수 있어야 하며 또한 작동레벨을 설정할 수 있는 조정장치가 있어야 한다.

**제13조 (수신기의 최대부하)** 수신기는 다음 각 호의 어느 하나에 규정하는 최대부하에 계속하여 견딜 수 있는 용량이상이어야 한다. 이 경우 지구음향장치의 소비전류를 P형, P형 복합식, GP형 및 GP형 복합식의 수신기에 있어서는 접속가능한 회선수(R형, R형 복합식, GR형 및 GR형 복합식의 수신기에 있어서는 접속가능한 중계기의 회선수)에 2를 곱하여 얻은 수의 지구음향장치가 울리는데 소비되는 전류로 한다. 이 경우 직상층발화식인 수신기로서 경종 또는 중계기의 회선수가 20을 넘는 경우에는 20을 부하로 하는 전류를 소비전류로 한다.

1. P형 및 P형 복합식의 수신기중 접속되는 회선수가 **5 미만인 것은 전회선, 5 이상인 것은 5회선**이 작동하는 경우의 부하 또는 상시부하 중 어느 쪽이든 큰 것
2. R형 및 R형 복합식의 수신기는 접속한 5개의 중계기가 작동하는 경우의 부하 또는 상시부하 중 큰 것
3. 삭제 <2016.1.11>
4. GP형 및 GP형 복합식의 수신기는 제1호의 부하 및 가스누설경보기의 형식승인기준 제12조의 부하를 합한 것
5. GR형 및 GR형 복합식의 수신기는 제2호의 부하 및 가스누설경보기의 형식승인기준 제12조의 부하를 합한 것

**제14조 (P형, P형 복합식, GP형 및 GP형 복합식의 수신기 기능)** P형, P형 복합식, GP형 및 GP형 복합식의 수신기 기능은 다음 각 호에 적합하여야 하며, GP형 및 GP형 복합식 수신기의 가스누설경보기에 관한 기능부분은 가스누설경보기의 형식승인기준 제6조의 규정을 준용하고, 복합식수신기의 제어기능에 관한 부분은 제11조에 적합하여야 한다. <개정 2017.12.6.>

1. 화재표시 작동시험을 할 수 있는 장치가 있어야 하며, 접속가능 중계기가 있는 경우 수신기에서 중계기까지의 단락을 검출할 수 있는 장치가 있어야 한다. 이 경우 이들 장치의 조작 중에 다른 회선으로부터 화재신호를 수신하는 경우 화재표시가 될 수 있어야 한다. <개정 2017.12.6.>
   가. 삭제 <2016.1.11> 나. 삭제 <2016.1.11> 다. 삭제 <2016.1.11>
2. 주전원이 정지한 경우에는 자동적으로 예비전원으로 전환되고, 주전원이 정상상태로 복귀한 경우에는 자동적으로 예비전원으로부터 주전원으로 전환되는 장치를 가져야 한다.
   가. 삭제 <2016.1.11> 나. 삭제 <2016.1.11> 다. 삭제 <2016.1.11>
   라. 삭제 <2016.1.11>
3. 「중계기의 형식승인 및 제품검사의 기술기준」 제3조제14호가목, 제15조가목, 제17조가목의 규정에 의한 신호를 수신하는 경우 자동적으로 음향신호 또는 표시등에 의하여 지시되는 고장신호 표시장치가 있어야 한다. <개정 2017.12.6.>

**제15조 (R형, R형 복합식, GR형 및 GR형 복합식의 수신기 기능)** R형, R형 복합식, GR형 및 GR형 복합식의 수신기 기능은 다음 각 호에 적합하여야 하며, GR형 및 GR형 복합식 수신기의 가스누설경보기에 관한 기능부분은 가스누설경보기의 형식승인기준 제6조의 규정을 준용하고, 복합식수신기의 제어기능에 관한 부분은 제11조에 적합하여야 한다. <개정 2017.12.6.>

1. 화재표시 작동시험을 할 수 있는 장치와 수신기에서부터 각 중계기까지의 단락을 검출하는 장치가 있어야 하며, 이들 장치의 조작 중에 다른 회선으로부터 화재신호를 수신하는 경우 화재표시가 될 수 있어야 한다. <개정 2017.12.6.>
2. 주전원이 정지한 경우에는 자동적으로 예비전원으로 전환되고, 주전원이 정상상태로 복귀한 경우에는 자동적으로 예비전원으로부터 주전원으로 전환되는 장치를 가져야 한다.
3. 「중계기의 형식승인 및 제품검사의 기술기준」 제3조14호가목, 제15호가목, 제17호가목의 규정에 의한 신호를 수신하는 경우 자동적으로 음신호 또는 표시등에 의하여 지시되는 고장신호 표시장치가 있어야 한다. <개정 2017.12.6.>

**제15조의2 (무선식 감지기·무선식 중계기·무선식 발신기와 접속되는 수신기의 기능)** ① 화재발생을 경보하고 있는 수신기 및 작동상태를 지속되고 있는 무선식 감지기·무선식 중계기를 화재감시 정상상태로 전환시킬 수 있는 수동 복귀스위치를 설치하여야 한다. <신설 2017.12.6.>

② 수신기는 다음 각 호의 어느 하나에 해당되는 신호 발신개시로부터 200초 이내에 표시등 및 음향으로 경보되어야 한다. <신설 2017.12.6.>

1. 「감지기의 형식승인 및 제품검사의 기술기준」 제5조의4제2항제4호
2. 「발신기의 형식승인 및 제품검사의 기술기준」 제4조의3제3항제2호

3. 「중계기의 형식승인 및 제품검사의 기술기준」 제3조의2제3항제2호

③ 제17조제6호가목 및 나목에 의한 통신점검 개시로부터 다음 각 호의 어느 하나에 해당되는 경우에 의해 발신된 확인신호를 수신하는 소요시간은 200초 이내이어야 하며, 수신 소요시간을 초과할 경우 표시등 및 음향으로 경보하여야 한다. <신설 2017.12.6.>

1. 「감지기의 형식승인 및 제품검사의 기술기준」 제5조의4제2항제2호
2. 「발신기의 형식승인 및 제품검사의 기술기준」 제4조의3제2항
3. 「중계기의 형식승인 및 제품검사의 기술기준」 제3조의2제1항제3호·제2항제3호

④ 제17조제6호가목 및 나목에 의한 통신점검시험 중에도 다른 회선의 감지기, 발신기, 중계기로부터 화재신호를 수신하는 경우 화재표시가 되어야 한다. <신설 2017.12.6.>

**제16호** 삭제 <2016.1.11>

**제17조 (시험장치)** 제14조 내지 제16조에 따른 수신기의 기능시험장치는 다음 각 호에 적합하여야 한다.

1. 수신기의 앞면에서 쉽게 시험을 할 수 있어야 한다.
2. 외부배선(지구음향장치용의 배선, 확인장치용의 배선 및 전화장치용의 배선을 제외한다)의 도통시험 및 회로저항등의 측정은 지시전기계기에 의하는 등 적합한 방법에 의하여 회로마다 할 수 있어야 하며, 도통상태를 확인할 수 있는 장치가 있어야 한다. <개정 2017.12.6.>

2의2. 무선식 수신기는 중계기(감지기와 배선으로 연결되는 무선식 중계기만 해당된다)의 배선회로 마다 도통상태를 확인 할 수 있는 장치를 설치하여야 한다. <신설 2017.12.6.>

3. 제2호 또는 제2의2호의 장치를 조작 중에 다른 회선으로부터 화재신호를 수신하는 경우 화재표시가 될 수 있어야 한다. <신설 2017.12.6.>
4. 화재등 및 주음향장치의 시험을 제외하고는 회선의 단락 및 단선사고 중에도 다른 회선의 시험을 할 수 있어야 한다.
5. 정류기의 직류측에 자동복귀형스위치를 설치하고 그 스위치의 조작에 의하여 전류가 흐르도록 부하를 가하는 경우 그 단자전압을 측정할 수 있는 장치를 설치하거나 예비전원의 저전압(제조사 설계 값) 상태를 자동적으로 확인할 수 있는 장치를 설치하여야 한다. <신설 2017.12.6.>
6. 무선식 감지기·무선식 중계기·무선식 발신기와 접속되는 수신기는 다음 각 목에 적합한 통신점검시험을 할 수 있는 장치를 설치하여야 한다. <신설 2017.12.6.>
   가. 수동으로 무선식 감지기, 무선식 발신기, 무선식 중계기로 통신점검 신호를 발신하는 장치가 있어야 한다.
   나. 자동적으로 무선식 감지기, 무선식 발신기, 무선식 중계기에 168시간 이내 주기마다 통신점검 신호를 발신할 수 있는 장치가 있어야 한다.

다. 가목 및 나목의 장치를 시험하는 중에도 다른 회선으로부터 화재신호를 수신하는 경우 화재표시가 되어야 한다.

**제17조의2 (기록장치)** 수신기의 기록장치는 다음 각 호에 적합하여야 한다.

1. 기록장치는 999개 이상의 데이터를 저장할 수 있어야 하며, 용량이 초과할 경우 가장 오래된 데이터부터 자동으로 삭제한다.
2. 수신기는 임의로 데이터의 수정이나 삭제를 방지할 수 있는 기능이 있어야 한다.
3. 저장된 데이터는 수신기에서 확인할 수 있어야 하며, 복사 및 출력도 가능하여야 한다.
4. 수신기의 기록장치에 저장하여야 하는 데이터는 다음 각 목과 같다. 이 경우 데이터의 발생시각을 표시하여야 한다.
   가. 주전원과 예비전원의 on/off 상태
   나. 경계구역의 감지기, 중계기 및 발신기 등의 화재신호와 소화설비, 소화활동설비, 소화용수설비의 작동신호
   다. 수신기와 외부배선(지구음향장치용의 배선, 확인장치용의 배선 및 전화장치용의 배선을 제외한다)과의 단선 상태
   라. 수신기에서 제어하는 설비로의 출력신호와 수신기에 설비의 작동 확인표시가 있는 경우 확인신호
   마. 수신기의 주경종스위치, 지구경종스위치, 복구스위치 등 기준 제11조(수신기의 제어기능)을 조작하기 위한 스위치의 정지 상태
   바. 가스누설신호(단, 가스누설신호표시가 있는 경우에 한함)
   사. 제15조의2제2항에 해당하는 신호(무선식 감지기·무선식 중계기·무선식 발신기와 접속되는 경우에 한함) <신설 2017.12.6.>
   아. 제15조의2제3항에 의한 확인신호를 수신하지 못한 내역(무선식 감지기·무선식 중계기·무선식 발신기와 접속되는 경우에 한함) <신설 2017.12.6.>

**제17조의3 (무선식 감지기·무선식 중계기·무선식 발신기와 접속되는 수신기의 수신성능시험)** 10개의 화재신호 또는 화재정보신호를 동시에 발신하게 하는 경우 5초 이내에 제12조제1항에 따라 최초의 화재표시가 되어야 하며, 100초 이내에 모든 화재표시가 되어야 한다. 다만, 최대 접속가능 회선수가 3개 이상 10개 이하인 경우에는 최대접속가능 회선수로 시험한다. <신설 2017.12.6.>

**제18조 (방수시험)** 방수형 수신기는 이를 사용상태로 부착하고 맑은 물에 34.5 [kPa]의 압력으로 3개의 분무헤드를 이용하여 전면 상방에 (45±2)° 각도의 방향에서 시료를 향하여 일률적으로 24시간 이상 물을 분사하는 경우에 내부에 물이고이지 않아야 하며, 기능 및 절연저항시험에 이상이 생기지 아니하여야 한다.

**제19조 (절연저항시험)** ① 수신기의 절연된 **충전부와 외함**간의 절연저항은 DC 500 [V]의 절

연저항계로 측정한 값이 5 [MΩ](**교류입력측과 외함간에는** 20 [MΩ]) 이상이어야 한다. 다만, P형, P형 복합식, GP형 및 GP형 복합식의 수신기로서 접속되는 회선수가 10 이상인 것 또는 R형, R형 복합식, GR형 및 GR형 복합식의 수신기로서 접속되는 중계기가 10 이상인 것은 교류입력측과 외함간을 제외하고 1회선당 50 [MΩ] 이상이어야 한다.

② **절연된 선로간의 절연저항**은 DC 500 [V]의 절연저항계로 측정한 값이 20 [MΩ] 이상이어야 한다.

**제20조 (절연내력시험)** 제19조에 따른 시험부위의 절연내력은 60 [Hz]의 정현파에 가까운 실효전압 500 [V](정격전압이 60 [V]를 초과하고 150 [V] 이하인 것은 1,000 [V], 정격전압이 150 [V]를 초과하는 것은 그 정격전압에 2를 곱하여 1천을 더한 값)의 교류전압을 가하는 시험에서 1분간 견디는 것이어야 한다.

**제21조 (충격전압시험)** 수신기는 전류를 통한 상태에서 다음 각 호의 시험을 15초간 실시하는 경우 잘못 작동하거나 기능에 이상이 생기지 아니하여야 한다.

1. 내부저항 50 [Ω]인 전원에서 500 [V]의 전압을 펄스폭 1 [μs], 반복주기 100 [Hz]로 가하는 시험.
2. 내부저항 50 [Ω]인 전원에서 500 [V]의 전압을 펄스폭 0.1 [μs], 반복주기 100 [Hz]로 가하는 시험.

**제21조의2 (충격시험)** 수신기는 두께 20 [mm]의 합판에 부착된 상태에서 수신기가 부착된 합판의 반대면에 무게 0.54 [kg], 직경 51 [mm]의 강철구로 그림 1과 같이 진자운동에 의하여 가하는 충격 또는 동일한 무게 및 크기의 강철구를 그림 2와 같이 775 [mm]의 높이에서 수신기가 부착된 합판의 반대면에 자유낙하시켜 가하는 충격을 1회 가하는 경우 잘못 작동하지 아니하여야 하며 구조 및 기능에 이상이 없어야 한다.

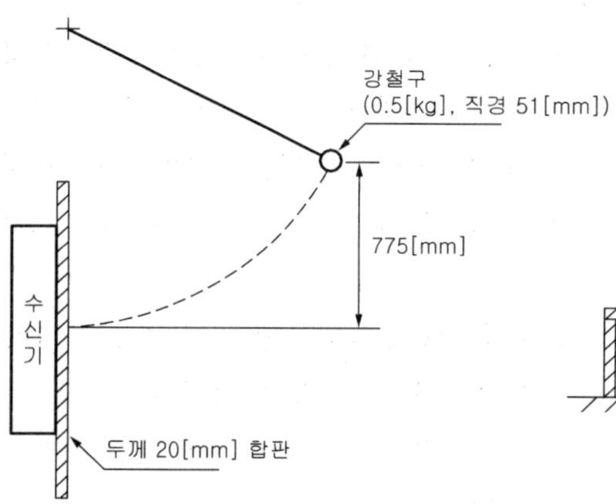


▎그림 1 ▎

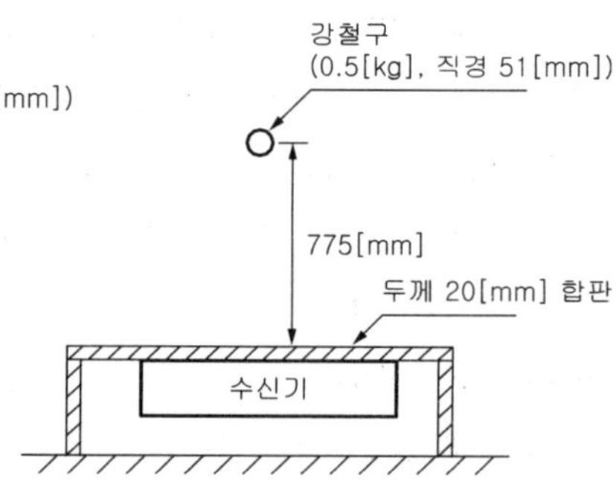


▎그림 2 ▎

**제21조의3 (진동시험)** ① 수신기는 전원이 인가된 상태에서 IEC 60068-2-6의 시험방법에 따라 다음 각 호에 따른 진동을 가하는 경우 진동 중 잘못 작동되거나 시험 후 구조 및 기능에 이상이 없어야 한다.

1. 주파수 범위 : 10～150 [Hz]
2. 가속도 진폭 : 0.981 [$m/s^2$]
3. 축수 : 3
4. 스위프 속도 : 1 [옥타브/min]
5. 스위프 사이클 수 : 축 당 1

② 수신기는 전원을 인가하지 않은 상태에서 IEC 60068-2-6의 시험방법에 따라 다음 각 호에 따른 진동을 가하는 경우 구조 및 기능에 이상이 없어야 한다.

1. 주파수 범위 : 10～150 [Hz]
2. 가속도 진폭 : 4.905 [$m/s^2$]
3. 축수 : 3
4. 스위프 속도 : 1 [옥타브/min]
5. 스위프 사이클 수 : 축 당 20

**제21조의4 (습도시험)** ① 수신기는 주위온도 (40±2)℃, 상대습도 $93^{+2}_{-3}$ %인 조건에서 전원을 인가한 상태로 4일간 방치하는 경우 잘못 작동하지 아니하여야 하며 구조 및 기능에 이상이 없어야 한다.

② 수신기는 주위온도 (40±2)℃, 상대습도 $93^{+2}_{-3}$ %인 조건에서 전원을 인가하지 않은 상태로 21일간 방치하는 경우 구조 및 기능에 이상이 없어야 한다.

**제21조의5 (전자파적합성)** 수신기는 「전파법」 제47조의3제1항 및 「전파법 시행령」 제67조의2에 따라 국립전파연구원장이 정하여 고시하는 「전자파적합성 기준」에 적합하여야 한다. <개정 2017.12.6.>

**제22조 (표시)** 수신기에는 다음 각 호의 사항을 보기 쉬운 부분에 쉽게 지워지지 아니하도록 표시하여야 한다. 다만, 제15호는 취급설명서에 표시할 수 있다.

1. 종별 및 형식
2. 형식승인번호
3. 제조년월 및 제조번호
4. 제조업체명 및 상호
5. 취급방법의 개요 및 주의사항(본 내용을 기재하여 수신기 부근에 매어 달아 두는 방식도 가능)

6. 극성이 있는 단자에는 극성을 표시하는 기호
7. 방수형 또는 방폭형인 것은 "방수형" 또는 "방폭형"이라는 문자 별도표시
8. 접속 가능한 회선수, 회선별 접속 가능한 감지기·탐지부 등의 수량(해당하는 경우에 한함) <개정 2017.12.6.>
9. 주전원의 정격전압
10. 예비전원으로 사용하는 축전지의 종류, 정격용량, 정격전압 및 접속하는 경우의 주의사항
11. 퓨즈 및 퓨즈홀더 부근에는 정격전류
12. 스위치등 조작부 또는 조정부 부근에는 "개" 및 "폐"등의 표시
13. 출력용량(경종 및 시각경보장치를 접속하는 경우, 각각의 소비전류 및 수량)
14. 삭제 <1999.8.3.>
15. 품질보증에 관한 사항(보증기간, 보증내용, A/S방법, 자체검사필증 등)
16. 접속 가능한 가스누설경보기의 입력신호(해당되는 경우에 한함) <신설 2017.12.6.>
17. 접속 가능한 중계기의 형식번호(해당되는 경우에 한함) <신설 2017.12.6.>
18. 접속 가능한 감지기 형식번호(해당되는 경우에 한함) <신설 2017.12.6.>
19. 접속 가능한 발신기 형식번호(해당되는 경우에 한함) <신설 2017.12.6.>

## 제3장 간이형수신기

**제23조 (일반구조)** 간이형수신기의 일반구조는 다음 각 호에 적합하여야 한다.

1. 작동이 확실하여야 하며 취급 및 점검이 쉽고 내구성이 있어야 한다.
2. 먼지, 습기 등에 의하여 기능에 영향이 없어야 한다.
3. 부식에 의하여 기계적 기능에 영향을 줄 수 있는 부분은 칠, 도금 등으로 내식가공을 하거나 방청가공을 하여야 한다.
4. 간이형수신기에 사용하는 배선은 충분한 전류용량을 갖는 것으로 하여야 하며, 배선의 접속이 확실하여야 한다.
5. 극성이 있는 경우에는 오접속을 방지하기 위한 필요한 조치를 하여야 한다.
6. 부품의 부착은 기능에 이상을 일으키지 아니하고 쉽게 풀리지 아니하여야 한다.
7. 스위치를 개폐하는 경우 화재 또는 가스누설시와 동일한 경보를 발하지 아니하여야 한다.
8. 정격전압이 60 [V]를 넘는 기기의 금속제 외함에는 접지단자를 설치하여야 한다.
9. 예비전원을 설치할 수 있다.
10. 예비전원을 설치하는 경우 단락사고 등으로부터 보호하기 위한 퓨즈 또는 브레이커 등을 설치하여야 하며, 정전시 예비전원으로 공급되고 있다는 것을 표시할 수 있는 장치를 설치하여야 한다.

11. 외부에서 사람이 쉽게 접촉할 우려가 있는 충전부는 보호되어야 한다.
12. 내부의 부품 등에서 발생되는 열에 의하여 기능에 이상이 생길 우려가 있는 것은 방열판 또는 방열공 등에 의하여 보호조치를 하여야 한다. 다만, 방폭형 및 방수형으로 제작하는 경우에는 방열공을 설치하지 아니할 수 있다.
13. 방폭형수신기의 방폭구조는 산업안전보건법령에 의하여 정하는 규격에 적합하여야 한다.
14. 무선식 간이형수신기 중 전파를 직접 발신하는 간이형수신기는 다음 각 목에 적합하여야 한다. <신설 2017.12.6.>
    가. 전파에 의한 감지부·중계부·수신부 간의 화재신호 또는 화재정보신호는 「신고하지 아니하고 개설할 수 있는 무선국용 무선설비의 기술기준」 제7조(특정소출력무선국용 무선설비)제3항의 「도난, 화재경보장치 등의 안전시스템용 주파수」를 적용하여야 한다.
    나. 「전파법」 제58조의2(방송통신기자재등의 적합성평가)에 적합하여야 한다.
15. 예비전원을 설치하는 경우 다음 각 목에 적합하게 설치하여야 한다. <신설 2017.12.6.>
    가. 간이형수신기의 주전원으로 사용하지 아니하여야 한다.
    나. 간이형수신기의 예비전원은 알칼리계 2차 축전지, 리튬계 2차 축전지이거나 이와 동등 이상의 밀폐형 축전지이어야 한다.
    다. 인출선은 적당한 색깔 등에 의하여 쉽게 구분할 수 있어야 한다.
    라. 자동충전장치 및 전기적 기구에 의한 자동과충전방지장치를 설치하여야 한다. 다만, 과충전상태가 되어도 성능이나 구조에 이상이 생기지 아니하는 축전지를 설치하는 경우에는 자동과충전방지장치를 설치하지 아니할 수 있다.
    마. 전기적 기구에 의한 자동과방전방지장치를 설치하여야 한다. 다만, 과방전의 우려가 없는 경우 또는 과방전의 상태가 되어도 성능이나 구조에 이상이 생기지 아니하는 축전지를 설치하는 경우에는 그러하지 아니하다.
    바. 예비전원의 용량은 경보기를 감시상태에서 60분간 지속시킨 후 경보기의 2회선이 작동하는 때(중계부가 설치된 것은 2개의 중계부가 작동하는 때)의 최대소비전류로 10분 이상 계속하여 흘릴 수 있는 용량이어야 한다.
    사. 예비전원을 병렬로 접속하는 경우는 역충전 방지 등의 조치를 강구하여야 한다.

**제24조 (부품의 구조 및 기능)** 간이형수신기에 다음 각 호의 부품을 사용하는 경우 해당 각 호에서 정하는 구조 및 기능을 가져야 한다.

1. 스위치
    가. 조작이 쉽고 작동이 확실하여야 한다.
    나. 접점은 최대사용전류 용량에 견디어야 한다.
2. 표시등

가. 전구는 사용전압의 130 [%]인 교류전압을 20시간 연속하여 가하는 경우 단선 또는 흑화 등이 생기지 아니하여야 한다. 다만, 발광다이오드의 경우에는 시험을 생략할 수 있다.

나. 전구는 2개 이상을 병렬로 접속하여야 한다. 다만, 발광다이오드 또는 방전등의 경우에는 그러하지 아니하다.

다. 전구에는 적당한 보호커버를 설치하여야 한다. 다만, 발광다이오드의 경우에는 그러하지 아니하다.

라. 주위의 밝기가 300 [lx]인 장소에서 측정하였을 때 3 [m] 떨어진 곳에서 켜진 등이 쉽게 식별될 수 있어야 한다.

3. 전자계전기

가. 자체하중에 의하여 영향을 받지 아니하도록 부착하여야 하며, 접점이나 가동부에 먼지가 들어가지 아니하도록 적당한 방진커버를 설치하여야 한다.

나. 동일접점에서 내부부하와 외부부하에 동시에 직접 전력을 공급하지 아니하여야 한다. 다만, 부속장치용으로 사용하는 것은 그러하지 아니하다.

4. 전압 지시전기계기의 최대 눈금은 사용하는 회로의 정격전압의 140 [%] 이상 200 [%] 이하이어야 한다.

5. 퓨즈 등

가. 퓨즈 및 브레이커 등은 「산업표준화법」에 의한 KS제품인증표시품, 「전기용품 및 생활용품 안전관리법」에 의한 안전인증품 또는 국제적 공인기관으로부터 인증을 받은 제품을 사용하여야 한다. <개정 2017.12.6.>

나. 점검 및 교체가 쉬워야 하며(드라이버 등의 공구를 사용하는 것을 포함한다) 쉽게 흔들리지 아니하도록 부착되어야 한다. 다만, 과전류 보호장치로 자체 복원력에 의한 재용성이 있는 폴리스위치 등을 사용하는 경우에는 그러하지 아니하다.

6. 내장하는 음향장치(음성장치를 포함한다. 이하 같다)

가. 정격전압의 80 [%]인 전압에서 소리를 내어야 한다.

나. 정격전압에서의 음압은 무향실내 정위치에 부착된 음향장치의 중심으로부터 1 [m] 떨어진 지점에서 주음향장치용(화재경보 또는 가스누설경보용)인 것은 70 [dB] 이상이어야 한다.

다. 화재의 발생을 경보하여 주는 주음향장치와 가스누설의 발생을 경보하여 주는 주음향장치는 1개로 겸용할 수 있으며 그 경보음은 각각 쉽게 구별되어야 한다.

라. 정격전압으로 8시간 연속하여 울리게 하는 시험 또는 정격전압에서 3분20초 동안 울리고 6분40초 동안 정지하는 작동을 반복하여 통산한 울림시간이 20시간이 되도록 시험하는 경우 그 구조 또는 기능에 이상이 생기지 아니하여야 한다.

7. 변압기

가. 전압편차 및 전압불평형도에 관한 시험은 KS C 6308(전자기기용 소형전원변압기)의 해당시험 항목을 준용한다.

나. 정격 동작상태로 연속작동시켜 변압기의 온도가 거의 일정한 상태가 되었을 때 변압기의 온도상승은 실온보다 50 [℃] 이하이어야 한다.

다. 1차측의 정격전압은 300 [V] 이하이어야 한다.

라. 용량은 최대사용전류에 연속하여 견딜 수 있어야 한다.

8. 예비전원

가. 삭제 <2017.12.6.> 나. 삭제 <2017.12.6.> 다. 삭제 <2017.12.6.>

라. 삭제 <2017.12.6.> 마. 삭제 <2017.12.6.> 바. 삭제 <2017.12.6.>

사. 삭제 <2017.12.6.>

아. 축전지를 직렬 또는 병렬로 사용하는 경우에는 용량(전압, 전류)이 균일한 축전지를 사용하여야 한다.

자. 축전지의 충전시험 및 방전시험은 방전종지전압을 기준하여 시작한다. 이 경우 방전종지전압이란 알칼리계 2차 축전지는 셀당 1.0 [V], 리튬계 2차 축전지는 셀당 2.75 [V], 무보수밀폐형 연축전지는 단전지당 1.75 [V]의 상태를 말한다.

차. 알칼리계 2차 축전지의 상온 충·방전시험은 방전종지전방 상태의 축전지를 상온에서 정격충전전압 및 1/20 [C]의 전류로 48시간 충전한 후 1 [C]의 전류로 방전하는 시험을 실시하는 경우 48분 이상 지속 방전되어야 하며, 리튬계 2차 축전지의 상온충·방전시험은 방전종지전압 상태의 축전지를 상온에서 정격충전전압 및 1/5 [C]의 전류로 6시간 충전한 후 1 [C]의 전류로 방전하는 경우 55분 이상 지속적으로 방전되어야 하고, 무보수밀폐형연축전지의 상온 충·방전시험은 방전종지전압 상태의 축전지를 정격충전전압 및 0.1 [C]의 전류로 48시간 충전한 후 1 [C]의 전류로 방전시키는 경우 45분 이상 지속방전되어야 한다. 이 경우 축전지에 이상이 생기지 아니하여야 한다.

카. 알칼리계 2차 축전지의 중위온도 충·방전시험은 방전종지전압 상태의 축전지를 주위온도 (－10±2)℃ 및 (50±2)℃의 조건에서 정격충전전압 및 1/20 [C]의 전류로 48시간 충전한 다음 1 [C]의 전류로 방전하는 충·방전을 3회 반복하는 경우 방전종지전압이 되는 시간이 25분 이상이어야 하며, 리튬계 2차 축전지의 주위온도 충·방전시험은 방전종지전압의 축전지를 주위온도 (－10±2)℃ 및 (50±2)℃의 조건에서 정격충전전압 및 1/5 [C]의 전류로 6시간 충전한 다음 1 [C]로 방전하는 충·방전을 3회 반복하는 경우 방전종지전압이 되는 시간이 40분 이상이어야 한다. 이 경우 축전지는 외관이 부풀어 오르거나 누액 발생 등 이상이 생기지 아니하여야 한다.

타. 무보수 밀폐형 연축전지의 주위온도 충·방전시험은 방전종지전압 상태의 축전지를

주위온도 (−10±2)℃ 및 (50±2)℃의 조건에서 정격충전전압 및 0.1 [C]의 전류로 48시간 충전한 다음 1시간 방치하여 0.05 [C]의 전류로 방전시킬 경우 정격용량의 95 [%] 용량이 되는 시간이 30분 이상이어야 한다. 이 경우 축전지는 외관이 부풀어 오르거나 누액 발생 등 이상이 생기지 아니하여야 한다.

파. 예비전원의 안전장치시험은 1/5 [C] 이상 1 [C] 이하의 전류로 역충전하는 경우 5시간 이내에 안전장치가 작동하여야 하며, 외관이 부풀어 오르거나 누액 등이 없어야 한다.

**제25조 (시험조건)** 간이형수신기의 시험조건은 특별히 규정된 경우를 제외하고는 다음 각 호에서 정하는 조건에서 시험하여야 한다.

1. 실온 5 [℃] 이상 35 [℃] 이하
2. 상대습도 45 [%] 이상 85 [%] 이하

**제26조 (주위온도시험)** 간이형수신기는 (−10±2)℃와 (50±2)℃의 주위온도에서 각각 12시간 이상 방치한 후 즉시 기능시험을 실시하는 경우 기능에 이상이 생기지 아니하여야 한다.

**제27조 (전원전압변동시의 기능)** 간이형수신기는 정격전압(예비전원이 설치된 것은 예비전원의 정격전압을 포함한다)의 80 [%]와 120 [%]의 전압에서 기능에 이상이 생기지 아니하여야 한다.

**제28조 (부속장치)** 간이형수신기에 설치되는 부속장치는 간이형수신기의 기능에 유해한 영향을 미치지 아니하는 것이어야 한다.

**제29조 (수신부의 구조 및 기능 등)** 수신부의 구조 및 기능 등은 다음 각 호에 적합하여야 한다.

1. 주전원을 개폐할 수 있는 전원스위치를 설치하여야 한다.
2. 주전원이 입력회로, 예비전원의 공급회로(예비전원이 설치된 것에 한한다) 및 외부부하에 직접 전원을 송출하도록 구성된 회로에는 퓨즈 또는 브레이커 등을 설치하여야 한다.
3. 앞면에서 주전원 및 예비전원(예비전원이 설치된 것에 한한다)이 공급되고 있다는 것을 표시하여 주는 장치를 설치하여야 한다.
4. 예비전원을 설치하는 수신부는 예비전원에 이상이 발생되었을 때 이를 알려주는 예비전원 감시장치를 설치하여야 하며, 주전원이 정지한 경우에는 자동적으로 예비전원으로 전환되고 주전원이 정상상태로 복귀한 경우에는 자동적으로 예비전원으로부터 주전원으로 전환되는 장치가 있어야 한다.
5. 복귀스위치 및 음향장치의 울림을 정지시킬 수 있는 스위치를 설치하여야 한다. 이 경우 복귀스위치는 자동적으로 정위치에 되돌아 올 수 있는 것이어야 한다.
6. 자동적으로 정위치에 되돌아오지 아니하는 스위치를 설치하는 경우에는 음신호장치 또는 점멸하는 주의등을 설치하여야 한다. 다만, 전원스위치, 상용전원 선택용 전환스위치 및 자동적으로 스위치가 정위치에 되돌아오지 아니하여도 기능에 영향을 주지 아니하는 로

타리 스위치 등은 그러하지 아니하다.

7. 지구경보부를 설치할 수 있으며 수신부의 외부배선의 연결을 위한 공통신호선용 단자는 7개회로마다 1개 이상 설치하여야 한다.
8. 감지기 또는 탐지부로부터 발하는 화재신호 또는 가스누설신호의 수신완료 소요시간은 5초 이내이어야 한다. 다만, 축적형(또는 지연형이라고도 한다. 이하 같다)인 경우에는 5초 이상 60초 이내이어야 한다.
9. 수신부는 최대부하에 연속하여 견딜 수 있어야 한다.
10. 감지기 또는 탐지부에 공급되는 전원을 안정시키기 위하여 정전압회로 또는 정전류회로를 설치하여야 한다.
11. 제32조제1호에 의한 신호를 수신하는 경우 자동적으로 음신호 또는 표시등에 의한 고장신호 표시장치가 있어야 한다.

**제29조의2 (무선식 감지부·무선식 중계부와 접속되는 수신부의 기능)** ① 수신부는 다음 각 호의 어느 하나에 해당되는 신호 발신개시로부터 200초 이내에 표시등 및 음향으로 경보되어야 한다. <신설 2017.12.6.>

1. 「감지기의 형식승인 및 제품검사의 기술기준」 제5조의4제2항제4호
2. 제32조의2제3항제2호

② 제35조제4호가목 및 나목에 의한 통신점검 개시로부터 다음 각 호의 어느 하나에 해당되는 경우에 의해 발신된 확인신호를 수신하는 소요시간은 200초 이내이어야 하며, 수신 소요시간을 초과할 경우 표시등 및 음향으로 경보하여야 한다. <신설 2017.12.6.>

1. 「감지기의 형식승인 및 제품검사의 기술기준」 제5조의4제2항제2호
2. 제32조의2제1항제3호·제2항제3호

③ 제35조제4호가목 및 나목에 의한 통신점검시험 중에도 다른 회선의 감지부, 중계부로부터 화재신호를 수신하는 경우 화재표시가 되어야 한다. <신설 2017.12.6.>

**제29조의3 (무선식 감지부·무선식 중계부와 접속되는 수신부의 수신성능시험)** 10개의 화재신호 또는 화재정보신호를 동시에 발신하게 하는 경우 5초 이내에 제33조제1항에 따라 최초의 화재표시가 되어야 하며, 100초 이내에 모든 화재표시가 되어야 한다. 다만, 최대 접속가능 회선수가 3개 이상 10개 이하인 경우에는 최대접속가능 회선수로 시험한다. <신설 2017.12.6.>

**제30조 (감지부의 구조 및 기능 등)** 간이형수신기에 사용되는 감지부는 감지기의 형식승인기준에 따라 제품검사에 합격된 것이어야 한다.

**제31조 (탐지부의 구조 및 기능 등)** 간이형수신기에 사용되는 탐지부는 가스누설경보기의 형식승인기준에 따라 제품검사에 합격된 것이어야 한다.

**제32조 (중계부의 구조 및 기능 등)** 중계부의 구조 및 기능 등은 다음 각 호에 적합하여야 한다.

1. 중계부의 주전원 및 예비전원(예비전원이 설치된 것에 한한다)에 이상이 발생하는 경우 그 신호를 수신부에 자동적으로 보낼 수 있어야 한다.
2. 간이형수신기의 기능에 이상을 주지 아니하여야 하며 화재신호 및 가스누설신호 전달에 영향을 미칠 우려가 있는 조작기구는 중계부에 설치하지 아니하여야 한다.
3. 최대부하에 연속하여 견딜 수 있어야 한다.
4. 예비전원을 설치한 중계부는 제1호부터 제3호까지에서 정한 사항 외에 제29조제4호의 규정을 준용한다. <개정 2017.12.6.>
5. 수신부·탐지부 또는 다른 중계부 등으로부터 전력을 공급받지 아니하는 방식인 중계부는 제1호부터 제4호에서 정한 사항 외에 제29조제1호부터 제4호, 제6호, 제7호, 제10호의 규정을 준용한다. 다만, 주전원이 건전지인 중계부는 제29조제1호 및 같은 조 제2호의 규정을 준용하지 아니한다. <개정 2017.12.6.>
6. 수신부·탐지부 또는 다른 중계부 등으로부터 전력을 공급받지 아니하는 방식인 중계부 중 주전원이 건전지인 경우 제32조의2제3항에서 정한 사항에 적합하여야 한다. <신설 2017.12.6.>

**제32조의2 (무선식 중계부의 기능)** ① 무선식 중계부 중 전파에 의해 화재신호 또는 화재 정보신호 등을 수신하여 수신부·다른 중계부 등에 해당 신호를 배선 또는 전파에 의해 발신하는 것은 다음 각 호에 적합하여야 한다. <신설 2017.12.6.>

1. 「감지기의 형식승인 및 제품검사의 기술기준」 제5조의4제2항제1호가목에 의해 발신된 작동신호를 수신부에 중계 전송하여야 한다.
2. 제29조제5호의 복귀스위치에 의한 복귀 신호를 수신 하는 경우 무선식 감지부 또는 다른 중계부에 복귀신호를 중계 전송하여야 한다.
3. 제35조제4호가목 및 나목에 의한 무선통신 점검신호를 수신하는 경우 무선식 감지부 또는 다른 중계부에 점검신호를 중계 전송하여야 하며 「감지기의 형식승인 및 제품검사의 기술기준」 제5조의4제2항제2호에 의한 확인신호를 수신하는 경우 무선식 수신부 또는 다른 중계부에 자동으로 해당 확인신호를 중계 전송하여야 한다.

② 무선식 중계부 중 배선에 의해 화재신호 또는 화재 정보신호 등을 수신하여 수신부·다른 중계부 등에 해당 신호를 무선으로 발신하는 것은 작동표시장치를 설치하여야 하며 다음 각 호에 적합하여야 한다. <신설 2017.12.6.>

1. 감지부에 의해 발신된 작동신호를 수신한 중계부는 화재신호를 수신부 또는 다른 중계부에 60초 이내 주기마다 중계 전송하여야 한다.
2. 작동한 중계부는 제29조제5호의 수동 복귀스위치에 의한 복귀 신호를 수신하는 경우 작동

표시장치의 작동표시는 복귀되어야 하며 감지부 또는 다른 중계부에 복귀신호를 중계 전송하여야 한다.

3. 제35조제4호가목 및 나목에 의한 무선통신 점검신호를 수신하는 경우 무선식 수신부 또는 무선식 중계부에 자동으로 확인신호를 발신하여야 한다.
4. 제35조제1의2호의 장치에 의한 신호를 수신하는 경우 배선별 도통상태를 무선식 수신부에 발신하여야 한다.

③ 건전지를 주전원으로 하는 중계부는 다음 각 호에 적합하여야 한다. <신설 2017.12.6.>

1. 건전지는 리튬전지 또는 이와 동등 이상의 지속적인 사용이 가능한 성능의 것이어야 하며, 건전지의 용량산정 시에는 다음 각 목의 사항이 고려되어야 한다.
   가. 감시상태의 소비전류
   나. 수신부의 수동 통신점검에 따른 소비전류
   다. 수신부의 자동 통신점검에 따른 소비전류
   라. 건전지의 자연방전전류
   마. 건전지 교체 표시에 따른 소비전류
   바. 부가장치가 설치된 경우에는 부가장치의 작동에 따른 소비전류
   사. 기타 전류를 소모하는 기능에 대한 소비전류
   아. 안전 여유율
2. 건전지의 성능이 저하되어 건전지의 교체가 필요한 경우에는 수신부에 자동적으로 당해 신호를 발신하여야 하고 표시등에 의하여 72시간 이상 표시하여야 한다.

**제33조 (화재 및 가스누설표시)** ① 간이형수신기의 화재표시 및 가스누설표시는 다음 각 호에 적합하여야 한다.

1. 화재신호를 수신하는 경우에는 화재등 및 화재지구등이 자동적으로 점등되어야 하며 동시에 주음향장치에 의하여 자동적으로 경보를 발하여야 한다.
2. 가스누설신호를 수신하는 경우에는 누설등 및 누설지구등이 자동적으로 점등되어야 하며 동시에 주음향장치에 의하여 자동적으로 경보를 발하여야 한다.
3. 화재등 및 화재지구등은 적색으로 점등표시되어야 하며, 누설등 및 누설지구등은 황색으로 점등되어야 한다. 다만, 화재등이 설치된 수신부의 화재지구등과 누설등이 설치된 수신부의 누설지구등은 기타의 색으로도 표시할 수 있다.
4. 화재등과 누설등은 각각 쉽게 구별될 수 있어야 한다.
5. 화재지구등과 누설지구등은 각각 쉽게 구별될 수 있어야 한다. 다만, 화재등 및 누설등이 모두 설치된 경우에는 그러하지 아니하다.
6. 화재지구등 및 누설지구등은 각 회선수별로 설치하여야 한다. 다만, 계수관식, 브라운식, 기록식 등으로 표시하는 경우에는 그러하지 아니하다.

7. 화재신호 및 가스누설신호는 상호 무간섭인 상태에서 화재표시 및 가스누설표시가 되어야 하며 2회선이 동시에 작동하여도 상호 무간섭인 상태에서 화재표시 및 가스누설표시가 되어야 한다.

② 화재등 및 누설등은 설치하지 아니할 수 있다.

**제34조 (회선수의 구분)** 간이형수신기의 회선수(또는 "회로수"라고도 한다)에 관한 구분은 다음 각 호와 같다.

1. 화재수신용 간이형수신기의 경우에는 화재지구등의 수를 회선수로 한다.
2. 가스누설수신용 간이형수신기의 경우에는 누설지구등의 수를 회선수로 한다.
3. 화재수신용 및 가스누설수신용 간이형수신기의 경우에는 화재지구등의 수와 누설지구등의 수를 각 회선수로 한다.

**제35조 (수신부의 시험장치)** 수신부의 시험장치는 다음 각 호에 적합하여야 한다.

1. 각 회선의 작동시험 및 도통시험을 쉽게 할 수 있어야 하며 이 장치에 의하여 시험하는 도중에 다른 회선으로부터 화재신호 또는 가스누설신호를 수신하는 경우 그 표시가 가능하여야 한다. 다만, 다음 각목에서 규정하는 간이형수신기는 도통시험 사항에 관하여 적용받지 아니한다.
   가. 화재수신용 간이형수신기로서 회선수가 5 이하인 것.
   나. 가스누설수신용 간이형수신기로서 회선수가 5 이하인 것.
   다. 화재수신용 및 가스누설수신용 간이형수신기로서 각 회선수가 5 이하인 것.

1의2. 무선식 수신부는 중계부(감지부와 배선으로 연결되는 무선식 중계부만 해당된다)의 배선회로 마다 도통상태를 확인 할 수 있는 장치를 설치하여야 한다. <신설 2017.12.6.>

1의3. 제1의2호의 장치를 시험하는 중에도 다른 회선으로부터 화재신호 또는 가스누설신호를 수신하는 경우 화재표시 또는 가스누설표시가 되어야 한다. <신설 2017.12.6.>

2. 주음향장치의 시험을 제외하고는 시험 중인 회선의 단락 및 단선사고 중에도 다른 회선의 작동시험을 할 수 있어야 한다. 다만, 다음 각 목에서 규정하는 경보기는 그러하지 아니하다.
   가. 가스누설수신용 간이형수신기로서 회선수가 1인 것.
   나. 화재수신용 간이형수신기로서 회선수가 1인 것.
3. 예비전원이 설치된 것은 주전원이 정지하는 경우 예비전원으로 작동이 가능한지를 시험할 수 있는 스위치를 설치하여야 한다. 이 경우 예비전원 시험스위치는 자동적으로 정위치에 되돌아 올 수 있는 것이어야 한다.
4. 무선식 감지부·무선식 중계부와 접속되는 수신부는 다음 각 목에 적합한 통신점검시험을 할 수 있는 장치를 설치하여야 한다. <신설 2017.12.6.>
   가. 수동으로 무선식 감지부, 무선식 중계부로 통신점검 신호를 발신하는 장치가 있어야 한다.

나. 자동적으로 무선식 감지부, 무선식 중계부에 168시간 이내 주기마다 통신점검 신호를 발신할 수 있는 장치가 있어야 한다.

다. 가목 및 나목의 장치를 시험하는 중에도 다른 회선으로부터 화재신호 또는 가스누설 신호를 수신하는 경우 화재표시 또는 가스누설표시가 되어야 한다.

**제36조 (반복시험)** 간이형수신기는 다음 각 호에 해당하는 시험을 정격전압으로 1만회 반복하는 경우, 구조 및 기능에 이상이 생기지 아니하여야 한다.

1. 화재수신용 간이형수신기의 경우에는 화재표시동작
2. 가스누설수신용 간이형수신기의 경우에는 가스누설표시동작
3. 화재수신 및 가스누설수신이 모두 가능한 간이형수신기의 경우에는 화재표시동작 및 가스누설표시동작

**제37조 (절연저항시험)** ① 간이형수신기의 절연된 충전부와 외함간의 절연저항은 DC 500 V의 절연저항계로 측정한 값이 5 [MΩ](교류입력측과 외함간에는 20 [MΩ]) 이상이어야 한다. 다만, 수신부 또는 중계부에서 접속되는 회선수가 10 이상인 것에 있어서는 교류입력측과 외함간을 제외하고 1회선당 50 [MΩ] 이상이어야 한다.

**제38조 (절연내력시험)** 제21조에 따른 시험부위의 절연내력은 60 [Hz]의 정현파에 가까운 실효전압 500 [V](정격전압이 60 [V]를 초과하고 150 [V] 이하인 것은 1 [kV], 정격전압이 150 [V]를 초과하는 것은 그 정격전압에 2를 곱하여 1 [kV]를 더한 값)의 교류전압을 가하는 시험에서 1분간 견디는 것이어야 한다.

**제39조 (방수시험)** 방수형간이형수신기는 이를 사용상태로 부착하고 맑은 물을 34.5 [kPa]의 압력으로 3개의 분무헤드를 이용하여 전면 상방에 (45±2)° 각도의 방향에서 시료를 향하여 일률적으로 24시간 이상 물을 살수하는 경우에 내부에 물이 고이지 않아야 하며, 기능 및 절연저항시험에 이상이 생기지 아니하여야 한다.

**제40조 (표시)** 간이형수신기에는 다음 각 호의 사항을 쉽게 지워지지 아니하는 방법으로 표시하여야 한다. 다만, 하목의 경우는 그 관계내용을 기재하여 수신부의 부근에 매어 달아두는 방식으로 표시할 수 있으며 제4호부터 제6호는 포장지 또는 사용설명서에 표시할 수 있다.

1. 수신부에는 다음에서 정하는 사항

가. 품명

나. 형식 및 형식승인번호

다. 정격입력전압 및 정격출력전압

라. 접속 가능한 회선수, 접속 가능한 탐지부(또는 탐지부의 입력신호) 및 중계부와 고유번호 <개정 2017.12.6.>

마. 회선수당 최대 접속수량

바. 사용온도범위

사. 지연형인 표준지연시간

아. 방폭형인 것은 “방폭형”이라는 문자 별도 표시

자. 방수형인 것은 “방수형”이라는 문자 별도 표시

차. 제조업체명, 제조연월 및 제조번호

카. 예비전원이 설치된 것은 축전지의 종류, 정격전압, 정격용량

타. 퓨즈 및 퓨즈홀더 부근에는 정격전류

파. “본 제품은 법정 소방시설로는 인정받을 수 없음”이라는 문자 별도표시

하. 취급방법의 개요, 주의사항 및 결선방법

거. 접속 가능한 감지기 형식번호(해당되는 경우에 한함) <신설 2017.12.6.>

2. 중계부에는 제1호 다목부터 카목의 규정 외에 다음에서 정하는 사항

가. “간이형수신기의 중계부”라는 문자

나. 제1호 나목의 형식승인번호 및 중계부의 고유번호

3. 간이형수신기의 수신부에는 품질보증에 관한사항(보증기간, 보증내용, A/S방법, 자체검사 필증 등)을 보기 쉬운 부위에 쉽게 지워지지 아니하도록 표시하거나 포장 또는 취급설명서에 표시하여야 한다.

## 제4장 보칙

**제41조 (세부규정)** 이 기준의 시행에 관하여 필요한 세부사항은 소방청장이 이를 정한다. <개정 2017.12.6.>

**제42조 (재검토기한)** 소방청장은 「훈령·예규 등의 발령 및 관리에 관한 규정」에 따라 이 고시에 대하여 2017년 12월 1일 기준으로 매 3년이 되는 시점(매 3년째의 11월 30일까지를 말한다)마다 그 타당성을 검토하여 개선 등의 조치를 하여야 한다. <개정 2017.12.6.>

## 부칙 <제2017-4호, 2017.12.6.>

**제1조 (시행일)** 이 고시는 발령한 날부터 시행한다. 다만, 제21조의5는 2017년 12월 19일부터 시행한다.

**제2조 (형식승인에 관한 일반적인 경과조치)** ① 이 고시 시행일 이전에 형식승인(형식승인의 변경을 포함한다. 이하 같다)이 신청된 것은 종전의 고시를 적용할 수 있다. 다만, 신청인이 이 고시에 의하여 형식승인을 받고자 하는 경우에는 이 고시를 적용한다.

② 이 고시 시행당시 종전의 규정에 의하여 형식승인을 받은 것 중 이 고시 제21조의5에 적합하지 아니한 것은 이 고시 시행일로부터 1년 이내에 이 고시에 의하여 형식승인을 받아야 한다.

**제3조 (제품검사에 대한 경과조치)** ① 부칙 제1조에도 불구하고 이 고시 시행당시 종전의 규정에 의하여 형식승인을 받은 것 중 이 고시 제21조의5에 대하여 적합하지 아니한 것은 이 고시 시행일로부터 1년 이내에는 종전의 규정에 의하여 제품검사를 받을 수 있다.

② 부칙 제2조제2항에 따라 형식승인을 받지 않은 것은 고시 시행일로부터 1년이 경과한 날부터 이 고시에 의한 생산제품검사를 받을 수 없으며, 품질제품검사를 적용받는 경우 제품완성예정일이 이 고시 시행일로부터 1년이 경과한 날부터 합격표시를 발급받을 수 없다.

# 감지기의 형식승인 및 제품검사의 기술기준

## [ KOFEIS 0301 ]

소방청고시 제2019-10호(2019.1.24.)

**제1조 (목적)** 이 기준은 「화재예방, 소방시설 설치·유지 및 안전관리에 관한 법률」 제36조제5항에서 소방청장에게 위임된 사항을 정함을 목적으로 한다. <개정 2016.5.27., 2017.12.6.>

**제2조 (용어의 정의)** 이 기준에서 사용하는 용어의 정의는 다음과 같다.

1. "**경보기구**"란 자동화재탐지설비, 비상경보설비의 축전지, 화재속보설비, 누전경보기, 가스누설경보기 등 화재의 발생 또는 화재의 발생이 예상되는 상황에 대하여 경보를 발하여 주는 설비를 말한다.
2. "**자동화재탐지설비**"란 화재발생을 자동적으로 감지하여 해당 소방대상물의 화재발생을 소방대상물의 관계자에게 통보할 수 있는 설비로서 **감지기**, **발신기**(M형 발신기를 제외한다), **수신기**(M형 수신기를 제외한다), **경종** 또는 **중계기** 등으로 구성된 것을 말한다.
3. "**감지기**"란 화재 시에 발생하는 열, 불꽃 또는 연소생성물(이하 "연기"라 한다)로 인하여 화재발생을 자동적으로 감지하여 그 자체에 부착된 음향장치로 경보를 발하거나 이를 수신기에 발신하는 것을 말한다. 이 경우 감지기를 부착할 때에 전용기판을 필요로 하는 것에 있어서는 그 기판을 포함한다.
4. "**열감지기**"란 화재에 의해서 발생되는 열을 감지하여 화재신호를 발신하는 감지기를 말한다. <개정 2017.12.6.>
5. "**연기감지기**"란 화재에 의해서 발생되는 연기를 감지하여 화재신호를 발신하는 감지기를 말한다. <신설 2017.12.6.>
6. "**불꽃감지기**"란 화재에 의해서 발생되는 불꽃(적외선 및 자외선을 포함한다. 이하 이 기준에서 같다)을 감지하여 화재신호를 발신하는 감지기를 말한다. <개정 2017.12.6.>
7. "**복합형 감지기**"란 화재시 발생하는 열, 연기, 불꽃을 자동적으로 감지하는 기능 중 두 가지 이상의 성능(동일 생성물이나 다른 연소생성물의 감지 기능)을 가진 것으로서 두 가지 이상의 성능이 함께 작동 할 때 화재신호를 발신하거나 또는 두 개 이상의 화재신호를 각각 발신하는 감지기를 말한다. <개정 2017.12.6.>
8. "**단독경보형 감지기**"이란 화재에 의해서 발생되는 열, 연기 또는 불꽃을 감지하여 작동하는 것으로서 수신기에 작동신호를 발신하지 아니하고 감지기가 단독적으로 내장된 음향

장치에 의하여 경보하는 감지기를 말한다. <개정 2017.12.6.>

**제3조 (감지기의 구분)** 감지기는 구조 및 기능에 따라 다음 각 호와 같이 구분한다.

1. 열감지기는 각 목과 같이 구분한다. <개정 2017.12.6.>
   가. "**차동식스포트형**"이란 주위온도가 일정 상승률 이상이 되는 경우에 작동하는 것으로서 **일국소에서의 열 효과**에 의하여 작동되는 것을 말한다.
   나. "**차동식분포형**"이란 주위온도가 일정 상승률 이상이 되는 경우에 작동하는 것으로서 **넓은 범위 내에서의 열 효과**의 누적에 의하여 작동되는 것을 말한다.
   다. "**정온식감지선형**"이란 **일국소의 주위온도가 일정한 온도 이상**이 되는 경우에 작동하는 것으로서 **외관이 전선으로 되어 있는 것**을 말한다.
   라. "**정온식스포트형**"이란 일국소의 주위온도가 일정한 온도 이상이 되는 경우에 작동하는 것으로서 **외관이 전선으로 되어 있지 아니한 것**을 말한다.
   마. "**보상식스포트형**"이란 **가목와 라목 성능을 겸한 것**으로서 가목의 성능 또는 라목의 성능 중 **어느 한 기능이 작동되면 작동신호를 발하는 것**을 말한다.
2. 연기감지기는 각 목과 같이 구분한다. <개정 2017.12.6.>
   가. "**이온화식스포트형**"이란 주위의 공기가 일정한 농도의 연기를 포함하게 되는 경우에 작동하는 것으로서 일국소의 연기에 의하여 **이온전류가 변화**하여 작동하는 것을 말한다.
   나. "**광전식스포트형**"이란 주위의 공기가 일정한 농도의 연기를 포함하게 되는 경우에 작동하는 것으로서 일국소의 연기에 의하여 광전소자에 접하는 **광량의 변화**로 작동하는 것을 말한다.
   다. "**광전식분리형**"이란 발광부와 수광부로 구성된 구조로 발광부와 수광부 사이의 공간에 일정한 농도의 연기를 포함하게 되는 경우에 작동하는 것을 말한다.
   라. "**공기흡입형**"이란 감지기 내부에 장착된 공기흡입장치로 감지하고자 하는 위치의 공기를 흡입하고 흡입된 공기에 일정한 농도의 연기가 포함된 경우 작동하는 것을 말한다.
3. 불꽃감지기는 각 목과 같이 구분한다. <개정 2017.12.6.>
   가. "**불꽃 자외선식**"이란 불꽃에서 방사되는 자외선의 변화가 일정량 이상 되었을 때 작동하는 것으로서 일국소의 자외선에 의하여 수광소자의 수광량 변화에 의해 작동하는 것을 말한다.
   나. "**불꽃 적외선식**"이란 불꽃에서 방사되는 적외선의 변화가 일정량 이상 되었을 때 작동하는 것으로서 일국소의 적외선에 의하여 수광소자의 수광량 변화에 의해 작동하는 것을 말한다.
   다. "**불꽃 자외선·적외선겸용식**"이란 불꽃에서 방사되는 불꽃의 변화가 일정량 이상 되었을 때 작동하는 것으로서 자외선 또는 적외선에 의한 수광소자의 수광량 변화에 의하여 1개의 화재신호를 발신하는 것을 말한다.

라. "**불꽃 영상분석식**"이란 불꽃의 실시간 영상이미지를 자동 분석하여 화재신호를 발신하는 것을 말한다.

4. 복합형감지기는 각 목과 같이 구분한다. <개정 2017.12.6.>

가. "**열복합형**"이란 제1호가목 및 라목의 성능이 있는 것으로서 두 가지 성능의 감지기능이 함께 작동될 때 화재신호를 발신하거나 또는 두개의 화재신호를 각각 발신하는 것을 말한다.

나. "**연복합형**"이란 제2호가목 및 나목의 성능이 있는 것으로서 두 가지 성능의 감지기능이 함께 작동될 때 화재신호를 발신하거나 또는 두 개의 화재신호를 각각 발신하는 것을 말한다.

다. "**불꽃복합형**"이란 제3호가목, 나목 및 라목의 성능 중 두 가지 이상 성능을 가진 것으로서 두가지 이상의 감지기능이 함께 작동될 때 화재신호를 발신하거나 또는 두개의 화재신호를 각각 발신하는 것을 말한다.

라. "**열·연기 복합형**"이란 제1호 및 제2호의 성능이 있는 것으로 두 가지 성능의 감지기능이 함께 작동될 때 화재신호를 발신하거나 또는 두 개의 화재신호를 각각 발신하는 것을 말한다.

마. "**열·불꽃 복합형**"이란 제1호 및 제3호의 성능이 있는 것으로 두 가지 성능의 감지기능이 함께 작동될 때 화재신호를 발신하거나 또는 두 개의 화재신호를 각각 발신하는 것을 말한다.

바. "**연기·불꽃 복합형**"이란 제2호 및 제3호의 성능이 있는 것으로 두 가지 성능의 감지기능이 함께 작동될 때 화재신호를 발신하거나 또는 두 개의 화재신호를 각각 발신하는 것을 말한다.

사. "**열·연기·불꽃 복합형**"이란 제1호, 제2호 및 제3호의 성능이 있는 것으로 세 가지 성능의 감지기능이 함께 작동될 때 화재신호를 발신하거나 또는 세 개의 화재신호를 각각 발신하는 것을 말한다.

5. 삭제 <2017.12.6.> 6. 삭제 <2017.12.6.> 7. 삭제 <2017.12.6.>
8. 삭제 <2017.12.6.> 9. 삭제 <2017.12.6.> 10. 삭제 <2017.12.6.>
11. 삭제 <2017.12.6.> 12. 삭제 <2017.12.6.> 13. 삭제 <2017.12.6.>
14. 삭제 <2017.12.6.> 15. 삭제 <2017.12.6.> 16. 삭제 <2017.12.6.>
17. 삭제 <2017.12.6.> 18. 삭제 <2017.12.6.> 19. 삭제 <2017.12.6.>

**제4조 (감지기의 형식)** ① 감지기 형식은 방수형 유무에 따라 방수형 및 비방수형으로, 내식성 유무에 따라 내산형, 내알칼리형 및 보통형으로, 재용성 유무에 따라 재용형 및 비재용형으로, 연기의 축적에 따라 축적형 및 비축적형으로, 방폭구조 여부에 따라 방폭형 및 비

방폭형으로, 화재신호의 발신방법에 따라 단신호식, 다신호식 또는 아날로그식, 화재신호 전달방법에 따라 무선식, 유선식으로 구분한다. 또한 불꽃감지기는 설치장소에 따라 옥내형, 옥내·옥외형, 도로형으로 구분한다. <개정 2017.12.6.>

② 제1항에 의한 감지기의 형식별 특성은 다음 각 호와 같다.

1. "**다신호식**"이란 1개의 감지기내에 서로 다른 종별 또는 감도 등의 기능을 갖춘 것으로서 일정시간 간격을 두고 각각 다른 **2개 이상의 화재신호**를 발하는 감지기를 말한다.
2. "**방폭형**"이란 폭발성가스가 용기내부에서 폭발하였을 때 용기가 그 압력에 견디거나 또는 외부의 폭발성가스에 인화될 우려가 없도록 만들어진 형태의 감지기를 말한다.
3. "**방수형**"이란 그 구조가 방수구조로 되어 있는 감지기를 말한다.
4. "**재용형**"이란 **다시 사용**할 수 있는 성능을 가진 감지기를 말한다.
5. "**축적형**"이란 일정농도 이상의 연기가 일정시간(공칭축적시간) 연속하는 것을 전기적으로 검출하므로서 작동하는 감지기(다만, 단순히 작동시간만을 지연시키는 것은 제외한다)를 말한다.
6. "**아날로그식**"이란 주위의 온도 또는 연기의 량의 변화에 따라 각각 다른 전류치 또는 전압치 등의 출력을 발하는 방식의 감지기를 말한다.
7. "**연동식**"이란 단독경보형감지기가 작동할 때 화재를 경보하며 유·무선으로 주위의 다른 감지기에 신호를 발신하고 신호를 수신한 감지기도 화재를 경보하며 다른 감지기에 신호를 발신하는 방식의 것을 말한다. <개정 2017.12.6.>
8. "**무선식**"이란 전파에 의해 신호를 송·수신하는 방식의 것을 말한다. <신설 2017.12.6.>

**제5조 (구조 및 기능)** 감지기의 구조 및 기능은 다음 각 호에 적합하여야 한다.

1. 작동이 확실하고, 취급·점검이 쉬워야 하며, 현저한 잡음이나 장해전파를 발하지 아니하여야 한다. 또한, 먼지·습기·곤충 등에 의하여 기능에 영향을 받지 아니하여야 한다.
2. 보수 및 부속품의 교체가 쉬워야 한다. 다만, 방수형 및 방폭형은 그러하지 아니하다.
3. 부식에 의하여 기계적 기능에 영향을 초래할 우려가 있는 부분은 칠, 도금 등으로 유효하게 내식가공을 하거나 방청가공을 하여야 하며, 전기적 기능에 영향이 있는 단자, 나사 및 와셔 등은 동합금이나 이와 동등이상의 내식성이 있는 재질을 사용하여야 한다.
4. 외함은 불연성 또는 난연성 재질로 만들어져야 하며 다음과 같아야 한다.
   가. 차동식분포형감지기의 검출기 외함에 강판을 사용하는 경우에는 다음에 기재된 두께 이상의 강판을 사용하여야 한다. 다만, 합성수지를 사용하는 경우에는 강판의 2.5배 이상의 두께이어야 한다.
      (1) 차동식분포형감지기의 검출기는 1.0 [mm] 이상
      (2) 직접 벽면에 접하여 벽속에 매립되는 외함의 부분은 1.6 [mm] 이상
   나. 감지기의 노출된 부분(설치상태에서 손에 접촉되는 부분. 다만, 확인등의 창, 발광다이

오드, 각종 표시명판 등은 제외한다)에 합성수지를 사용하는 경우에는 (90±2)℃의 온도에 7일간 방치하는 경우 열로 인한 변형이 생기지 아니하여야 하며, 자기소화성이 있는 재료이어야 한다.

5. 기기내의 배선은 충분한 전류용량을 갖는 것으로 하여야 하며, 배선의 접속이 정확하고 확실하여야 한다.
6. 극성이 있는 경우에는 오접속을 방지하기 위하여 필요한 조치를 하여야 한다.
7. 부품의 부착은 기능에 이상을 일으키지 아니하고 쉽게 풀리지 아니하도록 하여야 한다.
8. 전선 이외의 전류가 흐르는 부분과 가동축부분의 접촉력이 충분하지 아니한 곳에는 접촉부의 접촉 불량을 방지하기 위한 적당한 조치를 하여야 한다.
9. 외부에서 쉽게 사람이 접촉할 우려가 있는 충전부는 충분히 보호되어야 한다.
10. 내부의 부품 등에서 발산되는 열에 의하여 기능에 이상이 생길 우려가 있는 것은 방열판 또는 방열공 등에 의하여 보호조치를 하여야 한다. 다만, 방폭형 및 방수형은 방열공을 설치하지 아니할 수 있다.
11. 감지기가 받는 기류의 방향에 따라 그 기능에 현저한 변동이 생기지 아니하여야 한다.
12. 사람에게 위해를 줄 염려가 없어야 한다.
13. 건물의 천장에 접하는 기판으로부터 새어 들어가는 물에 의하여 기능에 이상이 생기지 아니하여야 한다.
14. 접점간격 및 그 외의 조정부는 조정 후 변동되지 아니하도록 하여야 한다. 다만, 불꽃감지기의 감도조정부는 그러하지 아니하다.
15. 감열부, 다이어프램 등에 사용되는 금속 박판 또는 가는 선 등은 그 기능에 유해한 영향을 미칠 우려가 있는 홈, 부식, 변형 등이 생기지 아니하여야 하며, 조정부, 다이어프램, 바이메탈을 직접 접점으로 사용하거나 이 부분에 직접 접점을 부착하여서는 아니 된다. 다만, 차동식분포형감지기는 다이어프램에 접점을 부착할 수 있다.
16. 차동식분포형감지기로서 공기관식 또는 이와 유사한 것은 다음에 적합하여야 한다.
    가. 리이크저항 및 접점수고를 쉽게 시험할 수 있어야 한다.
    나. 공기관의 누출 및 폐쇄여부를 쉽게 시험할 수 있고, 시험 후 시험장치를 정위치에 쉽게 복귀할 수 있는 적당한 방법이 강구되어야 한다.
    다. **공기관은 하나의 길이**(이음매가 없는 것)**가 20 [m] 이상의 것**으로 안지름 및 관의 두께가 일정하고 **홈, 갈라짐** 및 **변형**이 없어야하며 **부식**되지 아니하여야 한다.
    라. 공기관의 두께는 **0.3 [mm] 이상, 바깥지름은 1.9 [mm] 이상**이어야 한다.
17. 차동식분포형감지기로서 열전대식의 것 또는 열반도체식의 것은 다음에 적합하여야 한다.
    가. 검출기의 작동전압을 쉽게 시험할 수 있어야 한다.
    나. 열전대부의 단선여부 및 도체저항을 쉽게 시험할 수 있고, 시험 후 시험장치를 정위치

로 쉽게 복귀할 수 있는 적당한 방법이 강구되어야 한다.

18. 감지기는 그 기판면을 부착한 정 위치로부터 45°(차동식분포형감지기는 5°)를 각각 경사 시킨 경우 그 기능에 이상이 생기지 아니하여야 한다.
19. 감지기에는 작동표시장치를 설치하여야 한다. 다만, 방폭구조인 감지기, 수신기에 작동한 내용이 표시되는 감지기(무선식 감지기는 제외한다), 차동식분포형감지기 및 정온식감지선형감지기는 작동표시장치를 설치하지 아니할 수 있다. <개정 2017.12.6.>
20. 광전식감지기는 다음에 적합하여야 한다.
   가. 발광소자는 광속변화가 적고 장기간 사용에 충분히 견딜 수 있는 것이어야 한다.
   나. 수광소자는 감도의 저하 및 피로현상이 적고 장기간 사용에 충분히 견딜 수 있는 것이어야 한다.
   다. 반사판이 있는 구조의 광전식분리형감지기 반사판은 기능에 유해한 영향을 미칠 우려가 있는 흠, 부식, 변형 등이 없어야 한다.
21. 방사성물질을 사용하는 감지기는 그 방사성물질을 밀봉선원으로 하여 외부에서 직접 접촉할 수 없도록 하여야 하며, 화재 시 쉽게 파괴되지 아니하는 것이어야 한다.
22. 삭제 <2005.12.30.> 23. 삭제 <2005.12.30.>
24. 부착용기판이 있는 경우 부착기판과 감지기는 견고하게 결합되도록 설계되어야 하고 기능에 이상이 없어야 한다.
25. 방폭형감지기는 다음 각 목의 1에서 정하는 방폭구조에 적합하여야 한다.
   가. 한국산업표준 <개정 2017.12.6.>
   나. 가스관계법령(고압가스안전관리법, 액화석유가스의 안전 및 사업관리법, 도시가스사업법)에 의하여 정하는 규격
   다. 산업안전보건법령에 의하여 정하는 규격
26. 다신호식감지기는 감도시험시에 적용하는 각 해당 감도별 온도 및 연기농도에서 규정시간 내에 각 신호를 발할 수 있어야 한다.
27. 제19호의 규정에 의한 작동표시장치가 부착된 차동식스포트형, 정온식스포트형, 보상식스포트형, 이온화식스포트형, 광전식스포트형은 작동 후 수동으로 복귀시키지 않는 한 작동표시가 지속되어야 한다. 다만, 단독경보형감지기는 그러하지 아니하다. <개정 2017.12.6.>
28. 연기를 감지하는 감지기는 감시챔버로 (1.3±0.05) [mm] 크기의 물체가 침입할 수 없는 구조이어야 한다.
29. 무선식 감지기는 다음 각 목에 적합하여야 한다. <신설 2017.12.6.>
   가. 전파에 의한 연동식감지기 또는 감지기·중계기·수신기간의 화재신호·화재정보신호는 「신고하지 아니하고 개설할 수 있는 무선국용 무선설비의 기술기준」 제7조(특정소출력무선국용 무선설비)제3항의 「도난, 화재경보장치 등의 안전시스템용 주파수」를

적용하여야 한다.

나. 「전파법」 제58조의2(방송통신기자재등의 적합성평가)에 적합하여야 한다.

**제5조의2 (단독경보형 감지기의 일반기능)** 단독경보형의 감지기(주전원이 교류전원 또는 건전지인 것을 포함한다)는 다음 각 호에 적합하여야 한다.

1. 자동복귀형 스위치(자동적으로 정위치에 복귀될 수 있는 스위치를 말한다)에 의하여 수동으로 작동시험을 할 수 있는 기능이 있어야 한다.
2. 작동되는 경우 작동표시등에 의하여 화재의 발생을 표시하고, 내장된 음향장치의 명동에 의하여 화재경보음을 발할 수 있는 기능이 있어야 한다.
3. 주기적으로 섬광하는 전원표시등에 의하여 전원의 정상 여부를 감시할 수 있는 기능이 있어야 하며, 전원의 정상상태를 표시하는 전원표시등의 섬광주기는 1초 이내의 점등과 30초에서 60초 이내의 소등으로 이루어져야 한다.
4. 제2호에 따른 화재경보음은 감지기로부터 1 [m] 떨어진 위치에서 85 [dB] 이상으로 10분 이상 계속하여 경보할 수 있어야 하며 화재경보음이 단속음인 경우에는 단속주기가 그림 1 또는 그림 2에 적합하여야 한다. 이 경우 화재경보음에 음성안내를 포함할 수 있다.

**▎그림 1 ▎**

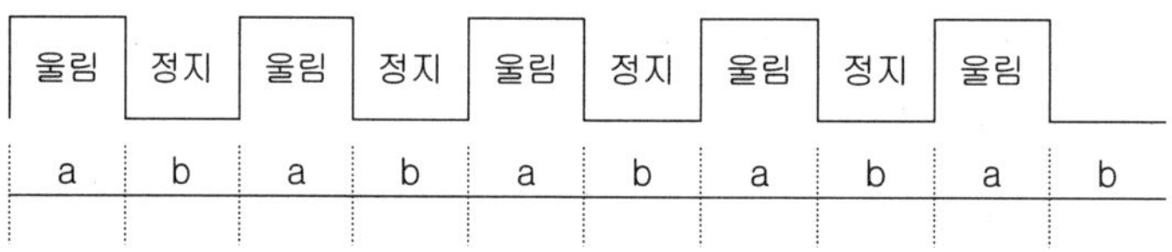


- a : b의 비율은 2 : 1에서 1 : 1까지
- b는 2초 이하

**▎그림 2 ▎**

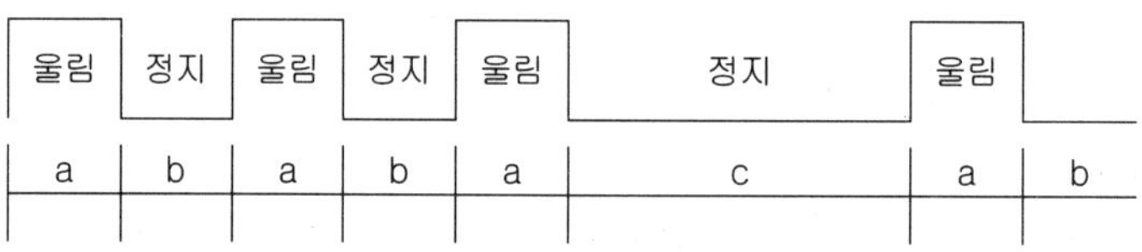


- a 및 b는 0.5초
- c는 1.5초
- 반복주기(a + b + a + b + a + b + c) : 4초

5. 건전지를 주전원으로 하는 감지기는 건전지의 성능이 저하되어 건전지의 교체가 필요한 경우에는 음성안내를 포함한 음향 및 표시등에 의하여 72시간 이상 경보할 수 있어야 한다. 이 경우 음향경보는 1 [m] 떨어진 거리에서 70 [dB](음성안내는 60 [dB]) 이상이어야 한다. <개정 2017.12.6.>
6. 건전지를 주전원으로 하는 감지기의 경우에는 건전지가 리튬전지 또는 이와 동등 이상의

지속적인 사용이 가능한 성능의 것이어야 하며, 건전지의 용량산정 시에는 다음 각 목의 사항이 고려되어야 한다. <개정 2017.12.6.>

가. 감시상태의 소비전류

나. 점검 등에 따른 소비전류

다. 건전지의 자연방전전류

라. 건전지 교체 경보에 따른 소비전류

마. 부가장치가 설치된 경우에는 부가장치의 작동에 따른 소비전류

바. 기타 전류를 소모하는 기능에 대한 소비전류

사. 안전 여유율

7. 단독경보형감지기에는 스위치 조작에 의하여 화재경보를 정지 시킬 수 있는 기능을 설치할 수 있다. 이 경우 화재경보 정지기능은 다음 각목에 적합하여야 한다.

가. 화재경보 정지 후 15분 이내에 화재경보 정지기능이 자동적으로 해제되어 단독경보형감지기가 정상상태로 복귀되어야 한다.

나. 화재경보 정지 표시등에 의하여 화재경보가 정지 상태임을 경고 할 수 있어야 하며, 화재경보 정지기능이 해제된 경우에는 표시등의 경고도 함께 해제되어야 한다.

다. 나목에 따른 표시등을 제2호에 따른 작동표시등과 겸용하고자 하는 경우에는 작동표시와 화재경보음 정지 표시가 표시등 색상에 의하여 구분될 수 있도록 하고 표시등 부근에 작동표시와 화재경보음 정지표시를 구분할 수 있는 안내표시를 하여야 한다.

라. 화재경보 정지 스위치는 전용으로 하거나 제2호에 따른 작동시험 스위치와 겸용하여 사용할 수 있다. 이 경우 스위치 부근에 스위치의 용도를 표시하여야 한다.

**제5조의3** 삭제 <2017.12.6.>

**제5조의4 (무선식감지기의 기능)** ① 단독경보형감지기 중 연동식감지기의 무선기능은 다음 각 호에 적합하여야 한다. <개정 2017.12.6.>

1. 화재신호는 다음 각 목에 적합하여야 한다.

가. 작동한 단독경보형감지기는 화재경보가 정지하기 전까지 60초 이내 주기마다 화재신호를 발신하여야 한다.

나. 화재신호를 수신한 단독경보형감지기는 10초 이내에 경보를 발하여야 한다.

2. 화재신호의 발신을 쉽게 확인할 수 있는 장치를 설치하여야 하고 화재신호를 수신하면 내장된 음향장치에 의하여 제5조의2제4호의 화재경보를 하여야 한다.

3. 통신점검기능이 있어야 하며 다음 각 목에 적합하여야 한다.

가. 무선통신 점검은 168시간 이내에 자동으로 실시하고 이때 통신이상이 발생하는 경우에는 200초 이내에 통신이상 상태의 단독경보형감지기를 확인할 수 있도록 표시 및 경보를 하여야 한다.

나. 무선통신 점검은 단독경보형감지기가 서로 송수신하는 방식으로 한다.

② 감지기(단독경보형감지기 중 연동식감지기는 제외한다)의 무선기능은 다음 각 호에 적합하여야 한다. <신설 2017.12.6.>

1. 화재신호는 다음 각 목에 적합하여야 한다.
   가. 작동한 감지기는 화재신호를 수신기 또는 중계기에 60초 이내 주기마다 발신하여야 한다.
   나. 작동한 감지기는 「수신기 형식승인 및 제품검사의 기술기준」 제15조의2제1항 또는 제29조제5호의 수동 복귀스위치에 의한 복귀 신호를 수신하는 경우 감지기는 정상상태로 복귀되어야 한다.
2. 「수신기 형식승인 및 제품검사의 기술기준」 제17조제6호가목 및 나목 또는 제35조제4호가목 및 나목에 의한 무선통신 점검신호를 수신하는 경우 무선식 수신기, 무선식 중계기, 간이형수신기의 무선식 수신부 또는 무선식 중계부에 자동으로 확인신호를 발신하여야 한다.
3. 건전지를 주전원으로 하는 감지기의 경우에는 건전지가 리튬전지 또는 이와 동등 이상의 지속적인 사용이 가능한 성능의 것이어야 하며, 건전지의 용량산정 시에는 다음 각 목의 사항이 고려되어야 한다.
   가. 감시상태의 소비전류
   나. 수신기의 수동 통신점검에 따른 소비전류
   다. 수신기의 자동 통신점검에 따른 소비전류
   라. 건전지의 자연방전전류
   마. 건전지 교체 표시에 따른 소비전류
   바. 부가장치가 설치된 경우에는 부가장치의 작동에 따른 소비전류
   사. 기타 전류를 소모하는 기능에 대한 소비전류
   아. 안전 여유율
4. 건전지를 주전원으로 하는 감지기는 건전지의 성능이 저하되어 건전지의 교체가 필요한 경우에는 무선식 수신기 또는 간이형수신기의 무선식 수신부에 자동적으로 당해 신호를 발신하여야 하고 표시등에 의하여 72시간 이상 표시하여야 한다.

**제6조 (부품의 구조 및 기능)** 감지기에 다음 각 호의 부품을 사용하는 경우 해당 각 호의 규정에 적합하거나 이와 동등이상의 성능이 있는 것이어야 한다.

1. **스위치**
   가. 조작이 쉽고 작동이 확실하여야 하며, 정지점이 명확하고 적정하여야 한다.
   나. 각 접점의 최대사용전압으로 최대사용전류의 200 [%]인 전류를 저항부하를 통하여 흘리는 작동을 **1만회**(전원스위치의 경우에는 5천회) 반복하는 경우 그 구조 또는 기능

에 이상이 생기지 아니하여야 한다.

다. 접점은 최대사용전류 용량에 적합하여야 하고 부식될 우려가 없는 것이어야 한다.

**2. 표시등**

가. 전구는 사용전압의 **130%**인 교류전압을 **20시간** 연속하여 가하는 경우 **단선, 현저한 광속변화, 흑화, 전류의 저하** 등이 발생하지 아니하여야 한다.

나. 소켓은 접촉이 확실하여야 하며 쉽게 전구를 교체할 수 있도록 부착하여야 한다.

다. 전구는 **2개** 이상을 **병렬**로 접속하여야 한다. 다만, **방전등** 또는 **발광다이오드**의 경우에는 그러하지 아니하다.

라. 전구에는 적당한 보호커버를 설치하여야 한다. 다만, 발광다이오드의 경우에는 그러하지 아니하다.

마. 주위의 밝기가 **300 [lx]**인 장소에서 측정하여 앞면으로부터 **3 [m]** 떨어진 곳에서 켜진 등이 확실히 식별되어야 한다.

3. 퓨즈

가. 퓨즈 등 과전류보호장치는 「산업표준화법」에 의한 KS제품인증표시품, 「전기용품 및 생활용품 안전관리법」에 의한 안전인증품 또는 공인기관의 인증품을 사용하여야 한다. <개정 2017.12.6.>

나. 점검 및 교체가 쉬어야 한다.

다. 쉽게 흔들리지 아니하도록 부착되어야 한다.

**4. 감지기에 내장하는 음향(음성 제외)장치**

가. 사용전압의 **80%**인 전압에서 소리를 내어야 한다.

나. 사용전압에서의 음압은 무향실내에서 정위치에 부착된 음향장치의 중심으로부터 1 [m] 떨어진 지점에서 **70 [dB]** 이상이어야 한다. 다만, 단독경보형의 화재경보용으로 사용되는 음향장치는 1 [m] 떨어진 거리에서 85 [dB] 이상이어야 한다.

다. 사용전압으로 8시간 연속하여 울리게 하는 시험 또는 정격전압에서 3분20초 동안 울리고 6분40초 동안 정지하는 작동을 반복하여 통산한 울림시간이 20시간이 되도록 시험하는 경우 그 구조 또는 기능에 이상이 생기지 아니하여야 한다.

**5. 변압기**

가. 변압기는 KS C 6308(전자기기기용 소형전원변압기) 또는 이와 동등 이상의 성능이 있는 것이어야 한다.

나. 정격 **1차 전압은 300 [V] 이하**로 한다.

다. 변압기의 외함에는 접지단자를 설치하여야 한다. 다만, 단독경보형감지기의 경우에는 접지단자를 설치하지 아니할 수 있다.

라. 용량은 최대사용전류에 연속하여 견딜 수 있는 크기 이상이어야 한다.

6. 삭제 <2001.12.15.>

**제7조 (전원전압변동시의 기능)** ① 외부로부터 전원을 공급받는 방식의 감지기는 공급되는 전원전압이 정격전압의 ±20 [%] 범위에서 변동하는 경우 기능에 이상이 생기지 아니하여야 한다.

② 감지기에 내장된 건전지를 전원으로 하는 감지기는 건전지의 전압이 건전지 교체전압 범위(제조사 설계값)의 하한값으로 저하된 경우에도 기능에 이상이 없어야 한다.

**제8조 (비화재보방지)** ① 감지기는 다음 각 호에 대하여 시험하는 경우 작동하지 않아야 한다.

1. 주위온도 (23±2)℃인 조건을 유지하며 상대습도 (20±5)%에서 (90±5)%인 상태로 급격하게 3회 변경 투입을 반복하는 경우
2. 감지기를 분당 6회의 비율로 순간적인 감지기 공급전원의 차단을 반복하는 경우

② 광전식 기능을 가진 감지기는 제1항 및 다음 각 호에 노출되는 경우 경우에 작동하지 않아야 한다.

1. 백열램프
2. 크세논램프

③ 이온화식 기능을 가진 감지기는 제1항 및 기류를 가하는 경우에 작동하지 않아야 한다.

④ 불꽃식 기능을 가진 감지기는 제1항 및 다음 각 호에 노출 및 인가되는 경우에 작동하지 않아야 한다.

1. 형광램프
2. 할로겐램프
3. 직사 및 반사된 태양광
4. 아크용접 불꽃
5. 충격파전압
6. 그 밖의 외광
7. 흔들리는 주황색의 천(영상분석식에 한함) <신설 2017.12.6.>

**제8조의2 (전자파적합성)** 감지기는 「전파법」 제47조의3제1항 및 「전파법 시행령」 제67조의2에 따라 국립전파연구원장이 정하여 고시하는 「전자파적합성 기준」에 적합하여야 한다. <개정 2017.12.6.>

**제9조 (부속장치)** 감지기의 기능에 유해한 영향을 미치는 부속장치를 설치하지 아니하여야 한다.

**제10조 (시험조건)** 감지기의 시험은 특별히 규정된 경우를 제외하고는 실온이 5℃ 이상 35℃ 이하이고, 상대습도가 45 [%] 이상 85 [%] 이하의 상태에서 실시한다.

**제11조 (주위온도시험)** 감지기의 주위온도시험은 다음 각 호 1의 규정에 의하여 시험할 경

우 기능에 이상이 생기지 아니하여야 한다.

1. 정온식 성능이 있는 감지기는 (−10±2)℃에서 공칭작동온도(2 이상 공칭작동온도를 갖는 것에 있어서는 가장 낮은 공칭작동온도, 이하 제25조에서 같다)보다 (20±2)℃ 낮은 온도까지의 주위온도시험.
2. 아날로그식으로 정온식감지기는 (−10±2)℃에서 공칭감지온도 범위의 상한값보다 (20±2)℃ 낮은 온도까지의 주위온도시험.
3. 불꽃감지기는 (−20±2)℃에서 (50±2)℃까지의 주위온도시험.
4. 그 밖의 감지기는 (−10±2)℃에서 (50±2)℃까지의 주위온도시험.

**제12조 (감지기의 접점)** ① 감지기의 접점은 KS C 2507(통신기기용 접점재료)에 의한 P.G.S합금 또는 이와 동등이상의 효력이 있는 것으로 접촉면을 연마하여 사용하여야 한다.

② 감지기의 접점은 불활성가스 중에 밀봉한 것을 제외하고는 접점을 접촉시키는데 필요한 힘의 2배의 힘을 가하는 경우에 접촉압력이 5 [g] 이상이어야 한다.

③ 감지기의 접점 및 조정부는 노출되지 아니하는 구조이어야 한다.

**제13조 (감지기의 인장시험 등)** ① 차동식분포형감지기의 선으로 된 감열부 및 정온식감지선형감지기는 다음 각 호에 적합하여야 한다.

1. 시료의 한쪽 끝을 고정하고 감지기로부터 25 [cm] 떨어진 곳에 10 [kg]의 인장하중을 가하는 경우 끊어지지 아니하여야 하며 또한 기능에 이상이 생기지 아니하여야 한다.
2. 선으로 된 부분의 접속부품은 이를 사용한 경우 접속으로 인하여 그 부분의 기능에 이상이 생기지 아니하여야 한다.

② 감지기는 다음 각 호에 적합하여야 한다. 다만, 단독경보형의 감지기는 그러하지 아니하다.

1. 단자는 1극에 대하여 2개이어야 한다.
2. 단자 대신에 전선을 사용하는 감지기(감지선형인 것을 제외한다)에 있어서 전선은 그 수를 1극에 대하여 2개로 하고 1개당 2 [kg]의 인장하중을 가한 경우 끊어지지 아니하여야 하며 기능에 이상이 생기지 아니하여야 한다.

**제14조 (차동식스포트형감지기의 감도시험)** 차동식스포트형감지기의 감도는 그 종별로 다음 표 의 K, V, N, T, M, k, v, n, t 및 m의 값에 따라 다음 각 호의 시험에 적합하여야 한다.

<table>
<tr><th rowspan="3">종 별</th><th colspan="5">작동시험</th><th colspan="5">부작동시험</th></tr>
<tr><th colspan="3">계단상승</th><th colspan="2">직선상승</th><th colspan="3">계단상승</th><th colspan="2">직선상승</th></tr>
<tr><th>K</th><th>V</th><th>N</th><th>T</th><th>M</th><th>k</th><th>v</th><th>n</th><th>t</th><th>m</th></tr>
<tr><td>1 종</td><td>20</td><td>70</td><td rowspan="2">30</td><td>10</td><td rowspan="2">4.5</td><td>10</td><td>50</td><td rowspan="2">1</td><td>2</td><td rowspan="2">15</td></tr>
<tr><td>2 종</td><td>30</td><td>85</td><td>15</td><td>15</td><td>60</td><td>3</td></tr>
</table>

1. 작동시험

가. 실온보다 K℃ 높은 온도이고 풍속이 V [cm/s]인 수직기류에 투입하는 경우 N초 이내

에 작동하여야 한다.

나. 실온에서부터 T [℃/min]의 직선적인 비율로 상승하는 수평기류에 투입하는 경우 M분 이내로 작동하여야 한다.

2. 부작동시험

가. 실온보다 k℃ 높은 온도이고 풍속이 v [cm/s]인 수직기류에 투입하는 경우 n분 이내에 작동하지 아니하여야 한다.

나. 실온에서부터 t [℃/min]의 직선적인 비율로 상승하는 수평기류에 투입하는 경우 m분 이내에 작동하지 아니하여야 한다.

**제15조 (차동식분포형감지기의 감도시험)** ① 분포형감지기로서 공기관식의 감도는 그 종별로 다음표의 공기관 자체의 온도상승율 $t_1$ 및 $t_2$의 값에 따라 다음 각 호의 시험에 적합하여야 한다.

| 종별 | $t_1$ | $t_2$ |
|---|---|---|
| 1종 | 7.5 | 1 |
| 2종 | 15 | 2 |
| 3종 | 30 | 4 |

1. 작동시험

공기관중 검출부로부터 가장 먼거리에 있는 20 [m]의 부분이 $t_1$ [℃/min]의 직선적인 비율로 상승하는 경우 1분 이내에 작동하여야 한다.

2. 부작동시험

공기관 전체가 $t_2$ [℃/min]의 직선적인 비율로 상승하는 경우 15분 이내에 작동하지 아니하여야 한다.

② 제1항의 규정은 차동식분포형감지기 중 공기관식 외의 것에 대한 감도시험시에도 이를 준용한다.

**제16조 (정온식감지기의 공칭작동온도의 구분, 감도시험 및 화재정보신호)** ① 정온식감지기(아날로그식 제외)의 공칭작동온도는 60℃에서 150℃까지의 범위로 하되, 60℃에서 80℃인 것은 5℃ 간격으로, 80℃ 이상인 것은 10℃ 간격으로 하여야 하며 다음 각 호의 시험에 적합하여야 한다.

1. 작동시험

공칭작동온도의 125%가 되는 온도이고 풍속이 1 [m/s]인 수직기류에 투입하는 경우 그 종별에 따라 다음 표에 정하는 시간 이내에 작동하여야 한다.

| 종별 | 실온 | |
|---|---|---|
| | 0℃ | 0℃ 이외 |
| 특종 | 40초 이하 | 실온 $\theta_r$(도)일 때의 작동시간 $t$(초)는 다음 식에 의하여 산출한다. $t = \dfrac{t_0 \log_{10}\left(1+\dfrac{\theta-\theta_r}{\delta}\right)}{\log_{10}\left(1+\dfrac{\theta}{\delta}\right)}$ |
| 1종 | 40초 초과<br>120초 이하 | |
| 2종 | 120초 초과<br>300초 이하 | |

(주) $t_0$ : 실온이 0℃인 경우의 작동시간(초)
$\theta$ : 공칭작동온도(도)
$\delta$ : 공칭작동온도와 작동시험온도와의 차

2. **부작동시험**

공칭작동온도 보다 **10℃ 낮은 온도**이고 풍속이 1 [m/s]인 수직기류에 투입하는 경우 **10분 이내**에 작동하지 아니하여야 한다.

② 아날로그식 정온식감지기는 공칭감지온도범위(설계치)의 각 온도에서 다음 각 호의 시험에 적합하여야 한다.

1. 2 [℃/min] 이하로 일정하게 직선적으로 상승하는 풍속 1 [m/s]의 수평기류를 공칭감지온도의 최저온도에서 최고온도까지 가하는 경우 온도에 대응하는 화재정보신호를 발신하여야 한다.
2. 공칭감지온도범위의 임의의 온도에서 제1항제1호에 따른 특종의 작동시험에 적합하여야 한다.

**제17조 (보상식스포트형감지기의 정온점의 구분 및 감도시험)** ① 보상식스포트형감지기의 정온점은 60℃에서 150℃까지의 범위로 하되, 60℃에서 80℃까지의 것은 5℃ 간격으로, 80℃를 넘는 것은 10℃ 간격으로 한다.

② 보상식스포트형감지기의 감도는 그 종별로 다음 표의 K, V, N, T, M, S, k, v, n, t 및 m의 값에 따라 다음 각 호의 시험에 적합하여야 한다.

| 종별 | 작동시험 | | | | | | 부작동시험 | | | | |
|---|---|---|---|---|---|---|---|---|---|---|---|
| | 계단상승 | | | 직선상승 | | 정온점 | 계단상승 | | | 직선상승 | |
| | K | V | N | T | M | S | k | v | n | t | m |
| 1종 | 20 | 70 | 30 | 10 | 4.5 | 60이상<br>150이하 | 10 | 50 | 1 | 2 | 10 |
| 2종 | 30 | 85 | | 15 | | | 15 | 60 | | 3 | |

1. 작동시험

가. 실온보다 K℃ 높은 온도이고 풍속이 V [cm/s]인 수직기류에 투입하는 경우 N초 이내에 작동하여야 한다.

나. 실온에서부터 T [℃/min]의 직선적인 비율로 상승하는 수평기류에서 투입하는 경우

M분 이내에 작동하여야 한다.

다. 실온에서부터 1 [℃/min]의 직선적인 비율로 상승하는 수평기류를 가하는 경우 S보다 10℃의 낮은 온도에서부터 S보다 10℃ 높은 온도까지의 온도범위에서 작동하여야 한다.

2. 부작동시험

가. 실온보다 k℃ 높은 온도이고 풍속이 v [cm/s]인 수직기류에 투입하는 경우 n분 이내에 작동하지 아니하여야 한다.

나. 실온에서부터 t [℃/min]의 직선적인 비율로 상승하는 수평기류를 가하는 경우 정온점보다 10℃ 낮은 온도에 도달하지 아니하는 범위내에서는 m분 이내에 작동하지 아니하여야 한다.

**제18조 (이온화식감지기의 공칭축적시간의 구분, 화재정보신호 및 감도시험)** ① 이온화식감지기(축적형에 한한다)의 축적시간은 5초 이상 60초 이하로 하고 공칭축적시간은 10초 이상 60초의 범위에서 10초 간격으로 한다.

② 이온화식감지기(아날로그식은 제외)의 감도는 그 종별 및 공칭축적시간에 의하여 다음 표의 K, V, T 및 t의 값에 따라 다음 각 호의 시험에 적합하여야 한다.

| 종별 | K | V | T | t |
|---|---|---|---|---|
| 1종 | 0.19 | 20 이상<br>40 이하 | 30 | 5 |
| 2종 | 0.24 | | | |
| 3종 | 0.28 | | | |

(주) K는 공칭작동 전리전류변화율로서 평행판전극(전극간의 간격이 2 [cm]이고 한쪽의 전극이 직경 5 [cm]의 원형인 금속판에 $3.034 \times 10^5$ [Bq](8.2 [$\mu$Ci])의 아메리슘 241을 부착한 것을 말함) 사이에 20 [V]의 직류전압을 가하는 경우 연기에 의한 전리전류의 변화율을 말한다.

1. 작동시험

전리전류의 변화율 1.35K인 농도의 연기를 포함하는 풍속이 V [cm/s]의 기류에 투입하는 경우 비척적형은 T초 이내에서 작동하고, 축적형은 T초 이내에서 감지한 후 공칭축적시간 ±5초 범위에서 화재신호를 발신하여야 한다.

2. 부작동시험

전리전류의 변화율 0.65K인 농도의 연기를 포함하는 풍속 V [cm/s]의 기류에 투입하는 경우 t분 이내에는 작동하지 아니하여야 한다.

③ 아날로그식감지기의 공칭감지농도범위(설계치)는 1 [m]에 해당하는 환산감광률로 하며 다음 각 호의 시험에 적합하여야 한다.

1. 풍속을 20 [cm/s] 이상 40 [cm/s] 이하로 하여 공칭감지농도의 최저농도값에 해당하는 전리전류변화율에서 최고농도값에 해당하는 전리전류변화율까지 매분 0.12의 일정한 간격

으로 직선상승하는 연기기류에 투입하였을 때 연기농도에 대응하는 화재정보신호를 발신하여야 한다.

2. 공칭감지농도범위의 임의의 농도에서 제2항제1호의 규정에 준한 시험을 실시하는 경우 30초 이내에 작동하여야 한다.

**제19조 (광전식감지기의 공칭축적시간의 구분, 공칭감시거리, 화재정보신호 및 감도시험)** ① 광전식감지기(축적형에 한한다)의 축적시간 및 공칭축적시간에 대하여는 제18조제1항의 규정을 준용한다.

② 광전식스포트형감지기(아날로그식은 제외)의 감도는 그 종별 및 공칭축적시간에 의하여 다음 표의 K, V, T 및 t의 값에 따라 다음 각 호의 시험에 적합하여야 한다.

| 종별 | K | V | T | t |
|---|---|---|---|---|
| 1종 | 5 | 20 이상<br>40 이하 | 30 | 5 |
| 2종 | 10 | | | |
| 3종 | 15 | | | |

(주) K는 공칭작동농도로서 감광률로 나타낸다. 이 경우 감광률은 광원을 색온도 2800도인 백열전구로 하고 수광부는 시감도에 비슷한 것으로 한다.

1. 작동시험

1 [m]당 감광률 1.5K인 농도의 연기를 포함하는 풍속이 V [cm/s]의 기류에 투입하는 경우 비축적형인 것은 T초 이내에서 작동하고, 축적형은 T초 이내에서 감지한 후 공칭축적시간 ±5 범위에서 화재신호를 발신하여야 한다.

2. 부작동시험

1 [m]당 감광률 0.5K인 농도의 연기를 포함하는 풍속 V [cm/s]의 기류에 투입하는 경우 t분 이내에는 작동하지 아니하여야 한다.

③ 분리형의 경우 공칭감시거리는 5 [m] 이상 100 [m] 이하로 하며 5 [m] 간격으로 한다.

④ 분리형광전식감지기(아날로그식은 제외)의 경우 감도는 그 종별, 공칭축적시간 및 공칭감시거리에 의하여 다음 표의 $K_1$, $K_2$, T 및 t의 값에 따라 다음 각 호의 시험에 적합하여야 한다.

| 종별 | $L_1$ | $K_1$ | $K_2$ | T | t |
|---|---|---|---|---|---|
| 1종 | 45 [m] 미만 | $0.8 \times L_1 + 29$ | $0.3 \times L_2$ | 30 | 2 |
| | 45 [m] 이상 | 65 | | | |
| 2종 | 45 [m] 미만 | $L_1 + 40$ | | | |
| | 45 [m] 이상 | 85 | | | |

(주) 1. $L_1$은 공칭감시거리의 최소값이며, $L_2$는 공칭감시거리의 최대값이다.
2. $K_1$ 및 $K_2$는 연기농도에 해당하는 감광필터의 성능이며 감광률로 나타낸다. 이 경우 감광률은 피크파장 940 [nm]의 발광다이오드를 광원으로 하고 수광부를 근적외부로 하여 감도값이 피크가 될 때의 값으로 측정한다.

1. 작동시험

송광부와 수광부간에 $L_1$에 대응하는 $K_1$의 성능을 가진 감광필터를 설치할 때 비축적형은 T초 이내에 작동하여야 하며, 축적형은 T초 이내에 감지하고, 공칭축적시간 ±5초 범위에서 화재신호를 발신하여야 한다.

2. 부작동시험

송광부와 수광부 사이에 $L_2$에 해당하는 $K_2$의 성능을 가진 감광필터를 설치할 때 t분 동안 작동하여서는 아니된다.

⑤ 아날로그식 광전식스포트형감지기의 공칭감지농도범위(설계치)는 1 [m]에 해당하는 환산감광률로 하며, 다음 시험에 적합하여야 한다.

1. 삭제 <1998.7.10.>
2. 풍속을 20 [cm/s] 이상 40 [cm/s] 이하로 하여 공칭감지농도의 최저농도값에서 최고농도값에 도달할 때까지 1 [m] 감광률로 분당 2.5% 이하의 일정한 간격으로 직선상승하는 연기기류를 가할 때 연기농도에 대응하는 화재정보신호를 발신하여야 한다.
3. 공칭감지농도범위의 임의의 농도에서 제2항제1호의 규정에 준한 작동시험을 실시하는 경우 30초 이내에 작동하여야 한다.

⑥ 아날로그식 분리형광전식감지기는 다음 각 호의 시험에 적합하여야 한다.

1. 공칭감시거리는 5 [m] 이상 100 [m] 이하로 하여 5 [m] 간격으로 한다.
2. 삭제 <1998.7.10.>
3. 송광부와 수광부 사이에 감광필터를 설치할 때 공칭감지농도범위(설계치)의 최저농도값에 해당하는 감광률에서 최고농도값에 해당하는 감광률에 도달할 때까지 공칭감시거리의 최대값까지 분당 30% 이하로 일정하게 분할한 감광필터를 직선상승하도록 설치할 경우 각 감광필터값의 변화에 대응하는 화재정보신호를 발신하여야 한다.
4. 공칭감지농도범위의 임의의 농도에서 제4항제1호의 규정에 준하는 시험을 실시하는 경우 30초 이내에 작동하여야 한다.

⑦ 공기흡입형광전식감지기의 공기흡입장치는 공기 배관망에 설치된 가장 먼 샘플링지점에서 감지부분까지 120초 이내에 연기를 이송할 수 있어야 하며, 스포트형은 제2항을, 아날로그식은 제5항의 시험을 준용한다.

**제19조의2 (불꽃감지기의 유효감지거리의 구분, 감도시험, 시야각)** ① 불꽃감지기의 유효감지거리 및 시야각은 다음 각 호에 따른다.

1. 유효감지거리 범위는 20 [m] 미만은 1 [m] 간격으로, 20 [m] 이상은 5 [m] 간격으로 설정하여야 하며, 단일 유효감시거리, 복수 유효감지거리, 단일 유효감지거리 범위 또는 복수 유효감시거리 범위로 설정할 수 있다.
2. 제1호에 따른 복수의 유효감지거리 및 유효감지거리 범위는 다수의 단계로 분할하여 설정

할 수 있다. 다만, 유효감지거리를 범위로 설정한 경우에는 각 단계별 유효감지거리 세부 범위는 연속되도록 설정하여야 한다.

3. 시야각은 5° 간격으로 설정한다.

② 불꽃감지기의 감도는 다음 각 호에서 정하는 시험에 적합하여야 한다.

1. 작동시험

감지기의 구분 및 시야각에 따른 유효감지거리에 대응하는 L 및 d의 값은 다음 표와 같이 정해진 경우 감지기로부터 L [m] 떨어진 장소에서 1변의 길이가 d [cm]인 장사각형 통에 n-헵탄을 연소시킬 때 30초 이내에 화재신호를 발신하여야 한다.

| 구 분 | L | d |
|---|---|---|
| 옥내형 또는 옥내·옥외형 | 유효감지거리의 1.2배의 값 | 33 |
| 도로형 | 유효감지거리의 1.4배의 값 | 70 |

2. 부작동시험

자외선 또는 적외선의 수광량은 작동시험에 의한 수광량의 1/4값에서 1분 이내에 작동하지 아니하여야 한다.

③ 불꽃감지기중 도로형은 최대시야각이 180° 이상이어야 한다.

**제20조 (열복합식감지기의 공칭작동온도의 구분 및 감도시험)** ① 정온식스포트형감지기의 기능을 가진 열복합형감지기의 공칭작동온도 구분에 대하여는 제16조의 규정을 준용한다.

② 열복합형감지기의 감도는 제14조 및 제16조에서 규정하는 각각의 시험에 적합하여야 한다.

**제21조 (연복합식감지기의 공칭축적시간의 구분 및 감도시험)** ① 연복합형감지기(축적형에 한한다)의 축적시간 및 공칭축적시간에 대하여는 제18조제1항의 규정을 준용한다.

② 연복합형감지기의 감도는 제18조제2항 및 제19조제2항에서 규정하는 각각의 시험에 적합하여야 한다.

**제22조 (열연복합식감지기의 공칭작동온도 구분, 공칭축적시간의 구분 및 감도시험)** ① 정온식스포트형감지기의 기능을 가진 열연복합형감지기의 공칭작동온도 구분에 대하여는 제16조의 규정을 준용한다.

② 축적형연기식감지기의 기능을 가진 열연복합형감지기의 축적시간 및 공칭축적시간에 대하여는 제18조제1항의 규정을 각각 준용한다.

③ 열연복합형감지기의 감도는 제14조, 제16조, 제18조 및 제19조에서 규정하는 해당 각 시험에 적합하여야 한다.

**제22조의2 (복합형감지기의 구분 및 감도시험)** ① 복합형감지기의 구분은 다음의 각 호에 따른다.

1. 정온식감지기의 기능을 가진 복합형감지기의 공칭작동온도 구분은 제16조의 규정을 준용할 것
2. 보상식스포트형감지기의 기능을 가진 복합형감지기의 정온점 구분은 제17조제1항의 규정을 준용할 것
3. 축적형연기식감지기의 기능을 가진 복합형감지기의 축적시간 및 공칭축적시간은 제18조제1항을 준용할 것
4. 불꽃감지기의 기능을 가진 복합형감지기의 유효감지거리 및 시야각은 제19조의2제1항을 준용할 것

② 복합형감지기의 감도는 제14조부터 제19조의2까지에서 규정한 사항에 해당하는 각 시험에 적합하여야 한다.

**제23조 (단독경보형감지기의 공칭작동온도 구분, 공칭축적시간 및 감도시험)** ① 정온식스포트형감지기의 기능을 가진 단독경보형감지기의 공칭작동온도 구분에 대하여는 제16조의 규정을 준용한다.

② 축적형연기식감지기의 기능을 가진 단독경보형감지기의 축적시간 및 공칭축적시간에 대하여는 제18조제1항의 규정을 각각 준용한다.

③ 단독경보형감지기의 감도는 제14조 내지 제22조에서 규정하는 해당 각 규정에 적합하여야 한다.

**제24조 (감도시험의 조건)** 제14조 내지 제23조에 따른 감도시험은 감지기를 제10조에 따른 시험조건에서 30분간 강제 통풍한 후에 실시한다.

**제25조 (노화시험)** 정온식 성능이 있는 감지기는 공칭작동온도 또는 공칭작동온도보다 (20±2)℃ 낮은 온도의 공기중에서, 아날로그식의 정온식감지기 성능을 가진 것은 공칭감지온도 범위의 상한값보다 (20±2)℃ 낮은 온도의 공기중에서, 옥내·옥외형 또는 도로형 불꽃감지기는 (50±2)℃의 공기중에서, 그 밖의 감지기는 (50±2)℃의 공기중에서 통전상태로 **30일간** 방치하는 경우 그 구조나 기능에 이상이 생기지 아니하여야 한다.

**제26조 (방수시험)** 방수형의 감지기는 (23±2)℃, 상대습도 (50±2)%의 상태에 24시간 방치한 후 (23±2)℃의 맑은 물에 48시간 침지시키는 경우 내부에 물이 고이지 않아야 하며, 기능 및 절연저항시험에 이상이 생기지 아니하여야 한다.

**제26조의2 (살수시험)** 옥내·옥외형 및 도로형 불꽃감지기(방수형은 제외한다)는 일반 사용상태로 부착하고 맑은 물을 34.5 [kPa]의 압력으로 3개의 분무헤드를 이용하여 전면 상방에 (45±2)° 각도의 방향에서 시료를 향하여 일률적으로 24시간 이상 물을 분사하는 경우에 내부에 물이 고이지 않아야 하며, 기능 및 절연저항시험에 이상이 생기지 아니하여야 한다.

**제27조 (내식시험)** ① 감지기는 보통형의 것은 제1호의 시험을, 내산형은 제2호 및 제3호의

시험을, 내알칼리형은 제2호 및 제4호의 시험을 실시한 다음, 감지기 외부의 물방울을 닦고 상온상습에서 4일간 놓아둔 후 감도시험 및 절연저항시험을 실시하는 경우 이상이 생기지 아니하여야 한다. 이 경우 제1호, 제2호, 제3호 및 제4호의 시험은 (45±2)℃인 상태에서 실시하며, 공기관식의 공기관은 직경 10 [mm]의 원형막대에, 열전대식의 열전대부 또는 감지선형의 선상감열부는 직경 100 [mm]의 원형막대에 밀착시켜 10회 감아서 실시한다.

1. 5 [L]의 시험기기중에 농도 40 [g/L] 되는 티오황산나트륨수용액 500 [mL]를 넣고 1규정 농도의 황산 156 [mL]를 물 1 [L]에 용해한 용액을 1일 2회 10 [mL]씩 가하여 발생하는 아황산가스중에 4일간 놓아두는 시험
2. 5 [L]의 시험기기중에 농도가 40 [g/L] 되는 티오황산나트륨수용액 500 [mL]를 넣고 1규정 농도의 황산 156 [mL]를 물 1 [L]에 용해한 용액을 1일 2회 10 [mL]씩 가하여 발생하는 아황산가스중에 16일 놓아두는 시험
3. 농도가 1 [mg/L] 되는 염화수소가스중에 16일간 놓아두는 시험
4. 농도가 10 [mg/L] 되는 암모니아가스중에 16일간 놓아두는 시험.

② 옥내·옥외형 또는 도로형 불꽃감지기의 외부에 3%의 염화나트륨수용액을 면적 9 [$mm^2$]의 수평면적당 1 [mm] 이상 3 [mm] 이하의 용액을 일정비율로 1일 1회 30초씩 3일 동안 분무한 다음 (40±2)℃, 상대습도 (95±2)%의 공기중에 15일간 방치할 경우 부식이 발생하지 아니하여야 하고, 감도시험(차동식감지기의 성능을 가진 것은 계단상승시험) 및 절연저항시험을 실시하는 경우 이상이 생기지 아니하여야 한다.

**제28조 (반복시험)** 감지기(비재용형인 것은 제외한다)는 감지기가 작동하는 경우에 단자접점에 저항부하를 연결하고 정격전압전류를 가한 상태에서 다음 각 호에 해당하는 감지기의 구분에 의하여 조작을 **1,000회** 반복할 경우 그 구조 또는 기능에 이상이 생기지 아니하여야 한다.

1. 차동식감지기의 성능을 가진 감지기(보상식스포트형감지기는 제외한다)는 실온보다 다음의 구분에 따른 온도만큼 높은 기류중에서 작동할 때까지 놓아둔 다음 다시 실온과 동일한 온도의 강제 통풍중에서 원상태가 되도록 냉각을 반복하는 시험
   가. 1종감지기는 (30±2)℃
   나. 2종감지기는 (40±2)℃
   다. 3종감지기는 (60±2)℃
2. 정온식감지기의 성능을 가진 감지기(보상식스포트형감지기는 제외한다)의 경우는 공칭작동온도(2이상의 공칭작동온도를 가진 것은 가장 높은 공칭작동온도)보다 다음의 구분에 따른 온도만큼 높은 기류중에서 작동할 때까지 놓아둔 다음 실온과 동일한 온도의 강제통

풍 중에서 원 상태가 되도록 냉각을 반복하는 시험(2이상의 성능 또는 종별을 가진 것은 가장 높은 시험온도로 시험)

가. 특종과 1종감지기는 (30±2)℃

나. 2종감지기는 (40±2)℃

다. 3종감지기는 (60±2)℃

3. 보상식스포트형감지기는 공칭정온점 보다 다음 구분에 따른 온도(2이상의 성능 및 종별을 가진 경우는 가장 높은 온도)만큼 높은 시험온도의 기류중에서 작동할 때까지 놓아 둔 다음 다시 실온과 동일한 온도의 강제 통풍중에서 원상태가 되도록 반복하는 시험(2이상의 성능 또는 종별을 가진 것은 가장 좋은 시험온도로 시험)

가. 특종과 1종감지기는 (30±2)℃

나. 2종감지기는 (40±2)℃

다. 3종감지기는 (60±2)℃

4. 아날로그식인 정온식감지기 성능을 가진 것은 공칭감지온도 범위 중 상한값보다 (30±2)℃ 높은 시험온도의 기류중에서 작동상태가 될 때까지 방치한 다음 다시 실온과 동일한 온도의 강제 통풍중에서 원상태가 되도록 냉각을 반복하는 시험.

5. 이온화식감지기의 성능을 갖는 감지기는 이를 작동시키는 전압 또는 연기를 가하여 작동상태가 될 때까지 방치한 다음 다시 본래의 상태로 복귀하도록 반복하는 시험

6. 광전식감지기의 성능을 가진 감지기 및 불꽃감지기는 이를 작동시키는 광량 또는 연기를 가하여 작동상태가 될 때까지 방치한 다음 다시 본래의 상태로 복귀하도록 반복하는 시험

**제29조 (진동시험)** ① 감지기는 전원이 인가된 상태에서 IEC 60068-2-6의 시험방법에 따라 다음 각 호에 따른 시험을 실시하는 경우 시험중 잘못 작동되거나 시험후 구조 및 기능에 이상이 없어야 한다.

1. 주파수 범위 : (10～150) [Hz]
2. 가속도 진폭 : 5 [$m/s^2$]
3. 축수 : 3
4. 스위프 속도 : 1 [옥타브/min]
5. 스위프 사이클 수 : 축 당 1

② 감지기는 전원을 인가하지 아니한 상태에서 IEC 60068-2-6의 시험방법에 따라 다음 각 호에 따른 시험을 실시하는 경우 구조 및 기능에 이상이 없어야 한다.

1. 주파수 범위 : (10～150) [Hz]
2. 가속도 진폭 : 10 [$m/s^2$]
3. 축수 : 3
4. 스위프 속도 : 1 [옥타브/min]

5. 스위프 사이클 수 : 축 당 20

**제30조 (충격시험)** 감지기의 전원을 인가한 상태에서 두께 20 [mm], 폭 300 [mm], 길이 500 [mm]의 나무판 중앙에 부착하여 이를 뒤집은 후 나무판의 양끝으로부터 50 [mm]의 부분을 받침대로 지지하여 고정시키고, 감지기가 부착된 나무판의 반대면 중앙에 무게 0.54 [kg] 직경 51 [mm]의 강철구를 775 [mm]의 높이에서 그림 1과 같이 진자운동에 의하여 충격을 가하는 시험 또는 그림 2와 같이 자유낙하에 의하여 충격을 가하는 시험을 1회 실시하는 경우 잘못 작동하거나 그 구조 또는 기능에 이상이 생기지 아니하여야 한다.

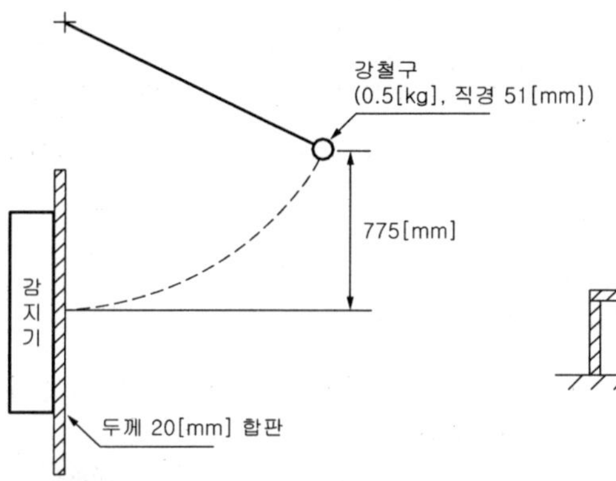


**| 그림 1 |**

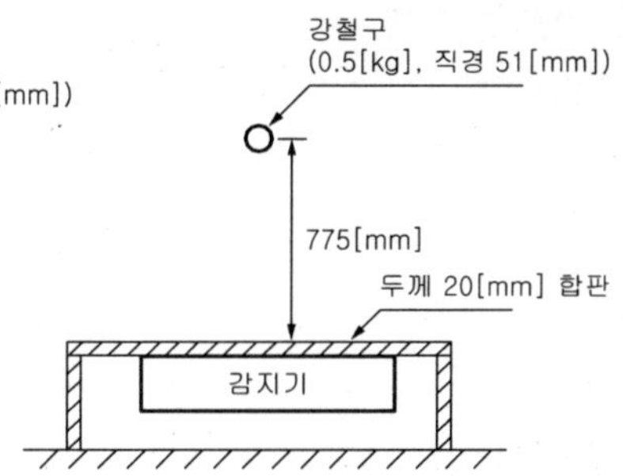


**| 그림 2 |**

**제31조 (분진시험)** 감지기는 전류를 통한 상태에서 내부용적이 0.09 [$m^3$]가 되는 밀폐된 상자내에 정상위치로 부착하고 KS A 0090(시험용 더스트)의 5종 플라이애시 60 [g]을 상자 속에 넣고 풍속이 0.25 [m/s]로 압축된 공기 또는 통풍기로 **15분간** 교반한 후 제14조 내지 제23조의 감도시험을 하는 경우 기능에 이상이 생기지 아니하여야 한다.

**제32조 (충격전압시험)** 감지기는 다음 각 호의 1의 시험을 실시하는 경우 잘못 작동하거나 기능에 이상이 생기지 아니하여야 한다.

1. 전류를 통한 상태에서 다음 시험을 각각 500회 실시하는 시험
   가. 용량이 2 [kVA]인 절연변압기(2차측은 개방한 상태)의 1차측을 감지기의 전원공급회로와 동일회선에 병렬로 연결하고 절연변압기의 입력전압을 1분당 6회 비율로 매회 1초간 개방하여 발생하는 충격전압을 가하는 시험
   나. 전원장치로부터 감지기에 공급되는 상용전원을 1분당 6회의 비율로 매회 1초간 개방하여 단속시에 발생하는 충격전압을 가하는 시험
   (주) 시험용 절연변압기의 전기적 특성은 다음과 같다.

| 항목 / 권선 | 전압 [V] | 주파수 [Hz] | 인덕턴스 [mH] | Q | 직류저항[Ω] (23℃에서) |
|---|---|---|---|---|---|
| 1차권선 | 120 | 1,000 | 21.2 | 11.50 | 0.244 |
| 2차권선 | 240 | 1,000 | 109.3 | 4.65 | 0.371 |

2. 전류를 통한 상태에서 다음 시험을 각각 15초간 실시하는 시험
   가. 내부저항 50 [Ω]인 전원에서 500 [V]의 전압을 펄스폭 1 [$\mu$s], 반복주기 100 [Hz]로 가하는 시험
   나. 내부저항 50 [Ω]인 전원에서 500 [V]의 전압을 펄스폭 0.1 [$\mu$s], 반복주기 100 [Hz]로 가하는 시험

**제33조 (습도시험)** ① 감지기는 전원을 인가한 상태에서 (40±2)℃, 상대습도 (93±3)%인 공기중에 **4일간** 방치하는 경우 잘못 작동하지 아니하여야 하며 구조 및 기능에 이상이 없어야 한다.

② 감지기는 전원을 인가하지 않은 상태에서 (40±2)℃, 상대습도 (93±3)%인 공기중에 21일간 방치하는 경우 구조 및 기능에 이상이 없어야 한다.

**제34조 (재용성시험)** 재용성감지기는 (150±2)℃, 풍속 1 [m/s]인 기류중에 정온식감지기 또는 아날로그식인 정온식감지기의 성능을 가진 것은 2분간, 그 밖의 감지기는 30초간 투입하는 시험을 실시한 후 그 구조 또는 기능에 이상이 생기지 아니하여야 한다.

**제35조 (절연저항시험)** 감지기의 절연된 단자간의 절연저항 및 단자와 외함간의 절연저항은 DC **500 [V]**의 절연저항계로 측정한 값이 **50 [MΩ]**(정온식감지선형감지기는 선간에서 1 [m]당 1,000 [MΩ]) 이상이어야 한다.

**제36조 (절연내력시험)** 감지기의 단자와 외함간의 절연내력은 60 [Hz]의 정현파에 가까운 실효전압 500 [V](정격전압이 60 [V]를 초과하고 150 [V] 이하인 것은 1 [kV], 정격전압이 150 [V]를 초과하는 것은 그 정격전압에 2를 곱하여 1 [kV]를 더한 값)의 교류전압을 가하는 시험에서 **1분간** 견디는 것이어야 한다.

**제37조 (표시)** 감지기에는 다음 각 호의 사항을 보기 쉬운 부분에 쉽게 지워지지 아니하도록 표시하여야 한다. 다만, 제13호와 제15호는 포장 또는 사용설명서에 표시할 수 있다.

1. 종별 및 형식
2. 형식승인번호
3. 제조년월 및 제조번호
4. 제조업체명 또는 상호
5. 특수하게 취급하여야 할 것은 그 주의사항
6. 삭제 <2000.12.15.>

7. 극성이 있는 단자에는 극성을 표시하는 기호
8. 공칭축적시간(축적형에 한하여 "지연형(축적형)수신기에는 설치할 수 없음" 표시 별도)
9. 차동식분포형감지기에는 제1호 내지 제8호에 규정한 사항외에 공기관식은 최대공기관의 길이와 사용공기관의 안지름 및 바깥지름, 열전대식 및 열반도체식은 감열부의 최대수량 또는 길이
10. 정온식기능을 가진 감지기에는 공칭작동온도, 보상식감지기에는 정온점, 정온식감지선형 감지기에는 외피에 다음의 구분에 의한 공칭작동온도의 색상을 표시한다.
    가. 공칭작동온도가 80℃ 이하인 것은 백색
    나. 공칭작동온도가 80℃ 이상 120℃ 이하인 것은 청색
    다. 공칭작동온도가 120℃ 이상인 것은 적색
11. 방수형인 것은 "방수형"이라는 문자 별도표시
12. 다신호식 기능을 가진 감지기는 해당 감지기가 발하는 화재신호의 수 및 작동원리 구분방법
13. 설치방법, 취급상의 주의사항
14. 삭제 <1999.8.3.>
15. 품질보증에 관한 사항(보증기간, 보증내용, A/S방법, 자체검사필증 등)
16. 유효감지거리 및 시야각(해당되는 경우에 한함)
17. 화재정보신호값 범위(해당되는 경우에 한함)
18. 공칭감지온도의 범위(해당되는 경우에 한함)
19. 공칭감지농도의 범위(해당되는 경우에 한함)
20. 방폭형인 것은 "방폭형"이라는 문자 별도표시 및 방폭등급
21. 최대연동개수(연동식에 한함) <신설 2016.5.27.>
22. 접속가능한 수신기 형식번호(무선식 감지기에 한함) <개정 2017.12.6.>
23. 접속가능한 중계기 형식번호(무선식 감지기에 한함) <개정 2017.12.6.>

**제38조 (세부규정)** 이 기준의 시행에 관하여 필요한 세부사항은 소방청장이 이를 정한다. <개정 2017.12.6.>

**제39조 (재검토기한)** 소방청장은 「훈령·예규 등의 발령 및 관리에 관한 규정」에 따라 이 고시고시에 대하여 2019년 1월 1일 기준으로 매 3년이 되는 시점(매 3년째의 11월 30일까지를 말한다.)마다 그 타당성을 검토하여 개선 등의 조치를 하여야 한다. <개정 2016.5.27., 2017.12.6., 2019.1.24.>

**제40조** 삭제

## 부칙 <제2017-5호, 2017.12.6.>

**제1조 (시행일)** 이 고시는 발령한 날부터 시행한다. 다만, 제8조의2는 2017년 12월 19일부터 시행한다.

## 부칙 <제2019-10호, 2019.1.24.>

**제1조 (시행일)** 이 고시는 발령한 날부터 시행한다.

# 중계기의 형식승인 및 제품검사의 기술기준

## [ KOFEIS 0303 ]

소방청고시 제2017-7호(2017.12.6.)

**제1조 (목 적)** 이 기준은 「화재예방, 소방시설 설치·유지 및 안전관리에 관한 법률」 제36조제5항 및 같은 법 시행령 제37조에 따른 「중계기의 형식승인 및 제품검사의 기술기준」에 대하여 규정함을 목적으로 한다. <개정 2017.12.6.>

**제2조 (용어의 정의)** 이 기준에서 사용하는 용어의 정의는 다음과 같다.

1. “**경보기구**”란 자동화재탐지설비, 비상경보설비의 축전지, 화재속보설비, 누전경보기, 가스누설경보기 등 화재의 발생 또는 화재의 발생이 예상되는 상황에 대하여 경보를 발하여 주는 설비를 말한다.
2. “**자동화재탐지설비**”란 화재발생을 감지하여 해당 소방대상물의 화재발생을 소방대상물의 관계자에게 통보할 수 있는 설비로서 감지기, 발신기, 수신기, 경종 또는 중계기 등으로 구성된 것을 말한다. <개정 2017.12.6.>
3. “**중계기**”란 감지기 또는 발신기 작동에 의한 신호 또는 가스누설경보기의 탐지부(이하 “탐지부”라 한다)에서 발하여진 가스누설신호를 받아 이를 수신기, 가스누설경보기, 자동소화설비의 제어반에 발신하며 소화설비·제연설비 그밖에 이와 유사한 방재설비에 제어신호를 발신하는 것을 말한다. <개정 2017.12.6.>
4. “**감지기**”란 화재 시에 발생하는 열, 불꽃 또는 연소생성물(이하 “연기”라 한다)로 인하여 화재발생을 자동적으로 감지하여 그 자체에 부착된 음향장치로 경보를 발하거나 이를 수신기에 발신하는 것을 말한다. 이 경우 감지기를 부착할 때에 전용기판을 필요로 하는 것에 있어서는 그 기판을 포함한다.
5. “**발신기**”란 화재발생신호를 수신기에 수동으로 발신하는 것을 말한다.
6. “**수신기**”란 자동화재탐지설비 중 감지기나 발신기에서 발하는 화재신호 또는 탐지부에서 발하는 가스누설신호를 직접 수신하거나 중계기를 통하여 수신하는 것으로서 소방대상물의 관계자에게 경보를 발하거나 소방관서에 통보하여 주는 장치를 말한다.
7. “**경종**”이란 경보기구 또는 비상경보설비에 사용하는 벨 등의 음향장치를 말한다.
8. “**가스누설경보기**”란 가스가 새는 것을 탐지하여 관계자나 이용자에게 경보하여 주는 것을 말한다. 다만, 탐지소자외의 방법에 의하여 가스가 새는 것을 탐지하는 것, 가연성가스외

의 가스를 탐지할 목적으로 만들어진 것, 점검용으로 만들어진 휴대용검지기 또는 연동기기에 의하여 경보를 발하는 것은 제외한다.

9. "**방폭형**"이란 폭발성가스가 용기내부에서 폭발하였을 때 용기가 그 압력에 견디거나 또는 외부의 폭발성가스에 인화될 우려가 없도록 만들어진 형태의 제품을 말한다.
10. "**방수형**"이란 그 구조가 방수구조로 되어 있는 것을 말한다.
11. "**무선식**"이란 전파에 의해 신호를 송·수신하는 방식의 것을 말한다. <신설 2017.12.6.>

**제3조 (구조 및 기능)** 중계기의 구조 및 기능은 다음 각 호에 적합하여야 한다.

1. 작동이 확실하고, 취급·점검이 쉬워야 하며, 현저한 잡음이나 장해전파를 발하지 아니하여야 한다. 또한 먼지, 습기, 곤충 등에 의하여 기능에 영향을 받지 아니하여야 한다.
2. 보수 및 부속품의 교체가 쉬워야 한다. 다만, 방수형 및 방폭형은 그러하지 아니하다.
3. 부식에 의하여 기계적 기능에 영향을 초래할 우려가 있는 부분은 칠, 도금 등으로 유효하게 내식가공을 하거나 방청가공을 하여야 하며, 전기적 기능에 영향이 있는 단자, 나사 및 와셔 등은 동합금이나 이와 동등이상의 내식성능이 있는 재질을 사용하여야 한다.
4. 외함은 불연성 또는 난연성 재질로 만들어져야 하며 다음과 같아야 한다.
   가. 외함은 다음에 기재된 두께이상이어야 한다. <개정 2017.12.6.>
      (1) 1회선용은 1.0 [mm] 이상
      (2) 1회선용을 초과하는 것은 1.2 [mm] 이상
      (3) 직접 벽면에 접하며 벽 속에 매립되는 외함의 부분은 **1.6 [mm]** 이상
   나. 외함(화재표시창, 지구창, 지도판, 전화기, 조작부수납용 뚜껑, 스위치의 손잡이, 발광다이오드, 지시전기계기, 각종 표시명판 등은 제외한다)에 합성수지를 사용하는 경우에는 (80±2)℃의 온도에서 열로 인한 변형이 생기지 아니하여야 하며 자기소화성이 있는 재료이어야 한다.
5. 기기 내의 배선은 충분한 전류용량을 갖는 것으로 하여야 하며, 배선의 접속이 정확하고 확실하여야 한다.
6. 극성이 있는 경우에는 오접속을 방지하기 위하여 필요한 조치를 하여야 한다.
7. 부품의 부착은 기능에 이상을 일으키지 아니하고 쉽게 풀리지 아니하도록 하여야 한다.
8. 전선 이외의 전류가 흐르는 부분과 가동축부분의 접촉력이 충분하지 아니한 곳에는 접촉부의 접촉 불량을 방지하기 위한 적당한 조치를 하여야 한다.
9. 외부에서 쉽게 사람이 접촉할 우려가 있는 충전부는 충분히 보호되어야 한다.
10. 정격전압이 **60 [V]**를 넘는 중계기의 외함에는 **접지단자**를 설치하여야 한다.
11. 예비전원회로에는 단락사고 등으로부터 보호하기 위한 퓨즈를 설치하여야 한다.
12. 내부의 부품 등에서 발생되는 열에 의하여 구조 및 기능에 이상이 생길 우려가 있는 것은 방열판 또는 방열공 등에 의하여 보호조치를 하여야 한다. 다만, 방수형 또는 방폭형의

것은 방열공을 설치하지 아니할 수 있다.

13. 방폭형중계기의 방폭구조는 다음 각 목의 1에서 정하는 방폭규정에 적합하여야 한다.
   가. 한국산업표준 <개정 2017.12.6.>
   나. 산업안전보건법령에 의하여 정하는 규격
   다. 가스관계법령(고압가스안전관리법, 액화석유가스의 안전 및 사업관리법, 도시가스사업법)에 의하여 정하는 규격
14. 수신기, 가스누설경보기의 탐지부, 가스누설경보기의 수신부, 자동소화설비의 제어반 또는 다른 중계기로부터 전력을 공급받는 방식인 중계기는 다음 각목에 적합하여야 한다.
   가. 중계기로부터 외부부하에 직접 전력을 공급하는 회로에는 퓨즈 또는 브레이커 등을 설치하여 퓨즈가 녹아 끊어지거나 브레이커 등이 차단되는 경우에는 자동적으로 수신기에 퓨즈의 끊어짐이나 브레이커의 차단 등에 대한 신호를 보낼 수 있어야 한다.
   나. 지구음향장치를 울리게 하는 것은 수신기에서 조작하지 아니하는 한 울림을 계속할 수 있어야 한다.
   다. 화재신호에 영향을 미칠 염려가 있는 조작부를 설치하지 아니하여야 한다.
15. 수신기, 가스누설경보기의 탐지부, 가스누설경보기의 수신부, 자동소화설비의 제어반 또는 다른 중계기로부터 전력을 공급받지 아니하는 방식인 중계기는 제14호 나목 및 다목과 다음 각 목에 적합하여야 한다. 다만, 주전원이 건전지인 무선식 중계기는 제외한다. <개정 2017.12.6.>
   가. 전원입력회로 및 외부부하에 직접 전력을 공급하는 회로에는 퓨즈 또는 브레이커 등을 설치하여 주전원의 정지, 퓨즈의 끊어짐, 브레이커의 차단 등에 대한 신호를 보낼 수 있어야 한다. <개정 2017.12.6.>
   나. 내부에 예비전원이 있어야 한다. 다만, 방화상 유효한 조치를 강구한 것은 그러하지 아니하다.
   다. 중계기는 최대부하에 연속하여 견딜 수 있는 용량을 가져야 한다.
   라. 주전원이 정지한 경우에는 지동적으로 예비전원으로 전환되고, 주전원이 정상상태로 복귀한 경우에는 예비전원으로부터 주전원으로 전환되는 장치가 설치되어야 한다.
   마. 정류기의 직류측에 자동복귀형스위치를 설치하고 그 스위치의 조작에 의하여 전류가 흐르도록 부하를 가하는 경우 그 단자전압을 측정할 수 있는 장치를 설치하거나 예비전원의 저전압(제조사 설계 값) 상태를 자동적으로 확인할 수 있는 장치를 설치하여야 한다. <개정 2017.12.6.>
   바. 내부에 주전원의 양극을 동시에 개폐할 수 있는 전원스위치를 설치할 수 있다. <개정 2017.12.6.>
16. 수신개시로부터 발신개시까지의 시간이 **5초** 이내이어야 한다.

17. 수신기, 가스누설경보기의 탐지부, 가스누설경보기의 수신부, 자동소화설비의 제어반 또는 다른 중계기로부터 전력을 공급받지 아니하는 방식인 중계기 중 주전원이 건전지인 무선식 중계기의 경우 다음 각 목에 적합하여야 한다. <신설 2017.12.6.>
   가. 중계기로부터 외부부하에 직접 전력을 공급하는 회로에는 퓨즈 또는 브레이커 등을 설치하여 퓨즈의 끊어짐, 브레이커의 차단 등에 대한 신호를 보낼 수 있어야 한다.
   나. 중계기는 최대부하에 연속하여 견딜 수 있는 용량을 가져야 한다.
   다. 화재신호에 영향을 미칠 염려가 있는 조작부를 설치하지 아니하여야 한다.
18. 예비전원은 다음 각 목에 적합하게 설치하여야 한다. <신설 2017.12.6.>
   가. 중계기의 주전원으로 사용하여서는 아니 된다.
   나. 인출선은 적당한 색깔에 의하여 쉽게 구분할 수 있어야 한다.
   다. 중계기의 예비전원은 원통밀폐형 니켈카드뮴축전지 또는 무보수밀폐형 연축전지로서 그 용량은 감시상태를 60분간 계속한 후, 자동화재탐지설비용은 최대소비전류로 10분간 계속 흘릴 수 있는 용량 가스누설경보기용은 가스누설경보기의 기준에 규정된 용량, GP형, GP형복합식, GR형, GR형복합식의 수신기에 사용되는 중계기는 각각 그 용량을 합한 용량이어야 한다.
   라. 자동충전장치 및 전기적기구에 의한 자동과충전방지장치를 설치하여야 한다. 다만, 과충전상태가 되어도 성능 또는 구조에 이상이 생기지 아니하는 축전지를 설치하는 경우에는 자동과충전방지장치를 설치하지 아니할 수 있다.
   마. 전기적 기구에 의한 자동과방전방지장치를 설치하여야 한다. 다만, 과방전의 우려가 없는 경우 또는 과방전의 상태가 되어도 성능이나 구조에 이상이 생기지 아니하는 축전지를 설치하는 경우에는 그러하지 아니하다.
   바. 예비전원을 병렬로 접속하는 경우는 역충전 방지 등의 조치를 강구하여야 한다.
19. 무선식 중계기 중 배선에 의해 화재신호 또는 화재 정보신호 등을 수신하여 수신기·다른 중계기 등에 해당 신호를 무선으로 발신하는 것은 작동표시장치를 설치하여야 한다. <신설 2017.12.6.>
20. 무선식 중계기는 다음 각 목에 적합하여야 한다. <신설 2017.12.6.>
   가. 전파에 의한 감지기·중계기·수신기·발신기 간의 화재신호 또는 화재정보신호는 「신고하지 아니하고 개설할 수 있는 무선국용 무선설비의 기술기준」 제7조(특정소출력무선국용 무선설비)제3항의 「도난, 화재경보장치 등의 안전시스템용 주파수」를 적용하여야 한다.
   나. 「전파법」 제58조의2(방송통신기자재등의 적합성평가)에 적합하여야 한다.

**제3조의2 (무선식 중계기의 기능)** ① 무선식 중계기 중 전파에 의해 화재신호 또는 화재 정보신호 등을 수신하여 수신기·다른 중계기 등에 해당 신호를 배선 또는 전파에 의해 발

신하는 것은 다음 각 호에 적합하여야 한다. <신설 2017.12.6.>

1. 「감지기의 형식승인 및 제품검사의 기술기준」 제5조의4제2항제1호가목, 「발신기의 형식승인 및 제품검사의 기술기준」 제4조의3제1항에 의해 발신된 작동신호를 수신기에 중계 전송하여야 한다.
2. 「수신기 형식승인 및 제품검사의 기술기준」 제15조의2제1항의 수동 복귀스위치에 의한 복귀 신호를 수신 하는 경우 무선식감지기 또는 다른 중계기에 복귀신호를 중계 전송하여야 한다.
3. 「수신기 형식승인 및 제품검사의 기술기준」 제17조제6호가목 및 나목에 의한 무선통신 점검신호를 수신하는 경우 무선식 감지기, 무선식 발신기 또는 다른 중계기에 점검신호를 중계 전송하여야 하며 「감지기의 형식승인 및 제품검사의 기술기준」 제5조4제2항제2호, 「발신기의 형식승인 및 제품검사의 기술기준」 제4조의3제2항에 의한 확인신호를 수신하는 경우 무선식 수신기 또는 무선식 중계기에 자동으로 해당 확인신호를 중계 전송하여야 한다.

② 무선식 중계기 중 배선에 의해 화재신호 또는 화재 정보신호 등을 수신하여 수신기·다른 중계기 등에 해당 신호를 무선으로 발신하는 것은 다음 각 호에 적합하여야 한다. <신설 2017.12.6.>

1. 감지기, 발신기에 의해 발신된 작동신호를 수신한 중계기는 화재신호를 수신기 또는 다른 중계기에 60초 이내 주기마다 중계 전송하여야 한다.
2. 작동한 중계기는 「수신기 형식승인 및 제품검사의 기술기준」 제15조의2제1항의 수동 복귀스위치에 의한 복귀 신호를 수신하는 경우 작동표시장치의 작동표시는 복귀되어야 하고 감지기 또는 다른 중계기에 복귀신호를 중계 전송하여야 한다.
3. 「수신기 형식승인 및 제품검사의 기술기준」 제17조제6호가목 및 나목에 의한 무선통신 점검신호를 수신하는 경우 무선식 수신기 또는 무선식 중계기에 자동으로 확인신호를 발신하여야 한다.
4. 「수신기 형식승인 및 제품검사의 기술기준」 제17조제2의2호의 장치에 의한 신호를 수신하는 경우 배선별 도통상태를 무선식 수신기에 발신하여야 한다.

③ 건전지를 주전원으로 하는 중계기는 다음 각 호에 적합하여야 한다. <신설 2017.12.6.>

1. 건전지는 리튬전지 또는 이와 동등 이상의 지속적인 사용이 가능한 성능의 것이어야 하며, 건전지의 용량산정 시에는 다음 각 목의 사항이 고려되어야 한다.
   가. 감시상태의 소비전류
   나. 수신기의 수동 통신점검에 따른 소비전류
   다. 수신기의 자동 통신점검에 따른 소비전류
   라. 건전지의 자연방전전류

마. 건전지 교체 표시에 따른 소비전류

바. 부가장치가 설치된 경우에는 부가장치의 작동에 따른 소비전류

사. 기타 전류를 소모하는 기능에 대한 소비전류

아. 안전 여유율

2. 건전지의 성능이 저하되어 건전지의 교체가 필요한 경우에는 무선식 수신기에 자동적으로 당해 신호를 발신하여야 하고 표시등에 의하여 72시간 이상 표시하여야 한다.

**제4조 (부품의 구조 및 기능)** 중계기에 다음 각 호의 부품을 사용하는 경우 해당 각 호의 규정에 적합하거나 이와 동등이상의 성능이 있는 것이어야 한다.

1. 스위치

가. 조작이 쉽고 작동이 확실하여야 하며, 정지점이 명확하고 적정하여야 한다.

나. 각 접점의 최대사용전압으로 최대사용전류의 200 [%]인 전류를 저항부하를 통하여 흘리는 작동을 **1만회(전원스위치의 경우에는 5천회)** 반복하는 경우 그 구조 또는 기능에 이상이 생기지 아니하여야 한다.

다. 접점은 최대사용전류 용량에 적합하여야 하고 부식될 우려가 없는 것이어야 한다.

라. 눕혀서 끊어지는 형의 스위치(수은스위치 등)를 사용할 경우에는 정위치에 복귀시키는 것을 잊지 아니하도록 알려주는 적당한 장치를 하여야 한다.

2. 표시등

가. 전구는 사용전압의 130 [%]인 교류전압을 20시간 연속하여 가하는 경우 단선, 현저한 광속변화, 흑화, 전류의 저하 등이 발생하지 아니하여야 한다.

나. 소켓은 접촉이 확실하여야 하며 쉽게 전구를 교체할 수 있도록 부착하여야 한다.

다. 전구는 2개 이상을 병렬로 접속하여야 한다. 다만, 방전등 또는 발광다이오드의 경우에는 그러하지 아니하다.

라. 전구에는 적당한 보호커버를 설치하여야 한다. 다만, 발광다이오드의 경우에는 그러하지 아니하다.

마. 화재의 발생을 표시하는 표시등(이하 "화재등"이라 한다)은 등이 켜질 때 적색으로 표시되어야 하며, 화재가 발생한 경계구역의 위치를 표시하는 표시등(이하 "지구등"이라 한다)과 기타의 표시등은 다음과 같아야 한다.

(1) 지구등은 적색으로 표시되어야 한다. 이 경우 화재등이 설치된 중계기의 지구등은 적색외의 색으로도 표시할 수 있다.

(2) 기타의 표시등은 적색외의 색으로 표시되어야 한다. 다만, 화재등 및 지구등과 쉽게 구별할 수 있도록 부착된 기타의 표시등은 적색으로도 표시할 수 있다.

바. 주위의 밝기가 300 [lx]인 장소에서 측정하여 앞면으로부터 3 [m] 떨어진 곳에서 켜진 등이 확실히 식별되어야 한다.

3. 전자계전기
   가. 접점은 G·S합금 또는 이와 동등이상이어야 한다.
   나. 자체하중에 의하여 영향을 받지 아니하도록 부착하고, 접점밀봉형 외의 것은 접점이나 가동부에 먼지가 들어가지 아니하도록 적당한 방진커버를 설치하여야 한다.
   다. 최대사용전압에서 최대사용전류를 저항부하를 통하여 흘려도 그 구조 또는 기능에 현저한 변화가 생기지 아니하여야 한다.
   라. 접점의 사용은 다음과 같이 하여야 한다.
      (1) 지구음향장치용 접점 또는 지구표시장치용 접점은 보호계전기에 접속하여 사용하는 경우를 제외하고는 다른 용도로 사용할 수 없도록 하여야 한다.
      (2) 동일접점에서 동시에 내부부하와 외부부하에 직접 전력을 공급하지 아니하도록 하여야 한다.
4. 전압 지시전기계기의 최대눈금은 사용하는 회로의 정격전압의 140 [%] 이상 200 [%] 이하이어야 한다.
5. 퓨즈 등
   가. 퓨즈 등 과전류 보호장치는 「산업표준화법」에 의한 KS제품인증표시품, 「전기용품 및 생활용품 안전관리법」에 의한 안전인증품 또는 국제적 공인기관으로부터 인증을 받은 제품을 사용하여야 한다. <개정 2017.12.6.>
   나. 점검 및 교체가 쉬워야 한다.
   다. 쉽게 흔들리지 아니하도록 부착되어야 한다.
6. 경보기구에 내장하는 음향장치
   가. 사용전압의 80%인 전압에서 소리를 내어야 한다.
   나. 사용전압에서의 음압은 무향실내에서 정위치에 부착된 음향장치의 중심으로부터 1 [m] 떨어진 지점에서 주음향장치용의 것은 90 [dB] 이상이어야 한다. 다만, 전화용 부저 및 고장표시장치용 등의 음압은 60 [dB] 이상이어야 한다.
   다. 사용전압으로 8시간 연속하여 울리게 하는 시험, 또는 정격전압에서 3분20초 동안 울리고 6분40초 동안 정지하는 작동을 반복하여 통산한 울림시간이 20시간이 되도록 시험하는 경우 그 구조 또는 기능에 이상이 생기지 아니하여야 한다.
7. 예비전원
   가. 삭제 <2017.12.6.>　나. 삭제 <2017.12.6.>　다. 삭제 <2017.12.6.>
   라. 삭제 <2017.12.6.>　마. 삭제 <2017.12.6.>　바. 삭제 <2017.12.6.>
   사. 축전지를 직렬 또는 병렬로 사용하는 경우에는 용량(전압, 전류)이 균일한 축전지를 사용하여야 한다.
   아. 축전지의 충전시험 및 방전시험은 방전종지전압을 기준하여 시작한다. 이 경우 방전종

지전압이란 원통형 니켈카드뮴축전지는 셀당 1.0 [V]의 상태를, 무보수밀폐형 연축전지는 단전지당 1.75 [V]의 상태를 말한다.

자. 원통형 니켈카드뮴축전지의 상온 충·방전시험은 방전종지전압 상태의 축전지를 상온에서 1/20 [C]의 전류로 48시간 충전하고, 무보수밀폐형 연축전지의 상온 충·방전시험은 축전지를 방전종지전압까지 방전시킨 다음 0.1 [C]로 48시간 충전하여, 1 [C]의 전류로 방전시킬 때 니켈카드뮴축전지는 48분 이상, 연축전지는 45분 이상 지속방전되어야 한다.

차. 원통형 니켈카드뮴축전지의 주위온도 충·방전시험은 방전종지전압 상태의 축전지를 주위온도 (−10±2)℃ 및 (50±2)℃의 조건에서 1/20 [C]의 전류로 48시간 충전한 다음 1 [C]로 방전하는 충·방전을 3회 반복하는 경우 방전종지전압이 되는 시간이 25분 이상이어야 하며 외관이 부풀어 오르거나 누액 등이 생기지 아니하여야 한다.

카. 무보수밀폐형 연축전지의 주위온도 충·방전시험은 방전종지전압 상태의 축전지를 주위온도 (−10±2)℃ 및 (50±2)℃의 조건에서 0.1 [C]로 48시간 충전한 다음 1시간 방치하여 0.05 [C]로 방전시킬 때 정격용량의 95% 용량이 되는 시간이 30분 이상이어야 한다.

타. 예비전원의 안전장치시험은 1/5 [C] 이상 1 [C] 이하의 전류로 역충전하는 경우 5시간 이내에 안전장치가 작동하여야 하며, 외관이 부풀어 오르거나 누액 등이 없어야 한다.

8. 반도체는 최대사용전압 및 최대사용전류에 충분히 견딜 수 있는 것이어야 한다.
9. 송수화기는 확실히 작동할 수 있어야 하며, 내구성이 있는 것이어야 한다.
10. 변압기

가. 변압기는 KS C 6308(전자기기용 소형전원변압기) 또는 이와 동등이상의 성능이 있는 것이어야 한다.

나. 정격1차 전압은 300 [V] 이하로 한다.

다. 변압기의 외함에는 접지단자를 설치하여야 한다.

라. 용량은 최대사용전류에 연속하여 견딜 수 있는 크기 이상이어야 한다.

**제5조 (전원전압변동시의 기능)** 중계기는 전원전압이 정격전압의 ±20 [%] 범위에서 변동하는 경우 기능에 이상이 생기지 아니하여야 한다. 다만, 중계기에 내장된 건전지를 전원으로 하는 중계기는 건전지의 전압이 건전지 교체전압 범위(제조사 설계값)의 하한값으로 저하된 경우에도 기능에 이상이 없어야 한다. <개정 2017.12.6.>

**제6조 (회로방식의 제한)** 중계기는 다음 각 호의 회로방식을 사용하지 아니하여야 한다.

1. 접지전극에 직류전류를 통하는 회로방식
2. 중계기에 접속되는 외부배선과 다른 설비의 외부배선을 공용하는 회로방식. 다만, 화재신호, 가스누설신호 및 제어신호의 전달에 영향을 미치지 아니하는 것은 제외한다.

**제7조 (부속장치)** 중계기의 기능에 유해한 영향을 미치는 부속장치는 설치하지 아니하여야 한다.

**제8조 (시험조건)** 중계기의 시험은 특별히 규정된 경우를 제외하고는 실온이 5℃ 이상 35℃ 이하이고, 상대습도가 45 [%] 이상 85 [%] 이하의 상태에서 실시한다.

**제9조 (주위온도시험)** 중계기는 (－10±2)℃에서 (50±2)℃ 범위의 주위온도에서 기능에 이상이 생기지 아니하여야 한다.

**제10조 (반복시험)** 중계기는 정격전압에서 정격전류를 흘리고 **2천회**의 작동을 반복하는 시험을 하는 경우 그 구조 또는 기능에 이상이 생기지 아니하여야 한다.

**제11조 (방수시험)** 방수형 중계기를 사용 상태로 부착하고 맑은 물을 34.5 [kPa]의 압력으로 3개의 분무헤드를 이용하여 전면 상방에 (45±2)° 각도의 방향에서 시료를 향하여 일률적으로 24시간 이상 물을 분사하는 경우에 내부에 물이고이지 않아야 하며, 기능 및 절연저항시험에 이상이 생기지 아니하여야 한다.

**제12조 (절연저항시험)** 중계기의 절연된 충전부와 외함간 및 절연된 선로간의 절연저항은 DC **500** [V]의 절연저항계로 측정하는 경우 **20** [MΩ] 이상이어야 한다.

**제13조 (절연내력시험)** 제12조에 따른 시험부위의 절연내력은 60 [Hz]의 정현파에 가까운 실효전압 500 [V](정격전압이 60 [V]를 초과하고 150 [V] 이하인 것은 1,000 [V], 정격전압이 150 [V]를 초과하는 것은 정격전압에 2를 곱하여 1,000 [V]를 더한 값)의 교류전압을 가하는 시험에서 1분간 견디는 것이어야 한다.

**제14조 (충격전압시험)** 중계기는 전류를 통한 상태에서 다음 각 호의 시험을 15초간 실시하는 경우 잘못 작동하거나 기능에 이상이 생기지 아니하여야 한다.

1. 내부저항 50 [Ω]인 전원에서 500 [V]의 전압을 펄스폭 1 [$\mu$s], 반복주기 100 [Hz]로 가하는 시험
2. 내부저항 50 [Ω]인 전원에서 500 [V]의 전압을 펄스폭 0.1 [$\mu$s], 반복주기 100 [Hz]로 가하는 시험

**제14조의2 (충격시험)** 중계기는 두께 20 [mm]의 합판에 부착된 상태에서 중계기가 부착된 합판의 반대면에 무게 0.54 [kg], 직경 51 [mm]의 강철구로 그림 1과 같이 진자운동에 의하여 가하는 충격 또는 동일한 무게 및 크기의 강철구를 그림 2와 같이 775 [mm]의 높이에서 중계기가 부착된 합판의 반대면에 자유낙하시켜 가하는 충격을 1회 가하는 경우 잘못 작동하지 아니하여야 하며 구조 및 기능에 이상이 없어야 한다.

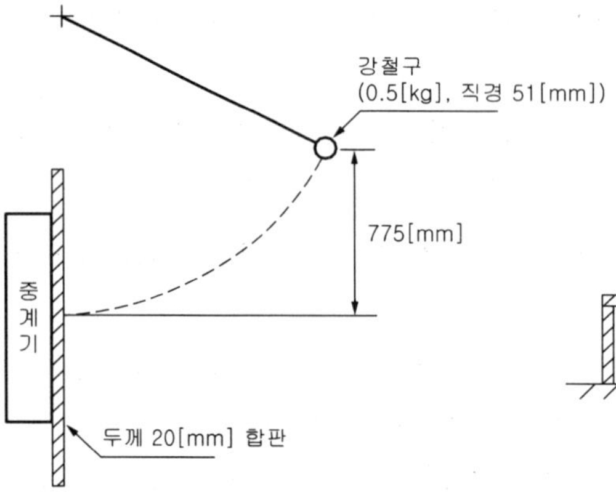


▎그림 1 ▎

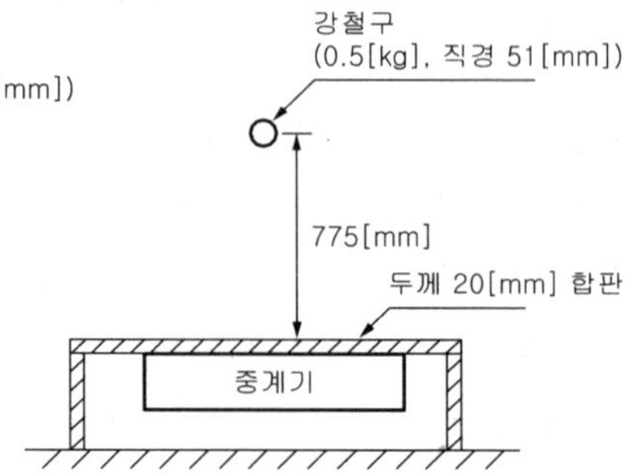


▎그림 2 ▎

**제14조의3 (진동시험)** ① 중계기는 전원이 인가된 상태에서 IEC 60068-2-6의 시험방법에 따라 다음 각 호에 따른 진동을 가하는 경우 진동시험 중 잘못 작동되거나 시험후 구조 및 기능에 이상이 없어야 한다.

1. 주파수 범위 : (10～150) [Hz]
2. 가속도 진폭 : 0.981 [$m/s^2$]
3. 축수 : 3
4. 스위프 속도 : 1 [옥타브/min]
5. 스위프 사이클 수 : 축 당 1

② 중계기는 전원을 인가하지 않은 상태에서 IEC 60068-2-6의 시험방법에 따라 다음 각 호에 따른 진동을 가하는 경우 구조 및 기능에 이상이 없어야 한다.

1. 주파수 범위 : 10～150 [Hz]
2. 가속도 진폭 : 4.905 [$m/s^2$]
3. 축수 : 3
4. 스위프 속도 : 1 [옥타브/min]
5. 스위프 사이클 수 : 축 당 20

**제14조의4 (습도시험)** ① 중계기는 주위온도 (40±2)℃, 상대습도 $93^{+2}_{-3}$%인 조건에서 전원을 인가한 상태로 4일간 방치하는 경우 잘못 작동하지 아니하여야 하며 구조 및 기능에 이상이 없어야 한다.

② 중계기는 주위온도 (40±2)℃, 상대습도 $93^{+2}_{-3}$%인 조건에서 전원을 인가하지 않은 상태로 21일간 방치하는 경우 구조 및 기능에 이상이 없어야 한다.

**제14조의5 (전자파적합성)** 중계기는 「전파법」 제47조의3제1항 및 「전파법 시행령」 제67조의2에 따라 국립전파연구원장이 정하여 고시하는 「전자파적합성 기준」에 적합하여야 한

다. <개정 2017.12.6.>

**제15조 (시험장치등)** 이 규정에서 규정하지 아니한 기능이나 시험장치 등을 중계기에 추가하여 설치하는 경우에는 「수신기의 형식승인 및 제품검사의 기술기준」 관련규정을 준용한다.

**제16조 (표시)** 중계기에는 다음 각 호의 사항을 보기 쉬운 부분에 쉽게 지워지지 아니하도록 표시하여야 한다. 다만, 제 14호와 제 16호는 포장 또는 취급설명서에 표시할 수 있다.

1. 종별 및 형식
2. 형식승인번호
3. 제조연월 및 제조번호
4. 제조업체명 또는 상호
5. 취급방법의 개요 및 주의사항(본 내용을 기재하여 중계기 부근에 매어달아 두는 방식도 가능)
6. 극성이 있는 단자에는 극성을 표시하는 기호
7. 방수형 또는 방폭형인 것은 "방수형" 또는 "방폭형"이라는 문자 별도표시
8. 접속 가능한 회선수, 회선별 접속 가능한 감지기·탐지부 등의 수량(해당하는 경우에 한함) <개정 2017.12.6.>
9. 주전원의 정격전압
10. 예비전원으로 사용하는 축전지의 종류·정격용량·정격전압 및 접속하는 경우의 주의사항
11. 퓨즈 및 퓨즈홀더 부근에는 정격전류
12. 스위치등 조작부 또는 조정부 부근에는 "개" 및 "폐" 등의 표시
13. 출력용량(경종을 접속하는 경우 경종의 소비전류 및 수량)
14. 설치 및 사용방법, 취급상의 주의사항
15. 삭제 <1999.8.3.>
16. 품질보증에 관한 사항(보증기간, 보증내용, A/S방법, 자체검사필증 등)
17. 접속가능한 수신기의 형식번호 <개정 2017.12.6.>
18. 접속 가능한 감지기 형식번호(해당되는 경우에 한함) <개정 2017.12.6.>
19. 접속 가능한 발신기 형식번호(해당되는 경우에 한함) <개정 2017.12.6.>

**제17조 (세부규정)** 이 기준의 시행에 관하여 필요한 세부사항은 소방청장이 이를 정한다. <개정 2017.12.6.>

**제18조 (재검토기한)** 소방청장은 「훈령·예규 등의 발령 및 관리에 관한 규정」에 따라 이 고시에 대하여 2017년 12월 1일 기준으로 매3년이 되는 시점(매 3년째의 11월 30일까지를 말한다)마다 그 타당성을 검토하여 개선 등의 조치를 하여야 한다. <개정 2017.12.6.>

## 부칙 <제2017-7호, 2017.12.6.>

**제1조 (시행일)** 이 고시는 발령한 날부터 시행한다. 다만, 제14조의5는 2017년 12월 19일부터 시행한다.

**제2조 (형식승인에 관한 일반적인 경과조치)** ① 이 고시 시행일 이전에 형식승인(형식승인의 변경을 포함한다. 이하 같다)이 신청된 것은 종전의 고시를 적용할 수 있다. 다만, 신청인이 이 고시에 의하여 형식승인을 받고자 하는 경우에는 이 고시를 적용한다.

② 이 고시 시행당시 종전의 규정에 의하여 형식승인을 받은 것 중 이 고시 제14조의5에 적합하지 아니한 것은 이 고시 시행일로부터 1년 이내에 이 고시에 의하여 형식승인을 받아야 한다.

**제3조 (제품검사에 대한 경과조치)** ① 부칙 제1조에도 불구하고 이 고시 시행당시 종전의 규정에 의하여 형식승인을 받은 것 중 이 고시 제14조의5에 대하여 적합하지 아니한 것은 이 고시 시행일로부터 1년 이내에는 종전의 규정에 의하여 제품검사를 받을 수 있다.

② 부칙 제2조제2항에 따라 형식승인을 받지 않은 것은 고시 시행일로부터 1년이 경과한 날부터 이 고시에 의한 생산제품검사를 받을 수 없으며, 품질제품검사를 적용받는 경우 제품완성예정일이 이 고시 시행일로부터 1년이 경과한 날부터 합격표시를 발급받을 수 없다.

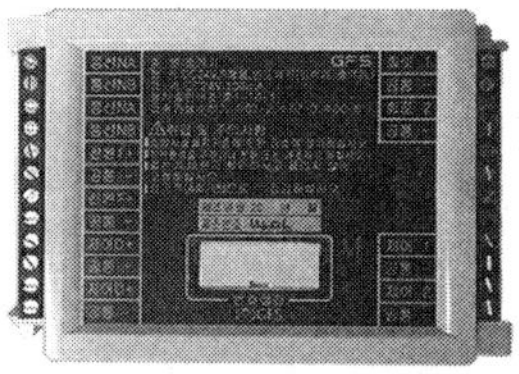

# **발신기**의 형식승인 및 제품검사의 기술기준

## [ KOFEIS 0302 ]

소방청고시 제2021-42호(2021.10.8.)

**제1조 (목적)** 이 기준은 「화재예방, 소방시설 설치·유지 및 안전관리에 관한 법률」 제36조 제5항 및 같은 법 시행령 제37조에 따른 「발신기의 형식승인 및 제품검사의 기술기준」에 대하여 규정함을 목적으로 한다.

**제2조 (용어의 정의)** 이 기준에서 사용하는 용어의 정의는 다음과 같다.

1. "**경보기구**"란 자동화재탐지설비, 비상경보설비의 축전지, 화재속보설비, 누전경보기, 가스누설경보기 등 화재의 발생 또는 화재의 발생이 예상되는 상황에 대하여 경보를 발하여 주는 설비를 말한다.
2. "**자동화재탐지설비**"란 화재발생을 감지하여 해당 소방대상물의 화재발생을 소방대상물의 관계자에게 통보할 수 있는 설비로서 감지기, 발신기, 수신기, 경종 또는 중계기 등으로 구성된 것을 말한다. <개정 2016.4.1.>
3. "**감지기**"란 화재 시에 발생하는 열, 불꽃 또는 연소생성물(이하 "연기"라 한다)로 인하여 화재발생을 자동적으로 감지하여 그 자체에 부착된 음향장치로 경보를 발하거나 이를 수신기에 발신하는 것을 말한다. 이 경우 감지기를 부착할 때에 전용기판을 필요로 하는 것에 있어서는 그 기판을 포함한다.
4. "**발신기**"란 화재발생신호를 수신기 또는 중계기에 수동으로 발신하는 것을 말한다.
5. 삭제 <2016.4.1.>　　6. 삭제 <2016.4.1.>　　7. 삭제 <2016.4.1.>
8. "**중계기**"란 감지기 또는 발신기의 작동에 의한 신호 또는 가스누설경보기의 탐지부에서 발하여진 가스누설신호를 받아 이를 수신기, 자동소화설비의 제어반, 또는 가스누설경보기에 발신하여 소화설비·제연설비 그밖에 이와 유사한 방재설비에 제어신호를 발신하는 것을 말한다. <개정 2016.4.1.>
9. "**수신기**"란 자동화재탐지설비 중 감지기나 발신기에서 발하는 화재신호 또는 탐지부에서 발하는 가스누설신호를 직접 수신하거나 중계기를 통하여 수신하는 것으로서 소방대상물의 관계자에게 경보를 발하거나 소방관서에 통보하여 주는 장치를 말한다.
10. "**방폭형**"이란 폭발성가스가 용기내부에서 폭발하였을 때 용기가 그 압력에 견디거나 또는 외부의 폭발성가스에 인화될 우려가 없도록 만들어진 형태의 제품을 말한다.

11. "**방수형**"이란 그 구조가 방수구조로 되어 있는 것을 말한다.

12. "**무선식**"이란 전파에 의해 신호를 송·수신하는 방식의 것을 말한다. <신설 2017.12.6.>

**제3조 (발신기의 구분)** 발신기는 설치장소에 따라 **옥외형**과 **옥내형**으로, 방폭구조 여부에 따라 방폭형 및 비방폭형으로, 방수성 유무에 따라 방수형 및 비방수형으로 구분한다.

**제4조 (구조 및 일반기능)** 발신기의 구조 및 기능은 다음 각 호에 적합하여야 한다.

1. 작동이 확실하고, 취급·점검이 쉬어야 하며, 현저한 잡음이나 장해전파를 발하지 아니하여야 한다. 또한 먼지, 습기, 곤충 등에 의하여 기능에 영향을 받지 아니하여야 한다.
2. 보수 및 부속품의 교체가 쉬어야 한다. 다만, 방수형 및 방폭형은 그러하지 아니한다.
3. 부식에 의하여 기계적 기능에 영향을 초래할 우려가 있는 부분은 칠, 도금 등으로 유효하게 내식가공을 하거나 방청가공을 하여야 하며, 전기적 기능에 영향이 있는 단자, 나사 및 와셔 등은 동합금이나 이와 동등이상의 내식성능이 있는 재질을 사용하여야 한다.
4. 외함은 불연성 또는 난연성 재질로 만들어져야 하며 다음과 같아야 한다.
   가. 발신기의 외함에 강판을 사용하는 경우에는 다음에 기재된 두께 이상의 강판을 사용하여야 한다. 다만, 합성수지를 사용하는 경우에는 강판의 2.5배 이상의 두께이어야 한다.
      (1) 외함 1.2 [mm] 이상 <개정 2016.4.1.>
      (2) 삭제 <2016.4.1.>
      (3) 직접 벽면에 접하여 벽속에 매립되는 외함의 부분은 1.6 [mm] 이상
   나. 발신기의 외함에 합성수지를 사용하는 경우에는 (80±2)℃의 온도에서 열로 인한 변형이 생기지 아니하여야 하며, 자기소화성이 있는 재료이어야 한다. 다만, 발신기의 누름판, 부품 및 표시명판은 제외한다.
5. 기기내의 배선은 충분한 **전류용량**을 갖는 것으로 하여야 하며, 배선의 접속이 정확하고 확실하여야 한다.
6. 극성이 있는 경우에는 오접속을 방지하기 위하여 필요한 조치를 하여야 한다.
7. 부품의 부착은 기능에 이상을 일으키지 아니하고 쉽게 풀리지 아니하도록 하여야 한다.
8. 전선 이외의 전류가 흐르는 부분과 가동축부분의 접촉력이 충분하지 아니한 곳에는 접촉부의 접촉 불량을 방지하기 위한 적당한 조치를 하여야 한다.
9. 삭제 <2016.4.1.>
10. 외부에서 쉽게 사람이 접촉할 우려가 있는 충전부는 충분히 보호되어야 한다.
11. 내부의 부품 등에서 발생되는 열에 의하여 구조 및 기능에 이상이 생길 우려가 있는 것은 방열판 또는 방열공 등에 의하여 보호조치를 하여야 한다. 다만, 방수형 또는 방폭형의 것은 방열공을 설치하지 아니할 수 있다.
12. 방폭형발신기의 다음 각 목의 1에서 정하는 방폭구조에 적합하여야 한다.

가. 한국산업표준 <개정 2017.12.6.>

나. 가스관계법령(고압가스안전관리법, 액화석유가스의 안전 및 사업관리법, 도시가스사업법)에 의하여 정하는 규격

다. 산업안전보건법령에 의하여 정하는 규격

13. 삭제 <2005.12.30.> 14. 삭제 <2005.12.30.> 15. 삭제 <2005.12.30.>

16. 발신기의 조작부는 다음에 적합하여야 한다.

가. 손끝으로 눌러 작동하는 방식의 발신기는 손끝이 접하는 면에 지름 20 [mm] 이상의 투명 플라스틱을 사용한 누름판을 설치하여야 한다.

나. 발신기에는 작동스위치를 보호할 수 있는 보호장치를 설치할 수 있으며 보호장치는 쉽게 해제하거나 파손할 수 있는 구조이어야 하고 해제된 보호장치는 쉽게 복구될 수 있어야 하며 파손부품은 교체할 수 있는 구조이어야 한다.

다. 삭제 <2016.4.1.>

17. 작동한 후에 정위치로 복귀시키는 조작을 하여야 하는 발신기는 정위치에 복귀시키는 조작을 잊지 아니하도록 하는 적당한 방법을 강구하여야 한다.

18. 삭제 <2016.4.1.> 19. 삭제 <2016.4.1.> 20. 삭제 <2016.4.1.>

21. 무선식 발신기는 다음 각 목에 적합하여야 한다. <신설 2017.12.6.>

가. 전파에 의한 발신기·중계기·수신기간의 화재신호는 「신고하지 아니하고 개설할 수 있는 무선국용 무선설비의 기술기준」 제7조(특정소출력무선국용 무선설비)제3항의 「도난, 화재경보장치 등의 안전시스템용 주파수」를 적용하여야 한다.

나. 「전파법」 제58조의2(방송통신기자재등의 적합성평가)에 적합하여야 한다.

**제4조의2 (발신기의 작동기능)** ① 발신기의 조작부는 작동스위치의 동작방향으로 가하는 힘이 2 [kg]을 초과하고 8 [kg] 이하인 범위에서 확실하게 동작되어야 하며, 2 [kg]의 힘을 가하는 경우 동작되지 아니하여야 한다. 이 경우 누름판이 있는 구조로서 손끝으로 눌러 작동하는 방식의 작동스위치는 누름판을 포함한다.

② 발신기는 조작부의 작동스위치가 작동되는 경우 화재신호를 전송하여야 하며, 발신기는 발신기의 확인장치에 화재신호가 전송되었음을 표기하여야 한다. <개정 2016.4.1.>

③ 발신기는 수신기와 통화가 가능한 장치를 설치 할 수 있다. 이 경우 화재신호의 전송에 지장을 주지 아니하여야 한다. <개정 2016.4.1., 2017.12.6.>

**제4조의3 (무선식 발신기의 기능)** ① 작동한 발신기는 화재신호를 수신기 또는 중계기에 60초 이내 주기마다 발신하여야 한다. <신설 2017.12.6.>

② 「수신기 형식승인 및 제품검사의 기술기준」 제17조제6호가목 및 나목에 의한 무선통신 점검신호를 수신하는 경우 무선식 수신기 또는 무선식 중계기에 자동으로 확인신호를 발신하여야 한다. <신설 2017.12.6.>

③ 건전지를 주전원으로 하는 발신기는 다음 각 호에 적합하여야 한다. <신설 2017.12.6.>

1. 건전지는 리튬전지 또는 이와 동등 이상의 지속적인 사용이 가능한 성능의 것이어야 하며, 건전지의 용량산정 시에는 다음 각 목의 사항이 고려되어야 한다.
   가. 감시상태의 소비전류
   나. 수신기의 수동 통신점검에 따른 소비전류
   다. 수신기의 자동 통신점검에 따른 소비전류
   라. 건전지의 자연방전전류
   마. 건전지 교체 표시에 따른 소비전류
   바. 부가장치가 설치된 경우에는 부가장치의 작동에 따른 소비전류
   사. 기타 전류를 소모하는 기능에 대한 소비전류
   아. 안전 여유율
2. 건전지를 주전원으로 하는 발신기는 건전지의 성능이 저하되어 건전지의 교체가 필요한 경우에는 무선식수신기에 자동적으로 당해 신호를 발신하여야 하고 표시등에 의하여 72시간 이상 표시하여야 한다.

**제5조 (부품의 구조 및 기능)** 발신기에 다음 각 호의 부품을 사용하는 경우 해당 각 호의 규정에 적합하거나 이와 동등이상이어야 한다.

1. 스위치
   가. 조작이 쉽고 작동이 확실하여야 하며, 정지점이 명확하고 적정하여야 한다.
   나. <삭제 2021.10.8.>
   다. <삭제 2021.10.8.>
   라. 눕혀서 끊어지는 형의 스위치(수은스위치 등)를 사용할 경우에는 정위치에 복귀시키는 것을 잊지 아니하도록 알려주는 적당한 장치를 하여야 한다.
2. 표시등
   가. <삭제 2021.10.8.>
   나. <삭제 2021.10.8.>
   다. 전구는 2개 이상을 병렬로 접속하여야 한다. 다만, 방전등 또는 발광다이오드의 경우에는 그러하지 아니하다.
   라. 전구에는 적당한 보호커버를 설치하여야 한다. 다만, 발광다이오드의 경우에는 그러하지 아니하다.
   마. 발신기의 작동표시등은 등이 켜질 때 적색으로 표시되어야 한다.
   바. 주위의 밝기가 300 [lx]인 장소에서 측정하여 앞면으로부터 3 [m] 떨어진 곳에서 켜진 등이 확실히 식별되어야 한다.
3. <삭제 2021.10.8.>

**제6조 (전원전압변동시의 기능)** 발신기는 전원전압이 정격전압의 ±20 [%] 범위 안에서 변동을 하는 경우 기능에 이상이 생기지 아니하여야 한다. 다만, 발신기에 내장된 건전지를 전원으로 하는 발신기는 건전지의 전압이 건전지 교체전압 범위(제조사 설계값)의 하한값으로 저하된 경우에도 기능에 이상이 없어야 한다. <개정 2017.12.6.>

**제7조 (부속장치)** 발신기의 기능에 유해한 영향을 미치는 부속장치는 설치하지 아니하여야 한다.

**제8조 (시험조건)** 발신기의 시험은 특별히 규정된 경우를 제외하고는 실온이 5℃ 이상 35℃ 이하이고, 상대습도가 45 [%] 이상 85 [%] 이하의 상태에서 실시한다.

**제9조 (주위온도시험)** 발신기는 다음 각 호에 정하는 주위온도에서 3시간 작동시키는 경우 기능에 이상이 생기지 아니하여야 한다. 다만, 다음 각 호의 시험온도 범위보다 강화된 온도범위를 사용온도범위로 하고자 하는 경우에는 사용온도범위를 시험온도로 할 수 있으며, 사용온도범위는 5℃단위로 제조자가 설정한다.

1. 옥내형 : (－10±2)℃에서 (50±2)℃까지
2. 옥외형 : (－35±2)℃에서 (70±2)℃까지

**제10조 (반복시험)** 발신기는 정격전압에서 정격전류를 흘려 **5,000회**의 작동 반복시험을 하는 경우 그 구조 기능에 이상이 생기지 아니하여야 한다.

**제11조 (내식시험)** 발신기는 5 [L]의 시험기기중에 농도 40 [g/L] 되는 티오황산나트륨 수용액 500 [mL]를 넣고 1규정농도의 황산 156 [mL]를 물 1 [L]에 용해한 용액을 1일 2회 10 [mL]씩 가하여 발생하는 아황산가스 중에 4일간 방치한 다음, 상온상습조건에서 4일간 놓아둔 후 기능시험 및 절연저항시험을 실시하는 경우 이상이 생기지 아니하여야 한다.

**제12조 (살수시험)** 방수형 또는 옥외형 발신기는 이를 사용상태로 부착하고 맑은 물을 34.5 [kPa]의 압력으로 3개의 분무헤드를 이용하여 전면 상방에 (45±2)° 각도의 방향에서 시료를 향하여 일률적으로 1시간 이상 분사하는 경우에 내부에 물이 고이지 아니하여야 하며 기능에 이상이 생기지 아니하여야 한다.

**제13조 (진동시험)** ① 발신기는 전원이 인가된 상태에서 IEC 60068-2-6의 시험방법에 따라 다음 각 호에 따른 시험을 실시하는 경우 시험 중 잘못 작동되거나 시험 후 구조 및 기능에 이상이 없어야 한다.

1. 주파수 범위 : (10～150) [Hz]
2. 가속도 진폭 : 5 [m/s$^2$]
3. 축수 : 3
4. 스위프 속도 : 1 [옥타브/min]
5. 스위프 사이클 수 : 축 당 1

② 발신기는 전원을 인가하지 아니한 상태에서 IEC 60068-2-6의 시험방법에 따라 다음 각 호에 따른 시험을 실시하는 경우 구조 및 기능에 이상이 없어야 한다.

1. 주파수 범위 : (10～150) [Hz]
2. 가속도 진폭 : 10 [m/s$^2$]
3. 축수 : 3
4. 스위프 속도 : 1 [옥타브/min]
5. 스위프 사이클 수 : 축 당 20

**제14조 (충격시험)** 발신기에 전원을 인가한 상태로 두께 20 [mm]의 합판에 발신기를 부착한 상태에서 발신기가 부착된 합판의 반대면에 무게 0.54 [kg] 직경 51 [mm]의 강철구로 그림 1과 같이 진자운동에 의하여 가하는 충격을 1회 가하는 시험 또는 동일한 무게 및 크기의 강철구를 그림 2와 같이 775 [mm]의 높이에서 발신기가 부착된 합판의 반대면에 자유낙하시켜 충격을 1회 가하는 시험을 하는 경우 그 구조 또는 기능에 이상이 생기거나 잘못 작동하지 아니하여야 한다.

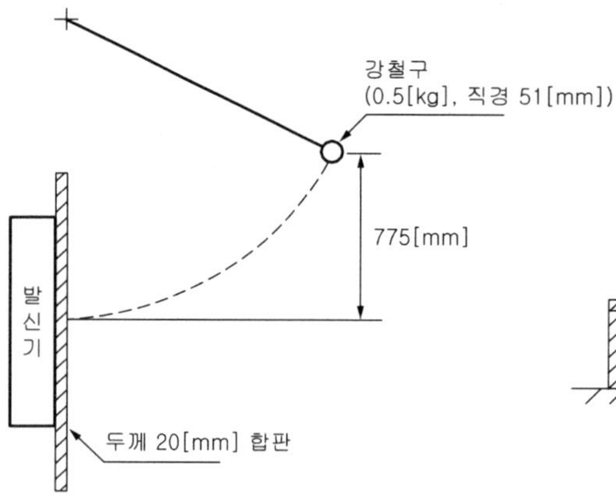


▌그림 1 ▌

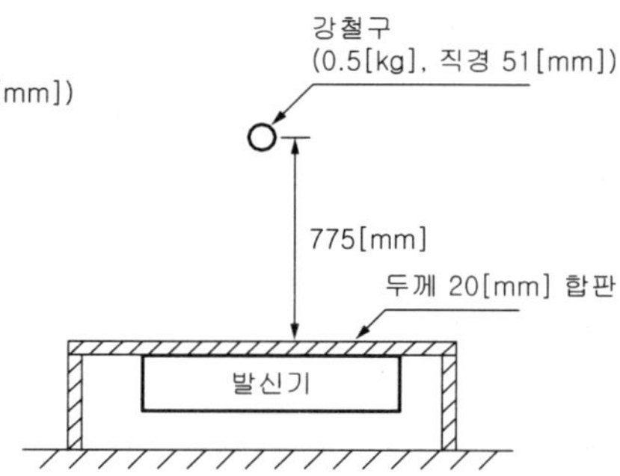


▌그림 2 ▌

**제15조 (절연저항시험)** 발신기의 절연된 단자간의 절연저항 및 단자와 외함(누름스위치의 머리부분 포함)간의 절연저항은 DC 500 [V]의 절연저항계로 측정하는 경우 20 [MΩ] 이상이어야 한다.

**제16조 (절연내력시험)** 발신기의 단자와 외함간의 절연내력은 60 [Hz]의 정현파에 가까운 실효전압 500 [V](정격전압이 60 [V]를 초과하고 150 [V] 이하인 것은 1 [kV], 정격전압이 150 [V]를 초과하는 것은 그 정격전압에 2를 곱하여 얻은 값에 1 [kV]를 더한 값)의 교류전압을 가하는 시험에서 1분간 견디는 것이어야 한다.

**제16조의2 (습도시험)** ① 발신기는 주위온도 (40±2)℃, 상대습도 $93^{+2}_{-3}$%인 조건에서 전원을 인가한 상태로 4일간 방치하는 경우 잘못 작동하지 아니하여야 하며 구조 및 기능에 이상이 없어야 한다.

② 발신기는 주위온도 (40±2)℃, 상대습도 $93^{+2}_{-3}$%인 조건에서 전원을 인가하지 않은 상태로 21일간 방치하는 경우 구조 및 기능에 이상이 없어야 한다.

**제17조 (표시)** 발신기에는 다음 각 호의 사항을 보기 쉬운 부분에 쉽게 지워지지 아니하도록 표시하여야 한다. 다만, 제10호와 제12호는 포장 또는 취급설명서에 표시할 수 있다.

1. 종별 및 형식
2. 형식승인번호
3. 제조연월 및 제조번호
4. 제조업체명 또는 상호
5. 특수하게 취급하여야할 것은 그 주의사항 및 사용온도범위(제9조 단서규정에 의하여 시험온도범위 기준보다 강화된 온도범위를 사용온도범위로 하고자 하는 경우에 한함)
6. 접점의 정격용량
7. 극성이 있는 단자는 극성을 표시하는 기호
8. "발신기"의 표시 및 그 사용방법
9. 방수형인 것은 "방수형"이라는 문자 별도표시
10. 설치방법, 취급상의 주의사항
11. 삭제 <1999.8.3.>
12. 품질보증에 관한 사항(보증기간, 보증내용, A/S방법, 자체검사필증 등)
13. 방폭형인 것은 "방폭형"이라는 문자 별도표시 및 방폭등급
14. 접속가능한 수신기 형식번호(무선식 발신기에 한함) <신설 2017.12.6.>
15. 접속가능한 중계기 형식번호(무선식 발신기에 한함) <신설 2017.12.6.>

**제18조 (세부규정)** 이 기준의 시행에 관하여 필요한 세부사항은 소방청장이 이를 정한다. <개정 2017.12.6.>

**제19조 (재검토기한)** 소방청장은 「훈령·예규 등의 발령 및 관리에 관한 규정」에 따라 이 고시에 대하여 2017년 12월 1일 기준으로 매 3년이 되는 시점(매 3년째의 11월 30일까지를 말한다)마다 그 타당성을 검토하여 개선 등의 조치를 하여야 한다. <개정 2017.12.6.>

## 부칙 <제2021-42호, 2021.10.06.>

이 고시는 발령한 날부터 시행한다.

# 경종의 형식승인 및 제품검사의 기술기준

## [ KOFEIS 0305 ]

소방청고시 제2017-1호(2017.7.26.)

**제1조 (목적)** 이 기준은 「화재예방, 소방시설 설치·유지 및 안전관리에 관한 법률」 제36조 제5항 및 같은 법 시행령 제37조에 따른 「경종의 형식승인 및 제품검사의 기술기준」에 대하여 규정함을 목적으로 한다.

**제2조 (용어의 정의)** 이 기준에서 사용하는 용어의 정의는 다음과 같다.

1. "**경보기구**"란 자동화재탐지설비, 비상경보설비의 축전지, 화재속보설비, 누전경보기, 가스누설경보기 등 화재의 발생 또는 화재의 발생이 예상되는 상황에 대하여 경보를 발하여 주는 설비를 말한다.
2. "**자동화재탐지설비**"란 화재발생을 감지하여 해당 소방대상물의 화재발생을 소방대상물의 관계자에게 통보할 수 있는 설비로서 감지기, 발신기(M형 발신기를 제외한다), 수신기(M형 수신기를 제외한다), 경종 또는 중계기 등으로 구성된 것을 말한다.
3. "**경종**"이란 경보기구 또는 비상경보설비에 사용하는 벨 등의 음향장치를 말한다.
4. "**수신기**"란 자동화재탐지설비 중 감지기나 발신기에서 발하는 화재신호 또는 탐지부에서 발하는 가스누설신호를 직접 수신하거나 중계기를 통하여 수신하는 것으로서 소방대상물의 관계자에게 경보를 발하거나 소방관서에 통보하여 주는 장치를 말한다.
5. "**방폭형**"이란 폭발성가스가 용기내부에서 폭발하였을 때 용기가 그 압력에 견디거나 또는 외부의 폭발성가스에 인화될 우려가 없도록 만들어진 형태의 제품을 말한다.
6. "**방수형**"이란 그 구조가 방수구조로 되어있는 것을 말한다.

**제3조 (구조)** 경종의 구조 및 기능은 다음 각 호에 적합하여야 한다.

1. 작동이 확실하고, 취급·점검이 쉬워야 하며, 현저한 잡음이나 장해전파를 발하지 아니하여야 한다. 또한 먼지, 습기, 곤충 등에 의하여 기능에 영향을 받지 아니하여야 한다.
2. 보수 및 부속품의 교체가 쉬워야 한다. 다만, 방수형 및 방폭형은 그러하지 아니하다.
3. 부식에 의하여 기계적 기능에 영향을 초래할 우려가 있는 부분은 칠, 도금 등으로 유효하게 내식가공을 하거나 방청가공을 하여야 하며, 전기적 기능에 영향이 있는 단자, 나사 및 와셔 등은 동합금이나 이와 동등이상의 내식성능이 있는 재질을 사용하여야 한다.
4. 외함은 불연성 또는 난연성 재질로 만들어져야 하며, 뒷면커버를 합성수지로 사용하는 경

우에는 (80±2)℃의 온도에서 열로 인한 변형이 생기지 아니하여야 하며, 자기소화성이 있는 재료이어야 한다.

5. 기기내의 배선은 충분한 전류용량을 갖는 것으로 하여야 하며, 배선의 접속이 정확하고 확실하여야 한다.
6. 극성이 있는 경우에는 오접속을 방지하기 위하여 필요한 조치를 하여야 한다.
7. 부품의 부착은 기능에 이상을 일으키지 아니하고 쉽게 풀리지 아니하도록 하여야 한다.
8. 전선이외의 전류가 흐르는 부분과 가동축부분의 접촉력이 충분하지 아니한 곳에는 접촉부의 접촉 불량을 방지하기 위한 적당한 조치를 하여야 한다.
9. 외부에서 쉽게 사람이 접촉할 우려가 있는 충전부는 충분히 보호되어야 한다.
10. 내부의 부품 등에서 발생되는 열에 의하여 구조 및 기능에 이상이 생길 우려가 있는 것은 방열판 또는 방열공 등에 의하여 보호조치를 하여야 한다. 다만, 방수형 또는 방폭형의 것은 방열공을 설치하지 아니할 수 있다.
11. 방폭형경종의 방폭구조는 다음 각 목의 1에서 정하는 방폭구조에 적합하여야 한다.
    가. 한국산업표준
    나. 산업안전보건법령에 의하여 정하는 규격
    다. 가스관계법령(고압가스안전관리법, 액화석유가스의 안전 및 사업관리법, 도시가스사업법)에 의하여 정하는 규격
12. 삭제 <2005.12.30.> 13. 삭제 <2005.12.30.> 14. 삭제 <2005.12.30.>

**제3조의2 (기능)** 경종은 다음 각 호의 기능에 적합하여야 한다.

1. 정격전압을 인가하는 경우 음압은 무향실 내에서 정위치에 부착된 경종의 중심으로부터 1 [m] 떨어진 위치에서 90 [dB] 이상이어야 한다.
2. 정격전압을 인가하는 경우 경종의 소비전류는 50 [mA] 이하이어야 한다.

**제4조 (전원전압변동시의 기능)** 경종은 전원전압이 정격전압의 **±20 [%]** 범위에서 변동하는 경우 기능에 이상이 생기지 아니하여야 한다.

**제5조 (시험조건)** 경종의 시험은 특별히 규정된 경우를 제외하고는 실온이 5℃ 이상 35℃ 이하이고, 상대습도가 45 [%] 이상 85 [%] 이하의 상태에서 실시한다.

**제6조 (주위온도시험)** 경종은 다음 각 호에 정하는 주위온도에서 3시간 작동시키는 경우 기능에 이상이 생기지 아니하여야 한다. 다만, 다음 각 호의 시험온도 범위보다 강화된 온도범위를 사용온도범위로 하고자 하는 경우에는 사용온도범위를 시험온도로 할 수 있으며, 사용온도 범위는 5℃ 단위로 제조자가 설정한다.

1. 옥내형 : (－10±2)℃에서 (50±2)℃까지
2. 옥외형 : (－35±2)℃에서 (70±2)℃까지

**제7조 (반복시험)** 경종은 다음 각 호의 시험을 하는 경우 그 구조 또는 기능에 이상이 생기

지 아니하여야 한다.

1. 정격전압에서 울림 5분, 정지 5분의 작동을 반복하여 통산한 울림시간이 8시간이 되게 하는 시험
2. 정격전압에서 72시간 연속하여 울리게 하는 시험

**제8조 (충격시험)** 경종을 작동상태로 두께 20 [mm]의 합판에 부착한 상태에서 경종이 부착된 합판의 반대면에 무게 0.54 [kg] 직경 51 [mm]의 강철구로 그림 1과 같이 진자운동에 의하여 가하는 충격을 1회 가하는 시험 또는 동일한 무게 및 크기의 강철구를 그림 2와 같이 775 [mm]의 높이에서 경종이 부착된 합판의 반대면에 자유낙하시켜 충격을 1회 가하는 시험을 하는 경우 그 구조 또는 기능에 이상이 생기거나 잘못 작동하지 아니하여야 한다.

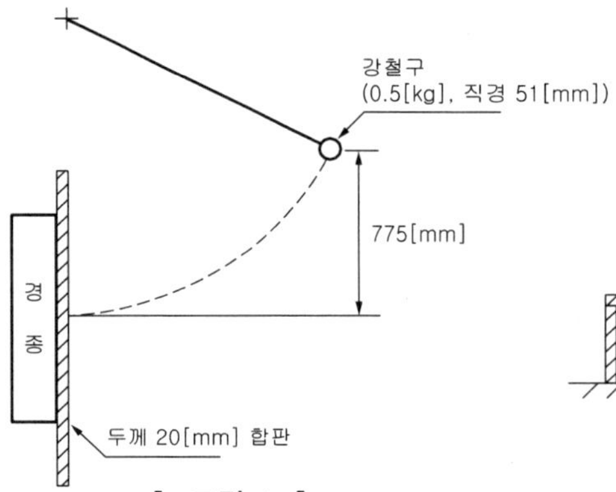


▎그림 1 ▎

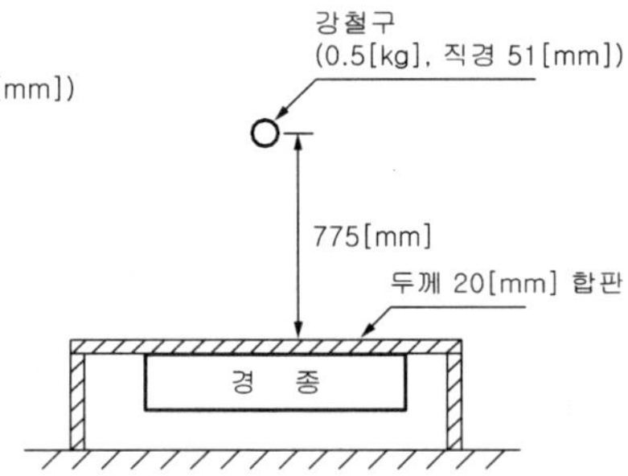


▎그림 2 ▎

**제9조 (살수시험)** 방수형 또는 옥외형 경종은 이를 사용상태로 부착하고 맑은 물을 34.5 [kPa]의 압력으로 3개의 분무헤드를 이용하여 전면 상방에 (45±2)° 각도의 방향에서 시료를 향하여 일률적으로 1시간 이상 분사하는 경우에 내부에 물이 고이거나 기능에 이상이 생기지 아니하여야 한다.

**제10조 (절연저항시험)** 경종의 절연된 단자간 및 단자와 외함간의 절연저항은 DC 500 [V]의 절연저항계로 측정하는 경우 20 [MΩ] 이상이어야 한다.

**제11조 (절연내력시험)** 경종의 단자와 외함간의 절연내력은 60 [Hz]의 정현파에 가까운 실효전압 500 [V](정격전압이 60 [V]를 초과하고 150 [V] 이하인 것은 1 [kV], 정격전압이 150 [V]를 초과하는 것은 그 정격전압에 2를 곱하여 1 [kV]를 더한 값)의 교류전압을 가하는 시험에서 1분간 견디는 것이어야 한다.

**제11조의2 (습도시험)** 경종은 주위온도 (40±2)℃, 상대습도 (93±2)%인 조건에서 전원을 인가하지 않은 상태로 21일간 방치하는 경우 구조 및 기능에 이상이 없어야 한다.

**제11조의3 (진동시험)** 경종은 전원을 인가하지 아니한 상태에서 IEC 60068-2-6의 시험방법에

따라 다음 각 호에 따른 시험을 실시하는 경우 구조 및 기능에 이상이 없어야 한다.

1. 주파수 범위 : (10～150) [Hz]
2. 가속도 진폭 : 10 [$m/s^2$]
3. 축수 : 3
4. 스위프 속도 : 1 [옥타브/min]
5. 스위프 사이클 수 : 축 당 20

**제11조의4 (내식시험)** 경종은 5 [L]의 시험기기중에 농도 40 [g/L] 되는 티오황산나트륨 수용액 500 [mL]를 넣고 1규정농도의 황산 156 [mL]를 물 1 [L]에 용해한 용액을 1일 2회 10 [mL]씩 가하여 발생하는 아황산가스 중에 4일간 방치한 다음, 상온상습조건에서 4일간 놓아둔 후 기능시험 및 절연저항시험을 실시하는 경우 이상이 생기지 아니하여야 한다.

**제11조의5 (분진시험)** 경종을 내부용적이 0.09 [$m^3$]가 되는 밀폐된 상자 내에 정상위치로 부착하고 KS A 0090(시험용 분체 및 시험용 입자)의 5종 플라이애쉬 60 [g]을 상자 속에 넣고 풍속이 0.25 [m/s]로 압축된 공기 또는 통풍기로 15분간 교반을 실시한 후 기능에 이상이 생기지 아니하여야 한다.

**제12조 (표시)** 경종에는 다음 각 호의 사항을 보기 쉬운 부위에 쉽게 지워지지 아니하도록 표시하여야 한다. 다만, 제9호와 제11호는 포장 또는 취급설명서에 표시할 수 있다.

1. 종별 및 형식
2. 형식승인번호
3. 제조연월 및 제조번호
4. 제조업체명 또는 상호
5. 특수하게 취급하여야 하는 경우에는 그 주의사항 및 사용온도범위(제6조 단서규정에 의하여 시험온도범위 기준보다 강화된 온도범위를 사용온도범위로 하고자 하는 경우에 한함)
6. 극성이 있는 단자에는 극성을 표시하는 기호
7. 정격전압 및 정격전류
8. 방수형 또는 방폭형인 것은 "방수형" 또는 "방폭형"이라는 문자 별도표시
9. 설치 및 취급상의 주의사항 등
10. 삭제 <1999.8.3.>
11. 품질보증에 관한 사항(보증기간, 보증내용, A/S방법, 자체검사필증 등)
12. 부품 중 모터의 원산지 <신설 2010.3.26.>

**제13조 (세부규정)** 이 기준의 시행에 관하여 필요한 세부사항은 소방청장이 이를 정한다.

**제14조 (재검토기한)** 「훈령·예규 등의 발령 및 관리에 관한 규정」(대통령훈령 제334호)에 따라 이 고시 발령 후의 법령이나 현실여건의 변화 등을 검토하여 이 고시의 폐지, 개정 등의 조치를 하여야 하는 기한은 2018년 3월 16일까지로 한다.

## 부칙 <제2017-1호, 2017.7.26.>

이 고시는 발령한 날부터 시행한다.

# 누전경보기의 형식승인 및 제품검사의 기술기준

## [ KOFEIS 0308 ]

소방청고시 제2018-1호(2018.3.12.)

**제1조 (목적)** 이 기준은 「화재예방, 소방시설 설치·유지 및 안전관리에 관한 법률」 제36조 제5항 및 같은 법 시행령 제37조에 따른 「누전경보기의 형식승인 및 제품검사의 기술기준」에 대하여 규정함을 목적으로 한다.

**제2조 (용어의 정의)** 이 기준에서 사용하는 용어의 정의는 다음과 같다.

1. "**경보기구**"란 자동화재탐지설비, 비상경보설비의 축전지, 화재속보설비, 누전경보기, 가스누설경보기 등 화재의 발생 또는 화재의 발생이 예상되는 상황에 대하여 경보를 발하여 주는 설비를 말한다.
2. "**누전경보기**"란 사용전압 **600 [V] 이하**인 경계전로의 누설전류를 검출하여 해당 소방대상물의 관계자에게 경보를 발하는 설비로서 **변류기**와 **수신부**로 구성된 것을 말한다.
3. "**누전경보기의 수신부**"(이하 "**수신부**"라 한다)란 변류기로부터 검출된 신호를 수신하여 누전의 발생을 해당 소방대상물의 관계자에게 경보하여 주는 것(차단기구를 갖는 것은 이를 포함한다)을 말한다.
4. "**집합형 누전경보기의 수신부**"란 **2개 이상**의 변류기를 연결하여 사용하는 수신부로서 하나의 전원장치 및 음향장치 등으로 구성된 것을 말한다.
5. "**누전경보기의 차단기구**"란 경계전로에 누설전류가 흐르는 경우 이를 수신하여 그 경계전로의 전원을 자동적으로 차단하는 장치를 말한다.
6. "**누전경보기의 변류기**"(이하 "**변류기**"라 한다)란 경계전로의 **누설전류를 자동적으로 검출**하여 이를 누전경보기의 수신부에 송신하는 것을 말한다.
7. "**경종**"이란 경보기구 또는 비상경보설비에 사용하는 벨 등의 음향장치를 말한다.
8. "**방폭형**"이란 폭발성가스가 용기내부에서 폭발하였을 때 용기가 그 압력에 견디거나 또는 외부의 폭발성가스에 인화될 우려가 없도록 만들어진 형태의 제품을 말한다.
9. "**방수형**"이란 그 구조가 방수구조로 되어 있는 것을 말한다.

**제3조 (구조 및 기능)** 누전경보기의 구조 및 기능은 다음 각 호에 적합하여야 한다.

1. 작동이 확실하고, 취급·점검이 쉬어야 하며, 현저한 잡음이나 장해전파를 발하지 아니하여야 한다. 또한 먼지, 습기, 곤충 등에 의하여 기능에 영향을 받지 아니하여야 한다.

2. 보수 및 부속품의 교체가 쉬워야 한다. 다만, 방수형 및 방폭형은 그러하지 아니하다.
3. 부식에 의하여 기계적 기능에 영향을 초래할 우려가 있는 부분은 칠, 도금 등으로 유효하게 내식가공을 하거나 방청가공을 하여야 하며, 전기적 기능에 영향이 있는 단자, 나사 및 와셔 등은 동합금이나 이와 동등이상의 내식성능이 있는 재질을 사용하여야 한다.
4. 외함은 불연성 또는 난연성 재질로 만들어져야 하며 다음과 같아야 한다.
   가. 외함은 다음에 기재된 두께 이상이어야 한다. <개정 2018.3.12.>
      (1) 누전경보기의 외함은 1.0 [mm] 이상
      (2) 직접 벽면에 접하여 벽속에 매립되는 외함의 부분은 1.6 [mm] 이상
   나. 외함(누전화재표시창, 지구창, 조작부수납용 뚜껑, 스위치의 손잡이, 발광다이오드, 지시전기계기, 각종 표시명판 등은 제외한다)에 합성수지를 사용하는 경우에는 (80±2)℃의 온도에서 열로 인한 변형이 생기지 아니하여야 하며 자기소화성이 있는 재료이어야 한다.
5. 기기내의 배선은 충분한 전류용량을 갖는 것으로 하여야 하며, 배선의 접속이 정확하고 확실하여야 한다.
6. 극성이 있는 경우에는 오접속을 방지하기 위하여 필요한 조치를 하여야 한다.
7. 부품의 부착은 기능에 이상을 일으키지 아니하고 쉽게 풀리지 아니하도록 하여야 한다.
8. 전선 이외의 전류가 흐르는 부분과 가동축 부분의 접촉력이 충분하지 아니한 곳에는 접촉부의 접촉 불량을 방지하기 위한 적당한 조치를 하여야 한다.
9. 외부에서 쉽게 사람이 접촉할 우려가 있는 충전부는 충분히 보호되어야 한다.
10. 정격전압이 **60 [V]**를 넘는 기구의 **금속제외함에는 접지단자**를 설치하여야 한다.
11. 내부의 부품 등에서 발생되는 열에 의하여 구조 및 기능에 이상이 생길 우려가 있는 것은 방열판 또는 방열공 등에 의하여 보호조치를 하여야 한다. 다만, 방수형 또는 방폭형의 것은 방열공을 설치하지 아니할 수 있다.
12. 방폭형누전경보기는 다음 각 목의 1에서 정하는 방폭구조에 적합하여야 한다.
   가. 한국산업규격
   나. 가스관계법령(고압가스안전관리법, 액화석유가스의 안전 및 사업관리법, 도시가스사업법)에 의하여 정하는 규격
   다. 산업안전보건법령에 의하여 정하는 규격
13. 누전경보기의 단자외의 부분은 견고한 상자에 넣어야 한다.
14. 누전경보기의 단자는 전선(접지선을 포함한다)을 쉽게 확실하게 접속할 수 있는 것이어야 한다.
15. 누전경보기의 단자(접지단자 및 배전반 등에 부착하는 매립용의 단자는 제외한다)에는 적당한 보호장치를 하여야 한다.

**제4조 (부품의 구조 및 기능)** 누전경보기에 다음 각 호의 부품을 사용하는 경우 해당 각 호의 규정에 적합하거나 이와 동등이상의 성능이 있는 것이어야 한다.

1. 스위치
   가. 조작이 쉽고 작동이 확실하여야 하며, 정지점이 명확하고 적정하여야 한다.
   나. 각 접점의 최대사용전압으로 최대사용전류의 200 [%]인 전류를 저항부하를 통하여 흘리는 작동을 10,000회(전원스위치의 경우에는 5,000회) 반복하는 경우 그 구조 또는 기능에 이상이 생기지 아니하여야 한다.
   다. 접점은 최대사용전류 용량에 적합하여야 하고 부식될 우려가 없는 것이어야 한다.
   라. 눕혀서 끊어지는 형의 스위치(수은스위치 등)를 사용할 경우에는 정위치에 복귀시키는 것을 잊지 아니하도록 알려주는 적당한 장치를 하여야 한다.
2. 표시등
   가. 전구는 사용전압의 130 [%]인 교류전압을 20시간 연속하여 가하는 경우 단선, 현저한 광속변화, 흑화, 전류의 저하 등이 발생하지 아니하여야 한다.
   나. 소켓은 접촉이 확실하여야 하며 쉽게 전구를 교체할 수 있도록 부착하여야 한다.
   다. 전구는 2개 이상을 병렬로 접속하여야 한다. 다만, 방전등 또는 발광다이오드의 경우에는 그러하지 아니한다.
   라. 전구에는 적당한 보호커버를 설치하여야 한다. 다만, 발광다이오드의 경우에는 그러하지 아니하다.
   마. 누전화재의 발생을 표시하는 표시등(이하 "누전등"이라 한다)이 설치된 것은 등이 켜질 때 적색으로 표시되어야 하며, 누전화재가 발생한 경계전로의 위치를 표시하는 표시등(이하 "지구등"이라 한다)과 기타의 표시등은 다음과 같아야 한다.
      (1) 지구등은 적색으로 표시되어야 한다. 이 경우 누전등이 설치된 수신부의 지구등은 적색외의 색으로도 표시할 수 있다.
      (2) 기타의 표시등은 적색외의 색으로 표시되어야 한다. 다만, 누전등 및 지구등과 쉽게 구별할 수 있도록 부착된 기타의 표시등은 적색으로도 표시할 수 있다.
   바. 주위의 밝기가 300 [lx]인 장소에서 측정하여 앞면으로부터 3 [m] 떨어진 곳에서 켜진 등이 확실히 식별되어야 한다.
3. 전자계전기
   가. 접점은 G·S합금 또는 이와 동등이상이어야 한다.
   나. 하중에 의하여 영향을 받지 아니하도록 부착하고, 접점밀봉형 외의 것은 접점이나 가동부에 먼지가 들어가지 아니하도록 적당한 방진커버를 설치하여야 한다.
   다. 최대사용전압에서 최대사용전류를 저항부하를 통하여 흘려도 그 구조 또는 기능에 현저한 변화가 생기지 아니하여야 한다.

라. 접점의 사용은 다음과 같이 하여야 한다.

(1) 지구등을 점등시키기 위하여 사용되는 접점은 보조계전기에 접속하여 사용하는 경우를 제외하고는 다른 용도로 사용할 수 없도록 하여야 한다.

(2) 동일접점에서 동시에 내부부하와 외부부하에 직접 전력을 공급하지 아니하도록 하여야 한다.

4. 전압 지시전기계기의 최대눈금은 사용하는 회로의 정격전압의 140% 이상 200% 이하이어야 한다.

5. 퓨즈 등

가. 퓨즈 등 과전류 보호장치는 「산업표준화법」에 의한 KS제품규격표시품, 「전기용품 및 생활용품 안전관리법」에 의한 안전인증품 또는 국제적 공인기관으로부터 인증을 받은 제품을 사용하여야 한다.

나. 점검 및 교체가 쉬워야 한다. 다만, 과전류 보호장치로 자체 복원력에 의한 재용성이 있는 폴리스위치 등을 사용하는 경우에는 그러하지 아니하다.

다. 쉽게 흔들리지 아니하도록 부착되어야 한다.

6. 경보기구에 내장하는 음향장치

가. 사용전압의 **80 [%]**인 전압에서 소리를 내어야 한다.

나. 사용전압에서의 음압은 무향실내에서 정위치에 부착된 음향장치의 중심으로부터 **1 [m] 떨어진 지점에서 누전경보기는 70 [dB] 이상**이어야 한다. 다만, 고장표시장치용 등의 음압은 60 [dB] 이상이어야 한다.

다. 사용전압으로 8시간 연속하여 울리게 하는 시험, 또는 정격전압에서 3분20초 동안 울리고 6분40초 동안 정지하는 작동을 반복하여 통산한 울림시간이 20시간이 되도록 시험하는 경우 그 구조 또는 기능에 이상이 생기지 아니하여야 한다.

7. 변압기

가. 변압기는 KS C 6308(전자기기용 소형전원변압기) 또는 이와 동등이상의 성능이 있는 것이어야 한다.

나. 정격1차 전압은 300 [V] 이하로 한다.

다. 변압기의 외함에는 접지단자를 설치하여야 한다.

라. 용량은 최대사용전류에 연속하여 견딜 수 있는 크기 이상이어야 한다.

8. 반도체는 최대사용전압 및 최대사용전류에 충분히 견딜 수 있는 것이어야 한다.

9. 누전경보기에 차단기구를 설치하는 경우에는 다음에 적합하여야 한다.

가. 개폐부는 원활하고 확실하게 작동하여야 하며 정지점이 명확하여야 한다.

나. 개폐부는 수동으로 개폐되어야 하며 자동적으로 복귀하지 아니하여야 한다.

다. 개폐부는 KS C 4613(누전차단기)에 적합한 것이어야 한다.

**제5조 (부속장치)** 누전경보기의 기능에 유해한 영향을 미치는 부속장치는 설치하지 아니하여야 한다.

**제6조 (변류기 및 수신부의 종류)** ① 변류기는 구조에 따라 **옥외형**과 **옥내형**으로 구분하고 수신부와의 상호호환성(이하 "호환성"이라 한다) 유무에 따라 **호환성형** 및 **비호환성형**으로 구분한다.

② 수신부는 정격전류가 60 [A] 이하의 경계전로에 한하여 사용하는 것을 2급, 그 외의 것을 1급으로 구분하고, 변류기와의 호환성유무에 따라 **호환성형** 및 **비호환성형**으로 구분한다.

**제7조 (공칭작동전류치)** ① 누전경보기의 **공칭작동전류치(누전경보기를 작동시키기 위하여 필요한 누설전류의 값**으로서 제조자에 의하여 표시된 값을 말한다. 이하 같다)는 200 [mA] 이하이어야 한다.

② 제1항의 규정은 감도조정장치를 가지고 있는 누전경보기에 있어서도 그 조정범위의 최소치에 대하여 이를 적용한다.

**제8조 (감도조정장치)** 감도조정장치를 갖는 누전경보기에 있어서 감도조정장치의 조정범위는 **최대치가 1 [A]**이어야 한다.

**제9조 (시험조건)** ① 누전경보기의 시험은 특별히 규정된 경우를 제외하고는 실온이 5℃ 이상 35℃ 이하, 상대습도가 45 [%] 이상 85 [%] 이하의 상태에서 실시한다.

② 제10조 및 제12조에 따른 시험에서 경계전로의 전압 및 주파수는 해당 변류기의 정격전압 또는 정격주파수를 사용하고 경계전로에 접속하는 부하는 순저항부하를 사용한다.

③ 제13조 및 제14조에 따른 시험에서 시험선로는 경계전로 또는 1개의 전선을 사용하고, 변류기에 부착한 회로의 주파수는 경계전로의 정격주파수를 사용하여야 한다.

**제10조 (변류기의 기능)** ① 호환성형 변류기는 경계전로에 전류를 흘리지 아니한 상태에서 또는 경계전로에 해당 변류기의 정격주파수로 해당 변류기의 정격전류를 흘린 상태에서, 시험전류를 0 [mA]에서 1,000 [mA]로 흘리는 경우, 그 출력전압치는 시험전류치에 비례하여 변화하고, 그 변동범위는 설계출력전압치의 **75 [%] 이상 125 [%] 이하**이어야 한다. 이 경우 해당 변류기의 출력단자에는 해당 변류기에 접속되는 수신부의 입력임피던스에 상당하는 임피던스(이하 "부하저항"이라 한다)를 접속한다.

② 비호환성형 변류기는 경계전로에 전류를 흘리지 아니한 상태에서 또는 경계전로에 해당 변류기의 정격주파수로 정격전류를 흘린 상태에서 공칭작동전류치에 상당하는 시험전류를 흘리는 경우 그 출력전압치는 공칭작동전류치에 대응하는 설계출력전압치 이상이어야 하며, 또한 공칭작동전류치의 42 [%]인 시험전류를 흘리는 경우, 그 출력전압치는 공칭작동전류치의 42 [%]에 대응하는 설계출력전압치 이하이어야 한다.

③ 변류기중 경계전로의 전선을 변류기에 관통시키는 것은 경계전로의 각 전선을 그 전선의 변류기에 대한 전자결합력이 평형이 되지 아니하는 방법으로 변류기에 관통시킨 상태에서 제1항 또는 제2항의 기능을 갖는 것이어야 한다.

**제11조 (온도특성시험)** 변류기는 옥내형인 것은 (−10±2)℃에서 (50±2)℃까지, 옥외형인 것은 (−20±2)℃에서 (50±2)℃까지의 주위온도에서 기능에 이상이 생기지 아니하여야 한다.

**제12조 (전로개폐시험)** 변류기는 출력단자에 부하저항을 접속하고, 경계전로에 해당 변류기의 정격전류의 150 [%]인 전류를 흘린 상태에서 경계전로의 개폐를 5회 반복하는 경우 그 출력전압치는 공칭작동전류치의 42 [%]에 대응하는 출력전압치 이하이어야 한다.

**제13조 (단락전류강도시험)** 변류기는 출력단자에 부하저항을 접속한 다음 경계전로의 전원측에 과전류차단기를 설치하여, 경계전로에 해당 변류기의 정격전압에서 단락역률이 0.3에서 0.4까지인 2,500 [A]의 전류를 2분 간격으로 약 0.02초간 2회 흘리는 경우 그 구조 및 기능에 이상이 생기지 아니하여야 한다.

**제14조 (과누전시험)** 변류기는 1개의 전선을 변류기에 부착시킨 회로를 설치하고 출력단자에 부하저항을 접속한 상태로 해당 1개의 전선에 변류기의 정격전압의 20 [%]에 해당하는 수치의 전류를 5분간 흘리는 경우 그 구조 또는 기능에 이상이 생기지 아니하여야 한다.

**제15조 (노화시험)** 변류기는 (65±2)℃인 공기 중에 30일간 놓아두는 경우 그 구조 및 기능에 이상이 생기지 아니하여야 한다.

**제16조 (방수시험)** 옥외형변류기는 (23±2)℃, 상대습도 (50±5)%의 상태에 24시간 방치한 후 (23±2)℃의 맑은 물에 48시간 침지시키는 경우 내부에 물이 고이거나, 기능 및 절연저항시험에 이상이 생기지 아니하여야 한다.

**제17조 (진동시험)** 변류기는 전원을 인가하지 아니한 상태에서 IEC 60068-2-6의 시험방법에 따라 다음 각 호에 따른 시험을 실시하는 경우 그 구조 및 기능에 이상이 생기지 아니하여야 한다.

1. 주파수 범위 : (10～150) [Hz]
2. 가속도 진폭 : 10 [m/s$^2$]
3. 축수 : 3
4. 스위프 속도 : 1 [옥타브/min]
5. 스위프 사이클 수 : 축 당 20

**제18조 (충격시험)** 변류기는 다음 각 호의 1의 시험을 실시하는 경우 그 구조 및 기능에 이상이 생기지 아니하여야 한다.

1. 임의의 방향으로 최대가속도 50g(g는 중력가속도를 말한다)의 충격을 5회 가하는 시험
2. 길이 300 [mm], 지름 3 [mm]의 강철선의 한쪽 끝을 충격지점과 수직이 되도록 지지시키고, 다른 쪽 끝에 무게 1 [kg]의 강철구 추를 매달아 이를 지지점과 수평이 되는 위치에서 송판의 중앙에 변류기를 부착시킨 반대편으로 자연낙하시켜 통전상태의 변류기에 15회의

충격을 가하는 시험

**제19조 (절연저항시험)** 변류기는 DC 500 [V]의 절연저항계로 다음 각 호에 의한 시험을 하는 경우 5 [MΩ] 이상이어야 한다.

1. **절연된 1차권선과 2차권선간의 절연저항**
2. **절연된 1차권선과 외부금속부간의 절연저항**
3. **절연된 2차권선과 외부금속부간의 절연저항**

**제20조 (절연내력시험)** 제19조에 따른 시험부위의 절연내력은 60 [Hz]의 정현파에 가까운 실효전압 1,500 [V](경계전로 전압이 250 [V]를 초과하는 경우에는 경계전로 전압에 2를 곱한 값에 1 [kV]를 더한 값)의 교류전압을 가하는 시험에서 1분간 견디는 것이어야 한다.

**제21조 (충격파내전압시험)** 변류기는 1차권선과 외부금속사이 및 1차권선 상호간에 파고치 6 [kV], 파두장 0.5 [$\mu$s] 이상 1.5 [$\mu$s] 이하 및 파미장 32 [$\mu$s] 이상 50 [$\mu$s] 이하인 충격파전압을 정 및 부로 각각 1회 가하는 경우 기능에 이상이 생기지 아니하여야 한다.

**제22조 (전압강하방지시험)** 변류기(경계전로의 전선을 그 변류기에 관통시키는 것은 제외한다)는 경계전로에 정격전류를 흘리는 경우, 그 경계전로의 전압강하는 0.5 [V] 이하이어야 한다.

**제23조 (수신부의 구조)** 수신부의 구조는 다음 각 호에 적합하여야 한다.

1. 전원을 표시하는 장치를 설치하여야 한다. 다만, 2급에서는 그러하지 아니하다.
2. 수신부는 다음 회로에 단락이 생기는 경우에는 유효하게 보호되는 조치를 강구하여야 한다.
   가. 전원 입력측의 회로(다만, 2급 수신부에는 적용하지 아니한다)
   나. 수신부에서 외부의 음향장치와 표시등에 대하여 직접 전력을 공급하도록 구성된 외부회로
3. 감도조정장치를 제외하고 감도조정부는 외함의 바깥쪽에 노출되지 아니하여야 한다.
4. 주전원의 양극을 동시에 개폐할 수 있는 전원스위치를 설치하여야 한다. 다만, 보수시에 전원공급이 자동적으로 중단되는 방식은 그러하지 아니하다.
5. 전원입력 및 외부부하에 직접 전원을 송출하도록 구성된 회로에는 퓨즈 또는 브레이커 등을 설치하여야 한다. <개정 2018.3.12.>

**제24조 (시험장치)** ① 수신부는 공칭작동전류치에 대응하는 변류기의 설계출력 전압의 2.5배 이하인 전압을 그 입력단자에 가할 수 있는 시험장치를 설치하여야 하며, 1급 수신부에는 변류기까지의 외부배선의 단선유무를 시험할 수 있는 장치를 아울러 설치하여야 한다.

② 제1항의 시험장치는 다음 각 호에 적합하여야 한다.

1. 반복조작을 실시하고 또한 10 [kg]의 압력을 1분간 가하는 경우 그 구조 또는 기능에 이상이 생기지 아니하여야 한다.
2. 수신부의 앞면에서 쉽게 시험할 수 있어야 한다.

3. 시험후 정위치에 복귀시키는 조작을 잊지 아니하도록 알려주는 적당한 장치를 하여야 한다.
4. 집합형 수신부는 제2호의 규정에서 정하는 것 외에 회선마다 시험할 수 있어야 한다.

**제25조 (누전표시)** 수신부는 변류기로부터 송신된 신호를 수신하는 경우 적색표시 및 음향신호에 의하여 누전을 자동적으로 표시할 수 있어야 하며, 이 경우 차단기구가 있는 것은 차단후에도 누전되고 있음을 적색표시로 계속 표시되는 것이어야 한다.

**제26조 (수신부의 기능)** ① **호환성형** 수신부는 신호입력회로에 공칭작동전류치에 대응하는 변류기의 설계출력전압의 **52 [%]**인 전압을 가하는 경우 30초 이내에 작동하지 아니하여야 하며, 공칭작동전류치에 대응하는 변류기의 설계출력전압의 75 [%]인 전압을 가하는 경우 1초(차단기구가 있는 것은 0.2초) 이내에 작동하여야 한다.

② **비호환성형** 수신부는 신호입력회로에 공칭작동전류치의 **42 [%]**에 대응하는 변류기의 설계출력전압을 가하는 경우 30초 이내에 작동하지 아니하여야 하며, 공칭작동전류치에 대응하는 변류기의 설계출력전압을 가하는 경우 1초(차단기구가 있는 것은 0.2초) 이내에 작동하여야 한다.

③ 집합형 누전경보기의 수신부는 제2항 및 다음 각 호에 적합하여야 한다.

1. 누설전류가 발생한 경계전로를 명확히 표시하는 장치가 있어야 한다.
2. 제1호 규정에 의한 장치는 경계전로를 차단하는 경우 누설전류가 발생한 경계전로의 표시가 계속되어 있어야 한다.
3. 2개의 경계전로에서 누선전류가 동시에 발생하는 경우 기능에 이상이 생기지 아니하여야 한다.
4. 2개 이상의 경계전로에서 누설전류가 계속하여 발생하는 경우 최대부하에 견디는 용량을 갖는 것이어야 한다.

**제27조 (전원전압변동시험)** 수신부는 전원전압을 정격전압의 **80 [%]에서 120 [%]까지**의 범위로 변화시키는 경우 기능에 이상이 생기지 아니하여야 한다.

**제28조 (온도특성시험)** 수신부는 (－10±2)℃에서 (50±2)℃까지의 주위온도에서 기능에 이상이 생기지 아니하여야 한다.

**제29조 (과입력전압시험)** 수신부는 신호입력회로에 50 [V]의 전압을 변류기의 임피던스에 상당하는 저항을 통하여 5분간 가하는 경우 누전표시가 되어야 하며 그 구조 또는 기능에 이상이 생기지 아니하여야 한다.

**제30조 (개폐기의 조작시험)** 차단기구가 있는 수신부는 경계전로에 변류기의 정격전압을 가하고 개폐부를 닫은 상태로 제24조제1항에서 규정하는 시험장치에 의하여 시험을 하는 경우 개폐부를 쉽게 조작할 수 있어야 한다.

**제31조 (반복시험)** 수신부는 그 정격전압에서 1만회의 누전작동시험을 실시하는 경우 그

구조 또는 기능에 이상이 생기지 아니하여야 한다.

**제32조 (진동시험)** ① 수신부는 전원이 인가된 상태에서 IEC 60068-2-6의 시험방법에 따라 다음 각 호에 따른 시험을 실시하는 경우 시험 중 잘못 작동되거나 시험후 구조 및 기능에 이상이 없어야 한다.

1. 주파수 범위 : (10～150) [Hz]
2. 가속도 진폭 : 0.981 [$m/s^2$]
3. 축수 : 3
4. 스위프 속도 : 1 [옥타브/min]
5. 스위프 사이클 수 : 축 당 1

② 수신부는 전원을 인가하지 아니한 상태에서 IEC 60068-2-6의 시험방법에 따라 다음 각 호에 따른 시험을 실시하는 경우 구조 및 기능에 이상이 없어야 한다.

1. 주파수 범위 : (10～150) [Hz]
2. 가속도 진폭 : 4.905 [$m/s^2$]
3. 축수 : 3
4. 스위프 속도 : 1 [옥타브/min]
5. 스위프 사이클 수 : 축 당 20

**제33조 (충격시험)** 수신부는 다음 각 호의 1의 충격시험을 하는 경우 그 구조 또는 기능에 이상이 생기지 아니하여야 한다.

1. 임의의 방향으로 최대가속도 50g(g는 중력가속도를 말한다)의 충격을 5회 가하는 시험
2. 경계전로에 정격전류의 50 [%]의 전류를 통한 상태에서 길이 300 [mm] 지름 1 [mm]인 강철선의 한쪽 끝을 충격지점과 수직이 되도록 지지시키고, 다른 쪽 끝에 무게 0.5 [kg]의 강철구인 추를 매달아 이를 지지점과 수평이 되는 위치에서 나무판의 중앙에 수신부를 부착시킨 반대편으로 자연낙하시켜 수신부에 15회의 충격을 가하는 시험

**제34조 (방수시험)** 방수형수신부를 일반 사용상태로 부착하고 맑은 물을 34.5 [kPa]의 압력으로 3개의 분무헤드를 이용하여 전면상방에 (45±2)° 각도의 방향에서 시료를 향하여 일률적으로 24시간 이상 물을 살수하는 경우 내부에 물이 고이거나 기능 및 절연저항시험에 이상이 생기지 아니하여야 한다.

**제35조 (절연저항시험)** 수신부는 절연된 충전부와 외함간 및 차단기구의 개폐부(열린 상태에서는 같은 극의 전원단자와 부하측단자와의 사이, 닫힌 상태에서는 충전부와 손잡이 사이)의 절연저항을 DC **500 [V]의 절연저항계**로 측정하는 경우 **5 [MΩ]** 이상이어야 한다.

**제36조 (절연내력시험)** 제35조에서 규정된 시험부위의 절연내력은 60 [Hz]의 정현파에 가까운 실효전압 500 [V](1차측 또는 2차측 충전부의 정격전압이 30 [V]을 초과하고 150 [V] 이하인 부분에 있어서는 1 [kV], 정격전압이 150 [V]를 초과하는 부분에 있어서는 그 정격전압에 2를 곱하여 1 [kV]를 더한 값)의 교류전압을 가하는 시험에서 1분간 견디는 것이어야 한다.

**제37조 (충격파내전압시험)** ① 수신부는 전원의 극이 다른 단자간 및 전원단자와 외함간에

파고치 6 [kV], 파두장 0.5 [$\mu$s] 이상, 1.5 [$\mu$s] 이하 및 파미장 32 [$\mu$s] 이상, 50 [$\mu$s] 이하의 충격파전압을 정 및 부로 각각 1회 가하는 경우 기능에 이상이 생기지 아니하여야 한다.

② 차단기구는 제1항에 따른 시험을 하는 경우 잘못 작동되지 아니하여야 한다.

**제37조의2 (전자파적합성)** 수신부는 「전파법」 제47조의3제1항 및 「전파법 시행령」 제67조의2에 따라 국립전파연구원장이 정하여 고시하는 「전자파적합성 기준」에 적합하여야 한다. <신설 2018.3.12.>

**제38조 (표시 및 부속품)** ① 누전경보기에는 다음 각 호의 사항을 보기 쉬운 부위에 쉽게 지워지지 아니하도록 표시하여야 한다. 다만, 제12호 및 제14호는 포장 또는 취급설명서에 표시할 수 있다.

1. 종별 및 형식
2. 형식승인번호
3. 제조연월 및 제조번호
4. 제조업체명 또는 상호
5. 극성이 있는 단자에는 극성을 표시하는 기호
6. 정격전압 및 정격전류
7. 방수형인 것은 "방수형"이라는 문자 별도표시
8. 집합형 누전경보기의 수신부에 있어서는 경계전로의 수
9. 변류기 접속용의 단자판에는 그 용도를 나타내는 기호, 전원용 단자판에는 사용전압의 기호 및 사용전압 그 밖의 단자판에는 그 용도를 나타내는 기호, 사용전압의 기호, 사용전압 및 전류
10. 수신부에는 접속가능한 변류기의 형식승인번호
11. 변류기에는 접속가능한 수신부의 형식승인번호
12. 설치방법 및 취급상의 주의사항
13. 삭제 <1999.8.3.>
14. 품질보증에 관한 사항(보증기간, 보증내용, A/S방법, 자체검사필증 등)
15. 방폭형인 것은 "방폭형"이라는 문자 별도표시 및 방폭등급

② 수신부에는 다음 각 호의 부속품이 구비되어야 한다.

1. 예비전구(백열전구에 한한다)
2. 예비퓨즈

**제39조 (세부규정)** 이 기준의 시행에 관하여 필요한 세부사항은 소방청장이 이를 정한다.

**제40조 (재검토기한)** 소방청장은 「훈령·예규 등의 발령 및 관리에 관한 규정」에 따라 이 고시에 대하여 2018년 7월 1일 기준으로 매 3년이 되는 시점(매 3년째의 6월 30일까지를 말한다)마다 그 타당성을 검토하여 개선 등의 조치를 하여야 한다. <개정 2018.3.12.>

## 부칙 <제2018-1호, 2018.3.12.>

**제1조 (시행일)** 이 고시는 발령한 날부터 시행한다.

**제2조 (형식승인에 관한 일반적인 경과조치)** ① 이 고시 시행일 이전에 형식승인(형식승인의 변경을 포함한다. 이하 같다)이 신청된 것은 종전의 고시를 적용할 수 있다. 다만, 신청인이 이 고시에 의하여 형식승인을 받고자 하는 경우에는 이 고시를 적용한다.

② 이 고시 시행당시 종전의 규정에 의하여 형식승인을 받은 것 중 이 고시 제37조의2에 적합하지 아니한 것은 이 고시 시행일로부터 1년 이내에 이 고시에 의하여 형식승인을 받아야 한다.

**제3조 (제품검사에 대한 경과조치)** ① 부칙 제1조에도 불구하고 이 고시 시행당시 종전의 규정에 의하여 형식승인을 받은 것 중 이 고시 제37조의2에 대하여 적합하지 아니한 것은 이 고시 시행일로부터 1년 이내에는 종전의 규정에 의하여 제품검사를 받을 수 있다.

② 부칙 제2조제2항에 따라 형식승인을 받지 않은 것은 고시 시행일로부터 1년이 경과한 날부터 이 고시에 의한 생산제품검사를 받을 수 없으며, 품질제품검사를 적용받는 경우 제품완성예정일이 이 고시 시행일로부터 1년이 경과한 날부터 합격표시를 발급받을 수 없다.

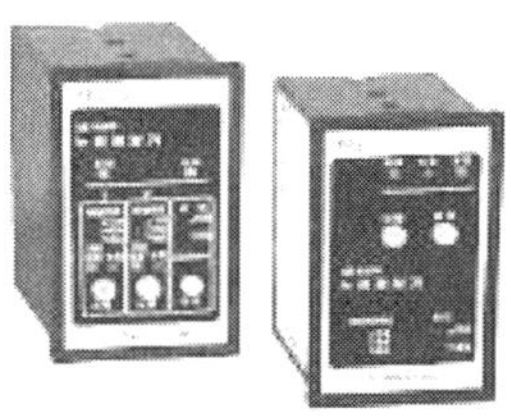

# **가스누설경보기**의 형식승인 및 제품검사의 기술기준

## [ KOFEIS 0309 ]

소방청고시 제2017-14호(2017.12.28.)

**제1조 (목적)** 이 기준은「화재예방, 소방시설 설치·유지 및 안전관리에 관한 법률」제36조 제5항 및 같은 법 시행령 제37조에 따른「가스누설경보기의 형식승인 및 제품검사의 기술기준」에 대하여 규정함을 목적으로 한다. <개정 2017.7.26.>

**제2조 (용어의 정의)** 이 기준에서 사용하는 용어의 정의는 다음과 같다.

1. "**경보기구**"란 자동화재탐지설비, 비상경보설비의 축전지, 화재속보설비, 누전경보기, 가스누설경보기 등 화재의 발생 또는 화재의 발생이 예상되는 상황에 대하여 경보를 발하여 주는 설비를 말한다.
2. "**가스누설경보기**"란 가연성가스 또는 불완전연소가스가 새는 것을 탐지하여 관계자나 이용자에게 경보하여 주는 것을 말한다. 다만, 탐지소자외의 방법에 의하여 가스가 새는 것을 탐지하는 것, 점검용으로 만들어진 휴대용검지기 또는 연동기기에 의하여 경보를 발하는 것은 제외한다.
3. "**방폭형**"이란 폭발성가스가 용기내부에서 폭발하였을 때 용기가 그 압력에 견디거나 또는 외부의 폭발성가스에 인화될 우려가 없도록 만들어진 형태의 제품을 말한다.
4. "**방수형**"이란 그 구조가 방수구조로 되어 있는 것을 말한다.
5. "**탐지부**"란 가스누설경보기(이하"경보기"라 한다)중 가스누설을 검지하여 중계기 또는 수신부에 가스누설의 신호를 발신하는 부분 또는 가스누설을 검지하여 이를 음향으로 경보하고 동시에 중계기 또는 수신부에 가스누설의 신호를 발신하는 부분을 말한다.
6. "**수신부**"란 경보기 중 탐지부에서 발하여진 가스누설신호를 직접 또는 중계기를 통하여 수신하고 이를 관계자에게 음향으로서 경보하여 주는 것을 말한다.
7. "**지구경보부**"란 경보기의 수신부로부터 발하여진 신호를 받아 경보음을 발하는 것으로서 경보기에 추가로 부착하여 사용되는 부분을 말한다.
8. "**부속장치**"란 경보기에 연결하여 사용되는 환풍기 또는 지구경보부 등에 작동신호원을 공급시켜 주기 위하여 경보기에 부수적으로 설치되어진 장치를 말한다.
9. "**분리형**"이란 탐지부와 수신부가 분리되어 있는 형태의 경보기를 말한다.
10. "**단독형**"이란 탐지부와 수신부가 1개의 상자에 넣어 일체로 되어있는 형태의 경보기를

말한다.

11. "**중계기**"란 감지기 또는 발신기의 작동에 의한 신호 또는 탐지부에서 발하여진 가스누설 신호를 받아 이를 수신기 또는 수신부에 발신하여, 소화설비·제연설비 그밖에 이와 유사한 방재설비에 제어 또는 누설신호를 발신 또는 신호증폭을 하여 발신하는 설비를 말한다. <개정 2017.12.28.>

**제3조 (경보기의 분류)** 경보기는 구조에 따라 **단독형과 분리형**으로 구분하며, 용도에 따라 **단독형은 가정용**으로, **분리형은 영업용과 공업용**으로 구분한다. 이 경우 **영업용은 1회로용**으로 하며 **공업용은 1회로 이상의 용도**로 한다.

**제4조 (일반구조)** 경보기의 일반구조는 다음 각 호에 적합하여야 한다.

1. 경보기의 수신부 및 분리형의 탐지부 외함은 불연성 또는 난연성의 재질로 만들어야 하며, **강판을 사용**하는 경우에는 **두께 1.0 [mm]** 이상인 것. **합성수지를 사용**하는 경우에는 두께가 **강판의 2.5배**(단독형 및 분리형 중 영업용인 경우에는 **1.5배**)이상인 것을 사용하여야 한다.
2. 경보기의 수신부 및 분리형의 탐지부 외함(지구창, 지도판, 수납용 뚜껑, 스위치손잡이, 발광다이오드, 지시전기계기 및 표시명판을 제외한다)에 합성수지를 사용하는 경우에는 (80±2)℃의 온도에서 열로 인한 변형이 생기지 아니하여야 하며 자기소화성이 있어야 한다.
3. 건물 등에 부착하도록 되어있는 것은 나사, 못 등에 의하여 쉽게 고정시킬 수 있는 구조이어야 하며, 접착테이프 등을 사용하는 구조가 아니어야 한다.
4. 전원공급의 상태를 쉽게 확인할 수 있는 표시등이 있어야 한다.
5. 단독형 및 분리형의 탐지부 등 가스가 머무를 수 있는 장소에 설치되는 부분은 보통의 상태에서 불꽃을 발생하지 아니하는 구조이어야 하며, 분리형 중 공업용의 탐지부는 다음 각 목의 1에서 정하는 방폭규정에 적합하여야 한다.
   가. 한국산업표준
   나. 가스관계법령(고압가스안전관리법, 액화석유가스의 안전 및 사업관리법, 도시가스사업법)에 의하여 정하는 규격
   다. 산업안전보건법령에 의하여 정하는 규격
6. 삭제 <2000.12.15.>
7. 전원개폐스위치나 경보농도조정부 등이 **노출되지 아니**하여야 한다.
8. 전원의 전압을 일정하게 하기 위하여 정전압회로 또는 정전류회로를 설치하여야 하며, 온도에 영향을 받지 아니하도록 조치를 하여야 한다.
9. 작동이 확실하며 취급, 보수, 점검 및 부속품의 교체가 쉽고 내구성이 있어야 하며, 현저한 잡음이나 장해전파를 발하지 아니하여야 한다.
10. 먼지, 습기, 곤충 등에 의하여 기능에 영향을 받지 아니하여야 한다.

11. 부식에 의하여 기계적 기능 또는 전기적 기능에 영향을 받을 우려가 있는 부분은 칠, 도금 등으로 유효하게 내식가공을 하거나 방청가공을 하여야 하며, 전기적 기능에 영향이 있는 단자, 나사 및 와셔 등은 동합금이나 이와 동등이상의 내식성이 있는 재질을 사용하여야 한다.
12. 기기내의 배선은 충분한 전류용량을 갖는 것으로 하여야 하며, 배선의 접속이 정확하고 확실하여야 한다.
13. 극성이 있는 경우에는 오 접속을 방지하기 위하여 필요한 조치를 하여야 한다.
14. 부품의 부착은 기능에 이상을 일으키지 아니하고 쉽게 풀리지 아니하도록 하여야 한다.
15. 전선외의 전류가 흐르는 부분과 가동축부분의 접촉력이 충분하지 아니한 곳에는 접촉부의 접촉 불량을 방지하기 위하여 필요한 조치를 하여야 한다.
16. 외부에서 쉽게 사람이 접촉할 우려가 있는 충전부는 충분히 보호되어야 한다.
17. 정격전압이 **60 [V]**를 초과하는 기구의 금속제 외함에는 **접지단자**를 설치하여야 한다.
18. 경보기에는 예비전원을 설치할 수 있으며 예비전원을 설치할 경우에는 다음에 적합하여야 한다.
    가. **예비전원을 경보기의 주전원으로 사용하여서는 아니 된다.**
    나. 예비전원을 단락사고 등으로부터 보호하기 위한 퓨즈를 설치하여야 한다.
    다. 주전원이 정지한 경우에는 자동적으로 예비전원으로 전환되고, 주전원이 정상상태로 복귀한 경우에는 자동적으로 예비전원으로부터 주전원으로 전환되어야 한다.
    라. 앞면에 예비전원의 상태를 감시할 수 있는 장치를 하여야 한다.
    마. 자동충전장치 및 전기적 기구에 의한 자동과충전방지장치를 설치하여야 한다. 다만, 과충전 상태가 되어도 성능 또는 구조에 이상이 생기지 아니하는 축전지를 설치하는 경우에는 자동과충전방지장치를 설치하지 아니할 수 있다.
    바. 축전지를 병렬로 접속하는 경우에는 **역충전 방지** 등의 조치를 강구하여야 한다.
    사. 축전지를 직렬 또는 병렬로 사용하는 경우에는 용량(전압, 전류 등)이 **균일한 축전지**를 사용하여야 한다.
    아. 예비전원은 알칼리계 2차 축전지, 리튬계 2차 축전지 또는 무보수밀폐형연축전지로서 그 용량은 **1회선용**(단독형을 포함한다)의 경우 감시상태를 20분간 계속한 후 유효하게 작동되어 **10분간** 경보를 발할 수 있어야 하며, 2회로이상인 경보기의 경우에는 연결된 모든 회로에 대하여 감시상태를 **10분간 계속한 후 2회선을 유효하게 작동시키고 10분간 경보를 발할 수 있는** 용량이어야 한다.
19. 삭제 <1995.9.25.>
20. 내부의 부품 등에서 발산되는 열에 의하여 기능에 이상이 생길 우려가 있는 것은 방열판 또는 방열공 등에 의하여 보호조치를 하여야 한다.

**제5조 (분리형수신부의 구조)** 분리형의 수신부의 구조는 다음 각 호에 적합하여야 한다. 다

만, 영업용에 대하여는 제1호, 제5호, 제6호 및 제8호의 규정을 적용하지 아니할 수 있다.

1. 내부에 주전원의 **양쪽극**을 동시에 개폐할 수 있는 **전원스위치**를 설치하여야 한다.
2. 주전원의 양선(영업용은 1선 이상) 및 예비전원회로(예비전원을 설치하는 경우에 한한다)의 1선과 수신부에서 외부부하에 전력을 공급하는 회로에는 퓨즈, 브레이커 등의 보호장치를 설치하여야 한다.
3. 삭제 <1997.12.11.> 4. 삭제 <1997.12.11.>
5. **앞면**에 주회로의 전압을 감시할 수 있도록 **전압계**를 설치할 수 있으며 **전원전환계전기 및 복귀스위치 등은 부하측**에 설치하여야 한다.
6. 복귀스위치의 작동 또는 음향장치의 울림을 정지시키는 스위치를 설치하여야 하며, 그 목적에만 사용되는 것이어야 한다. 다만, 1회로용인 것은 그러하지 아니하다.
7. 자동적으로 정위치에 복귀하지 아니하는 스위치를 설치하는 경우에는 음신호장치 또는 점멸하는 주의등을 설치하여야 한다.
8. 앞면에 탐지부 주위의 가스농도를 감시할 수 있는 장치, 가스누설표시 작동시험장치 및 도통시험장치를 설치하여야 한다. 다만, 접속할 수 있는 회선수가 1인 것 및 탐지부의 전원의 정지를 경음부측에서 알 수 있는 장치를 가진 것에 있어서는 도통시험장치를 설치하지 아니할 수 있다.

**제6조 (분리형수신부의 기능)** 분리형의 수신부의 기능은 다음 각 호에 적합하여야 한다. 다만, 영업용에 있어서는 제1호, 제2호 및 제4호의 규정을 적용하지 아니할 수 있다.

1. 가스누설표시 작동시험장치의 조작 중에 다른 회선으로부터 가스누설신호를 수신하는 경우 가스누설표시가 될 수 있어야 한다.
2. 2회선에서 가스누설신호를 동시에 수신하는 경우 가스누설표시를 할 수 있어야 한다.
3. 도통시험장치의 조작 중에 다른 회선으로부터 누설신호를 수신하는 경우 가스누설표시를 할 수 있어야 한다. 다만, 접속할 수 있는 회선수가 1인 것 및 탐지부의 전원의 정지를 경음부측에서 알 수 있는 장치를 가진 것에 있어서는 그러하지 아니하다.
4. 다음 경우에 발하여지는 신호를 수신하는 때에는 음향장치 및 고장표시등이 자동으로 작동하여야 한다.
   가. 탐지부, 수신부 또는 다른 중계기로부터 전력을 공급받는 방식의 중계기에서 외부부하에 전력을 공급하는 회로의 퓨즈, 브레이커, 그 밖의 보호장치가 작동하는 경우
   나. 탐지부, 수신부 또는 다른 중계기에서 전력을 공급받지 아니하는 방식의 중계기의 전원이 정지한 경우 및 그 중계기에서 외부부하에 전력을 공급하는 회로의 퓨즈, 브레이커 등의 보호장치가 작동하는 경우.
5. **수신개시부터 가스누설표시까지 소요시간은 60초** 이내이어야 한다.
6. 삭제 <1997.12.11.>

7. 중계기의 형식승인기준 제3조제14호가목, 제15호가목에 따른 신호를 수신하는 경우 자동적으로 음신호 또는 표시등에 의하여 지시되는 고장신호 표시장치가 있어야 한다.

**제6조의2 (흡입식탐지부의 구조 및 기능)** ① 흡입식탐지부의 구조는 다음 각 호에 적합하여야 한다.

1. 흡입량을 표시하기 위한 장치는 단위시간당 흡입량을 읽을 수 있는 구조일 것
2. 흡입펌프는 충분한 성능을 갖는 것으로 이상 없이 운전하는 것
3. 공기유량계는 보기 쉬운 구조이어야 하며, 가스흡입량의 표시방법은 분당 흡입량을 지시할 수 있을 것
4. 공기유량계에 부착된 여과장치는 분진 등의 흡입을 방지하기 위한 구조로서 공기유량계 바로 전단에 설치하여야 하며 교체가 용이한 구조일 것
5. 가스흡입 및 배기관은 내경이 4 [mm]에서 6 [mm]인 동관을 사용하고 나사 등에 의하여 확실히 연결할 수 있을 것. 이 경우 동관의 재질은 KS D 5301(이음매 없는 동 및 동합금관)에 적합하거나 이와 동등이상의 강도 및 내식성이 있는 것
6. 가스를 흡입하는 배관의 입구에는 스트레나(청동으로 된 소결금속 등)로 보호할 것
7. 흡입식인 것에는 흡입량을 시험하는 시험용 밸브를 설치할 것
8. 탐지부의 입력측 및 출력측의 배관은 배관내의 불꽃으로 인하여 외부의 가스에 불이 붙는 것을 방지할 수 있는 구조일 것
9. 펌프의 몸체와 다이어프램이 분리되는 구조인 것은 펌프몸체와 다이어프램을 스테인리스 등의 강제밴드로 고정하거나 볼트로 견고하게 고정할 것

② 흡입식탐지부의 기능은 다음 각 호에 적합하여야 한다.

1. 흡입량 시험은 제10조에서 정하는 조건에서 30분 동안 안정화시킨 다음 배기구에서 측정하였을 때 1.5 [L/min] 이상일 것.
2. 흡입식탐지부는 흡입관 최전단에서 배기관 최후단까지 기밀에 이상이 없을 것
3. 고무의 재질은 KS M 6518(가황고무 물리시험 방법)에 따라 시험을 하였을 때 다음의 기준에 적합하거나 동등 이상의 성능을 갖추도록 할 것
   가. 인장강도는 15 [MPa] 이상이어야 하고, (70±2)℃의 공기 중에 96시간 놓아둔 후의 저하율이 20 [%] 이하이어야 함.
   나. 신장률은 400 [%] 이상이어야 하고, (70±2)℃의 공기 중에 96시간 놓아둔 후의 저하율이 20 [%] 이하이어야 함.
   다. 경도는 70° 이하이어야 하고, (−20±2)℃의 온도 중에 24시간 놓아둔 후의 경도변화가 ±10도 범위이어야 함.
   라. 고무압축영구줄음률은 (100±1)℃의 공기 중에 70시간 놓아둔 다음 압축영구줄음률은 50 [%] 이하이어야 함.

4. 흡입식탐지부용 다이어프램은 내부식성 및 내가스부식성에 이상이 없을 것

**제7조 (시험장치)** 제6조에 따른 기능을 시험하는 장치는 다음 각 호에 적합하여야 한다.

1. 수신부의 앞면에서 쉽게 시험을 할 수 있어야 한다.
2. 외부배선의 도통시험 및 회로저항 등의 측정은 지시전기계기에 의하는 등 적합한 방법에 의하여 회로마다 할 수 있어야 한다.
3. 누설등 및 주음향장치의 시험을 제외하고는 회선의 단락 또는 단선 중에도 다른 회선의 시험을 할 수 있어야 한다.
4. 예비전원이 설치된 것은 예비전원의 양부시험을 할 수 있는 장치가 있어야 한다. 이 경우 양부시험은 정류기의 직류측에 자동복귀형의 스위치를 설치하고 그 스위치의 조작에 의하여 예비전원으로 전환한 후 실제부하전류가 흐르도록 하는 경우 그 단자전압을 측정할 수 있어야 한다.

**제8조 (부품의 구조 및 기능)** 경보기에 다음 각 호의 부품을 사용하는 경우 해당 각 호에 의한 구조 및 기능에 적합하거나 이와 동등이상의 성능이 있는 것이어야 한다.

1. 스위치
   가. 조작이 쉽고 작동이 확실하여야 하며, 정지점이 명확하고 적정하여야 한다.
   나. 각 접점의 최대사용전압으로 최대사용전류의 200 [%]인 전류를 저항부하를 통하여 흘리는 작동을 1만회(전원스위치의 경우에는 5천회) 반복하는 경우 그 구조 또는 기능에 이상이 생기지 아니하여야 한다.
   다. 접점은 최대사용전류 용량에 적합하여야 하고 부식될 우려가 없는 것이어야 한다.
   라. 눕혀서 끊어지는 형의 스위치(수은스위치 등)를 사용할 경우에는 정위치에 복귀시키는 것을 잊지 아니하도록 알려주는 적당한 장치를 하여야 한다.
2. 표시등
   가. 전구는 사용전압의 130 [%]인 교류전압을 20시간 연속하여 가하는 경우 단선, 현저한 광속변화, 흑화, 전류의 저하 등이 발생하지 아니하여야 한다.
   나. 소켓은 접촉이 확실하여야 하며 쉽게 전구를 교체할 수 있도록 부착하여야 한다.
   다. 전구는 2개 이상을 병렬로 접속하여야 한다. 다만, 방전등 또는 발광다이오드의 경우에는 그러하지 아니하다.
   라. 전구에는 적당한 보호커버를 설치하여야 한다. 다만, 발광다이오드의 경우에는 그러하지 아니하다.
   마. 가스의 누설을 표시하는 표시등(이하 이 기준에서 “누설등”이라 한다) 및 가스가 누설된 경계구역의 위치를 표시하는 표시등(이하 이 기준에서 “지구등”이라 한다)은 등이 켜질 때 **황색으로 표시**되어야 한다. 다만, 누설등을 설치한 수신부의 지구등 및 수신기와 병용하지 아니하는 지구등은 그러하지 아니하다.

바. 주위의 밝기가 300 [lx]인 장소에서 측정하여 앞면으로부터 3 [m] 떨어진 곳에서 켜진 등이 확실히 식별되어야 한다.

3. 전자계전기

가. 접점은 G·S합금 또는 이와 동등 이상이어야 한다.

나. 하중에 의하여 영향을 받지 아니하도록 부착하고 접점밀봉형 외의 것은 접점이나 가동부에 먼지가 들어가지 아니하도록 적당한 방진커버를 설치하여야 한다.

다. 최대사용전압에서 최대사용전류를 저항부하를 통하여 흘려도 그 구조 또는 기능에 현저한 변화가 생기지 아니하여야 한다.

라. 접점의 사용은 다음과 같이 하여야 한다.

(1) 음향장치용 접점 또는 지구표시장치용 접점은 보조계전기에 접속하여 사용하는 경우를 제외하고는 다른 용도로 사용할 수 없도록 하여야 한다.

(2) 동일 접점에서 동시에 내부부하와 외부부하에 직접 전력을 공급하지 아니하도록 하여야 한다.

4. 전압 지시전기계기의 최대눈금은 사용하는 회로의 정격전압의 140% 이상 200% 이하이어야 한다.

5. 퓨즈 등

가. 퓨즈 등 과전류 보호장치는 「산업표준화법」에 의한 KS제품규격표시품, 「전기용품 및 생활용품 안전관리법」에 의한 안전인증품 또는 국제적 공인기관으로부터 인증을 받은 제품을 사용하여야 한다.

나. 점검 및 교체가 쉬워야 한다. 다만, 과전류 보호장치로 자체 복원력에 의한 재용성이 있는 폴리스위치 등을 사용하는 경우에는 그러하지 아니하다.

다. 쉽게 흔들리지 아니하도록 부착되어야 한다.

6. 음향장치(가스누설경보기에 지구경보부를 설치하는 것은 이를 포함한다)

가. 사용전압의 80 [%]인 전압에서 음향을 발하여야 한다.

나. 사용전압에서의 음압은 무향실내에서 정위치에 부착된 음향장치의 중심으로부터 1 [m] 떨어진 지점에서 주음향장치용의 것은 **90 [dB]**(단, 단독형 및 분리형 중 **영업용**인 경우에는 **70 [dB]**) 이상이어야 한다. 다만, 고장표시용 등의 음압은 60 [dB] 이상이어야 한다.

다. 사용전압으로 8시간 연속하여 울리게 하는 시험 또는 정격전압에서 3분20초 동안 울리고 6분40초 동안 정지하는 작동을 반복하여 통산한 울림 시간이 20시간이 되도록 시험하는 경우 그 구조 또는 기능에 이상이 생기지 아니하여야 한다.

라. 충전부와 비충전부 사이의 절연내력은 60 [Hz]의 정현파에 가까운 실효전압 500 [V] (정격전압이 60 [V]를 초과하고 150 [V] 이하인 것은 1 [kV], 정격전압이 150 [V]를 초과하는 것은 그 정격전압에 2를 곱하여 1 [kV]를 더한 값)의 교류전압을 가하는 시

험에서 1분간 견디는 것이어야 한다.

마. 충전부와 비충전부 사이의 절연저항은 DC 500 [V]의 절연저항계로 측정하는 경우 20 [MΩ] 이상이어야 한다.

7. 변압기

가. 변압기는 KS C 6308(전자기기용 소형전원변압기) 또는 이와 동등이상의 성능이 있는 것이어야 한다.

나. 정격 1차전압은 300 [V] 이하로 하고, 분리형 중 공업용의 변압기 외함에는 접지단자를 설치하여야 한다.

다. 용량은 최대사용전류에 연속하여 견딜 수 있는 크기 이상이어야 한다.

8. 예비전원

가. 경보기의 주전원으로 사용하여서는 아니 된다.

나. 인출선은 적당한 색깔에 의하여 쉽게 구분할 수 있어야 한다.

다.~아. 삭제 <1997.12.11.>

자. 축전지의 충전시험 및 방전시험은 방전종지전압을 기준하여 시작한다. 이 경우 방전종지전압이란 알칼리계 2차 축전지는 셀당 1.0 [V], 리튬계 2차 축전지는 셀당 2.75 [V], 무보수밀폐형연축전지는 단전지당 1.75 [V]의 상태를 말한다.

차. 알칼리계 2차 축전지의 상온 충·방전시험은 방전종지전압 상태의 축전지를 상온에서 정격충전전압 및 1/20 [C]의 전류로 48시간 충전한 후 1 [C]의 전류로 방전하는 시험을 실시하는 경우 48분 이상 지속 방전되어야 하며, 리튬계 2차 축전지의 상온충·방전시험은 방전종지전압 상태의 축전지를 상온에서 정격충전전압 및 1/5 [C]의 전류로 6시간 충전한 후 1 [C]의 전류로 방전하는 경우 55분 이상 지속적으로 방전되어야 하고, 무보수밀폐형연축전지의 상온충·방전시험은 방전종지전압 상태의 축전지를 정격충전전압 및 0.1 [C]의 전류로 48시간 충전한 후 1 [C]의 전류로 방전시키는 경우 45분 이상 지속 방전되어야 한다. 이 경우 축전지에 이상이 생기지 아니하여야 한다.

카. 알칼리계 2차 축전지의 주위온도 충·방전시험은 방전종지전압 상태의 축전지를 주위온도 (−10±2)℃ 및 (50±2)℃의 조건에서 정격충전전압 및 1/20 [C]의 전류로 48시간 충전한 다음 1 [C]의 전류로 방전하는 충·방전을 3회 반복하는 경우 방전종지전압이 되는 시간이 25분 이상이어야 하며, 리튬계 2차 축전지의 주위온도 충·방전시험은 방전종지전압의 축전지를 주위온도 (−10±2)℃ 및 (50±2)℃의 조건에서 정격충전전압 및 1/5 [C]의 전류로 6시간 충전한 다음 1 [C]로 방전하는 충·방전을 3회 반복하는 경우 방전종지전압이 되는 시간이 40분 이상이어야 하고, 무보수밀폐형연축전지의 주위온도충·방전시험은 방전종지전압 상태의 축전지를 주위온도 (−10±2)℃ 및 (50±2)℃의 조건에서 정격충전전압 및 0.1 [C]의 전류로 48시간 충전한 다음 1시간 방치하여

0.05 [C]로 방전시킬 때 정격용량의 95 [%] 용량이 되는 시간이 30분 이상이어야 한다. 이 경우 축전지는 외관이 부풀어 오르거나 누액 발생 등 이상이 생기지 아니하여야 한다.

타. 예비전원의 안전장치시험은 1/5 [C] 이상 1 [C] 이하의 전류로 역충전하는 경우 5시간 이내에 안전장치가 작동하여야 하며, 외관이 부풀거나 누액 등이 생기지 아니하여야 한다.

9. 반도체는 방습 및 내식가공된 것이어야 하며, 그 용량은 최대사용전압 및 최대사용전류에 충분히 견딜 수 있는 것이어야 한다.
10. 분리형의 수신부와 탐지부 사이(중계기가 있는 것은 중계기를 포함한다)를 연결하는 배선은 신호전달에 지장이 없도록 충분한 용량이 있는 것이어야 한다.

**제9조 (부속장치)** ① 경보기의 부속장치는 경보기의 기능에 유해한 영향을 미치지 아니하는 것이어야 한다.

② 경보기의 부속장치는 차단부에 직접적으로 작동신호를 보내는 구조이어서는 아니 된다. 다만, 분리형 중 공업용은 그러하지 아니하다.

**제10조 (시험조건)** 경보기의 시험은 특별히 정하는 경우를 제외하고는 실온이 5℃ 이상, 35℃ 이하이고, 상대습도가 45 [%] 이상 85 [%] 이하의 상태에서 실시한다.

**제11조 (수신표시)** 경보기는 다음 규정에 적합한 수신표시를 할 수 있어야 한다.

1. 경보기는 가스누설신호를 수신한 경우 황색의 누설등 및 주음향장치에 의하여 가스의 발생을 자동적으로 표시하고 동시에 지구등에 의하여 해당 가스누설이 발생한 경계구역을 자동적으로 표시하여야 한다. 다만, 단독형 및 1회로용인 것은 누설등 및 지구등을 생략할 수 있다.
2. 제1호의 표시는 수동으로 복귀하지 아니하는 한 표시상태를 계속 유지하여야 한다. 다만, 단독형 및 분리형 중 영업용은 그러하지 아니할 수 있다.

**제12조 (최대부하)** 경보기는 전회선이 작동하는 경우의 부하 또는 상시부하중 큰 쪽의 부하에 계속하여 견딜 수 있는 용량이어야 한다.

**제13조 (주위온도시험)** 분리형경보기의 수신부는 주위온도가 0℃ 이상 40℃ 이하에서 기능 이상이 생기지 아니하여야 한다.

**제14조 (반복시험)** 분리형경보기의 수신부는 가스누설표시의 작동을 정격전압에서 1만회를 반복하여 실시하는 경우 그 구조 또는 기능에 이상이 생기지 아니하여야 한다.

**제15조 (충격전압시험)** 분리형경보기는 전류를 통한 상태에서 다음 각 호의 시험을 15초간 실시하는 경우 잘못 작동하거나 기능에 이상이 생기지 아니하여야 한다.

1. 내부저항 50 [Ω]인 전원에서 500 [V]의 전압을 펄스폭 1 [$\mu$s], 반복주기 100 [Hz]로 가하는 시험

2. 내부저항 50 [Ω]인 전원에서 500 [V]의 전압을 펄스폭 0.1 [$\mu$s], 반복주기 100 [Hz]로 가하는 시험

**제16조 (경보농도시험)** ① 가연성가스용 경보기는 1시간 이상 전류를 통하여 안정시킨 후 탐지대상 가스별로 다음 표의 해당시험 방법으로 시험하는 경우, 작동시험농도에서는 20초 이내에 경보를 발하여야 하고(다만, 전기적인 지연형경보기는 작동시험농도에서 20초 이상 60초 이내에 경보를 발하여야 한다), 부작동시험농도에서는 5분 이내에 경보를 발하지 아니하여야 한다.

| 탐지대상가스 | 시험가스 | 작동시험농도 [%] | 부작동시험농도 [%] |
|---|---|---|---|
| 액화석유가스용 | 이소부탄<br>(또는 부탄, 이하 이 기준에서 같다) | 0.45120 | 0.05 |
| 액화천연가스용 | 수　　소<br>메　　탄 | 1.00<br>1.25 | 0.04<br>0.05 |
| 이 소 부 탄 | 이소부탄 | 0.45 | 0.05 |
| 메　　탄 | 메　　탄 | 1.25 | 0.05 |
| 수　　소 | 수　　소 | 1.00 | 0.04 |

비고 : 액화천연가스를 탐지대상으로 하는 가스누설경보기의 시험가스는 수소 또는 메탄으로 한다.

② 불완전연소가스용 경보기는 1시간 이상 전류를 통하여 안정시킨 후 다음 표에 의하여 시험하는 경우 1차 작동시험농도에서는 5분 이내에, 2차 작동시험농도에서는 1분 이내에 경보를 발하여야 하며 부동작시험농도에서는 5분간 경보를 발하지 아니하여야 한다.

| 탐지대상가스 | 시험가스 | 작동시험농도[%] | | 부작동시험농도 [%] |
|---|---|---|---|---|
| | | 1차 | 2차 | |
| 불완전연소가스 | 일산화탄소 | 0.025 | 0.055 | 0.005 |

**제17조 (장기성능시험)** 경보기는 전류를 통한 상태 및 전류를 통하지 아니한 상태에서 각각 60일간 방치하여 제16조의 경보농도시험 및 제19조의 잡가스시험을 실시하는 경우 기능에 이상이 생기지 아니하여야 한다.

**제18조 (전원전압변동시험)** 사용전원전압 **±10 [%]인 전압**에서 각각 제16조의 경보농도시험을 하는 경우 기능에 이상이 생기지 아니하여야 한다.

**제19조 (잡가스시험)** 경보기는 1시간 이상 전류를 통하게 하여 안정시킨 후 다음 각 호의 시험을 실시하는 경우 작동하지 아니하여야 한다. 다만, 불완전연소가스용 경보기는 제1호의 시험에 한한다.

1. 경보기는 에틸알코올가스의 농도가 0.1 [%]인 상태에서 **5분간** 투입하는 시험
2. 경보기는 「감지기의 형식승인 및 제품검사의 기술기준」 제19조에 따른 광전식감지기 2종

의 작동시험시의 연기농도에 5분간 투입하는 시험

**제20조 (진동시험)** ① 경보기(분리형의 경우에는 탐지부를 포함한다. 제2항에서 같다)는 전원이 인가된 상태에서 IEC 60068-2-6의 시험방법에 따라 다음 각 호에 따른 시험을 실시하는 경우 시험 중 잘못 작동되거나 시험 후 구조 및 기능에 이상이 없어야 한다.

1. 주파수 범위 : (10～150) [Hz]
2. 가속도 진폭 : 0.981 [$m/s^2$]
3. 축수 : 3
4. 스위프 속도 : 1 [옥타브/min]
5. 스위프 사이클 수 : 축 당 1

② 경보기는 전원을 인가하지 않은 상태에서 IEC 60068-2-6의 시험방법에 따라 다음 각 호에 따른 시험을 실시하는 경우 구조 및 기능에 이상이 없어야 한다.

1. 주파수 범위 : (10～150) [Hz]
2. 가속도 진폭 : 4.905 [$m/s^2$]
3. 축수 : 3
4. 스위프 속도 : 1 [옥타브/min]
5. 스위프 사이클 수 : 축 당 20

**제21조 (온도시험)** 경보기(분리형은 탐지부를 말한다. 제23조, 제25조 및 제26조에서 같다)는 다음 각 호의 시험을 실시하였을 때 기능에 이상이 생기지 아니하여야 한다. 다만, 다음에서 정하는 온도보다 강화하여 제조자가 요청시는 그 온도로 시험할 수 있다.

1. 통전상태로 내부온도가 (－20±2)℃ 및 (40±2)℃인 항온기에 각각 1시간 이상 놓아둔 다음 각각의 온도에서 제16조의 시험
2. 흡입식탐지부는 온도가 (－20±2)℃의 항온기에 24시간 방치하고, 다시 (40±2)℃인 항온기내에 24시간 방치하는 것을 1사이클로 하여 연속 3사이클을 반복한 후 1시간 안정시킨 다음 제16조의 시험

**제22조 (습도시험)** 경보기는 35℃ 이상 40℃ 이하인 온도와 상대습도 85 [%] 이상인 상태에서 1시간 놓아둔 후 그 온도 및 습도를 유지한 상태로 제16조의 경보농도시험을 실시하는 경우 기능에 이상이 생기지 아니하여야 한다.

**제23조 (방폭성능시험)** ① 가스의 누설을 탐지하는 탐지소자는 STS 316 또는 이와 동등이상의 스테인리스 강선인 **100 메시**의 금속망을 밀착시켜 사용하되, 망의 구멍(가스가 통과하는 면적)이 넓혀져 있거나 변형 등이 없어야 하며, 분리형에 있어서는 탐지소자를 스트레나(청동주물로 된 소결금속 등)로 보호하여야 한다.

② 경보기를 다음 표 중 시험가스농도가 A인 상태에서 7시간 연속하여 울리게 한 다음

계속하여 시험가스농도를 B로 하여 1시간 동안 전류를 통하는 경우(1초간 2회 전원을 중단한다) 경보기(제4조 제5호에 따른 방폭구조에 적합한 것은 제외한다)는 다음 각 호에 적합하여야 한다. 이 경우 시험가스는 이소부탄가스를 원칙으로 하며 탐지대상가스의 주성분에 따라 메탄 또는 수소가스를 시험가스로 할 수 있다.

| 시험가스 | A [%] | B [%] |
|---|---|---|
| 메 탄 | 2.5 | 6.5～7.5 |
| 수 소 | 2.0 | 19～23 |
| 이소부탄 | 0.9 | 2.5～3.3 |

1. 시험 시 경보기에 전류를 통하는 동안에는 계속하여 경보를 발하여야 한다.
2. 시험 중 경보기 주위의 가스가 폭발되지 아니하여야 한다.
3. 시험 후 시험기내의 가스를 환기시킨 후 경보음이 정지되어야 한다. 다만, 경보음이 지속되는 구조인 것은 복귀용 또는 음향장치용 스위치를 조작하여 복귀시키는 경우 경보음이 정지되어야 한다.

**제24조 (음량시험)** ① 경보기의 경보음량은 무향실에서 측정하는 경우 음향장치의 중심으로부터 1 [m] 떨어진 위치에서 90 [dB](단독형 및 분리형 중 영업용인 경우에는 70 [dB]) 이상이어야 한다. 다만, 고장표시용의 음압은 60 [dB] 이상이어야 한다.

② 경보기에 전원을 공급할 때 초기경보를 발하지 아니하여야 하며 그 후 음향장치의 중심으로부터 1 [m] 떨어진 위치에서 공진음 등의 소리가 들리지 아니하여야 한다.

**제25조 (분진시험)** 경보기에 전류를 통한 상태로 하여 감지기의 형식승인기준 제31조에 따른 분진시험 후 제16조의 경보농도시험을 실시하는 경우 기능에 이상이 생기지 아니하여야 한다.

**제26조 (내충격시험)** 콘크리트 바닥에 두께 3 [cm]인 나무판을 놓고 전류를 통한 상태에 있는 경보기를 높이 50 [cm]인 위치에서 적어도 2면 이상의 면에 대하여 각각 1회 낙하시킨 다음, 즉시 제16조의 경보농도시험을 실시하는 경우 그 구조 또는 기능에 이상이 생기지 아니하여야 한다. 다만, 흡입식탐지부의 경우는 그러하지 아니하다.

**제27조 (절연저항시험)** ① 경보기의 절연된 충전부와 외함간의 절연저항은 DC 500 [V]의 절연저항계로 측정한 값이 5 [MΩ](교류입력측과 외함간에는 20 [MΩ]) 이상이어야 한다. 다만, 회선수가 10이상인 것 또는 접속되는 중계기가 10 이상인 것은 교류입력측과 외함간을 제외하고는 1회선당 50 [MΩ] 이상이어야 한다.

② 절연된 선로간의 절연저항은 DC 500 [V]의 절연저항계로 측정한 값이 20 [MΩ] 이상이어야 한다.

**제28조 (절연내력시험)** 제27조에 따른 시험부위의 절연내력은 60 [Hz]의 정현파에 가까운 실효전압 500 [V](정격전압이 60 [V]를 초과하고 150 [V] 이하인 것은 1 [kV], 정격전압이 150 [V]를 초과하는 것은 그 정격전압에 2를 곱하여 1 [kV]를 더한 값)의 교류전압을 가하는 시험에서 1분간 견디는 것이어야 한다.

**제29조 (방수시험)** 방수형인 것은 이를 사용상태로 부착하고 맑은 물을 34.5 [kPa]의 압력으로 3개의 분무헤드를 이용하여 전면 상방에 (45±2)° 각도의 방향에서 시료를 향하여 일률적으로 24시간 이상 물을 살수하는 경우에 내부에 물이 고이지 않아야 하며, 기능 및 절연저항시험에 이상이 생기지 아니하여야 한다.

**제29조의2 (전자파적합성)** 경보기는 「전파법」 제47조의3제1항 및 「전파법 시행령」 제67조의2에 따라 국립전파연구원장이 정하여 고시하는 「전자파적합성 기준」에 적합하여야 한다. <개정 2017.12.28.>

**제30조 (표시)** ① 분리형에는 다음 각 호의 사항을 보기 쉬운 부분에 쉽게 지워지지 아니하도록 표시하여야 한다.

1. 수신부에 표시할 사항
   가. 종별 및 형식
   나. 형식승인번호
   다. 제조연월 및 제조번호
   라. 제조업체명 또는 상호(제조원과 판매원(수입원)이 다른 경우 각각을 표시)
   마. 취급방법의 개요 및 주의사항
   바. 주전원의 정격전압 및 정격전류
   사. 접속가능한 회선수, 중계기의 최대수, 접속가능한 중계기의 형식승인번호 및 탐지부의 고유번호
   아. 예비전원이 설치된 것은 축전지의 종류, 정격용량, 정격전압 및 접속하는 경우의 주의사항
   자. 지연형인 것은 표준지연시간
2. 탐지부에 표시할 사항
   가. 탐지대상가스 및 사용온도범위
   나. 사용장소 또는 용도
   다. 탐지소자의 종류(탐지부가 방폭구조인 경우에는 "방폭형"이라는 문자 및 방폭등급 표기)
   라. 제1호 나의 형식승인번호, 탐지부의 고유번호
3. 단자판에는 단자기호
4. 방수형인 것은 "방수형"이라는 문자 별도표시
5. 스위치등 조작부 또는 조정부에는 "개" 및 "폐" 등의 표시와 사용방법

6. 퓨즈 및 퓨즈홀더 부근에는 정격전류
7. 설치방법 및 사용상의 주의사항
8. 방폭형인 것은 "방폭형"이라는 문자 별도표시 및 방폭등급

② 단독형에는 제1항중 제1호 가목 내지 바목 및 자목, 제2호 가목 내지 다목, 제3호 내지 제7호에 규정된 사항을 보기 쉬운 부분에 쉽게 지워지지 아니하도록 표시하여야 한다.

③ 삭제 <2000.12.15.>

④ 가스누설경보기의 전면에는 "가스누설경보기"라는 문자와 탐지대상가스의 명칭을 표기하여야 하며, 포장이나 취급설명서 또는 보기 쉬운 부분에 품질보증에 관한 사항(보증기간, 보증내용, A/S방법, 자체검사필증 등)을 쉽게 지워지지 아니하도록 표시하여야 한다.

**제31조 (세부규정)** 이 기준의 시행에 관하여 필요한 세부사항은 소방청장이 이를 정한다. <개정 2017.7.26.>

**제32조 (재검토기한)** 소방청장은 「훈령·예규 등의 발령 및 관리에 관한 규정」에 따라 이 고시에 대하여 2018년 1월 1일 기준으로 매 3년이 되는 시점(매 3년째의 12월 31일까지를 말한다)마다 그 타당성을 검토하여 개선 등의 조치를 하여야 한다. <개정 2017.12.28.>

## 부칙 <제2017-14호, 2017.12.28.>

**제1조 (시행일)** 이 고시는 발령한 날부터 시행한다.

**제2조 (형식승인에 관한 일반적인 경과조치)** ① 이 고시 시행일 이전에 형식승인(형식승인의 변경을 포함한다. 이하 같다)이 신청된 것은 종전의 고시를 적용할 수 있다. 다만, 신청인이 이 고시에 의하여 형식승인을 받고자 하는 경우에는 이 고시를 적용한다.

② 이 고시 시행당시 종전의 규정에 의하여 형식승인을 받은 것 중 이 고시 제29조의2에 적합하지 아니한 것은 이 고시 시행일로부터 1년 이내에 이 고시에 의하여 형식승인을 받아야 한다.

**제3조 (제품검사에 대한 경과조치)** ① 부칙 제1조에도 불구하고 이 고시 시행당시 종전의 규정에 의하여 형식승인을 받은 것 중 이 고시 제29조의2에 대하여 적합하지 아니한 것은 이 고시 시행일로부터 1년 이내에는 종전의 규정에 의하여 제품검사를 받을 수 있다.

② 부칙 제2조제2항에 따라 형식승인을 받지 않은 것은 고시 시행일로부터 1년이 경과한 날부터 이 고시에 의한 생산제품검사를 받을 수 없으며, 품질제품검사를 적용받는 경우 제품완성예정일이 이 고시 시행일로부터 1년이 경과한 날부터 합격표시를 발급받을 수 없다.

# 유도등의 형식승인 및 제품검사의 기술기준

## [ KOFEIS 0401 ]

소방청고시 제2019-15호(2019.1.31)

**제1조 (목적)** 이 기준은 「화재예방, 소방시설 설치·유지 및 안전관리에 관한 법률」 제36조 제5항에서 소방청장에게 위임된 사항을 정함을 목적으로 한다.

**제2조 (용어의 정의)** 이 기준에서 사용하는 용어의 정의는 다음과 같다.

1. "**유도등**"이란 화재 시에 긴급대피를 안내하기 위하여 사용되는 등으로서 정상상태에서는 상용전원에 의하여 켜지고, 상용전원이 정전되는 경우에는 비상전원으로 자동전환되어 켜지는 등을 말한다.
2. "**피난구유도등**"이란 피난구 또는 피난경로로 사용되는 출입구가 있다는 것을 표시하는 녹색등화의 유도등을 말한다.
3. "**통로유도등**"이란 피난통로를 안내하기 위한 유도등을 말한다.
4. "**복도통로유도등**"이하 함은 피난통로가 되는 복도에 설치하는 통로유도등으로서 피난구의 방향을 명시하는 것을 말한다.
5. "**거실통로유도등**"이란 집무, 작업, 집회, 오락 그 밖에 이와 유사한 목적을 위하여 계속적으로 사용하는 거실, 주차장등 개방된 복도에 설치하는 유도등으로 피난의 방향을 명시하는 것을 말한다.
6. "**계단통로유도등**"이란 피난통로가 되는 계단이나 경사로에 설치하는 통로유도등으로 바닥면 및 디딤바닥면을 비추는 것을 말한다.
7. "**객석유도등**"이란 객석의 **통로, 바닥** 또는 **벽**에 설치하는 유도등을 말한다.
8. "**광속표준전압**"이란 **비상전원으로 유도등을 켜는데 필요한 예비전원의 단자전압**을 말한다.
9. "**표시면**"이란 유도등에 있어서 피난구나 피난방향을 안내하기 위한 문자 또는 부호등이 표시된 면을 말한다.
10. "**조사면**"이란 유도등에 있어서 표시면의 조명에 사용되는 면을 말한다.
11. "**방폭형**"이란 폭발성가스가 용기내부에서 폭발하였을 때 용기가 그 압력에 견디거나 또는 외부의 폭발성가스에 인화될 우려가 없도록 만들어진 형태의 제품을 말한다.
12. "**방수형**"이란 그 구조가 방수구조로 되어 있는 것을 말한다.
13. "**복합표시형피난구유도등**"이란 피난구유도등의 표시면과 피난목적이 아닌 안내표시면(이

하 "안내표시면"이라 한다)이 구분되어 함께 설치된 유도등을 말한다.

14. "**단일표시형**"이란 한 가지 형상의 표시만으로 피난유도표시를 구현하는 방식을 말한다.
15. "**동영상표시형**"이란 동영상 형태로 피난유도표시를 구현하는 방식을 말한다.
16. "**단일·동영상 연계표시형**"이란 단일표시형과 동영상표시형의 두 가지 방식을 연계하여 피난유도표시를 구현하는 방식을 말한다.
17. "**투광식**"이란 광원의 빛이 통과하는 투과면에 피난유도표시 형상을 인쇄하는 방식을 말한다.
18. "**패널식**"이란 영상표시소자(LED, LCD 및 PDP 등)를 이용하여 피난유도표시 형상을 영상으로 구현하는 방식을 말한다.

**제3조 (일반구조)** 유도등의 일반구조는 다음 각 호에 적합하여야 한다.

1. 상용전원전압(전지가 아닌 통상 사용하는 전원의 전압을 말한다. 이하 각 조는 같다)의 110% 범위 안에서는 유도등 내부의 온도상승이 그 기능에 지장을 주거나 위해를 발생시킬 염려가 없어야 한다.
2. 방폭형유도등의 방폭구조는 한국산업규격 또는 산업안전보건법령이 정하는 규격에 적합하여야 한다.
3. 주전원 및 비상전원을 단락사고등으로부터 보호할 수 있는 퓨즈를 설치하여야 한다. 다만, 객석유도등은 그러하지 아니하다.
4. 외함은 기기내의 온도상승에 의하여 변형, 변색 또는 변질되지 아니하여야 한다.
5. 외함의 표시면은 쉽게 분해할 수 있도록 하여야 하며, 축전지등 **내부부품을 쉽게 교환**, 보수, 점검할 수 있도록 조립된 구조이어야 한다. 다만, 방수형, 방폭형의 것은 그러하지 아니하다.
6. 유도등은 광원 또는 점등관을 교환, 점검할 때 접촉될 우려가 있는 부분은 감전되지 아니하도록 보호조치를 하여야 한다.
7. **사용전압은 300 [V] 이하**이어야 한다. 다만, 충전부가 노출되지 아니한 것은 300 [V]를 초과할 수 있다.
8. 설치하고자 하는 부분에 견고하게 설치할 수 있는 구조이어야 한다.
9. 수송중 진동 또는 충격에 의하여 기능에 장해를 받지 아니하는 구조이어야 한다.
10. 유도등은 내부의 온도가 비정상적으로 상승하지 아니하도록 하여야 하며, 예비전원과 내부부품은 양호한 **방열처리**가 되도록 하여야 한다.
11. **축전지**에 배선등을 직접 **납땜하지 아니**하여야 한다.
12. 상용전원(전지가 아닌 통상사용하는 전원을 말한다. 이하 각조는 같다)과 접속되는 전원은 KS C IEC 60245-8 또는 KS C IEC 60227-5에 적합하거나 이와 동등이상의 절연성, 도전성 및 기계적강도가 있어야 한다.

13. 전선의 굵기는 **인출선인 경우**에는 단면적이 **0.75 [$mm^2$] 이상**, 인출선외의 경우에는 면적이 0.5 [$mm^2$] 이상이어야 한다.
14. 인출선의 길이는 전선인출 부분으로부터 **150 [mm] 이상**이어야 한다. 다만, 인출선으로 하지 아니할 경우에는 풀어지지 아니하는 방법으로 전선을 쉽고 확실하게 부착할 수 있도록 접속단자를 설치하여야 한다.
15. 유도등에는 점멸, 음성 또는 이와 유사한 방식 등에 의한 유도장치를 설치할 수 있다.
16. 화재가 발생한 경우 화재경보설비 또는 비상경보설비등으로부터 발신되는 신호를 수신하여 미리 정하여진 작동을 하는 유도등은 그 기능이 정상적으로 작동하여야 한다.
17. 삭제 <2001.9.11.>
18. 유도등에는 점검용의 자동복귀형점멸기를 설치하여야 한다. 다만, 바닥에 매립되는 복도통로유도등과 객석유도등은 그러하지 아니하다.
19. 삭제 <2001.9.11.>
20. 작동이 확실하고, 취급·점검이 쉬워야 하며, 현저한 잡음이 발하지 아니하여야 한다. 또한 먼지, 습기, 곤충 등에 의하여 기능에 영향을 받지 아니하여야 한다. <개정 2018.3.12.>
21. 보수 및 부속품의 교체가 쉬워야 한다. 다만, 방수형 및 방폭형은 그러하지 아니하다.
22. 부식에 의하여 기계적 기능에 영향을 초래할 우려가 있는 부분은 칠, 도금 등으로 유효하게 내식가공을 하거나 방청가공을 하여야 하며, 전기적 기능에 영향이 있는 단자, 나사 및 와셔 등은 동합금이나 이와 동등이상의 내식성능이 있는 재질을 사용하여야 한다.
23. 기기내의 배선은 충분한 전류용량을 갖는 것으로 하여야 하며, 배선의 접속이 정확하고 확실하여야 한다.
24. 극성이 있는 경우에는 오접속을 방지하기 위하여 필요한 조치를 하여야 한다.
25. 부품의 부착은 기능에 이상을 일으키지 아니하고 쉽게 풀리지 아니하도록 하여야 한다.
26. 전선 이외의 전류가 흐르는 부분과 가동축 부분의 접촉력이 충분하지 아니한 곳에는 접촉부의 접촉 불량을 방지하기 위한 적당한 조치를 하여야 한다.
27. 외부에는 쉽게 사람이 접촉할 우려가 있는 충전부는 충분히 보호되어야 한다.
28. 내부의 부품등에서 발생되는 열에 의하여 구조 및 기능에 이상이 생길 우려가 있는 것은 방열판 또는 방열공 등에 의하여 보호조치를 하여야 한다. 다만, 방수형 또는 방폭형의 것은 방열공을 설치하지 아니할 수 있다.
29. 형광램프(냉음극형광램프를 제외한다)를 광원으로 하는 유도등의 교류전원에 의한 점등회로에는 KS제품규격표시품, 전기안전인증품 또는 공인기관으로부터 인증을 받은 안정기를 사용하여야 한다.
30. 예비전원은 다음 각 목에 적합하게 설치하여야 한다. <신설 2018.3.12.>

    가. 유도등의 주전원으로 사용하여서는 아니 된다.

나. 인출선을 사용하는 경우에는 적당한 색깔에 의하여 쉽게 구분할 수 있어야 한다.

다. 먼지, 수분 등에 의하여 성능에 지장이 생길 우려가 있는 부분은 적당한 보호커버를 설치하여야 한다.

라. 유도등의 예비전원은 알칼리계, 리튬계 2차 축전지(이하 "축전지"라 한다) 또는 콘덴서(이하 "축전기"라 한다)이어야 한다.

마. 전기적기구에 의한 자동충전장치 및 자동과충전방지장치를 설치하여야 한다. 다만, 과충전상태가 되어도 성능 또는 구조에 이상이 생기지 아니하는 예비전원을 설치할 경우에는 자동과충전방지 장치를 설치하지 아니할 수 있다.

바. 예비전원을 병렬로 접속하는 경우는 역충전 방지등의 조치를 강구하여야 한다.

**제4조 (부품의 구조 및 기능)** 유도등에 다음 각 호의 부품을 사용하는 경우 해당 각 호의 규정에 적합하거나 이와 동등이상의 성능이 있는 것이어야 한다.

1. 스위치

가. 조작이 쉽고 작동이 확실하여야 하며, 정지점이 명확하고 적정하여야 한다.

나. 각 접점의 최대사용전압으로 최대사용전류의 200 [%]인 전류를 저항부하를 통하여 흘리는 작동을 10,000회(전원스위치의 경우에는 5,000회) 반복하는 경우 그 구조 또는 기능에 이상이 생기지 아니하여야 한다.

다. 접점은 최대사용전류 용량에 적합하여야 하고 부식될 우려가 없는 것이어야 한다.

라. 눕혀서 끊어지는 형의 스위치(수은스위치 등)를 사용할 경우에는 정위치에 복귀시키는 것을 잊지 아니하도록 알려주는 적당한 장치를 하여야 한다.

2. 표시등

가. 소켓은 접촉이 확실하여야 하며 쉽게 전구를 교체할 수 있도록 부착하여야 한다.

나. 전구는 2개 이상을 병렬로 접속하여야 한다. 다만, 방전등 또는 발광다이오드의 경우에는 그러하지 아니하다.

3. 전자계전기

가. 접점은 G・S합금 또는 이와 동등이상이어야 한다.

나. 자체하중에 의하여 영향을 받지 아니하도록 부착하고 접점밀봉형 외의 것은 접점이나 가동부에 먼지가 들어가지 아니하도록 적당한 방진커버를 설치하여야 한다.

다. 최대사용전압에서 최대사용전류를 저항부하를 통하여 흘려도 그 구조 또는 기능에 현저한 변화가 생기지 아니하여야 한다.

4. 퓨즈 등

가. 퓨즈 등 과전류 보호장치는 「산업표준화법」에 의한 KS제품규격표시품, 「전기용품 및 생활용품 안전관리법」에 의한 안전인증품 또는 국제적 공인기관으로부터 인증을 받은 제품을 사용하여야 한다.

나. 점검 및 교체가 쉬워야 한다. 다만, 과전류 보호장치로 자체 복원력에 의한 재용성이 있는 과전류 보호장치를 사용하는 경우에는 그러하지 아니하다.

다. 쉽게 흔들리지 아니하도록 부착되어야 한다.

5. 변압기

가. 변압기는 KS C 6308(전자기기용 소형전원 변압기) 또는 이와 동등이상의 성능이 있는 것이어야 한다.

나. 용량은 최대사용전류에 연속하여 견딜 수 있는 크기 이상이어야 한다.

6. 반도체는 최대사용전압 및 최대사용전류에 충분히 견딜 수 있는 것이어야 한다.

7. 삭제 <2001.9.11.>

8. 예비전원

가. 삭제 <2018.3.12.> 나. 삭제 <2018.3.12.> 다. 삭제 <2018.3.12.>

라. 삭제 <2018.3.12.> 마. 삭제 <2018.3.12.> 바. 삭제 <2018.3.12.>

사. 축전지를 직렬 또는 병렬로 사용하는 경우에는 용량(전압, 전류)이 균일한 축전지를 사용하여야 한다.

아. 축전지의 충전시험 및 방전시험은 방전종지전압을 기준하여 시작한다. 이 경우 방전종지전압이란 알칼리계 2차 축전지는 셀당 1.0 [V], 리튬계 2차 축전지는 셀당 2.75 [V] 상태를 말한다.

자. 알칼리계 2차 축전지의 상온 충·방전시험은 방전종지전압상태의 축전지를 상온에서 정격충전전압 및 1/20 [C]의 전류로 48시간 충전한 후 1 [C]의 전류로 방전하는 시험을 실시하는 경우 48분 이상 지속 방전되어야 하며, 리튬계 2차 축전지의 상온 충·방전시험은 방전종지전압 상태의 축전지를 상온에서 정격충전전압 및 1/5 [C]의 전류로 6시간 충전한 후 1 [C]로 방전하는 경우 55분 이상 지속적으로 방전되어야 한다. 이 경우 축전지에 이상이 생기지 아니하여야 한다.

차. 알칼리계 2차 축전지의 주위온도 충·방전시험은 방전종지전압의 축전지를 주위온도 (−10±2)℃ 및 (50±2)℃의 조건에서 정격충전전압 및 1/20 [C]의 전류로 48시간 충전한 다음 1 [C]로 방전하는 충·방전을 3회 반복하는 경우 방전종지전압이 되는 시간이 25분 이상이어야 하며, 리튬계 2차 축전지의 주위온도 충·방전시험은 방전종지전압의 축전지를 주위온도 (−10±2)℃ 및 (50±2)℃의 조건에서 정격충전전압 및 1/5 [C]의 전류로 6시간 충전한 다음 1 [C]로 방전하는 충·방전을 3회 반복하는 경우 방전종지전압이 되는 시간이 40분 이상이어야 한다. 이 경우 축전지는 외관이 부풀어 오르거나 누액 등이 생기지 아니하여야 한다.

카. 축전지의 안전장치시험은 1/5 [C] 이상 1 [C] 이하의 전류로 충전하는 경우 5시간 이내에 안전장치가 작동하여야 하며, 외관이 부풀어 오르거나 누액 등이 생기지 아니하

여야 한다.

타. 축전기는 공인기관으로부터 인증을 받은 제품을 사용하여야 한다.

파. 축전기는 정격부하로 12시간 이상 방전시킨 후 그림 1과 같이 충·방전시험을 하는 경우 다음에 적합하여야 한다.

(1) 상온(15～35℃)에서 측정된 정전용량은 정격정전용량 이상이어야 한다.

(2) 주위온도(－25±3)℃ 및 (55±2)℃에서 측정된 정전용량은 정격정전용량의 ±30[%] 이내이어야 한다.

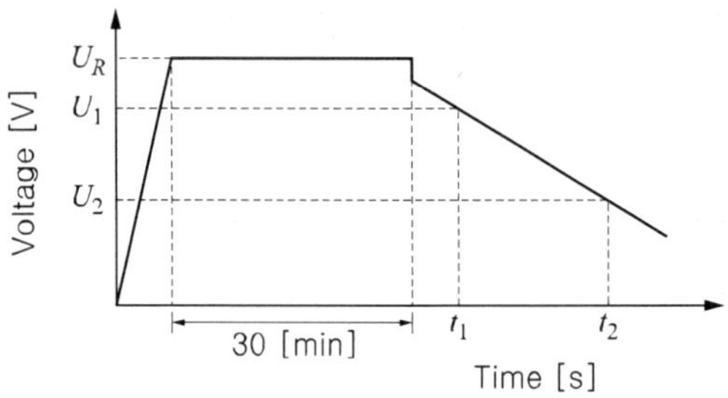


Ⅰ 그림 1 Ⅰ

$$C = \frac{I \times (T_2 - T_1)}{U_1 - U_2}$$

| | |
|---|---|
| $C$ [F] : 정전용량 | $U_R$ [V] : 정격전압 |
| $U_1$ [V] : $0.8 \times U_R$ | $U_2$ [V] : $0.4 \times U_R$ |
| $I$ [A] : $0.4 \times CU_R \times 0.001$ | |

**제5조 (전원)** ① 유도등에 사용하는 전원은 정전 시에는 상용전원에서 비상전원으로, 정전 복귀 시에는 비상전원에서 상용전원으로 자동전환되는 구조이어야 한다.

② 상용전원에 의하여 켜지는 광원을 원격조작에 의하여 끊더라도 예비전원은 상용전원에 의하여 자동충전할 수 있어야 한다. 다만, 발광다이오드 또는 면광원을 광원으로 사용하는 유도등으로서 상용전원에 의하여 상시점등되는 경우에는 그러하지 아니하다.

③ 비상전원의 상태를 감시할 수 있는 장치가 있어야 한다. 다만, 객석유도등은 그러하지 아니하다.

④ 상용전원이 정전되는 경우에는 즉시 비상전원에 의하여 켜져야 한다.

**제6조** 삭제 <2001.9.11.>

**제7조 (외함의 재질)** 유도등의 외함의 재질은 다음 각 호의 1에 적합한 것이어야 한다.

1. 외함이 금속인 것은 방청된 금속판 또는 내식성(스테인리스강 등)재질을 사용하여야 한다.
2. 두께 3 [mm] 이상의 내열성 강화유리

3. 난연재료 또는 방염성능이 있는 합성수지로서 (80±2)℃의 온도에서 열로 인한 변형이 생기지 아니하여야 하며 UL 94규정에 의한 V-2 이상의 난연성능이 있는 것

**제8조 (표시면 및 조사면의 재질등)** ① 유도등에 사용되는 표시면과 조사면의 재질은 열등에 의하여 쉽게 파손되거나 변형, 변질 또는 변색이 되지 아니하는 것이어야 한다.

② 피난구유도등 및 통로유도등(계단통로유도등 제외)의 표시면의 크기와 휘도는 다음과 같이 구분한다.

| 종 별 | | 1대1 표시면 (mm) | 기타 표시면 | | 평균휘도(cd/m²) | |
|---|---|---|---|---|---|---|
| | | | 짧은 변(mm) | 최소면적(m²) | 상용점등시 | 비상점등 시 |
| 피난구 유도등 | 대 형 | 250 이상 | 200 이상 | 0.10 | 320 이상 800 미만 | 100 이상 |
| | 중 형 | 200 이상 | 140 이상 | 0.07 | 250 이상 800 미만 | |
| | 소 형 | 100 이상 | 110 이상 | 0.036 | 150 이상 800 미만 | |
| 통 로 유도등 | 대 형 | 400 이상 | 200 이상 | 0.16 | 500 이상 1000 미만 | 150 이상 |
| | 중 형 | 200 이상 | 110 이상 | 0.036 | 350 이상 1000 미만 | |
| | 소 형 | 130 이상 | 85 이상 | 0.022 | 300 이상 1000 미만 | |

**제9조 (피난유도표시 방법 등)** ① 유도등의 피난유도표시는 제1호 내지 제4호의 어느 하나 및 제5호에 적합하여야 한다.

1. 국제표준화기구(ISO)의 기준에 의한 그림문자를 준용하며, 이때 식별이 용이하도록 비상문·EXIT·FIRE EXIT, 화살표 등을 함께 표시할 수 있다.
2. 비상문 문자로 하며 EXIT 등의 외국어 문자, 화살표를 함께 표시할 수 있다.
3. ISO 기준에 의한 그림문자를 준용한 비상문 그림문자에 비상문 등의 문자조합으로 표시하며 화살표를 함께 표시할 수 있다.
4. ISO 기준에 의한 그림문자를 준용한 비상문 그림문자에 한국산업표준(KS) 기준의 인체도안 조합으로 표시하며 비상문·EXIT·FIRE EXIT, 화살표 등을 함께 표시할 수 있다.
5. 피난유도표시의 크기는 다음 각 목에 따른다.
   가. ISO 기준에 의한 그림문자를 준용한 비상문 그림문자는 표시면 짧은 변의 길이(H)를 기준으로 좌우측 폭은 (23/100)H, 상부 폭은 (3/40)H로 표시할 것
   나. 인체 도안 및 화살표는 KS S ISO 3864-3을 적용할 것
   다. 비상문 문자의 가로 길이는 세로 길이에 2배 비율로 할 것

② 유도등의 표시면은 색상은 **피난구유도등인 경우 녹색바탕에 백색문자**로, **통로유도등인 경우는 백색바탕에 녹색문자**를 사용하여야 한다.

③ 통로유도등의 표시면에는 제1항에 따른 그림문자와 함께 피난방향을 지시하는 화살표를 표시하여야 한다. 다만, 표시면 이외의 유도등 전면에 표시면 광원의 점등 및 소등과 연동되는 별도 광원에 의한 피난방향 지시 화살표시가 있는 복도통로유도등 표시면에는 화살표를 표시하지 아니할 수 있다.

④ 피난구 유도등의 피난유도표시는 다음 각 호의 하나에 적합한 구현방식이어야 한다.

1. 단일표시형은 대기상태(상용전원이 인가된 경우에 화재신호를 수신하지 않은 상태) 및 비상상태(화재신호를 수신하거나 유도등의 전원이 비상전원으로 전환된 상태)시에는 제9조제1항제1호 내지 제4호의 하나로 구현할 것
2. 동영상표시형은 대기상태 및 비상상태시 모두 동영상으로 구현할 것. 이 경우 단일표시형으로 구현 할 수 있는 기능을 갖출 것
3. 단일·동영상 연계표시형은 대기상태에서 제9조제1항제1호 내지 제4호의 하나로 구현하고 비상상태에서는 동영상으로 구현할 것

⑤ 제4항제2호 및 제3호의 동영상은 다음 각 호에 적합하여야 한다.

1. 피난자가 비상문으로 피난하는 형태로 인식되도록 하며, 이 때 식별이 용이하도록 비상문 등의 문자, 화살표를 함께 표시할 수 있다.
2. 1사이클은 3초 이내로 하며, 각 사이클별로 첫 영상은 제9조제1항제1호 내지 제4호의 하나에 의한 피난유도표시를 1초 이상 유지할 것
3. 제2호 1사이클의 첫 영상 이후 구현하는 동영상은 피난유도표시 그림문자를 3장 이상으로 구성할 것

⑥ 패널식 유도등은 대기상태시 상용전원에 의하여 피난유도표지를 구현하는 상태를 유지하여야 한다.

**제10조** 삭제 <2001.9.11.>

**제11조 (통로유도등의 구조)** 통로유도등은 제3조의 규정에 적합하여야 하고 그 표시면 및 조사면의 구조는 바닥면과 피난방향을 비출 수 있는 것이어야 하며, 표시면은 옆방향에서도 그 일부가 보일 수 있도록 외함에서 10 [mm] 이상 돌출하여야 한다. 다만, 다음 각 호의 1에 해당하는 구조인 것은 표시면을 돌출 구조로 하지 아니할 수 있다.

1. 바닥에 매립하는 구조인 것
2. 유도등 측면이 표시면의 세로길이 이상이고 폭이 10 [mm] 이상인 조사면으로 이루어져 옆 방향에서도 조사면을 통하여 유도등의 점등을 확인할 수 있는 거실통로유도등

**제12조 (객석유도등의 구조)** 객석유도등은 제3조의 관련 규정외에 다음 각 호의 규정에 적합하여야 한다.

1. 바닥, 벽 또는 의자 등에 견고하게 부착할 수 있어야 하며 또한 바닥면을 비출 수 있어야

한다.

2. 객석유도등의 비상전원은 속에 장치하지 아니하고 겉에 장치할 수 있다.

**제12조의2 (바닥매립형 유도등의 정하중시험)** 바닥에 매립하는 구조의 유도등은 유도등 상부 중앙 50 [mm] 직경의 원에 9,800 [N](1,000 [kg])의 하중을 가하는 경우 구조의 변형이 없어야 한다.

**제13조 (살수 및 방수시험)** ① 바닥에 매립하는 구조의 통로유도등은 유도등을 사용상태로 부착하고 맑은 물을 34.5 [kPa]의 압력으로 3개의 분무헤드를 이용하여 전면 상방에 (45±2)° 각도의 방향에서 시료를 향하여 일률적으로 24시간 이상 물을 분사하는 경우에 내부에 물이고이지 않아야 하며, 기능 및 절연저항시험에 이상이 생기지 아니하여야 한다.

② 방수형유도등은 유도등을 맑은 물에 수심(물의 표면으로부터 유도등 윗지점까지의 거리) 0.15 [m]로 30분간 침지시키는 방수시험을 실시하는 경우 및 제1항에 따른 살수시험을 실시하는 경우 내부에 물이 고이거나 기능에 이상이 생기지 아니하여야 한다.

**제14조 (절연저항시험)** 유도등의 교류입력측과 외함사이, 절연된 교류입력측과 충전부사이 및 절연된 충전부와 외함사이의 각 절연저항의 DC 500 [V]의 절연저항계로 측정한 값이 5 [MΩ] 이상이어야 한다.

**제15조 (절연내력시험)** 유도등의 절연내력은 제14조에 규정된 시험부에 60 [Hz]의 정현파에 가까운 실효전압 500 [V](정격전압이 60 [V]를 초과하고 150 [V] 이하인 것은 1 [kV], 정격전압이 150 [V]를 초과하는 것은 그 정격전압에 2를 곱하여 1 [kV]를 더한 값)의 교류전압을 가하는 시험에서 1분간 견디는 것이어야 한다.

**제16조 (식별도 및 시야각시험)** ① 피난구유도등 및 거실통로유도등은 상용전원으로 등을 켜는(평상사용 상태로 연결, 사용전압에 의하여 점등 후 주위조도를 **10 [lx]에서 30 [lx]까지의 범위**내로 한다. 이하 이 조에서 같다) 경우에는 직선거리 **30 [m]의 위치**에서, 비상전원으로 등을 켜는(비상전원에 의하여 20분간 등을 켠 후 주위조도를 **0 [lx]에서 1 [lx]까지의 범위**내로 한다. 이하 이 조에서 같다) 경우에는 직선거리 **20 [m]의 위치**에서 각기 보통시력(시력 1.0에서 1.2의 범위내를 말한다. 이하 같다)으로 피난유도표시에 대한 식별이 가능하여야 한다. 이 경우 다음 각 호의 하나에 적합하여야 한다.

1. 제9조제1항제1호 내지 제4호의 하나, 색채 및 화살표가 함께 표시된 경우에는 화살표도 쉽게 식별될 것
2. 동영상표시형 유도등은 피난자가 비상문으로 피난하는 형태로 인식될 것
3. 단일·동영상 연계표시형 유도등은 제1호 및 제2호의 규정에 적합할 것

② 복도통로유도등에 있어서 사용전원으로 등을 켜는 경우에는 직선거리 **20 [m]의 위치**에서, 비상전원으로 등을 켜는 경우에는 직선거리 15 [m]의 위치에서 보통시력에 의하여 표

시면의 화살표가 쉽게 식별되어야 한다.

③ 피난구 유도등은 눈 높이로부터 30 [cm] 위치에 설치하고 유도등 바로 밑으로부터 수평거리는 1 [m] 이상(표시면 긴 변의 길이 4배 이상으로 하고 이 거리가 1 [m] 미만인 경우에는 1 [m]로 한다) 떨어진 위치(그림에서 표시하는 위치)에서 제1항의 주위조도 및 시력범위와 동일한 조건으로 확인하는 경우 다음 각 호의 하나에 적합하여야 한다.

1. 제9조제1항제1호 내지 제4호의 하나, 색채 및 화살표가 함께 표시된 경우에는 화살표도 쉽게 식별될 것
2. 동영상표시형 유도등은 피난자가 비상문으로 피난하는 형태로 인식할 수 있을 것
3. 단일·동영상 연계표시형 유도등은 제1호 및 제2호의 규정에 적합할 것

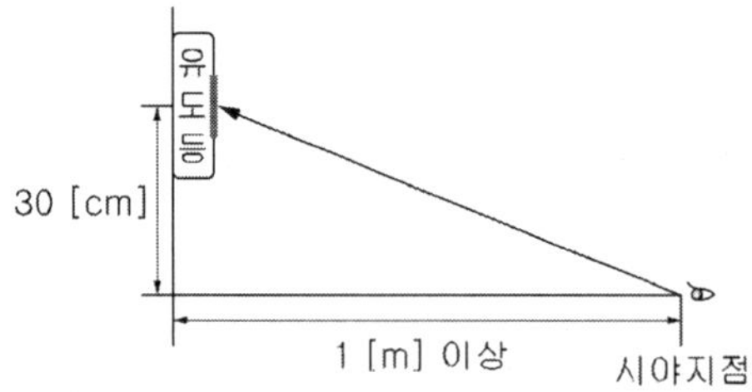


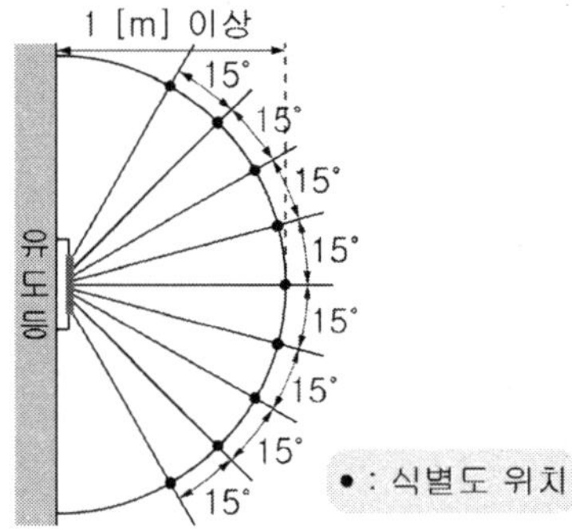


④ 패널식 유도등의 피난유도표시는 깜박임, 어두워짐, 흔들림의 발생이 없어야 한다.

**제17조 (소음시험)** 상용전원으로 등을 켜는 상태(정격전압 ±20 [%]인 전압에서 실시한다) 또는 비상전원으로 등을 켜는 상태에서 유도등으로부터 발생하는 소음의 크기는 0.1 [m]의 거리에서 40 [dB] 이하이어야 한다.

**제18조 (자동전환장치등의 작동시험)** 유도등의 자동전환장치는 다음 각 호에 적합하여야 한다.

1. 정격전압의 80% 이하인 범위 내에서 작동하여야 한다.
2. 유도등에 정격전압 ±10%의 전압을 가하고 자동복귀형의 점검용점멸기로 전환작동을 반복하여 10회 실시하는 시험에서 전환기능에 이상이 생기지 아니하여야 한다.

**제18조의2 (저온에서의 비상점등시험)** 유도등은 주위온도가 (−10±2)℃인 조건에서 소등한 상태로 2시간 동안 방치한 후 비상전원에 의하여 점등하는 경우 다음 각 호에 적합하여야 한다.

1. 상용전원에서 예비전원 충전상태를 유지하면서 소등되는 기능이 있는 유도등은 소등상태에서, 비상전원에 의하여 점등하는 경우 10초 이내에 명확히 점등되어야 한다.
2. 상용전원에서 예비전원 충전상태를 유지하면서 소등되는 기능이 없는 유도등은 점등상태에서, 비상전원에 의한 점등상태로 전환되는 경우 소등상태 없이 즉시 점등되어야 한다.

**제19조 (충전장치)** 충전장치는 비상전원으로 사용되는 축전지의 제조업체사양에 적합하게 설계되어야 하며 48시간 내에 예비전원의 정격용량 이상으로 충전되어야 한다.

1.～3. 삭제 <2001.9.11.> ② 삭제 <2001.9.11.>

**제20조** 삭제 <2001.9.11.>

**제21조 (광속표준전압시험)** 주위온도 (20±5)℃에서 정격부하로 12시간 이상 방전시킨 다음 즉시 48시간 충전한 후, 상용전원에 의한 점등상태에서의 소비전력은 설계값(소비전력 표시값) 이하이어야 하며, 정격부하에서 유도등을 비상전원으로 전환하여 유효점등시간을 방전한 직후의 전압이 광속표준전압(설계치) 이상이어야 한다.

**제22조** 삭제 <2001.9.11.>

**제23조 (조도시험)** 통로유도등 및 객석유도등은 그 유도등은 비상전원의 성능에 따라 유효점등시간 동안 등을 켠 후 주위조도가 0 [lx]인 상태에서 다음과 같은 방법으로 측정하는 경우, 그 조도는 각각 다음 각 호에 적합하여야 한다.

1. **계단통로유도등**은 바닥면 또는 디딤바닥 면으로부터 높이 **2.5 [m]의 위치**에 그 유도등을 설치하고 그 유도등의 바로 밑으로부터 수평거리로 **10 [m] 떨어진 위치에서의 법선조도가 0.5 [lx]** 이상이어야 한다.
2. **복도통로유도등**은 바닥면으로부터 1 [m] 높이에, **거실통로유도등**은 바닥면으로부터 **높이 2 [m] 높이**에 설치하고 그 유도등의 중앙으로부터 **0.5 [m] 떨어진 위치**(그림 2 또는 그림 3에서 정하는 위치)의 바닥면 조도와 유도등의 전면 중앙으로부터 **0.5 [m] 떨어진 위치**의 조도가 **1 [lx] 이상**이어야 한다. 다만, 바닥면에 설치하는 통로유도등은 그 유도등의 바로 윗부분 1 [m]의 높이에서 법선조도가 1 [lx] 이상이어야 한다.

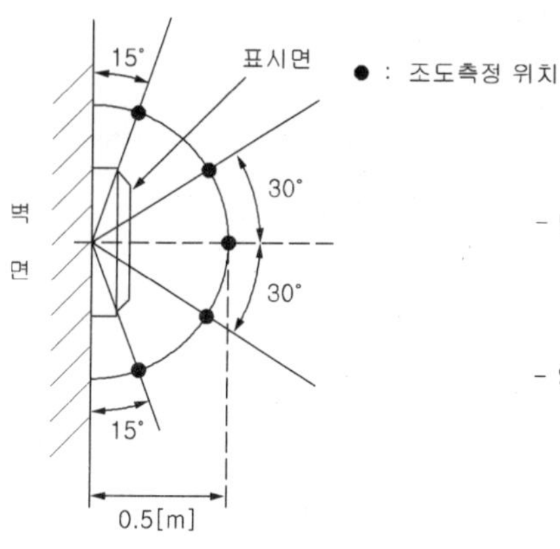


▎그림 2 복도통로유도등 ▎

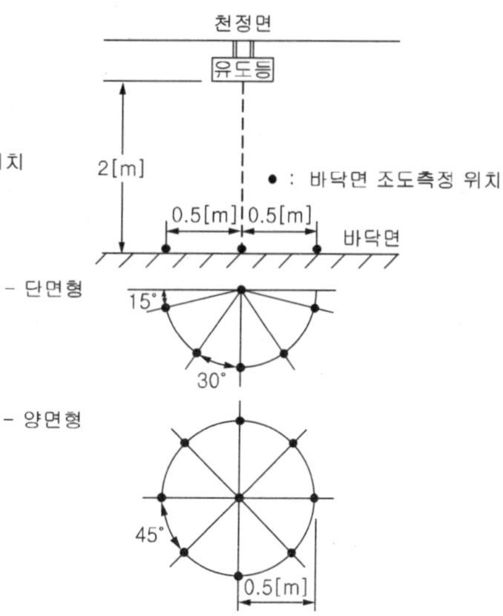


▎그림 3 거실통로유도등 ▎

3. 객석유도등은 바닥면 또는 디딤바닥면에서 높이 0.5 [m]의 위치에 설치하고 그 유도등의 바로 밑에서 0.3 [m] 떨어진 위치에서의 수평조도가 0.2 [lx] 이상이어야 한다.

**제23조의2** 삭제 <2001.9.11.>

**제24조 (반복시험)** 유도등은 정격사용전압에서 AC점등, DC점등, 소등의 반복을 1회로 하여 2,500회의 작동을 반복 실시하는 경우 그 구조 또는 기능에 이상이 생기지 아니하여야 한다. 다만, 상용전원에서 예비전원 충전상태를 유지하면서 소등되는 기능이 없는 유도등은 AC점등, DC점등 반복을 1회로 한다.

**제24조의2 (내식시험)** 유도등의 외함 및 부품지지대로서 금속체인 것은 KS D 9502(염수분부시험방법)에 의하여 5사이클(1사이클이란 시험기의 운전 8시간, 정지방치시간 16시간을 가한 것)을 시험한 후 부식된 부분이 없어야 한다.

**제24조의3 (그림문자 색상 및 색도시험)** ① 투광식 유도등의 투과면 그림문자 색상은 [그림]의 좌표범위 내에 포함되어야 한다.

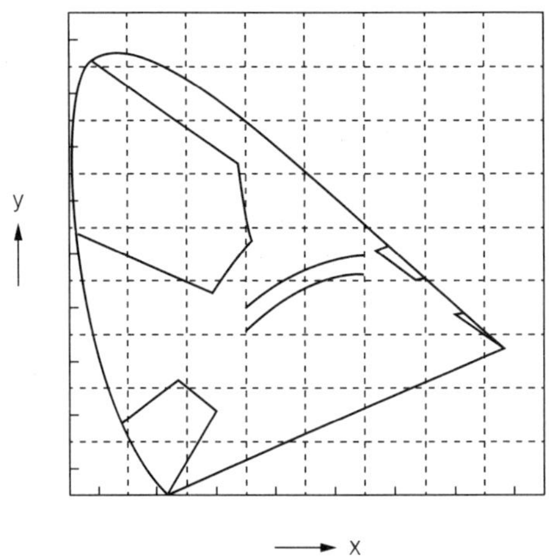


[그림의 자세한 설명은 법제처 참조]

② 투광식 유도등의 투과면은 자외선 카본식 내후성시험기 온도를 (63±3)℃로 유지하여 120시간 조사 후 제1항의 규정에 의한 시험에 이상이 없어야 한다.

③ 패널식 유도등은 전원을 인가하지 아니한 상태에서 (63±3)℃로 120시간 노출시킨 후 제1항의 시험에 적합하여야 한다. 이 경우 패널을 투과면으로 본다. 다만, 패널식의 표시면에 아크릴 등을 보강한 경우에는 제2항의 시험을 적용한다.

**제24조의4 (진동시험)** 유도등은 전원을 인가하지 아니한 상태에서 다음 각 호의 규정에 의한 시험을 실시하는 경우 그 구조 및 기능에 이상이 생기지 아니하여야 한다.

1. 주파수 범위 : 10～150 [Hz]
2. 가속도 진폭 : 10 [$m/s^2$]

3. 축수 : 3
4. 스위프 속도 : 1 [옥타브/min]
5. 스위프사이클 수 : 축당 20

**제24조의5 (충격시험)** 유도등에 가하는 충격시험의 시험추 무게는 0.250±0.025 [kg]이고 지름 18.5±0.1 [mm]로 추의 한쪽 끝면은 표면이 폴리아미드 수지로 된 반지름 10 [mm]인 R100의 로크웰경도를 가진 반구형을 부착하여 다음 각 호의 하나에 의한 자유 낙하시험을 유도등의 외함과 표시면의 약한 부분에 3회 실시하는 경우 외함과 표시면에 금이 가거나 도색착탈, 찌그러짐 및 조립부분이 분리되지 아니하여야 한다.

1. 바닥에 매립하는 유도등은 40 [cm] 높이에서 충격을 가하는 시험에 적합할 것
2. 매립형 이외의 유도등은 표시면으로부터 20 [cm] 높이에서, 외함은 28 [cm] 높이에서 충격을 가하는 시험에 적합할 것

**제24조의6 (전자파적합성)** 유도등은 「전파법」 제47조의3제1항 및 「전파법 시행령」 제67조의2에 따라 국립전파연구원장이 정하여 고시하는 「전자파적합성 기준」에 적합하여야 한다. <신설 2018.3.12.>

**제25조 (표시 및 취급설명서)** ① 유도등에는 다음 각 호의 사항을 보기 쉬운 부분에 쉽게 지워지지 아니하도록 표시하여야 한다. 다만, 제15호는 포장 또는 취급설명서에 표시할 수 있다.

1. 종별 및 형식
2. 형식승인번호
3. 제조연월, 제조번호
4. 제조업체명 또는 상호
5. 유효점등시간
6. 삭제 <2001.9.11.>
7. 비상전원으로 사용하는 예비전원의 종류, 정격용량 또는 정격정전용량, 정격전압
8.～10. 삭제 <2001.9.11.>
11. 그 밖의 주의사항
12. 퓨즈 및 퓨즈홀더 부근에는 정격전류
13. 삭제 <2001.9.11.>
14. 삭제 <1999.1.4.>
15. 품질보증에 관한 사항(보증기간, 보증내용, A/S방법, 자체검사필증 등)
16. 소비전력

② 유도등에는 제품별로 다음 각 호의 사항이 기재된 설명서를 첨부하여야 한다. 다만, 특정의 소방대상물에 한정하여 제조한 것은 그러하지 아니하다.

1. 제품의 특징
2. 설치방법
3. 점검요령
4. 배선도 및 결선도
5. 사용상의 주의
6. 그 밖의 필요사항

③ 유도등에는 다음 각 호의 부속품등이 구비되어야 한다.

1. 예비전구(백열전구용에 한한다)　　　　2. 예비퓨즈

**제26조 (세부규정)** 이 기준의 시행에 관하여 세부사항은 소방청장이 이를 정한다.

**제27조 (재검토기한)** 소방청장은 「훈령·예규 등의 발령 및 관리에 관한 규정」에 따라 이 고시에 대하여 2019년 1월 1일 기준으로 매 3년이 되는 시점(매 3년째의 6월 30일까지를 말한다)마다 그 타당성을 검토하여 개선 등의 조치를 하여야 한다. <개정 2018.3.12., 2019.1.31.>

**제28조** 삭제

## 부칙 <제2019-15호, 2019.1.31.>

**제1조 (시행일)** 이 고시는 발령한 날부터 시행한다.

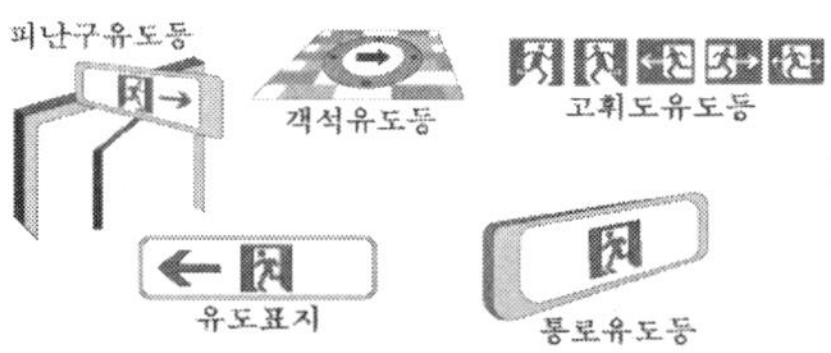

【유도등 및 유도표지】

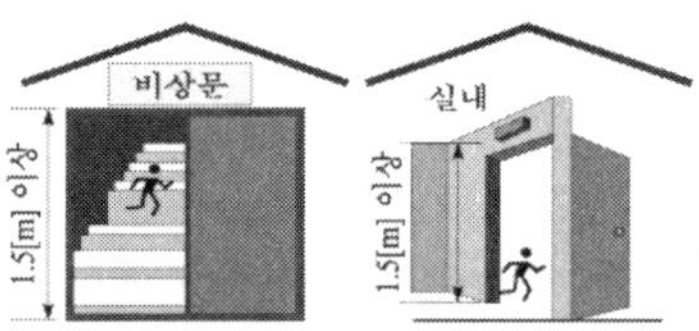

【피난구 유도등(비상문)의 설치 장소】

# 비상조명등의 형식승인 및 제품검사의 기술기준

## [KOFEIS 0405]

소방청고시 제2018-2호(2018.3.12.)

**제1조 (목적)** 이 기준은 「화재예방, 소방시설 설치·유지 및 안전관리에 관한 법률」 제36조 제5항 및 같은 법 시행령 제37조에 따른 「비상조명등(비상전원이 내장된 것에 한한다)의 형식승인 및 제품검사의 기술기준」에 대하여 규정함을 목적으로 한다.

**제2조 (용어의 정의)** 이 기준에서 사용하는 용어의 정의는 다음과 같다.

1. "**비상조명등**"이란 화재 발생 등에 의한 정전 시에 안전하고 원활한 피난활동을 할 수 있도록 거실 및 피난통로 등에 설치하는 조명등으로서 비상전원용 축전지가 내장되어 상용전원이 정전되는 경우에는 비상전원으로 자동전환되어 점등되는 조명등을 말하며 정상상태에서는 상용전원에 의하여 점등되는 것을 포함한다.
2. "**전용형**"이란 상용광원과 비상용광원이 각각 별도로 내장되어 있거나 또는 비상시에 점등하는 비상용광원만 내장되어 있는 비상조명등을 말한다.
3. "**겸용형**"이란 동일한 광원을 상용광원과 비상용광원으로 겸하여 사용하는 비상조명등을 말한다.
4. "**상용광원**"이란 상용전원에 의해 점등되는 광원을 말한다.
5. "**비상용광원**"이란 비상전원에 의해 점등되는 광원을 말한다.
6. "**광속표준전압**"이란 비상전원으로 비상조명등을 켜는데 필요한 축전지의 단자전압을 말한다.
7. "**방폭형**"이란 폭발성가스가 용기내부에서 폭발하였을 때 용기가 그 압력에 견디거나 또는 외부의 폭발성가스에 인화될 우려가 없도록 만들어진 형태의 제품을 말한다.
8. "**방수형**"이란 그 구조가 방수구조로 되어있는 것을 말한다.
9. "**유효점등시간**"이란 유효한 조도를 확보할 수 있도록 예비전원에 의하여 지속적으로 점등할 수 있는 시간을 말한다.

**제3조 (일반구조)** 비상조명등의 일반구조는 다음 각 호에 적합하여야 한다.

1. 상용전원전압의 110 [%] 범위 안에서는 비상조명등 내부의 온도상승이 그 기능에 지장을 주거나 위해를 발생시킬 염려가 없어야 한다.
2. 방폭형비상조명등은 다음 각 목의 1에서 정하는 방폭구조에 적합하여야 한다.

가. 한국산업규격

나. 가스관계법령(고압가스안전관리법, 액화석유가스의 안전 및 사업관리법, 도시가스사업법)에 의하여 정하는 규격

다. 산업안전보건법령에 의하여 정하는 규격

3. 주전원 및 비상전원을 단락사고 등으로부터 보호할 수 있는 퓨즈 등 과전류 보호장치를 설치하여야 한다.
4. 외함은 기기내부의 온도상승에 의하여 변형·변색 또는 변질되지 아니하여야 한다.
5. 전구 및 예비전원 등의 내부부품을 쉽게 교환·보수·점검할 수 있도록 조립된 구조이어야 한다. 다만, 방수형·방폭형인 것은 그러하지 아니하다.
6. 광원 또는 점등관을 교환·점검할 때 접촉될 우려가 있는 부분은 감전되지 아니하도록 보호 조치를 하여야 한다.
7. 사용전압은 **300 [V] 이하**이어야 한다. 다만, 충전부가 노출되지 아니한 것은 **300 [V]**를 초과할 수 있다.
8. 설치하고자 하는 부분에 견고하게 설치 할 수 있는 구조이어야 한다.
9. 수송 중 진동 또는 충격에 의하여 기능에 장애를 받지 아니하는 구조이어야 한다.
10. 내부의 온도가 비정상적으로 상승하지 아니하도록 하여야 하며, 축전지와 내부부품은 양호한 방열처리가 되도록 하여야 한다.
11. 축전지에 배선 등을 직접 납땜하지 아니하여야 한다.
12. 상용전원과 접속되는 전선은 KS C 3309(전기기기용 고무절연 인출선) 또는 KS C 3304(비닐코드)에 적합하거나 이와 동등이상의 절연성, 도전성 및 기계적 강도가 있어야 한다.
13. 전선의 굵기가 인출선인 경우에는 단면적이 0.75 [$mm^2$] 이상, 인출선외의 경우에는 단면적이 0.5 [$mm^2$] 이상이어야 한다.
14. 인출선의 길이는 전선인출 부분으로부터 150 [mm] 이상이어야 한다. 다만, 인출선으로 하지 아니할 경우에는 풀어지지 아니하는 방법으로 전선을 쉽고 확실하게 부착할 수 있도록 접속단자를 설치하여야 한다.
15. 삭제 <1999.8.3.>
16. 화재가 발생한 경우 화재경보설비 또는 비상경보설비 등으로부터 발신되는 신호를 수신하여 미리 정하여진 작동을 하는 비상조명등은 그 기능이 정상적으로 작동하여야 한다.
17. 내부의 전기회로에 스위치를 설치하는 경우에는 자동복귀형 스위치를 설치하여야 한다.
18. 비상조명등에는 점검용의 자동복귀형점멸기를 설치하여야 한다.
19. 작동이 확실하고 취급·점검이 쉬워야 하며, 현저한 잡음이나 장해전파를 발하지 아니하여야 한다. 다만, 먼지·습기·곤충 등에 의하여 기능에 영향을 받지 아니하여야 한다.
20. 부식에 의하여 기계적 기능에 영향을 초래할 우려가 있는 부분은 칠·도금 등으로 유효하

게 내식가공을 하거나 방청가공을 하여야 하며, 전기적 기능에 영향이 있는 단자·나사 및 와셔 등은 동합금이나 이와 동등이상의 내식성능이 있는 재질을 사용하여야 한다.

21. 극성이 있는 경우에는 오접속을 방지하지 위하여 필요한 조치를 하여야 한다.
22. 부품의 부착은 기능에 이상을 일으키지 아니하고 쉽게 풀리지 아니하도록 하여야 한다.
23. 전선 이외의 전류가 흐르는 부분과 가동축 부분의 접촉력이 충분하지 아니한 곳에는 접촉부의 접촉 불량을 방지하기 위한 적당한 조치를 하여야 한다.
24. 외부에서 사람이 쉽게 접촉할 우려가 있는 충전부는 충분한 보호장치를 하여야 한다.
25. 광원과 전원부를 별도로 수납하는 구조인 것을 다음 각목에 적합하여야 한다.
    가. 전원함은 불연재료 또는 난연재료의 재질을 사용할 것
    나. 광원과 전원부 사이의 배선길이는 1 [m] 이하로 할 것
    다. 배선은 충분히 견고한 것을 사용할 것
26. 내부의 부품 등에서 발생되는 열에 의하여 구조 및 기능에 이상이 생길 우려가 있는 것은 방열판 또는 방열공 등에 의하여 보호조치를 하여야 한다. 다만, 방수형 또는 방폭형의 것은 방열공을 설치하지 아니할 수 있다.
27. 유효점등시간은 20분 이상으로 하며 20분 단위로 제조사가 설정한다.
28. 예비전원은 다음 각 목에 적합하게 설치하여야 한다. <신설 2018.3.12.>
    가. 비상조명등의 주전원으로 사용하여서는 아니 된다.
    나. 인출선은 적당한 색깔에 의하여 쉽게 구분할 수 있어야 한다.
    다. 먼지, 수분 등에 의하여 성능에 지장이 생길 우려가 있는 부분은 적당한 보호커버를 설치하여야 한다.
    라. 비상조명등의 예비전원은 알칼리계 2차 축전지, 리튬계 2차 축전지 또는 무보수 밀폐형 연축전지로 한다.
    마. 전기적 기구에 의한 자동충전장치 및 자동과충전방지장치를 설치하여야 한다. 다만, 과충전상태가 되어도 성능 또는 구조에 이상이 생기지 아니하는 축전지를 설치한 경우에는 자동과충전방지장치를 설치하지 아니할 수 있다.
    바. 예비전원을 병렬로 접속하는 경우는 역충전 방지 등의 조치를 강구하여야 한다.

**제4조 (부품의 구조 및 기능)** 비상조명등에 다음 각 호의 부품을 사용하는 것은 해당 각 호의 규정에 적합하거나 이와 동등이상의 성능이 있는 것이어야 한다.

1. 스위치
    가. 조작이 쉽고 작동이 확실하여야 하며, 정지점이 명확하고 적정하여야 한다.
    나. 각 접점이 최대사용전압으로 최대사용전류의 200 [%]인 전류를 저항부하를 통하여 흘리는 작동을 5,000회 반복하는 경우 그 구조 또는 기능에 이상이 생기지 아니하여야 한다.

다. 접점은 최대사용전류용량에 적합하여야 하고 부식될 우려가 없는 것이어야 한다.

2. 표시등

가. 소켓은 접촉이 확실하여야 하며 쉽게 전구를 교체할 수 있도록 부착하여야 한다.

나. 전구는 2개 이상을 병렬로 접속하여야 한다. 다만, 방전등 또는 발광다이오드의 경우에는 그러하지 아니하다.

3. 전자계전기

가. 접점은 G·S합금 또는 이와 동등이상이어야 한다.

나. 자체하중에 의하여 영향을 받지 아니하도록 부착하고, 접점밀봉형 이외의 것은 접점이나 가동부에 먼지가 들어가지 아니하도록 적당한 방진커버를 설치하여야 한다.

다. 최대사용전압에서 최대사용전류를 저항부하를 통하여 흘려도 그 구조 또는 기능에 현저한 변화가 생기지 아니하여야 한다.

4. 퓨즈 등

가. 퓨즈 등 과전류 보호장치는 「산업표준화법」에 의한 KS제품규격표시품, 「전기용품 및 생활용품 안전관리법」에 의한 안전인증품 또는 국제적 공인기관으로부터 인증을 받은 제품을 사용하여야 한다.

나. 점검 및 교체가 쉬워야 한다.

다. 쉽게 흔들리지 아니하도록 부착되어야 한다.

5. 변압기

가. 변압기는 KS C 6308(전자기기용 소형전원변압기) 또는 이와 동등이상의 성능이 있는 것이어야 한다.

나. 용량은 최대사용전류에 연속하여 견딜 수 있는 크기 이상이어야 한다.

6. 안정기

형광램프 점등용 안정기는 해당 안정기의 KS규격에 적합한 것이어야 한다.

7. 소켓

백열전구용 소켓, 형광램프용 소켓 및 글로스타터 소켓은 해당 소켓의 KS규격에 적합하여야 한다.

8. 반도체는 최대사용전압 및 최대사용전류에 충분히 견딜 수 있는 것이어야 한다.

9. 예비전원

가. 삭제 <2018.3.12.> 나. 삭제 <2018.3.12.> 다. 삭제 <2018.3.12.>

라. 삭제 <2018.3.12.> 마. 삭제 <2018.3.12.> 바. 삭제 <2018.3.12.>

사. 축전지를 직렬 또는 병렬로 사용하는 경우에는 용량(전압, 전류)이 균일한 축전지를 사용하여야 한다.

아. 축전지의 충전시험 및 방전시험은 방전종지전압을 기준하여 시작한다. 이 경우 방전종

지전압이란 알칼리계 2차 축전지는 셀당 1.0 [V]의 상태를, 리튬계 2차 축전지는 셀당 2.75 [V]의 상태를 무보수밀폐형 연축전지는 단전지당 1.75 [V]의 상태를 말한다.

자. 알칼리계 2차 축전지의 상온 충·방전시험은 방전종지전압 상태의 축전지를 상온에서 정격충전전압 및 1/20 [C]의 전류로 48시간 충전한 후 1 [C]의 전류로 방전하는 시험을 실시하는 경우 48분 이상 지속 방전되어야 하며, 리튬계 2차 축전지의 상온 충·방전시험은 방전종지전압 상태의 축전지를 상온에서 정격충전전압 및 1/5 [C]의 전류로 6시간 충전한 후 1 [C]의 전류로 방전하는 경우 55분 이상 지속적으로 방전되어야 하고, 무보수밀폐형 연축전지의 상온 충·방전시험은 방전종지전압 상태의 축전지를 정격충전전압 및 0.1 [C]의 전류로 48시간 충전한 후 1 [C]의 전류로 방전시키는 경우 45분 이상 지속 방전되어야 한다. 이 경우 축전지에 이상이 생기지 아니하여야 한다.

차. 알칼리계 2차 축전지의 주위온도 충·방전시험은 방전종지전압 상태의 축전지를 주위온도 (−10±2)℃ 및 (50±2)℃의 조건에서 정격충전전압 및 1/20 [C]의 전류로 48시간 충전한 다음 1 [C]의 전류로 방전하는 충·방전을 3회 반복하는 경우 방전종지전압이 되는 시간이 25분 이상이어야 하며, 리튬계 2차 축전지의 주위온도 충·방전시험은 방전종지전압의 축전지를 주위온도 (−10±2)℃ 및 (50±2)℃의 조건에서 정격충전전압 및 1/5 [C]의 전류로 6시간 충전한 다음 1 [C]로 방전하는 충·방전을 3회 반복하는 경우 방전종지전압이 되는 시간이 40분 이상이어야 하고, 무보수 밀폐형 연축전지의 주위온도 충·방전시험은 방전종지전압 상태의 축전지를 (−10±2)℃ 및 (50±2)℃의 조건에서 정격충전전압 및 0.1 [C]의 전류로 48시간 충전한 다음 1시간 방치하여 0.05 [C]로 방전시킬 경우 정격용량의 95% 용량이 되는 시간이 30분 이상이어야 한다. 이 경우 축전지는 외관이 부풀어 오르거나 누액 등이 생기지 아니하여야 한다.

카. 예비전원의 안전장치시험은 1/5 [C] 이상 1 [C] 이하의 전류로 역충전하는 경우 5시간 이내에 안전장치가 작동하여야 하며, 외관이 부풀어 오르거나 누액 등이 생기지 아니하여야 한다.

**제5조 (전원)** ① 비상조명등에 사용하는 전원은 정전 시에는 상용전원에서 비상전원으로, 정전복귀 시에는 비상전원에서 상용전원으로 자동전환되는 구조이어야 한다.

② 상용전원에 의하여 켜지는 광원을 원격조작에 의하여 끊더라도 축전지는 상용전원에 의하여 자동충전할 수 있어야 하고 상용전원이 정전되는 경우에는 즉시 비상전원에 의하여 켜져야 한다.

③ 비상전원의 상태를 감시할 수 있는 장치가 있어야 한다.

**제5조의2 (비상점등 회로의 보호)** 비상조명등은 비상점등을 위하여 비상전원으로 전환되는 경우 비상점등 회로로 정격전류의 1.2배 이상의 전류가 흐르거나 램프가 없는 경우에는 3초 이내에 예비전원으로부터의 비상전원 공급을 차단하여야 한다.

**제6조 (광원)** 비상조명등에 사용하는 광원이 형광램프 또는 백열전구인 경우에는 다음 각 호에 적합하여야 한다.

1. 광원용 램프를 형광램프로 하는 경우에는 「산업표준화법」에 의한 KS제품규격표시품, 「전기용품 및 생활용품 안전관리법」에 의한 안전인증품 등 공인규격품이어야 한다.
2. 광원용 램프를 백열전구로 하는 경우에는 2중 코일전구이어야 한다. 다만, 2개 이상의 백열전구를 병렬로 설치하여 점등하는 방식의 경우에는 단일코일전구로 할 수 있다.

**제7조 (외함의 재질)** 비상조명등의 외함(매립형의 경우는 내부회로 보호용함을 말한다) 및 부품 지지대의 재질은 다음 각 호의 1에 적합한 것이어야 한다.

1. 두께 0.5 [mm] 이상의 방청가공된 금속판. 다만, 20 [W]용 형광램프를 내장하는 경우에는 두께 0.7 [mm] 이상, 40 [W]용 형광램프를 내장하는 경우는 두께 1.0 [mm] 이상의 방청가공된 금속판.
2. 두께 3 [mm] 이상의 내열성 강화유리
3. 난연재료 또는 방염성능이 있는 두께 3 [mm] 이상의 합성수지로서 80℃ 이상의 온도에서 열로 인한 변형이 생기지 아니하여야 하며 자기소화성이 있는 것

**제8조 (표시면 및 조사면의 재질등)** 표시면 또는 조사면이 있는 비상조명등의 표시면과 조사면의 재질은 1 [mm] 이상(다만, 20 [W] 형광램프 내장시는 2 [mm] 이상, 40 [W] 형광램프 내장시는 3 [mm] 이상)의 난연재료 또는 방염성능이 있는 합성수지이거나 이와 동등 이상의 것으로 쉽게 파손되거나 변형, 변질 또는 변색이 되지 아니하는 것이어야 한다.

**제9조 (소음시험)** 상용전원으로 등을 켜는 상태(정격전압 ±20%인 전압에서 실시한다) 또는 비상전원으로 등을 켜는 상태에서 비상조명등으로부터 발생하는 소음의 크기는 0.1 [m]의 거리에서 40 [dB] 이하이어야 한다.

**제10조 (자동전환장치 등의 작동시험)** 비상조명등의 자동전환장치는 다음 각 호에 적합하여야 한다.

1. 정격전압의 80 [%] 이하인 범위 내에서 작동하여야 한다.
2. 비상조명등에 정격전압의 ±10 [%]인 전압을 가하고 자동복귀형의 점검용점멸기로 전환작동을 반복하여 10회 실시하는 시험에서 전환기능에 이상이 생기지 아니하여야 한다.

**제10조의2 (저온에서의 비상점등시험)** 비상조명등은 주위온도가 (－10±2)℃인 조건에서 소등한 상태로 2시간동안 방치한 후 비상전원에 의하여 점등하는 경우 10초 이내에 명확히 점등되어야 한다.

**제11조 (충전장치 및 방전장치시험)** ① 자동충전장치, 시한충전장치 또는 보상충전장치는 다음 각 호에 적합하여야 한다.

1. 자동충전장치는 그 장치에 가하는 전압이 정격전압의 ±10 [%]의 수치일 때 축전지의 충전

전류는 0.05 [C](C는 전지의 공칭용량의 수치) 이하이어야 한다. 다만, 과충전방지장치가 있는 것은 그러하지 아니한다.

2. 시한충전장치는 제1호의 규정에 적합하여야 하고 축전지가 완전충전상태와 그 장치의 설정기간의 ±10 [%]로서 축전지에 충전하는 경우 과충전상태가 되지 아니하여야 한다.
3. 보상충전장치는 축전지가 완전충전상태에서 그 장치에 가하는 전압이 정격전압의 ±10 [%]인 경우 축전지의 자기방전전류를 보상하고 또한 과충전상태가 되지 아니하여야 한다.

② 자동과방전방지장치 및 시한방전장치는 그 장치에 가하는 전압이 정격전압의 ±10 [%] 또는 설정기간이 규정된 설정기간의 ±10 [%]로 되는 경우 축전지가 과방전상태가 되지 아니하여야 한다.

**제12조** 삭제 <2005.12.30.>

**제13조 (광속표준전압시험)** 비상조명등의 광속전압은 비상조명등을 기준주위온도 (20±5)℃에서 정격부하로 12시간 이상 방전하고 즉시 48시간 충전한 후 정격부하에서 비상전원으로 전환하여 등을 켜는 경우 유효점등시간 × 1.25시간 경과후의 전압이 광속표준전압(설계치) 이상이어야 한다.

**제14조 (광속비시험)** 비상조명등은 주위온도 (20±5)℃인 상태에서 상용전원으로 등을 켜는 때와 비상전원으로 등을 켜는 때의 광속의 비율이 광원당 36 [%] 이상이어야 하고 설계광속비의 ±20 [%] 범위 이내이어야 한다. 이 경우 비상전원으로 켜는 등은 광속표준전압에서 안정된 직류전원에 의한다.

**제15조 (조도시험)** 비상조명등은 다음 각 호의 방법에 의하여 시험한 경우 비상조명등의 광중심을 통하는 연직선에서 바닥면 수평거리가 제품에 표시된 배광번호에 따라 별표 1에 표시하는 수치 이상이어야 한다. 이 경우 비상용 광원이 백열램프인 경우에는 별표 1 중 수평면조도 0.5 [lx] 및 1.0 [lx]란을, 형광램프인 경우에는 1.0 [lx] 및 2.0 [lx]란을 적용한다.

1. 제품을 규정된 높이(2 [m], 3 [m], 4 [m])에 정상 사용상태로 부착하여 시험한다.
2. 제품을 광속표준전압으로 점등하여 안정시킨 후 측정한다.
3. 제품의 바로 밑에서부터 규정된 조도이상인 수평거리를 측정한다.

**제16조 (반복시험)** 비상조명등은 정격사용전압에서 1만회의 작동을 반복하여 실시하는 경우 그 구조 또는 기능에 이상이 생기지 아니하여야 한다. 이 경우 시험도중 광원 및 예비전원은 교체할 수 있다.

**제17조 (방수시험)** 방수형 비상조명등은 이를 사용상태로 부착하고 맑은 물을 34.5 [kPa]의 압력으로 3개의 분무헤드를 이용하여 전면 상방에 (45±2)° 각도의 방향에서 시료를 향하여 일률적으로 24시간 이상 물을 분사하는 경우에 내부에 물이고이지 않아야 하며, 기능 및 절연저항시험에 이상이 생기지 아니하여야 한다.

**제18조 (절연저항시험)** 비상조명등의 교류입력측과 외함사이, 절연된 교류입력측과 충전부 사이 및 절연된 충전부의 외함사이의 각각 절연저항은 DC 500 [V]의 절연저항계로 측정한 값이 **5 [MΩ] 이상**이어야 한다.

**제19조 (절연내력시험)** 비상조명등의 절연내력은 제18조에 규정된 시험부에 60 [Hz]의 정현파에 가까운 실효전압 500 [V](정격전압이 60 [V]를 초과하고 150 [V] 이하인 것은 1 [kV], 정격전압이 150 [V]를 초과하는 것은 그 정격전압에 2를 곱하여 1 [kV]를 더한 값)의 교류전압을 가하는 시험에서 1분간 견디는 것이어야 한다.

**제19조의2 (전자파적합성)** 비상조명등은 「전파법」 제47조의3제1항 및 「전파법 시행령」 제67조의2에 따라 국립전파연구원장이 정하여 고시하는 「전자파적합성 기준」에 적합하여야 한다. <신설 2018.3.12.>

**제20조 (표시 및 취급설명서)** ① 비상조명등에는 다음 각 호의 사항을 보기 쉬운 부분에 쉽게 지워지지 아니하도록 표시하여야 한다. 다만, 제15호는 포장 또는 취급설명서에 표시할 수 있다.

1. 종별 및 형식
2. 형식승인번호
3. 제조연월 및 제조번호
4. 제조업체명 또는 상호
5. 정격전압
6. 정격입력전류, 정격입력전력
7. 비상전원으로 사용하는 축전지의 종류, 정격용량, 정격전압
8. 적합한 광원의 종류와 크기
9. 설계광속표준전압 및 설계광속비
10. 배광번호 및 해당배광번호표
11. 그 밖의 주의사항
12. 퓨즈 및 퓨즈홀더 부근에는 정격전류
13. 방수형인 것은 “방수형”이라는 문자 별도표시
14. 유효점등시간(설계치)
15. 품질보증에 관한 사항(보증기간, 보증내용, A/S방법, 자체검사필증 등)
16. 방폭형인 것은 “방폭형”이라는 문자 별도표시 및 방폭등급

② 비상조명등에는 제품별로 다음 각 호의 사항이 기재된 설명서를 첨부하여야 한다. 다만, 특정의 소방대상물에 한정하여 제조한 것은 그러하지 아니하다.

1. 제품의 특징

2. 설치방법
3. 점검요령
4. 배선도 및 결선도
5. 사용상의 주의
6. 그 밖의 필요사항

**제21조 (세부규정)** 이 기준의 시행에 관하여 필요한 세부사항은 소방청장이 이를 정한다.

**제22조 (재검토기한)** 소방청장은 「훈령·예규 등의 발령 및 관리에 관한 규정」에 따라 이 고시에 대하여 2018년 7월 1일 기준으로 매 3년이 되는 시점(매 3년째의 6월 30일까지를 말한다)마다 그 타당성을 검토하여 개선 등의 조치를 하여야 한다. <개정 2018.3.12.>

## 부칙 <제2018-2호, 2018.3.12.>

**제1조 (시행일)** 이 고시는 발령한 날부터 시행한다.

**제2조 (형식승인에 관한 일반적인 경과조치)** ① 이 고시 시행일 이전에 형식승인(형식승인의 변경을 포함한다. 이하 같다)이 신청된 것은 종전의 고시를 적용할 수 있다. 다만, 신청인이 이 고시에 의하여 형식승인을 받고자 하는 경우에는 이 고시를 적용한다.

② 이 고시 시행당시 종전의 규정에 의하여 형식승인을 받은 것 중 이 고시 제19조의2에 적합하지 아니한 것은 이 고시 시행일로부터 1년 이내에 이 고시에 의하여 형식승인을 받아야 한다.

**제3조 (제품검사에 대한 경과조치)** ① 부칙 제1조에도 불구하고 이 고시 시행당시 종전의 규정에 의하여 형식승인을 받은 것 중 이 고시 제19조의2에 대하여 적합하지 아니한 것은 이 고시 시행일로부터 1년 이내에는 종전의 규정에 의하여 제품검사를 받을 수 있다.

② 부칙 제2조제2항에 따라 형식승인을 받지 않은 것은 고시 시행일로부터 1년이 경과한 날부터 이 고시에 의한 생산제품검사를 받을 수 없으며, 품질제품검사를 적용받는 경우 제품완성예정일이 이 고시 시행일로부터 1년이 경과한 날부터 합격표시를 발급받을 수 없다.

**별표 1 (제15조 관련)**

## 배광번호표

| 조도(lx) | | 0.5 | | | 1 | | | 2 | | |
|---|---|---|---|---|---|---|---|---|---|---|
| 배광번호 | 부착높이(m) | 2 | 3 | 4 | 2 | 3 | 4 | 2 | 3 | 4 |
| A | 1 | 2.8 | 3.6 | 4.1 | 2.4 | 2.9 | 3.2 | 2.0 | 2.2 | 2.1 |
| | 2 | 2.9 | 3.9 | 4.7 | 2.7 | 3.4 | 3.8 | 2.3 | 2.7 | 2.9 |
| | 3 | 3.1 | 4.2 | 5.1 | 2.8 | 3.8 | 4.4 | 2.5 | 3.2 | 3.5 |
| | 4 | 3.2 | 4.5 | 5.6 | 3.0 | 4.1 | 4.9 | 2.8 | 3.6 | 4.1 |
| | 5 | 3.3 | 4.7 | 5.9 | 3.1 | 4.4 | 5.4 | 2.9 | 3.9 | 4.7 |
| | 6 | 3.3 | 4.8 | 6.1 | 3.2 | 4.5 | 5.6 | 3.0 | 4.1 | 4.9 |
| | 7 | 3.4 | 4.8 | 6.2 | 3.2 | 4.6 | 5.7 | 3.1 | 4.2 | 5.1 |
| | 8 | 3.4 | 4.9 | 6.3 | 3.3 | 4.7 | 5.9 | 3.1 | 4.3 | 5.3 |
| | 9 | 3.4 | 4.9 | 6.4 | 3.3 | 4.8 | 6.1 | 3.2 | 4.5 | 5.6 |
| | 10 | 3.4 | 5.0 | 6.5 | 3.3 | 4.8 | 6.2 | 3.2 | 4.6 | 5.7 |
| B | 11 | 3.3 | 3.8 | 4.1 | 2.7 | 2.9 | 2.9 | 2.1 | 2.0 | 1.2 |
| | 12 | 3.8 | 4.5 | 5.0 | 3.1 | 3.6 | 3.8 | 2.5 | 2.7 | 2.5 |
| | 13 | 4.2 | 5.1 | 5.8 | 3.5 | 4.1 | 4.5 | 2.9 | 3.2 | 3.3 |
| | 14 | 4.7 | 5.8 | 6.6 | 4.0 | 4.8 | 5.3 | 3.3 | 3.8 | 4.1 |
| | 15 | 5.2 | 6.5 | 7.5 | 4.5 | 5.5 | 6.2 | 3.7 | 4.5 | 4.9 |
| | 16 | 5.4 | 6.9 | 8.0 | 4.7 | 5.8 | 6.6 | 4.0 | 4.8 | 5.3 |
| | 17 | 5.8 | 7.3 | 8.4 | 4.9 | 6.2 | 7.1 | 4.2 | 5.1 | 5.8 |
| | 18 | 6.1 | 7.6 | 8.9 | 5.2 | 6.5 | 7.5 | 4.4 | 5.4 | 6.2 |
| | 19 | 6.5 | 8.0 | 9.4 | 5.4 | 6.9 | 8.0 | 4.7 | 5.8 | 6.6 |
| | 20 | 6.9 | 8.4 | 9.9 | 5.8 | 7.2 | 8.4 | 4.9 | 6.1 | 7.1 |
| C | 21 | 3.6 | 4.0 | 4.0 | 2.8 | 2.8 | 2.3 | 2.0 | 1.5 | - |
| | 22 | 4.3 | 4.8 | 5.1 | 3.4 | 3.6 | 3.4 | 2.5 | 2.4 | 1.7 |
| | 23 | 5.0 | 5.7 | 6.1 | 4.0 | 4.4 | 4.5 | 3.1 | 3.2 | 2.9 |
| | 24 | 5.7 | 6.7 | 7.3 | 4.6 | 5.3 | 5.6 | 3.6 | 4.0 | 4.0 |
| | 25 | 6.5 | 7.7 | 8.6 | 5.3 | 6.2 | 6.7 | 4.3 | 4.8 | 5.0 |
| | 26 | 6.9 | 8.3 | 9.2 | 5.7 | 6.7 | 7.3 | 4.6 | 5.3 | 5.6 |
| | 27 | 7.3 | 8.8 | 9.9 | 6.1 | 7.2 | 7.9 | 5.0 | 5.7 | 6.1 |
| | 28 | 7.8 | 9.4 | 10.7 | 6.5 | 7.7 | 8.5 | 5.3 | 6.1 | 6.7 |
| | 29 | 8.3 | 10.1 | 11.5 | 6.9 | 8.3 | 9.2 | 5.7 | 6.7 | 7.3 |
| | 30 | 8.3 | 10.7 | 12.2 | 7.3 | 8.8 | 9.9 | 6.1 | 7.2 | 7.9 |
| D | 31 | 2.7 | 2.5 | 1.7 | 1.8 | 1.0 | - | 0.8 | - | - |
| | 32 | 3.4 | 3.4 | 3.0 | 2.4 | 2.0 | 0.8 | 1.5 | - | - |
| | 33 | 4.1 | 4.3 | 4.2 | 3.0 | 2.9 | 2.4 | 2.1 | 1.5 | - |
| | 34 | 4.9 | 5.3 | 5.4 | 3.7 | 3.8 | 3.6 | 2.7 | 2.5 | 1.7 |
| | 35 | 5.8 | 6.4 | 6.7 | 4.5 | 4.8 | 4.8 | 3.3 | 3.4 | 3.0 |
| | 36 | 6.3 | 7.0 | 7.4 | 4.9 | 5.3 | 5.4 | 3.7 | 3.8 | 3.6 |
| | 37 | 6.9 | 7.6 | 8.2 | 5.3 | 5.8 | 6.0 | 4.1 | 4.3 | 4.2 |
| | 38 | 7.4 | 8.3 | 8.9 | 5.8 | 6.4 | 6.7 | 4.4 | 4.7 | 4.8 |
| | 39 | 8.1 | 9.1 | 9.8 | 6.3 | 7.0 | 7.4 | 4.9 | 5.3 | 5.4 |
| | 40 | 8.8 | 9.9 | 10.7 | 6.9 | 7.6 | 8.2 | 5.3 | 5.8 | 6.0 |

# 자동화재 속보설비의 속보기의

## 성능인증 및 제품검사의 기술기준

소방청고시 제2018-28호(2018.12.14.)

**제1조 (목적)** 이 기준은 「화재예방, 소방시설 설치·유지 및 안전관리에 관한 법률」 제39조제4항 및 「소방용품의 품질관리 등에 관한 규칙」 제15조제1항에 따른 「자동화재속보설비의 속보기의 성능인증 및 제품검사의 기술기준」에 대하여 규정함을 목적으로 한다.

**제2조 (용어의 정의)** 이 기준에서 사용하는 용어의 정의는 다음과 같다.

1. "**화재속보설비**"란 자동 또는 수동으로 화재의 발생을 소방관서에 통보하는 설비를 말한다.
2. "**자동화재 속보설비의 속보기**(이하 이 기준에서 "속보기"라 한다)"란 수동작동 및 자동화재탐지설비 수신기의 화재신호와 연동으로 작동하여 관계인에게 화재발생을 경보함과 동시에 소방관서에 자동적으로 통신망을 통한 당해 화재발생 및 당해 소방대상물의 위치 등을 음성으로 통보하여 주는 것을 말한다.
3. "**문화재용 자동화재 속보설비의 속보기**"란 제2호의 기준에도 불구하고 속보기에 감지기를 직접 연결(자동화재탐지설비 1개의 경계구역에 한한다)하는 방식의 것을 말한다.

**제3조 (구조)** 속보기의 구조는 다음 각 호에 적합하여야 한다.

1. 부식에 의하여 기계적 기능에 영향을 초래할 우려가 있는 부분은 칠, 도금 등으로 기계적 내식가공을 하거나 방청가공을 하여야 하며, 전기적 기능에 영향이 있는 단자 등은 동합금이나 이와 동등이상의 내식성능이 있는 재질을 사용하여야 한다.
2. 외부에서 쉽게 사람이 접촉할 우려가 있는 충전부는 충분히 보호되어야 하며 정격전압이 60 [V]를 넘고 금속제 외함을 사용하는 경우에는 외함에 접지단자를 설치하여야 한다.
3. 극성이 있는 배선을 접속하는 경우에는 오접속 방지를 위한 필요한 조치를 하여야 하며, 커넥터로 접속하는 방식은 구조적으로 오접속이 되지 않는 형태이어야 한다.
4. 내부에는 예비전원(알칼리계 또는 리튬계 2차축전지, 무보수 밀폐형축전지)을 설치하여야 하며 예비전원의 인출선 또는 접속단자는 오접속을 방지하기 위하여 적당한 색상에 의하여 극성을 구분할 수 있도록 하여야 한다.
5. 예비전원회로에는 단락사고 등을 방지하기 위한 퓨즈, 차단기등과 같은 보호장치를 하여야 한다.

6. 전면에는 주전원 및 예비전원의 상태를 표시할 수 있는 장치와 작동시 작동여부를 표시하는 장치를 하여야 한다.
7. 화재표시 복구스위치 및 음향장치의 울림을 정지시킬 수 있는 스위치를 설치하여야 한다.
8. 작동시 그 작동시간과 작동회수를 표시할 수 있는 장치를 하여야 한다.
9. 수동통화용 송수화장치를 설치하여야 한다.
10. 표시등에 전구를 사용하는 경우에는 2개를 병렬로 설치하여야 한다. 다만, 발광다이오드의 경우에는 그러하지 아니하다.
11. 속보기는 다음 각 호의 회로방식을 사용하지 아니하여야 한다.
   가. 접지전극에 직류전류를 통하는 회로방식
   나. 수신기에 접속되는 외부배선과 다른 설비(화재신호의 전달에 영향을 미치지 아니하는 것은 제외한다)의 외부배선을 공용으로 하는 회로방식
12. 속보기의 기능에 유해한 영향을 미치는 부속장치는 설치하지 아니하여야 한다.

**제4조 (외함)** 속보기의 외함은 다음에 적합하여야 한다.

1. 외함의 두께
   가. 강판 외함 : 1.2 [mm] 이상
   나. 합성수지 외함 : 3 [mm] 이상
2. 합성수지 외함의 열변형 및 자기소화성
   가. 합성수지를 사용한 외함(화재표시창, 지구창, 지도판, 전화기, 조작부수납용 뚜껑, 스위치의 손잡이, 발광다이오드, 지시전기계기, 각종 표시명판 등은 제외한다)은 (80±2)℃의 온도에서 24시간 방치한 경우 열로 인한 변형이 생기지 아니하여야 한다.
   나. 합성수지 외함은 UL94 규정에 의한 V-2 이상의 난연성능이 있는 재료이어야 하며 시험방법은 다음과 같다.
      (1) 시험편은 길이 (125±5) [mm], 폭 (13±0.5) [mm]로 하고 두께는 제품의 외함 두께로 하며, 시편의 가장자리는 매끄럽게 처리하고 모서리의 반경은 1.3 [mm]를 초과하지 않도록 한다.
      (2) 버너는 메탄가스를 105 [mL/min]의 압력으로 공급하고 파란 불꽃을 (20±1) [mm]의 길이로 한다.
      (3) 시험편은 시험편의 아랫부분과 버너 끝단과의 거리를 10 [mm]로 조정하여 수직으로 그림과 같이 설치한다.

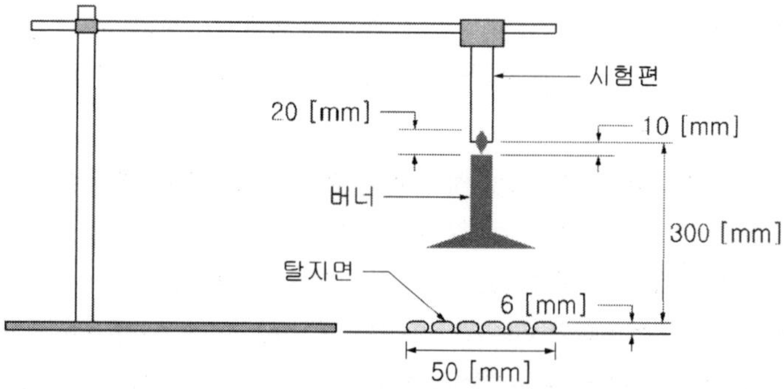


(4) 시험편에 1차로 10초간 접염한 후 버너를 제거하고 시편에서 불꽃이 사라지는 잔염시간($t_1$)을 측정한다.

(5) 시험편에 2차로 10초간 접염한 후 버너를 제거하고 시편에서 불꽃이 사라지는 잔염시간($t_2$)을 측정하고, 불꽃이 사라진 후 불꽃 없이 연소되는 잔신시간($t_3$)을 측정한다.

(6) 시험편이 녹아내리는 경우에는 버너를 45°로 기울이고 불꽃이 시편에 수직으로 닿도록 하여 시험할 수 있다.

(7) 기타 시험방법에 관하여는 UL94 규정을 준용하여 실시한다.

(8) 시험편은 5개로 하고, 제출된 시험편 또는 견품의 외함에서 시험편을 추출하며, 견품의 외함에서 시험편을 추출하는 경우에는 1개의 견품에서 시험편을 중복하여 추출할 수 있다.

(9) 난연성능의 적합판정은 다음 표에 의한다.

| 구 분 | 적합 판정기준 |
|---|---|
| 각 시험편의 $t_1$ 또는 $t_2$ | 30초 이하 |
| 5개 시험편의 $(t_1+t_2)$의 합 | 250초 이하 |
| 각 시험편의 $t_2+t_3$ | 60초 이하 |
| 시험 중 시험편을 고정하는 클램프 위치까지 전소되는 시험편이 없을 것 | |

(10) 시험 중 시험편이 용융되어 떨어져 바닥에 있는 탈지면이 연소하여도 무방하다.

**제5조 (기능)** 속보기는 다음에 적합한 기능을 가져야 한다.

1. 작동신호를 수신하거나 수동으로 동작시키는 경우 20초 이내에 소방관서에 자동적으로 신호를 발하여 통보하되, 3회 이상 속보할 수 있어야 한다.
2. 주전원이 정지한 경우에는 자동적으로 예비전원으로 전환되고, 주전원이 정상상태로 복귀한 경우에는 자동적으로 예비전원에서 주전원으로 전환되어야 한다.
3. 예비전원은 자동적으로 충전되어야 하며 자동과충전방지장치가 있어야 한다.

4. 화재신호를 수신하거나 속보기를 수동으로 동작시키는 경우 자동적으로 적색 화재표시등이 점등되고 음향장치로 화재를 경보하여야 하며 화재표시 및 경보는 수동으로 복구 및 정지시키지 않는 한 지속되어야 한다.
5. 연동 또는 수동으로 소방관서에 화재발생 음성정보를 속보중인 경우에도 송수화장치를 이용한 통화가 우선적으로 가능하여야 한다.
6. 예비전원을 병렬로 접속하는 경우에는 역충전 방지 등의 조치를 하여야 한다.
7. 예비전원은 감시상태를 60분간 지속한 후 10분 이상 동작(화재속보 후 화재표시 및 경보를 10분간 유지하는 것을 말한다)이 지속될 수 있는 용량이어야 한다.
8. 속보기는 연동 또는 수동 작동에 의한 다이얼링 후 소방관서와 전화접속이 이루어지지 않는 경우에는 최초 다이얼링을 포함하여 10회 이상 반복적으로 접속을 위한 다이얼링이 이루어져야 한다. 이 경우 매회 다이얼링 완료 후 호출은 30초 이상 지속되어야 한다.
9. 속보기의 송수화장치가 정상위치가 아닌 경우에도 연동 또는 수동으로 속보가 가능하여야 한다.
10. 삭제 <2010.7.26.>
11. 음성으로 통보되는 속보내용을 통하여 당해 소방대상물의 위치, 화재발생 및 속보기에 의한 신고임을 확인할 수 있어야 한다.
12. 속보기는 음성속보방식 외에 데이터 또는 코드전송방식 등을 이용한 속보기능을 부가로 설치 할 수 있다. 이 경우 데이터 및 코드전송방식은 별표 1에 따른다.
13. 제12호 후단의 [별표 1]에 따라 소방관서 등에 구축된 접수시스템 또는 별도의 시험용 시스템을 이용하여 시험한다.

**제6조 (부품의 구조 및 기능)** 속보기에 다음 부품을 사용하는 경우에는 각 호의 1에 적합하여야 한다.

1. 전원변압기
   용량은 최대사용전류에 연속하여 견딜 수 있는 것이어야 한다.
2. 퓨즈
   가. 퓨즈 등 과전류보호장치는 「산업표준화법」에 의한 KS제품규격표시품, 「전기용품 및 생활용품 안전관리법」에 의한 안전인증품 또는 국제적 공인기관으로부터 인증을 받은 제품을 사용하여야 한다.
   나. 점검 및 교체가 쉬워야 한다.
   다. 쉽게 흔들리지 아니하도록 부착되어야 한다.
3. 예비전원
   가. 상온 충·방전시험
      (1) 알칼리계 2차 축전지는 방전종지전압 상태의 축전지를 상온에서 정격충전전압 및

1/20 [C]의 전류로 48시간 충전한 후 1 [C]의 전류로 방전하는 경우 48분 이상 지속 방전되어야 한다. 이 경우 축전지는 부풀어 오르거나 누액 발생 등 이상이 생기지 아니하여야 한다.

(2) 리튬계 2차 축전지는 방전종지전압 상태의 축전지를 상온에서 정격충전전압 및 1/5 [C]의 정전류로 6시간 충전한 후 1 [C]의 전류로 방전하는 경우 55분 이상 지속적으로 방전되어야 한다. 이 경우 축전지는 부풀어 오르거나 누액 발생 등 이상이 생기지 아니하여야 한다.

(3) 무보수 밀폐형 연축전지는 방전종지전압 생태의 축전지를 상온에서 정격충전전압 및 0.1 [C]의 전류로 48시간 충전한 후 1 [C]의 전류로 방전시키는 경우 45분 이상 지속 방전되어야 한다. 이 경우 축전지는 부풀어 오르거나 누액 발생 등 이상이 생기지 아니하여야 한다.

나. 주위온도 충·방전시험

(1) 알칼리계 2차 축전지는 방전종지전압 상태의 축전지를 주위온도 (−10±2)℃ 및 (50±2)℃의 조건에서 1/20 [C]의 전류로 48시간 충전한 다음 1 [C]로 방전하는 충·방전을 3회 반복하는 경우 방전종지전압이 되는 시간이 25분 이상이어야 하며, 외관이 부풀어 오르거나 누액 등이 생기지 아니하여야 한다.

(2) 리튬계 2차 축전지는 방전종지전압 상태의 축전지를 주위온도 (−10±2)℃ 및 (50±2)℃의 조건에서 정격충전전압 및 1/5 [C]의 정전류로 6시간 충전한 다음 1 [C]의 전류로 방전하는 충·방전을 3회 반복하는 경우 방전종지전압이 되는 시간이 40분 이상이어야 하며, 외관이 부풀어 오르거나 누액 등이 생기지 아니하여야 한다.

(3) 무보수 밀폐형 연축전지는 방전종지전압 상태에서 0.1 [C]로 48시간 충전한 다음 1시간 방치하여 0.05 [C]로 방전시킬 때 정격용량의 95 [%] 용량을 지속하는 시간이 30분 이상이어야 하며, 외관이 부풀어 오르거나 누액 등이 생기지 아니하여야 한다.

다. 안전장치시험

예비전원은 1/5 [C] 이상 1 [C] 이하의 전류로 역충전하는 경우 5시간이내에 안전장치가 작동하여야 하며, 외관이 부풀어 오르거나 누액 등이 생기지 아니하여야 한다.

라. 제품시험에 합격한 예비전원을 사용하는 경우에는 가 내지 다의 시험을 생략할 수 있다.

**제7조 (전원전압변동시의 기능)** 속보기는 전원에 정격전압의 80 [%] 및 120 [%]의 전압을 인가하는 경우 정상적인 기능을 발휘하여야 한다.

**제8조 (주위온도시험)** 속보기는 −(10±2)℃ 및 (50±2)℃에서 각각 12시간 이상 방치한 후

1시간 이상 실온에서 방치한 다음 기능시험을 실시하는 경우 기능에 이상이 없어야 한다.

**제9조 (반복시험)** 속보기는 정격전압에서 1,000회의 화재작동을 반복 실시하는 경우 그 구조 또는 기능에 이상이 생기지 아니하여야 한다.

**제10조 (절연저항시험)** ① 절연된 충전부와 외함간의 절연저항은 직류 500 [V]의 절연저항계로 측정한 값이 5 [MΩ](교류입력측과 외함간에는 20 [MΩ]) 이상이어야 한다.

② 절연된 선로간의 절연저항은 직류 500 [V]의 절연저항계로 측정한 값이 20 [MΩ] 이상이어야 한다.

**제11조 (절연내력시험)** 제10조의 규정에 의한 시험부의 절연내력은 60 [Hz]의 정현파에 가까운 실효전압 500 [V](정격전압이 60 [V]를 초과하고 150 [V] 이하인 것은 1,000 [V], 정격전압이 150 [V]를 초과하는 것은 그 정격전압에 2를 곱하여 1000을 더한 값)이 교류전압을 가하는 시험에서 1분간 견디는 것이어야 하며, 기능에 이상이 생기지 아니하여야 한다.

**제12조 (충격전압시험)** 속보기는 전류를 통한 상태에서 다음 각 호의 시험을 15초간 실시하는 경우 잘못 작동하거나 기능에 이상이 생기지 아니하여야 한다.

1. 내부저항 50 [Ω]인 전원에서 500 [V]의 전압을 펄스폭 1 [μs], 반복주기 100 [Hz]로 가하는 시험
2. 내부저항 50 [Ω]인 전원에서 500 [V]의 전압을 펄스폭 0.1 [μs], 반복주기 100 [Hz]로 가하는 시험

**제13조 (표시)** 속보기에는 다음 각 호의 사항을 보기 쉬운 부분에 쉽게 지워지지 아니하도록 표시하여야 한다.

1. 품명 및 성능인증번호
2. 제조년도 및 제조번호
3. 제조자 상호·주소·전화번호
4. 주전원의 정격전압
5. 예비전원의 종류·정격전류용량·정격전압

**제14조 (세부규정)** 이 기준의 시행에 관하여 필요한 사항은 소방청장이 이를 정한다.

**제15조 (재검토기한)** 소방청장은 「훈령·예규 등의 발령 및 관리에 관한 규정」에 따라 이 고시에 대하여 2019년 1월 1일 기준으로 매 3년이 되는 시점(매 3년째의 12월 31일까지를 말한다)마다 그 타당성을 검토하여 개선 등의 조치를 하여야 한다. <개정 2018.12.14.>

**부칙** <제2018-28호, 2018.12.14.>

이 고시는 발령한 날부터 시행한다.

**[별표 1]** (제5조 제12호 관련)

## 데이터 및 코드전송방식 신고부분 프로토콜 정의서

가. 통신방식별 전송규칙

1. ETHERNET
   1) 공용인터넷망을 통하여 소방청이 지정한 IP와 PORT로 TCP/UDP 접속(전송)을 한다.
      - IP : sokbo.korea119.go.kr
      - PORT : 27492(TCP) 27494(UDP)
   2) 전송 패킷은 "나"항의 규칙을 따른다.
   3) 패킷 크기 : 제한은 없으나 1,400 [byte] 이내로 권장
   4) 전송방식 : TCP, UDP
2. CDMA
   1) CDMA-DATA 모뎀을 이용하여 각 이동통신사에 PPP 접속을 하고, 접속완료시 모뎀은 공용IP로 할당 받아야 한다.
   2) 공용인터넷망을 통하여 소방청이 지정한 IP와 PORT로 TCP/UDP 접속(전송)을 한다.
      - IP : sokbo.korea119.go.kr
      - PORT : 27492(TCP) 27494(UDP)
   3) 전송 패킷은 "나"항의 규칙을 따른다.
   4) 패킷 크기 : 제한은 없으나 1,400 [byte] 이내로 권장
   5) 전송방식 : TCP, UDP
3. PSTN
   1) PSTN-다이얼모뎀을 이용하여 소방청이 지정한 번호로 ASYNC 접속할 수 있다. 다만, 이 방식은 시스템 구성 전 지정번호 설치 및 이용 등을 승인받은 후 설치하여야 한다.
   2) 전송 패킷은 "나"항의 규칙을 따른다.
   3) "나"항의 기본 프로토콜 구조 중 데이터 영역과 TAIL 필드사이에 CRC8(1 [byte])를 문자형 2 [byte]로 표현한다.
   4) 패킷크기 : 최대 255 [byte]
   5) 전송방식 : 9600 [bps] Serial 통신
4. 기타 공통사항
   1) 재전송 규약
      - 119서버로부터 처리결과 메시지를 20초 이내 수신 받지 못할 경우에는 10회 이상 재전송할 수 있어야 한다.

## 나. 프로토콜 구조와 정의

### 1. 기본 프로토콜 구조

| 구분 | | 크기 | 내용 | 세부내용 또는 예 |
|---|---|---|---|---|
| 개시자 | | 1 [byte] | 개시자(0xFE, 0xFC, 0xFA) | 개시자로 통신방식을 구분한다.<br>0xFE : TCP, UDP<br>0xFC : CDMA<br>0xFA : 시리얼통신 |
| 헤더 | 프로토콜 버전 | 2 [byte] | 0~9 + A~Z까지 10개 숫자와 24개 영문자 사용 | 전자 1 [byte] : 메이저<br>후자 1 [byte] : 마이너 |
| | 전송 단말기 일련번호 | 8 [byte] | 0~9 + A~Z만 사용, 소문자와 한글은 배제<br>(00000000 : 119 접수서버로 사용) | |
| | 전송 순번 | 2 [byte] | 0~F 문자형 | COUNTER 순환형 |
| | 메시지 ID | 2 [byte] | 0~9 + A~Z만 사용 소문자와 한글은 배제 | |
| 신고내용 (데이터 영역) | | 유동적 | 전송 데이터 영역 | 메시지 종류별 분류 됩니다.<br>※ 메시지 ID별 정의는 아래 참조 |
| CRC8 | | 2 [byte] | 데이터 송신 에러검출용 데이터 | PSTN Serial 통신의 경우만 해당<br>(개시자 값이 0xFA인 경우) |
| 종결자 | | 1 [byte] | 종결자(0x00) | |

※ 자동화재 속보설비에서 119 접수 서버로, 119 접수 서버에서 자동화재 속보설비로 데이터를 송신할 때 위의 형식을 따른다.

※ 모든 데이터는 사람이 인지할 수 있는 TEXT로 한정한다.

※ ETHERNET 통신시 흐름제어 및 혼잡제어는 TCP 프로토콜이 기본 제공하는 3-way Handshake 방식을 사용한다. (삭제)

※ HEAD는 1byte를 사용하며 3가지 형태의 전송경로를 표현한다.

- 0xFE : Ethernet, 0xFC : CDMA, 0xFA : ASYNC

※ 전송 단말기 일련번호 필드는 제조사단말 고유 ID를 입력하며, 형식승인시 ID구조를 부여한다.

- 처음 두 자리 : 제조사명, 다음 두 자리 : 생산년도(뒤에 두 자리만 표시), 다음 네 자리 : 제품생산번호

  작성 예) HK100001

  HK : 제조사 이니셜 두 자리

  10 : 2010년

  0001 : 제품 생산번호

※ 전송순번 필드는 카운터 순환형으로 "단말기번호" - "일자" - "전송순번"으로 데이터 관리

를 목적으로 한다.

- 00에서 FF까지로 하며, 그이상은 다시 00으로 초기화 하여 순번을 재부여한다. 다만, 재전송의 경우에는 순번의 증가 없이 같은 순번을 사용한다.

※ 메시지 ID는 A1(화재경보1), A2(화재경보2), E0(응답메시지)로 3가지 유형으로 구분한다.

※ 데이터 영역은 메시지 ID별로 "나"항의 "2"항의 정의를 따른다.

※ 종결자(TAIL)는 1 [byte]를 사용하며 0x00(널)으로 정의한다.

2. 메시지 ID별 데이터 영역구조

1) 메시지 ID : A1(화재 발생시 1회만 전송)

가) 전송경로 : 화재 속보기 ⇒ 119접수 서버

나) 데이터 영역구조

| 구분 | 크기 | 내용 | 세부내용 또는 예 |
|---|---|---|---|
| * 화재발생시각 | 14 [byte] | YYYYMMDDHH MMSS | |
| * 주소체계 코드 | 1 [byte] | 1: 법정동, 3: 우편번호, 5: 새주소, T: 일반TEXT | |
| * 주소 코드 | 70 [byte] | (주소코드 체계 참조) | |
| * 전화번호 | 12 [byte] | "-" 뺀 전화번호 | |
| 신고내용 간략 | 2 [byte] | 1: 열, 2: 연기, 4: 불꽃, 8: 복합(열+연기), 16: 기타 | |
| 신고내용 유무 | 1 [byte] | Y/N | |
| 신고내용 크기 | 3 [byte]<br>(0 또는 3) | 0～F 사용 | 「신고내용 유무」 필드가 N일 때 0 [byte] |
| 신고내용 | DYNAMIC | | 「신고내용 유무」 필드가 N일 때 0 [byte] |
| 위도(남/북) | 1 [byte] | N/S | N: 북위, S: 남위, X: 사용 안함 |
| 위도 | 8 [byte]<br>(0 또는 8) | | 「위도(남/북)」 필드가 X일 경우 0 [byte] |
| 경도 | 9 [byte]<br>(0 또는 9) | | 「위도(남/북)」 필드가 X일 경우 0 [byte] |
| 위험물 유무 | 1 [byte] | | |
| 문화재 유무 | 1 [byte] | | |
| UNUSED | 8 [byte] | | |
| 동영상 유무 | 1 [byte] | 0～F 사용 | 0: 없음<br>1～F까지 최대 15 |
| 동영상 파일명 | 13 [byte]<br>/파일당 | 파일의 수만큼 크기는 순증 | 단말기 ID(8) + 순번(5) |

※ 필수항목 : *화재발생시각, *주소체계코드, *주소코드, *전화번호 필드

※ 선택항목 : 필수항목을 제외한 필드

※「화재발생시각」은 열, 가스, 연기, 복합감지기 등 센서가 감지시각을 연월일시분초로 표현한다.

※「신고내용 간략」은 감지기별 감지유무를 판단하는 경우에만 표현하고, 감지기가 중복감지되는 경우에는 bit mask방식으로 표시한다.

※「신고내용 유무」는 세부신고내용이 있을 경우에는 "Y"로 표시하고, 없을 경우에는 "N"을 표시한다.

※「신고내용 크기」는「신고내용」 필드의 전체크기를 나타내며, 000～FFF까지 최대 4095 [byte]까지의 신고내용의 크기를 정할 수 있다.

※「신고내용」은「신고내용 크기」의 값만큼의 크기를 가지며 최대 영문 4095자(한글 2047자)까지 입력 가능하지만 한글기준 250자로 제한한다.

※ 경위도 좌표계는 3개의 필드로 구성하고, 길이는 18 [byte]로 한다.

- 「위도 구분」은 경위도 좌표계에서 위도의 북위와 남위를 알기위한 필드이다. (N: 북위, S: 남위, X: 좌표계 사용 안함)
- 위도필드(8 [byte]) : 도(2) + 분(2) + 초(2) + 소수점 이하 초(2)
- 경도필드(9 [byte]) : 도(3) + 분(2) + 초(2) + 소수점 이하 초(2)

※「위험물 유무」·「문화재 유무」·「UNUSED」 필드로 특수사항을 표시할 수 한다.

※「동영상 유무」는 저장된 동영상 파일이 있을 경우 1～F까지 최대 15개까지 표시할 수 있다.

※「동영상 파일명」은 알파벳과 숫자를 이용하여 13 [byte]로 표시하고, 확장자는 표시하지 않는다.

2) 메시지 ID : A2(감지되는 내용을 계속 전송)

가) 전송경로 : 화재 속보기 ⇒ 119접수 서버

나) 전송규칙

- 계속적인 화재확산을 감지하여 변화부분을 최초화재발생시각 기준으로 누적된 화재발생 정보를 추가 전송한다.
- 전송간격은 20～60초로 주기적으로 전송하고, 5～10분간 추가 감지되는 사항이 없는 경우에는 종결한다.

다) 데이터 영역구조

| 구분 | 크기 | 내용 | 세부내용 또는 예 |
|---|---|---|---|
| * 화재발생시각 | 14 [byte] | YYYYMMDDHH MMSS | |
| * 주소 체계 코드 | 1 [byte] | 1: 법정동, 3: 우편번호, 5: 새주소, T : 일반 TEXT | |
| * 주소 코드 | 70 [byte] | (주소코드 체계 참조) | |
| * 전화번호 | 12 [byte] | "-" 뺀 전화번호 | |
| 신고내용 간략 | 2 [byte] | 1: 열, 2: 연기, 4: 불꽃, 8: 복합(열+연기), 16: 기타 | |
| 누적 화재 감지 센서 수 | 3 [byte] | 0~F 문자형 | 최대 4095개 감지 |
| 신고내용 크기 | 3 [byte] (0 또는 3) | 0~F 사용 | 「신고내용 유무」 필드가 N일 때 0 [byte] |
| 신고내용 | DYNAMIC | | 「신고내용 유무」 필드가 N일 때 0 [byte] |
| 위도(남/북) | 1 [byte] | N/S | N: 북위, S: 남위, X: 사용 안함 |
| 위도 | 8 [byte] (0 또는 8) | | 「위도(남/북)」 필드가 X일 경우 0 [byte] |
| 경도 | 9 [byte] (0 또는 9) | | 「위도(남/북)」 필드가 X일 경우 0 [byte] |
| 위험물 유무 | 1 [byte] | | |
| 문화재 유무 | 1 [byte] | | |
| UNUSED | 8 [byte] | | |
| UNUSED | 8 [byte] | | |
| 화재 감지 리스트 | 1 [byte] | Y/N | |
| 화재 감지 센서 번호 | DYNAMIC | (센서번호(4 [byte]) X 화재감지 센서 수) | 화재 감지 순으로 배열 |
| 화재 감지 경과 시간 | DYNAMIC | 초단위(4 [byte]) X 화재 발생 감지 센서 수 | |
| 동영상 유무 | 1 [byte] | 0~F 사용 | 0: 없음<br>1~F까지 최대 15 |
| 동영상 파일명 | 13 [byte] /파일당 | 파일의 수만큼 크기는 순증 | 단말기 ID(8) + 순번(5) |

※ 필수항목 : *화재발생시각, *주소체계코드, *주소코드, *전화번호 필드

※ 선택항목 : 필수항목을 제외한 필드

※ 「화재 감지 리스트」는 화재를 감지하였던 센서를 시간대별로 나열하기위한 목적으로 사용한다. 이 필드의 값이 "Y"로 표시되는 경우 「화재 감지 센서 번호」는 누적된 「화재 감지 센서 수」만큼 크기가 늘어나고, 「화재 감지 경과 시간」은 최초화재감지시각을 기준으로 경과된 시각(초단위)을 표현하고, 감지센서 만큼 크기가 늘어난다.

예) 감지된 센서 수가 총 3개이고 센서 번호 "0078"이 최초 감지하였고, 센서 번호 "0080"은 65초 경과 후, 센서 번호 "A110"은 128초 경과 후에 감지하였다면 다음과 같이 필드에 값이 채워진다.

[누적 화재 감지 센서 수] : "003"

[화재 감지 리스트 표현 여부] : "Y"

[화재 감지 센서 번호] : "00780080A110"

⇒ 0078, 0080, A110 센서 번호를 뜻함

[화재 감지 경과 시간] : "000000650128"

⇒ 0초, 65초, 128초를 뜻함

3) 메시지 ID : E0(처리결과 응답메시지)

가) 전송경로 : 119접수 서버 ⇒ 화재 속보기

- 119접수 서버에서 신고패킷을 받고 응답한다.

나) 전송규칙

| 구분 | 크기 | 내용 |
|---|---|---|
| 전체 수신 byte | 4 [byte] | 속보기에서 보낸 헤더포함 총 길이 |

※ 「전체 수신 byte」가 0보다 크면 정상 수신되었음을 의미하며, 0보다 작을 경우 비정상 수신이라는 의미임. 비정상 수신 구분은 전체 수신 byte 값에 따라 아래와 같이 구분한다.

| 응답내용 | 값 | 내용 |
|---|---|---|
| 정상 접수 처리 | >0 | 속보기에서 보낸 헤더포함 총길이 |
| 개시자 이상(개시자) | -102 | 알 수 없는 개시자(FE, FC, FA 이외) |
| Header 이상(버전) | -104 | 지원되지 않는 프로토콜 버전 |
| Header (메시지 ID) | -106 | 알 수 없는 메시지 ID |
| 패킷내용 이상(시각) | -202 | 비정상적인 화재발생시각 |
| 패킷내용 이상(주소체계) | -204 | 알 수 없는 주소체계코드 |
| 패킷내용 이상(주소) | -206 | 비정상적인 주소코드(법정, 우편번호 등) |
| 패킷크기 이상(작다) | -802 | 규약된 패킷크기 보다 작다 |
| 패킷크기 이상(크다) | -804 | 규약된 패킷크기 보다 크다 |
| CRC 에러 | -902 | CRC 에러 |

3. 속보기의 전송 순서도

1) TCP 전송시 순서도

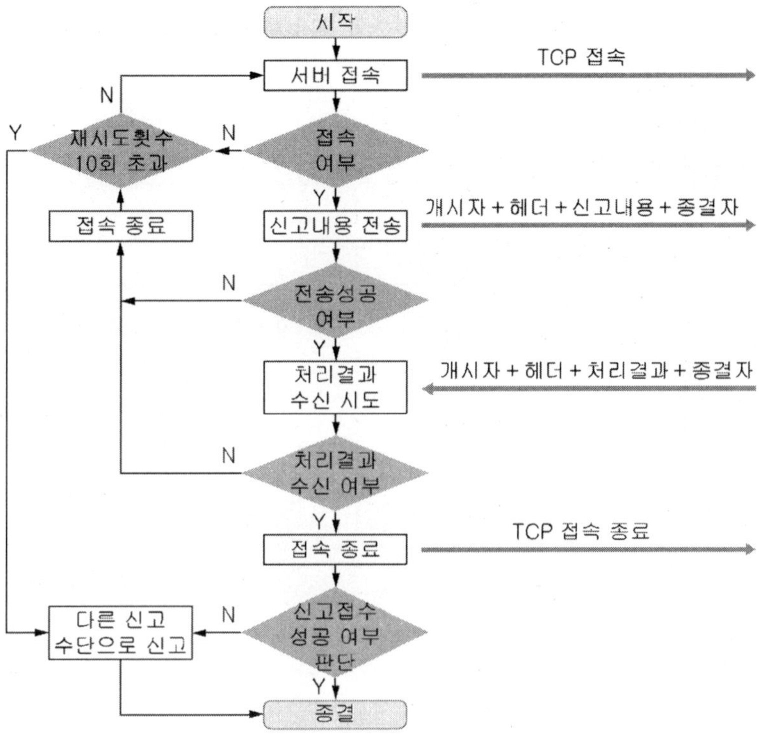


2) UDP 전송 순서도

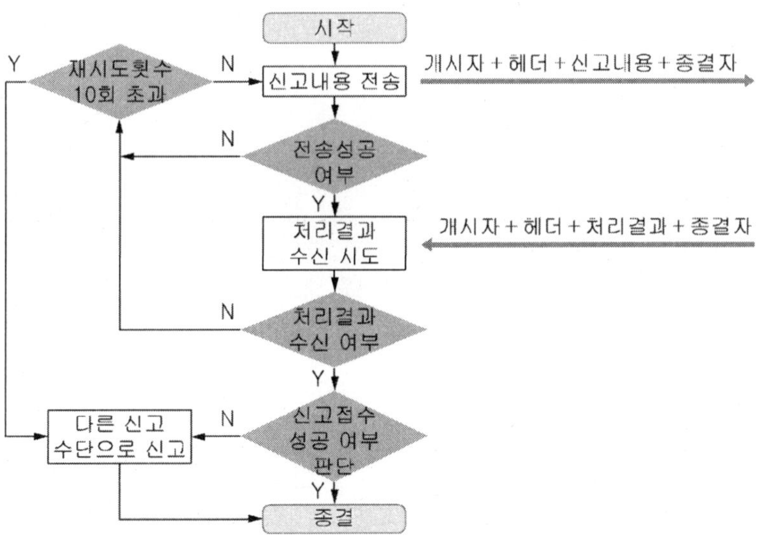

3) PSTN 전송 순서도

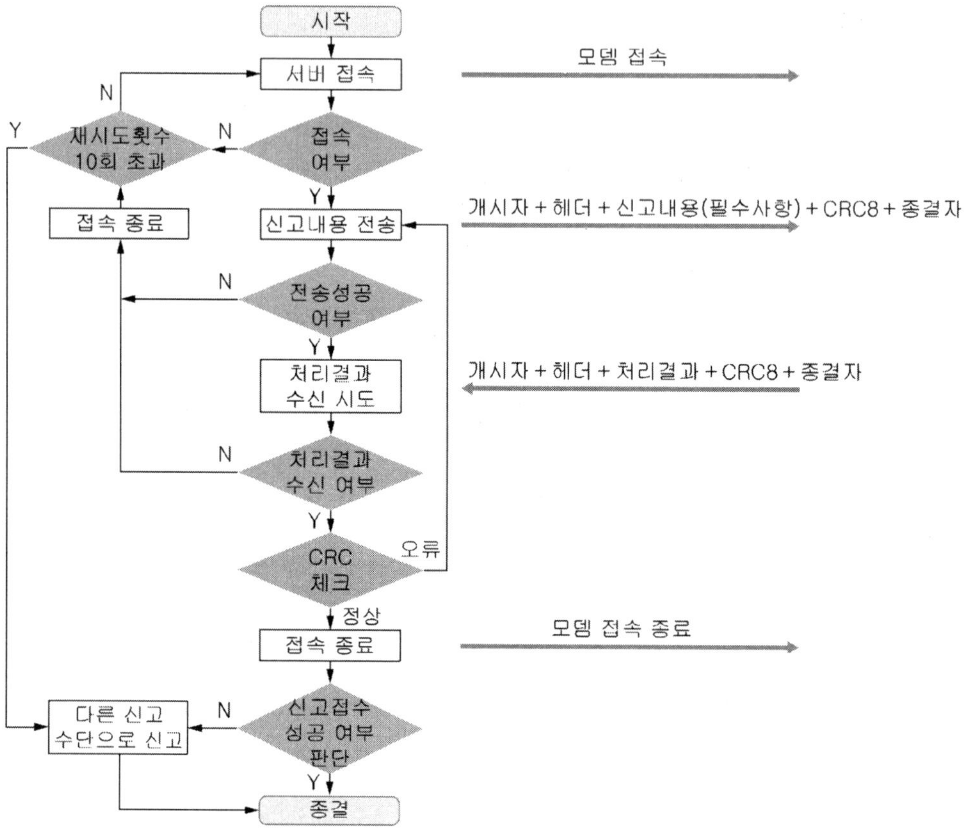


※「CRC 체크」는 수신받은 데이터의 CRC오류의 경우와 수신받은 데이터의 처리결과 값이 CRC에러(−902)로 전달되는 경우에는 두 경우 모두 신고내용을 재전송하여야 함.

4. 기타 데이터구조

1) 주소 필드 정보

가) 법정동(주소코드 : 1)

| 구분 | 크기 | 내용 |
|---|---|---|
| 시도코드 | 2 [byte] | |
| 구군코드 | 3 [byte] | |
| 동코드 | 3 [byte] | |
| 리코드 | 2 [byte] | |
| 산 여부 | 1 [byte] | 2 : 산 |
| 번지 | 10 [byte] | 앞번지와 뒷번지 구분은 "-" |
| 세부주소 | 30 [byte] | 최대 한글 15글자 |

나) 우편번호 사용(주소코드 : 3)

| 구분 | 크기 | 내용 |
|---|---|---|
| 우편번호코드 | 6 [byte] | |
| UNUSED | 1 [byte] | |
| 번지 | 10 [byte] | 앞번지와 뒷번지 구분은 "-" |
| 세부주소 | 40 [byte] | 최대 한글 20글자 |

다) 새주소 사용(주소코드 : 5)

| 구분 | 크기 | 내용 |
|---|---|---|
| 시도코드 | 2 [byte] | |
| 구군코드 | 3 [byte] | |
| 도로명 | 20 [byte] | |
| 건물번호 | 10 [byte] | |
| 건물명 | 20 [byte] | |

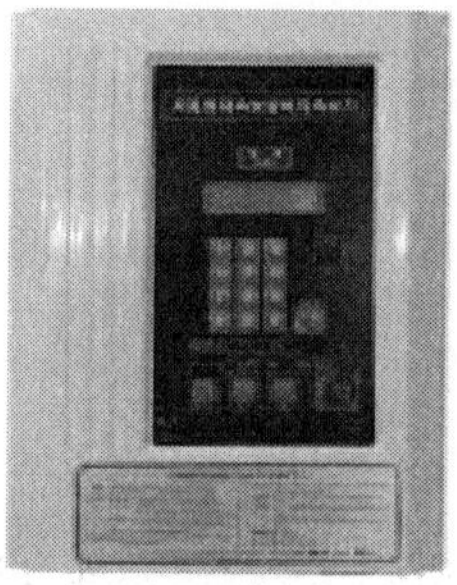

# 비상콘센트설비의

## 성능인증 및 제품검사의 기술기준

소방청고시 제2019-20호(2019.1.31.)

**제1조 (목적)** 이 기준은 「화재예방, 소방시설 설치·유지 및 안전관리에 관한 법률」 제39조 제4항에서 소방청장에게 위임된 사항을 정함을 목적으로 한다. <개정 2017.7.26.>

**제2조 (용어의 정의)** 이 기준에서 사용하는 용어의 정의는 다음과 같다.

1. "**비상콘센트설비**"란 화재발생시 필요한 전원을 전용회선으로 공급받기 위한 설비를 말한다.
2. "**수납형**"이란 비상콘센트설비의 플럭접속기 및 배선용차단기 등이 노출된 구조로 옥내소화전함 등의 내부에 설치되는 형태의 비상콘센트설비를 말한다.

**제3조 (구조)** 비상콘센트설비의 구조 및 기능은 다음 각 호에 적합하여야 한다.

1. 작동이 확실하고 취급 점검이 쉬워야 하며 현저한 잡음이나 장해전파를 발하지 아니하여야 한다.
2. 보수 및 부속품의 교체가 쉬워야 한다.
3. 부식에 의하여 기계적 기능에 영향을 초래할 우려가 있는 부분은 칠, 도금 등으로 유효하게 내식가공을 하거나 방청가공을 하여야 하며 전기적 기능에 영향이 있는 단자, 나사 및 와셔 등은 동합금이나 이와 동등이상의 내식성능이 있는 재질을 사용하여야 한다.
4. 기기내의 비상전원 공급용 배선은 내화배선으로, 그 밖의 배선은 내화배선 또는 내열배선으로 하여야 하며, 배선의 접속이 정확하고 확실하여야 한다.
5. 부품의 부착은 기능에 이상을 일으키지 아니하고 쉽게 풀리지 아니하도록 하여야 한다.
6. 전선이외의 전류가 흐르는 부분과 가동축 부분의 접촉력이 충분하지 아니한 곳에는 접촉부의 접촉불량을 방지하기 위한 적당한 조치를 하여야 한다.
7. 충전부는 노출되지 아니하도록 하여야 한다.
8. 비상콘센트설비의 각 접속기(콘센트를 말한다. 이하 같다)마다 배선용차단기를 설치하여야 한다.
9. <삭제>
10. 수납형이 아닌 비상콘센트설비는 외함에 쉽게 개폐할 수 있도록 문을 설치하여야 한다.

11. 외함(수납형의 부품 지지판을 포함한다)은 방청가공을 한 두께 1.6 [mm] 이상의 강판, 두께 1.2 [mm] 이상의 스테인리스판 또는 두께 3 [mm] 이상의 자기소화성이 있는 합성수지를 사용하여야 한다.
12. 외함의 전면 상단에 주전원을 감시하는 적색의 표시등을 설치하여야 한다. 다만, 수납형의 경우에는 주전원을 감시하는 표시등을 접속할 수 있는 단자만을 설치할 수 있다.
13. 외함이 재질이 강판등 금속재인 경우에는 접지단자를 설치하여야 한다.
14. 외함에는 "비상콘센트설비"(수납형은 "비상콘센트설비(수납형)")라고 표시한 표지를 하여야 한다.

**제4조 (부품의 구조 및 기능)** 비상콘센트설비에 다음 각 호의 부품을 사용하는 경우 해당 각 호의 규정에 적합하거나 이와 동등 이상의 성능이 있는 것이어야 한다.

1. 배선용 차단기는 KS C 8321(배선용차단기)에 적합하여야 한다.
2. 접속기는 KS C 8305(배선용 꽂음 접속기)에 적합하여야 한다.
3. 표시등의 구조 및 기능은 다음과 같아야 한다.
   가. 전구는 사용전압의 130 [%]인 교류전압을 20시간 연속하여 가하는 경우 단선, 현저한 광속변화, 흑화, 전류의 저하 등이 발생하지 아니하여야 한다.
   나. 소켓은 접속이 확실하여야 하며 쉽게 전구를 교체할 수 있도록 부착하여야 한다.
   다. 전구에는 적당한 보호커버를 설치하여야 한다. 다만, 발광다이오드의 경우에는 그러하지 아니하다.
   라. 적색으로 표시되어야 하며 주위의 밝기가 300 [lx] 이상인 장소에서 측정하여 앞면으로부터 3 [m] 떨어진 곳에서 켜진 등이 확실히 식별되어야 한다.
4. 단자는 충분한 전류용량을 갖는 것으로 하여야 하며 단자의 접속이 정확하고 확실하여야 한다.

**제5조 (주위온도시험)** 비상콘센트설비는 주위온도가 (－10±2)℃ 및 (50±2)℃의 온도에 각각 12시간 놓아두는 경우 구조 및 기능에 이상이 생기지 아니하여야 한다.

**제6조 (비상콘센트설비의 기능)** 비상콘센트설비의 기능은 다음 각 호에 적합하여야 한다.

1. 전원회로는 단상 220 [V]인 것으로서 공급용량은 1.5 [kVA] 이상인 것으로 할 것. 다만, 단상교류 100 [V] 또는 3상 교류 200 [V] 또는 380 [V]인 것으로 공급용량은 3상 교류인 경우 3 [kVA] 이상인 것과 단상교류인 경우 1.5 [kVA] 이상인 것을 추가할 수 있다.
2. 비상콘센트설비의 플럭접속기는 3상 교류 200 [V] 또는 3상 교류 380 [V]의 것에 있어서는 접지형 3극 플럭접속기(KS C 8305)를 단상교류 100 [V] 또는 단상교류 220 [V]의 것에 있어서는 접지형 2극 플럭접속기(KS C 8305)를 사용할 것.
3. 비상콘센트설비의 배선용차단기 용량은 제2호의 접속기 용량과 같아야 한다.

**제7조 (절연저항시험)** 비상콘센트설비의 절연된 충전부와 외함간의 절연저항은 500 [V]의

절연저항계로 측정한 값이 20 [MΩ] 이상이어야 한다.

**제8조 (절연내력시험)** 제7조의 절연저항 시험부위의 절연내력은 정격전압 150 [V] 이하의 경우 60 [Hz]의 정현파에 가까운 실효전압 1,000 [V] 교류전압을 가하는 시험에서 1분간 견디는 것이어야 한다. 정격전압이 150 [V]를 초과하는 경우 그 정격전압에 2를 곱하여 1천을 더한 값의 교류전압을 가하는 시험에서 1분간 견디는 것이어야 한다.

**제9조 (표시)** 비상콘센트설비의 외함(수납형은 부품지지판) 전면에는 다음 각 호의 사항을 쉽게 지워지지 아니하도록 표시하여야 한다.

1. 종별(함표면에 “비상콘센트” 표기 별도) 및 성능인증번호
2. 제조년월일, 제조번호 및 로트번호
3. 제조업체명
4. 정격전압 및 정격전류

5.～8. <삭제>

**제10조 (세부규정)** 이 기준의 시행에 관하여 필요한 사항은 소방청장이 이를 정한다. <개정 2017.7.26.>

**제11조 (재검토기한)** 소방청장은 「훈령·예규 등의 발령 및 관리에 관한 규정」에 따라 이 고시에 대하여 2019년 1월 1일 기준으로 매3년이 되는 시점(매 3년째의 12월 31일까지를 말한다)마다 그 타당성을 검토하여 개선 등의 조치를 하여야 한다. <개정 2019.1.31.>

**제12조** 삭제

## 부칙 <제2019-20호, 2019.1.31.>

이 고시는 발령한 날부터 시행한다.

# 부 록

APPENDIX APPENDIX APPENDIX APPENDIX

# Ⅰ. 설치장소별 적응감지기

| 설치장소 | | 적응열감지기 | | | | | | | | | 불꽃감지기 | 비 고 |
|---|---|---|---|---|---|---|---|---|---|---|---|---|
| 환경상태 | 적응장소 | 차동식스포트형 | | 차동식분포형 | | 보상식스포트형 | | 정온식 | | 열아날로그식 | | |
| | | 1종 | 2종 | 1종 | 2종 | 1종 | 2종 | 특종 | 1종 | | | |
| 먼지 또는 미분 등이 다량으로 체류하는 장소 | 쓰레기장, 하역장, 도장실, 섬유·목재·석재 등 가공 공장 | ○ | ○ | ○ | ○ | ○ | ○ | ○ | ○ | ○ | ○ | 1. 불꽃감지기에 따라 감시가 곤란한 장소는 적응성이 있는 열감지기를 설치할 것.<br>2. 차동식분포형감지기를 설치하는 경우에는 검출부에 먼지, 미분 등이 침입하지 않도록 조치할 것.<br>3. 차동식스포트형감지기 또는 보상식스포트형 감지기를 설치하는 경우에는 검출부에 먼지, 미분 등이 침입하지 않도록 조치할 것.<br>4. 정온식감지기를 설치하는 경우에는 특종으로 설치할 것.<br>5. 섬유, 목재가공 공장 등 화재확대가 급속하게 진행될 우려가 있는 장소에 설치하는 경우 정온식감지기는 특종으로 설치할 것, 공칭작동 온도 75℃ 이하, 열아날로그식스포트형 감지기는 화재표시 설정은 80℃ 이하가 되도록 할 것. |
| 수증기가 다량으로 머무는 장소 | 증기세정실, **탕비실**, 소독실 등 | × | × | × | ○ | × | ○ | ○ | ○ | ○ | ○ | 1. 차동식분포형감지기 또는 보상식스포트형 감지기는 급격한 온도변화가 없는 장소에 한하여 사용할 것.<br>2. 차동식분포형감지기를 설치하는 경우에는 검출부에 수증기가 침입하지 않도록 조치할 것.<br>3. 보상식스포트형감지기, 정온식감지기 또는 열아날로그식감지기를 설치하는 경우에는 방수형으로 설치 할 것.<br>4. 불꽃감지기를 설치할 경우 방수형으로 할 것 |
| 부식성 가스가 발생할 우려가 있는 장소 | 도금공장, 축전지실, 오수처리장 등 | × | × | ○ | ○ | ○ | ○ | ○ | ○ | ○ | ○ | 1. 차동식분포형감지기를 설치하는 경우에는 감지부가 피복되어 있고 검출부가 부식성가스에 영향을 받지 않는 것 또는 검출부에 부식성가스가 침입하지 않도록 조치할 것.<br>2. 보상식스포트형감지기, 정온식감지기 또는 열아날로그식스포트형감지기를 설치하는 경우에는 부식성가스의 성상에 반응하지 않는 내산형 또는 내알칼리형으로 설치할 것<br>3. 정온식감지기를 설치하는 경우에는 특종으로 설치할 것 |

| 설치장소 | | 적응열감지기 | | | | | | | | | 불꽃감지기 | 비고 |
|---|---|---|---|---|---|---|---|---|---|---|---|---|
| 환경상태 | 적응장소 | 차동식스포트형 | | 차동식분포형 | | 보상식스포트형 | | 정온식 | | 열아날로그식 | | |
| | | 1종 | 2종 | 1종 | 2종 | 1종 | 2종 | 특종 | 1종 | | | |
| **주방**, 기타 평상시에 연기가 체류하는 장소 | 주방, 조리실, 용접작업장 등 | × | × | × | × | × | × | ○ | ○ | ○ | ○ | 1. 주방, 조리실 등 습도가 많은 장소에는 방수형 감지기를 설치할 것.<br>2. 불꽃감지기는 UV/IR형을 설치할 것 |
| 현저하게 고온으로 되는 장소 | 건조실, 살균실, **보일러실**, 주조실, 영사실, 스튜디오 | × | × | × | × | × | × | ○ | ○ | ○ | × | |
| 배기가스가 다량으로 체류하는 장소 | **주차장**, **차고**, 화물취급소 차로, 자가**발전실**, 트럭 터미널, 엔진시험실 | ○ | ○ | ○ | ○ | ○ | ○ | × | × | ○ | ○ | 1. 불꽃감지기에 따라 감시가 곤란한 장소는 적응성이 있는 열감지기를 설치할 것.<br>2. 열아날로그식스포트형감지기는 화재표시 설정이 60℃ 이하가 바람직하다. |
| 연기가 다량으로 유입할 우려가 있는 장소 | 음식물배급실, 주방전실, 주방내 식품저장실, 음식물운반용 엘리베이터, 주방주변의 복도 및 통로, 식당 등 | ○ | ○ | ○ | ○ | ○ | ○ | ○ | ○ | ○ | × | 1. 고체연료 등 가연물이 수납되어 있는 음식물배급실, 주방전실에 설치하는 정온식감지기는 특종으로 설치할 것<br>2. 주방주변의 복도 및 통로, 식당 등에는 정온식감지기를 설치하지 말 것<br>3. 제1호 및 제2호의 장소에 열아날로그식스포트형감지기를 설치하는 경우에는 화재표시 설정을 60℃ 이하로 할 것. |
| 물방울이 발생하는 장소 | 스레트 또는 철판으로 설치한 지붕 창고·공장, 패키지형냉각기전용수납실, 밀폐된 지하창고, 냉동실 주변 등 | × | × | ○ | ○ | ○ | ○ | ○ | ○ | ○ | ○ | 1. 보상식스포트형감지기, 정온식감지기 또는 열아날로그식스포트형감지기를 설치하는 경우에는 방수형으로 설치할 것.<br>2. 보상식스포트형감지기는 급격한 온도변화가 없는 장소에 한하여 설치할 것.<br>3. 불꽃감지기를 설치하는 경우에는 방수형으로 설치할 것 |
| 불을 사용하는 설비로서 불꽃이 노출되는 장소 | 유리공장, 용선로가 있는 장소, 용접실, 주방, 작업장, 주방, 주조실 등 | × | × | × | × | × | × | ○ | ○ | ○ | × | |

주) 1. "○"는 해당 설치장소에 적응하는 것을 표시, "×"는 해당 설치장소에 적응하지 않는 것을 표시
2. 차동식스포트형, 차동식분포형 및 보상식스포트형 1종은 감도가 예민하기 때문에 비화재보 발생은 2종에 비해 불리한 조건이라는 것을 유의할 것
3. 차동식분포형 3종 및 정온식 2종은 소화설비와 연동하는 경우에 한해서 사용 할 것
4. 다신호식감지기는 그 감지기가 가지고 있는 종별, 공칭작동온도별로 따르지 말고 상기 표에 따른 적응성이 있는 감지기로 할 것

| 설치장소 | | 적응열감지기 | | | | | 적응연기감지기 | | | | | | 불꽃감지기 | 비 고 |
|---|---|---|---|---|---|---|---|---|---|---|---|---|---|---|
| 환경상태 | 적응장소 | 차동식스포트형 | 차동식분포형 | 보상식스포트형 | 정온식 | 열아날로그식 | 이온화식스포트형 | 광전식스포트형 | 이온아날로그식스포트형 | 광전아날로그식스포트형 | 광전식분리형 | 광전아날로그식분리형 | | |
| 1. 흡연에 의해 연기가 체류하며 환기가 되지 않는 장소 | 회의실, 응접실, 휴게실, 노래연습실, 오락실, 다방, 음식점, 대합실, 카바레 등의 객실, 집회장, 연회장 등 | ○ | ○ | ○ | | | | ◎ | | ◎ | ○ | ○ | | |
| 2. 취침시설로 사용하는 장소 | 호텔 객실, 여관, 수면실 등 | | | | | | ◎ | ◎ | ◎ | ◎ | ○ | ○ | | |
| 3. 연기이외의 미분이 떠다니는 장소 | 복도, 통로 등 | | | | | | ◎ | ◎ | ◎ | ◎ | ○ | ○ | ○ | |
| 4. 바람에 영향을 받기 쉬운 장소 | 로비, 교회, 관람장, 옥탑에 있는 기계실 | | ○ | | | | | ◎ | | ◎ | ○ | ○ | ○ | |
| 5. 연기가 멀리 이동해서 감지기에 도달하는 장소 | 계단, 경사로 | | | | | | | ○ | | ○ | ○ | ○ | | 광전식스포트형감지기 또는 광전아날로그식스포트형감지기를 설치하는 경우에는 해당 감지기회로에 축적기능을 갖지 않는 것으로 할 것. |
| 6. 훈소화재의 우려가 있는 장소 | 전화기기실, **통신기기실**, **전산실**, 기계제어실 | | | | | | | ○ | | ○ | ○ | ○ | | |
| 7. 넓은 공간으로 천장이 높아 열 및 연기가 확산하는 장소 | 체육관, 항공기 격납고, 높은 천장의 창고·공장, 관람석 상부 등 감지기 부착 높이가 8 [m] 이상의 장소 | | ○ | | | | | | | | ○ | ○ | ○ | |

주) 1. "○"는 해당 설치장소에 적응하는 것을 표시
2. "◎" 해당 설치장소에 연감지기를 설치하는 경우에는 해당 감지회로에 축적기능을 갖는 것을 표시
3. 차동식스포트형, 차동식분포형, 보상식스포트형 및 연기식(해당 감지기회로에 축적 기능을 갖지 않는 것) 1종은 감도가 예민하기 때문에 비화재보 발생은 2종에 비해 불리한 조건이라는 것을 유의하여 따를 것
4. 차동식분포형 3종 및 정온식 2종은 소화설비와 연동하는 경우에 한해서 사용 할 것
5. 광전식분리형감지기는 평상시 연기가 발생하는 장소 또는 공간이 협소한 경우에는 적응성이 없음
6. 넓은 공간으로 천장이 높아 열 및 연기가 확산하는 장소로서 차동식분포형 또는 광전식분리형 2종을 설치하는 경우에는 제조사의 사양에 따를 것
7. 다신호식감지기는 그 감지기가 가지고 있는 종별, 공칭작동온도별로 따르고 표에 따른 적응성이 있는 감지기로 할 것
8. 축적형감지기 또는 축적형중계기 혹은 축적형수신기를 설치하는 경우에는 제7조에 따를 것

# Ⅱ. 소방시설도시기호

| 분류 | | 명칭 | 도시기호 |
|---|---|---|---|
| 배관 | | 일반배관 | ———— |
| | | 옥내·외소화전 | —— H —— |
| | | 스프링클러 | —— SP —— |
| | | 물분무 | —— WS —— |
| | | 포소화 | —— F —— |
| | | 배수관 | —— D —— |
| | 전선관 | 입상 | 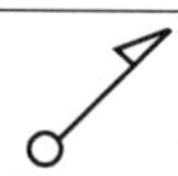 |
| | | 입하 | 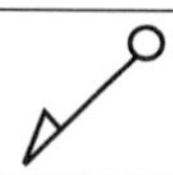 |
| | | 통과 | 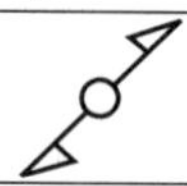 |
| 관이음쇠 | | 후렌지 | 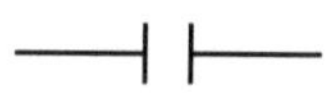 |
| | | 유니온 | 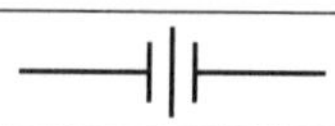 |
| | | 플러그 | 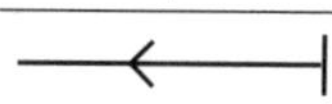 |
| | | 90°엘보 | 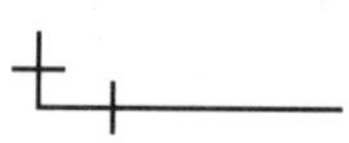 |
| | | 45°엘보 | 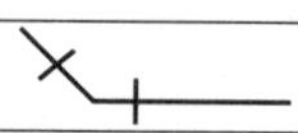 |
| | | 티 | 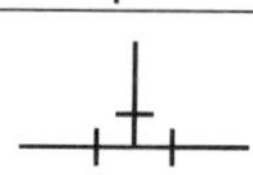 |
| | | 크로스 | 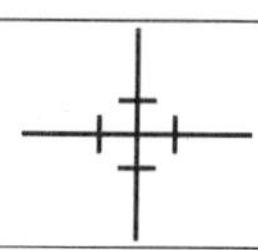 |
| | | 맹후렌지 |  |
| | | 캡 | 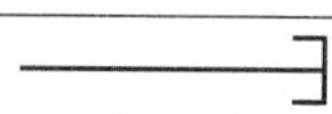 |

| 분류 | 명칭 | 도시기호 |
|---|---|---|
| 헤드류 | 스프링클러헤드폐쇄형 상향식(평면도) |  |
| | 스프링클러헤드폐쇄형 하향식(평면도) | 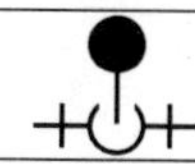 |
| | 스프링클러헤드개방형 상향식(평면도) |  |
| | 스프링클러헤드개방형 하향식(평면도) | 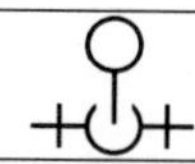 |
| | 스프링클러헤드폐쇄형 상향식(계통도) |  |
| | 스프링클러헤드폐쇄형 하향식(입면도) |  |
| | 스프링클러헤드폐쇄형 상·하향식(입면도) | 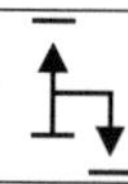 |
| | 스프링클러헤드 상향형(입면도) |  |
| | 스프링클러헤드 하향형(입면도) |  |
| | 분말·탄산가스·할로겐헤드 | 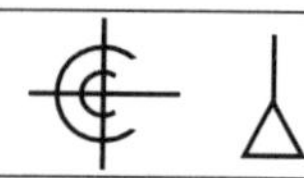 |
| | 연결살수헤드 | 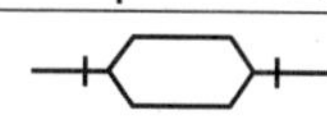 |
| | 물분무헤드(평면도) | 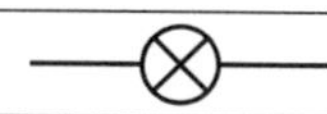 |
| | 물분무헤드(입면도) |  |
| | 드랜쳐헤드(평면도) | 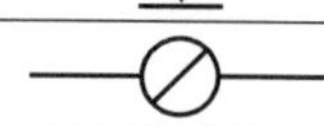 |
| | 드랜쳐헤드(입면도) |  |
| | 포헤드(평면도) |  |
| | 포헤드(입면도) | 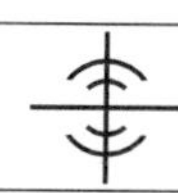 |
| | 감지헤드(평면도) |  |

| 분류 | 명 칭 | 도시기호 | 분류 | 명 칭 | 도시기호 |
|---|---|---|---|---|---|
| 헤드류 | 감지헤드(입면도) | | 밸브류 | 릴리프밸브 (이산화탄소용) | |
| | 청정소화약제방출헤드 (평면도) | | | 릴리프밸브 (일반) | |
| | 청정소화약제방출헤드 (입면도) | | | 동체크밸브 | |
| 밸브류 | 체크밸브 | | | 앵글밸브 | |
| | 가스체크밸브 | | | FOOT밸브 | |
| | 게이트밸브(상시개방) | | | 볼밸브 | |
| | 게이트밸브(상시폐쇄) | | | 배수밸브 | |
| | 선택밸브 | | | 자동배수밸브 | |
| | 조작밸브(일반) | | | 여과망 | |
| | 조작밸브(전자식) | | | 자동밸브 | G |
| | 조작밸브(가스식) | | | 감압밸브 | R |
| | 경보밸브(습식) | | | 공기조절밸브 | |
| | 경보밸브(건식) | | 계기류 | 압력계 | |
| | 프리액션밸브 | P | | 연성계 | |
| | 경보델류지밸브 | D | | 유량계 | M |
| | 프리액션밸브수동조작함 | SVP | 소화전 | 옥내소화전함 | |
| | 플렉시블조인트 | | | 옥내소화전 방수용기구병설 | |
| | 솔레노이드밸브 | S | | 옥외소화전 | H |
| | 모터밸브 | M | | 포말소화전 | F |

| 분류 | 명 칭 | 도시기호 |
|---|---|---|
| 소화전 | 송수구 | |
| | 방수구 | |
| 스트레이너 | Y형 | |
| | U형 | |
| 저장탱크류 | 고가수조(물올림장치) | |
| | 압력챔버 | |
| | 포말원액탱크 | (수직) (수평) |
| 레듀셔 | 편심레듀셔 | |
| | 원심레듀셔 | |
| 혼합장치류 | 프레져 프로포셔너 | |
| | 라인 프로포셔너 | |
| | 프레져사이드 프로포셔너 | |
| | 기 타 | P |
| 펌프류 | 일반펌프 | |
| | 펌프모터(수평) | M |
| | 펌프모토(수직) | M |
| 저장용기류 | 분말약제 저장용기 | P.D |
| | 저장용기 | |

| 분류 | 명 칭 | 도시기호 |
|---|---|---|
| 경보설비기기류 | 차동식스포트형감지기 | |
| | 보상식스포트형감지기 | |
| | 정온식스포트형감지기 | |
| | 연기감지기 | S |
| | 감지선 | |
| | 공기관 | |
| | 열전대 | |
| | 열반도체 | |
| | 차동식분포형 감지기의 검출기 | |
| | 발신기세트 단독형 | P B L |
| | 발신기세트 옥내소화전내장형 | P B L |
| | 경계구역번호 | |
| | 비상용누름버튼 | F |
| | 비상전화기 | ET |
| | 비상벨 | B |
| | 사이렌 | |
| | 모터사이렌 | M |
| | 전자사이렌 | S |
| | 조작장치 | E P |
| | 증폭기 | AMP |

| 분류 | 명 칭 | 도시기호 |
|---|---|---|
| 경보설비기기류 | 기동누름버튼 | E |
| | 이온화식감지기(스포트형) | S I |
| | 광전식연기감지기(아나로그) | S A |
| | 광전식연기감지기(스포트형) | S P |
| | 감지기간선, HIV1.2mm×4(22C) | — F —////— |
| | 감지기간선, HIV1.2mm×8(22C) | — F —////—////— |
| | 유도등간선 HIV2.0mm×3(22C) | —— EX —— |
| | 경보부저 | BZ |
| | 제어반 | |
| | 표시반 | |
| | 회로시험기 | |
| | 화재경보벨 | B |
| | 시각경보기(스트로브) | |
| | 수신기 | |
| | 부수신기 | |
| | 중계기 | |
| | 표시등 | |
| | 피난구유도등 | |
| | 통로유도등 | → |
| | 표시판 | |
| | 보조전원 | T R |

| 분류 | 명 칭 | | 도시기호 |
|---|---|---|---|
| 경보설비기기류 | 종단저항 | | Ω |
| 제연설비 | 수동식제어 | | |
| | 천장용 배풍기 | | |
| | 벽부착용 배풍기 | | |
| | 배풍기 | 일반배풍기 | |
| | | 관로배풍기 | |
| | 댐퍼 | 화재댐퍼 | |
| | | 연기댐퍼 | |
| | | 화재/연기 댐퍼 | |
| 스위치류 | 압력스위치 | | PS |
| | 탬퍼스위치 | | T S |
| 방연·방화문 | 연기감지기(전용) | | S |
| | 열감지기(전용) | | |
| | 자동폐쇄장치 | | ER |
| | 연동제어기 | | |
| | 배연창기동 모터 | | M |
| | 배연창수동조작함 | | |
| 피뢰침 | 피뢰부(평면도) | | |
| | 피뢰부(입면도) | | |
| | 피뢰도선 및 지붕위 도체 | | —— |

| 분류 | 명 칭 | 도시기호 | 분류 | 명 칭 | 도시기호 |
|---|---|---|---|---|---|
| 제연설비 | 접 지 | | 기타 | 비상콘센트 | |
| | 접지저항 측정용 단자 | | | 비상분전반 | |
| 소화기류 | ABC소화기 | 소 | | 가스계소화설비의 수동조작함 | RM |
| | 자동확산 소화기 | 자 | | 전동기구동 | M |
| | 자동식소화기 | 소 | | 엔진구동 | E |
| | 이산화탄소 소화기 | C자 | | 배관행거 | |
| | 할로겐화합물 소화기 | | | 기압계 | |
| 기타 | 안테나 | | | 배기구 | |
| | 스피커 | | | 바닥은폐선 | |
| | 연기 방연벽 | | | 노출배선 | |
| | 화재 방화벽 | | | 소화가스패키지 | PAC |
| | 화재 및 연기방벽 | | | | |

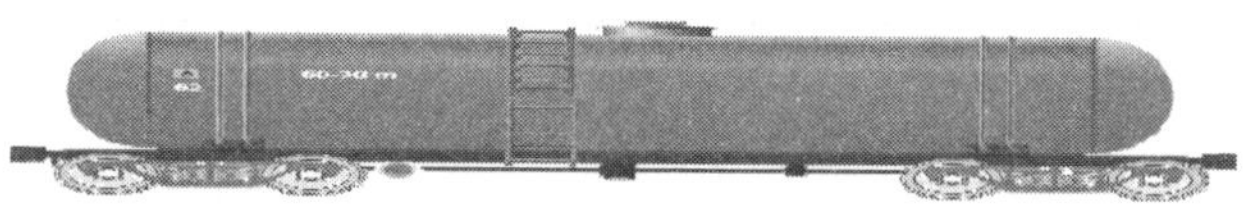

# Ⅲ. 간이용어해설

## 1. 소화기구

- **소화약제** : 방염성능이 있는 물질을 가공하여 소화에 사용하는 약제
- **소화기** : 소화약제를 압력에 따라 방사하는 기구로서 사람이 수동으로 조작하여 소화하는 것(소화약제에 따른 간이소화용구를 제외한다)
- **소형소화기** : 능력단위가 1단위 이상이고 대형소화기의 능력단위 미만인 수동식소화기
- **대형소화기** : 화재 시 사람이 운반할 수 있도록 운반대와 바퀴가 설치되어 있고 능력단위가 A급 10단위 이상, B급 20단위 이상인 수동식소화기
- **간이소화용구** : 소화기 및 자동소화장치 이외의 것으로서 간이소화용으로 사용하는 것
- **자동소화장치** : 소화약제를 자동으로 방사하는 고정된 소화장치로서 형식승인 받은 유효설치범위(설계방호체적, 최대설치높이, 방호면적 등을 말한다) 이내에 설치하여 소화하는 다음의 것을 말한다.
  ① 주방용자동소화장치란 가연성가스 등의 누출을 자동으로 차단하며, 소화약제를 방사하여 소화하는 소화장치를 말한다.
  ② 캐비넷형자동소화장치란 열, 연기 또는 불꽃 등을 감지하여 소화약제를 방사하여 소화하는 캐비넷형태의 소화장치를 말한다.
  ③ 가스식자동소화장치란 열, 연기 또는 불꽃 등을 감지하여 가스계 소화약제를 방사하여 소화하는 소화장치를 말한다.
  ④ 분말식자동소화장치란 열, 연기 또는 불꽃 등을 감지하여 분말의 소화약제를 방사하여 소화하는 소화장치를 말한다.
  ⑤ 고체에어로졸식자동소화장치란 열, 연기 또는 불꽃 등을 감지하여 에어로졸의 소화약제를 방사하여 소화하는 소화장치를 말한다.
  ⑥ 자동확산소화장치란 화재 시 화염이나 열에 따라 소화약제가 확산하여 국소적으로 소화하는 소화장치를 말한다.
- **거실** : 거주·집무·작업·집회·오락 그밖에 이와 유사한 목적을 위하여 사용하는 방을 말한다.

## 2. 옥내소화전설비

- **고가수조** : 구조물 또는 지형지물 등에 설치하여 자연낙차의 압력으로 급수하는 수조
- **압력수조** : 소화용수와 공기를 채우고 일정압력 이상으로 가압하여 그 압력으로 급수하는 수조
- **충압펌프** : 배관내 압력손실에 따른 주펌프의 빈번한 기동을 방지하기 위하여 충압역할을 하는 펌프
- **정격토출량** : 정격토출압력에서의 펌프의 토출량
- **정격토출압력** : 정격토출량에서의 펌프의 토출측 압력
- **진공계** : 대기압 이하의 압력을 측정하는 계측기
- **연성계** : 대기압 이상의 압력과 대기압 이하의 압력을 측정할 수 있는 계측기
- **체절운전** : 펌프의 성능시험을 목적으로 펌프토출측의 개폐밸브를 닫은 상태에서 펌프를 운전하는 것
- **기동용수압개폐장치** : 소화설비의 배관내 압력변동을 검지하여 자동적으로 펌프를 기동 및 정지시키는 것으로서 압력챔버 또는 기동용압력스위치 등
- **급수배관** : 수원 및 옥외송수구로부터 옥내소화전방수구에 급수하는 배관
- **개폐표시형밸브** : 밸브의 개폐여부를 외부에서 식별이 가능한 밸브
- **가압수조** : 가압원인 압축공기 또는 불연성 고압기체에 따라 소방용수를 가압시키는 수조

## 3. 스프링클러설비

- **고가수조** : 구조물 또는 지형지물 등에 설치하여 자연낙차 압력으로 급수하는 수조
- **압력수조** : 소화용수와 공기를 채우고 일정압력 이상으로 가압하여 그 압력으로 급수하는 수조
- **충압펌프** : 배관 내 압력손실에 따른 주펌프의 빈번한 기동을 방지하기 위하여 충압역할을 하는 펌프
- **정격토출량** : 정격토출압력에서의 펌프의 토출량
- **정격토출압력** : 정격토출량에서의 펌프의 토출측 압력
- **진공계** : 대기압 이하의 압력을 측정하는 계측기
- **연성계** : 대기압 이상의 압력과 대기압 이하의 압력을 측정할 수 있는 계측기
- **체절운전** : 펌프의 성능시험을 목적으로 펌프토출측의 개폐밸브를 닫은 상태에서 펌프를 운전하는 것

- **기동용수압개폐장치** : 소화설비의 배관내 압력변동을 검지하여 자동적으로 펌프를 기동 및 정지시키는 것으로서 압력챔버 또는 기동용압력스위치 등.
- **개방형스프링클러헤드** : 감열체 없이 방수구가 항상 열려져 있는 스프링클러헤드
- **폐쇄형스프링클러헤드** : 정상상태에서 방수구를 막고 있는 감열체가 일정온도에서 자동적으로 파괴·용해 또는 이탈됨으로써 방수구가 개방되는 스프링클러헤드
- **조기반응형헤드** : 표준형스프링클러헤드 보다 기류온도 및 기류속도에 조기에 반응하는 것
- **측벽형스프링클러헤드** : 가압된 물이 분사될 때 헤드의 축심을 중심으로 한 반원상에 균일하게 분산시키는 헤드
- **건식스프링클러헤드** : 물과 오리피스가 분리되어 동파를 방지할 수 있는 스프링클러헤드
- **유수검지장치**(패들형을 포함한다) : 본체내의 유수현상을 자동적으로 검지하여 신호 또는 경보를 발하는 장치
- **일제개방밸브** : 화재발생시 자동 또는 수동식 기동장치에 따라 밸브가 열려지는 것
- **가지배관** : 스프링클러헤드가 설치되어 있는 배관
- **교차배관** : 직접 또는 수직배관을 통하여 가지배관에 급수하는 배관
- **주배관** : 각 층을 수직으로 관통하는 수직배관
- **신축배관** : 가지배관과 스프링클러헤드를 연결하는 구부림이 용이하고 유연성을 가진 배관
- **급수배관** : 수원 및 옥외송수구로부터 스프링클러헤드에 급수하는 배관
- **습식스프링클러설비** : 가압송수장치에서 폐쇄형스프링클러헤드까지 배관 내에 항상 물이 가압되어 있다가 화재로 인한 열로 폐쇄형스프링클러헤드가 개방되면 배관 내에 유수가 발생하여 습식유수검지장치가 작동하게 되는 스프링클러설비
- **건식스프링클러설비** : 건식유수검지장치 2차 측에 압축공기 또는 질소 등의 기체로 충전된 배관에 폐쇄형스프링클러헤드가 부착된 스프링클러설비로서, 폐쇄형스프링클러헤드가 개방되어 배관내의 압축공기 등이 방출되면 건식유수검지장치 1차 측의 수압에 의하여 건식유수검지장치가 작동하게 되는 스프링클러설비
- **준비작동식스프링클러설비** : 가압송수장치에서 준비작동식유수검지장치 1차측까지 배관 내에 항상 물이 가압되어 있고 2차측에서 폐쇄형스프링클러헤드까지 대기압 또는 저압으로 있다가 화재발생시 감지기의 작동으로 준비작동식유수검지장치가 작동하여 폐쇄형스프링클러헤드까지 소화용수가 송수되어 폐쇄형스프링클러헤드가 열에 따라 개방되는 방식의 스프링클러설비
- **일제살수식스프링클러설비** : 가압송수장치에서 일제개방밸브 1차 측까지 배관 내에 항상 물이 가압되어 있고 2차 측에서 개방형스프링클러헤드까지 대기압으로 있다가 화재 발생 시

자동감지장치 또는 수동식 기동장치의 작동으로 일제개방밸브가 개방되면 스프링클러헤드까지 소화용수가 송수되는 방식의 스프링클러설비

- **부압식스프링클러설비** : 가압송수장치에서 준비작동식유수검지장치의 1차측까지는 항상 정압의 물이 가압되고, 2차측 폐쇄형 스프링클러헤드까지는 소화수가 부압으로 되어 있다가 화재 시 감지기의 작동에 의해 정압으로 변하여 유수가 발생하면 작동하는 스프링클러설비.
- **반사판(디프렉타)** : 스프링클러헤드의 방수구에서 유출되는 물을 세분시키는 작용을 하는 것
- **개폐표시형밸브** : 밸브의 개폐여부를 외부에서 식별이 가능한 밸브
- **연소할 우려가 있는 개구부** : 각 방화구획을 관통하는 컨베이어·에스컬레이터 또는 이와 유사한 시설의 주위로서 방화구획을 할 수 없는 부분

## 4. 간이스프링클러설비

- **간이헤드** : 간이스프링클러헤드 또는 표준형스프링클러헤드(조기반응형)
- **폐쇄형간이헤드** : 정상상태에서 방수구를 막고 있는 감열체가 일정온도에서 자동적으로 파괴·용해 또는 이탈됨으로써 방수구가 개방되는 간이헤드
- **개방형간이헤드** : 감열체 없이 방수구가 항상 열려져 있는 간이헤드
- **고가수조** : 구조물 또는 지형지물 등에 설치하여 자연낙차 압력으로 급수하는 수조
- **압력수조** : 소화용수와 공기를 채우고 일정압력 이상으로 가압하여 그 압력으로 급수하는 수조
- **가압수조** : 가압원인 압축공기 또는 불연성 고압기체에 따라 소방용수를 가압시키는 수조
- **진공계** : 대기압 이하의 압력을 측정하는 계측기
- **연성계** : 대기압 이상의 압력과 대기압 이하의 압력을 측정할 수 있는 계측기
- **기동용수압개폐장치** : 소화설비의 배관 내 압력변동을 검지하여 자동적으로 펌프를 기동 및 정지시키는 것으로서 압력챔버 또는 기동용압력스위치 등
- **가지배관** : 간이스프링클러헤드가 설치되어 있는 배관
- **교차배관** : 직접 또는 수직배관을 통하여 가지배관에 급수하는 배관
- **주배관** : 각 층을 수직으로 관통하는 수직배관
- **신축배관** : 가지배관과 간이스프링클러헤드를 연결하는 구부림이 용이하고 유연성을 가진 배관
- **급수배관** : 수원 및 옥외송수구로부터 간이스프링클러헤드에 급수하는 배관
- **유수검지장치**(패들형을 포함한다) : 본체내의 유수현상을 자동적으로 검지하여 신호 또는 경보를 발하는 장치

- **일제개방밸브** : 화재 발생 시 자동 또는 수동식 기동장치에 따라 밸브가 열려지는 것
- **반사판(디프렉타)** : 간이스프링클러헤드의 방수구에서 유출되는 물을 세분시키는 작용을 하는 것
- **개폐표시형밸브** : 밸브의 개폐여부를 외부에서 식별이 가능한 밸브

## 5. 화재조기진압용 스프링클러설비

- **화재조기진압용스프링클러헤드** : 특정 높은 장소의 화재위험에 대하여 조기에 진화할 수 있도록 설계된 스프링클러헤드
- **충압펌프** : 배관 내 압력손실에 따른 주펌프의 빈번한 기동을 방지하기 위하여 충압역할을 하는 펌프
- **고가수조** : 구조물 또는 지형지물 등에 설치하여 자연낙차압력으로 급수하는 수조
- **압력수조** : 소화용수와 공기를 채우고 일정압력 이상으로 가압하여 그 압력으로 급수하는 수조
- **정격토출량** : 정격토출압력에서의 펌프의 토출량
- **정격토출압력** : 정격토출량에서의 펌프의 토출측 압력
- **진공계** : 대기압 이하의 압력을 측정하는 계측기
- **연성계** : 대기압 이상의 압력과 대기압 이하의 압력을 측정할 수 있는 계측기
- **체절운전** : 펌프의 성능시험을 목적으로 펌프토출측의 개폐밸브를 닫은 상태에서 펌프를 운전하는 것
- **기동용수압개폐장치** : 소화설비의 배관 내 압력변동을 검지하여 자동적으로 펌프를 기동 및 정지시키는 것으로서 압력챔버 또는 기동용압력스위치 등
- **유수검지장치** : 습식유수검지장치를 말하며 본체내의 유수현상을 자동적으로 검지하여 신호 또는 경보를 발하는 장치
- **가지배관** : 화재조기진압용스프링클러헤드가 설치되어 있는 배관
- **교차배관** : 직접 또는 수직배관을 통하여 가지배관에 급수하는 배관
- **주배관** : 각 층을 수직으로 관통하는 수직배관
- **신축배관** : 가지배관과 스프링클러헤드를 연결하는 구부림이 용이하도록 유연성을 가진 배관
- **급수배관** : 수원 및 옥외송수구로부터 화재조기진압용스프링클러헤드에 급수하는 배관
- **개폐표시형밸브** : 밸브의 개폐여부를 외부에서 식별이 가능한 밸브

## 6. 물분무소화설비

- **물분무헤드** : 화재 시 직선류 또는 나선류의 물을 충돌·확산시켜 미립상태로 분무함으로서 소화하는 헤드
- **고가수조** : 구조물 또는 지형지물 등에 설치하여 자연낙차 압력으로 급수하는 수조
- **압력수조** : 소화용수와 공기를 채우고 일정압력 이상으로 가압하여 그 압력으로 급수하는 수조
- **급수배관** : 수원 및 옥외송수구로부터 물분무헤드에 급수하는 배관
- **진공계** : 대기압 이하의 압력을 측정하는 계측기
- **연성계** : 대기압 이상의 압력과 대기압 이하의 압력을 측정할 수 있는 계측기
- **기동용수압개폐장치** : 소화설비의 배관 내 압력변동을 검지하여 자동적으로 펌프를 기동 및 정지시키는 것으로서 압력챔버 또는 기동용압력스위치 등
- **일제개방밸브** : 화재발생시 자동 또는 수동식 기동장치에 따라 밸브가 열려지는 것

## 7. 포소화설비

- **고가수조** : 구조물 또는 지형지물 등에 설치하여 자연낙차 압력으로 급수하는 수조
- **압력수조** : 소화용수와 공기를 채우고 일정압력 이상으로 가압하여 급수하는 수조
- **충압펌프** : 배관내 압력손실에 따른 주펌프의 빈번한 기동을 방지하기 위하는 펌프
- **연성계** : 대기압 이상의 압력과 대기압 이하의 압력을 측정할 수 있는 계측기
- **진공계** : 대기압 이하의 압력을 측정하는 계측기
- **정격토출량** : 정격토출압력에서의 펌프의 토출량
- **정격토출압력** : 정격토출량에서의 펌프의 토출측 압력
- **전역방출방식** : 고정식 포 발생장치로 구성되어 포 수용액이 방호대상물 주위가 막혀진 공간이나 밀폐공간 속으로 방출되도록 된 설비방식
- **국소방출방식** : 고정된 포 발생장치로 구성되어 화점이나 연소 유출물 위에 직접 포를 방출하도록 설치된 설비방식
- **팽창비** : 최종 발생한 포 체적을 원래 포 수용액 체적으로 나눈 값
- **개폐표시형밸브** : 밸브의 개폐여부를 외부에서 식별이 가능한 밸브
- **기동용수압개폐장치** : 소화설비의 배관 내 압력변동을 검지하여 자동적으로 펌프를 기동 및 정지시키는 것으로서 압력챔버 또는 기동용압력스위치 등
- **포워터스프링클러설비** : 포워터스프링클러헤드를 사용하는 포소화설비

- **포헤드설비** : 포헤드를 사용하는 포소화설비
- **고정포방출설비** : 고정포방출구를 사용하는 설비
- **호스릴포소화설비** : 호스릴포방수구·호스릴 및 이동식 포노즐을 사용하는 설비
- **포소화전설비** : 포소화전방수구·호스 및 이동식포노즐을 사용하는 설비
- **송액관** : 수원으로부터 포헤드·고정포방출구 또는 이동식포노즐에 급수하는 배관
- **급수배관** : 수원 및 옥외송수구로부터 포소화설비의 헤드 또는 방출구에 급수하는 배관
- **펌프 프로포셔너방식** : 펌프의 토출관과 흡입관 사이의 배관도중에 설치한 흡입기에 펌프에서 토출된 물의 일부를 보내고, 농도 조정밸브에서 조정된 포 소화약제의 필요량을 포 소화약제 탱크에서 펌프 흡입측으로 보내어 이를 혼합하는 방식
- **프레져 프로포셔너방식** : 펌프와 발포기의 중간에 설치된 벤추리관의 벤추리작용과 펌프 가압수의 포 소화약제 저장탱크에 대한 압력에 따라 포 소화약제를 흡입·혼합하는 방식
- **라인 프로포셔너방식** : 펌프와 발포기의 중간에 설치된 벤추리관의 벤추리작용에 따라 포 소화약제를 흡입·혼합하는 방식
- **프레져사이드 프로포셔너방식** : 펌프의 토출관에 압입기를 설치하여 포 소화약제 압입용펌프로 포 소화약제를 압입시켜 혼합하는 방식

## 8. 이산화탄소소화설비

- **전역방출방식** : 고정식 이산화탄소 공급장치에 배관 및 분사헤드를 고정 설치하여 밀폐 방호구역 내에 이산화탄소를 방출하는 설비
- **국소방출방식** : 고정식 이산화탄소 공급장치에 배관 및 분사헤드를 설치하여 직접 화점에 이산화탄소를 방출하는 설비로 화재발생부분에만 집중적으로 소화약제를 방출하도록 설치하는 방식
- **호스릴방식** : 분사헤드가 배관에 고정되어 있지 않고 소화약제 저장용기에 호스를 연결하여 사람이 직접 화점에 소화약제를 방출하는 이동식 소화설비
- **충전비** : 용기의 용적과 소화약제의 중량과의 비율
- **심부화재** : 목재 또는 섬유류와 같은 고체가연물에서 발생하는 화재형태로서 가연물 내부에서 연소하는 화재
- **표면화재** : 가연성물질의 표면에서 연소하는 화재
- **교차회로방식** : 하나의 방호구역 내에 2 이상의 화재감지기회로를 설치하고 인접한 2 이상의 화재감지기가 동시에 감지되는 때에는 이산화탄소소화설비가 작동하여 소화약제가 방출되는 방식

- **방화문** : 건축법시행령 제64조의 규정에 따른 갑종방화문 또는 을종방화문으로써 언제나 닫힌 상태를 유지하거나 화재로 인한 연기의 발생 또는 온도의 상승에 따라 자동적으로 닫히는 구조

## 9. 할로겐화합물소화설비

- **전역방출방식** : 고정식 할로겐화합물 공급장치에 배관 및 분사헤드를 고정 설치하여 밀폐 방호구역 내에 할로겐화합물을 방출하는 설비
- **국소방출방식** : 고정식 할로겐화합물 공급장치에 배관 및 분사헤드를 설치하여 직접 화점에 할로겐화합물을 방출하는 설비로 화재발생부분에만 집중적으로 소화약제를 방출하도록 설치하는 방식
- **호스릴방식** : 분사헤드가 배관에 고정되어 있지 않고 소화약제 저장용기에 호스를 연결하여 사람이 직접 화점에 소화약제를 방출하는 이동식소화설비
- **충전비** : 용기의 체적과 소화약제의 중량과의 비
- **교차회로방식** : 하나의 방호구역 내에 2 이상의 화재감지기회로를 설치하고 인접한 2 이상의 화재감지기가 동시에 감지되는 때에는 할로겐화합물소화설비가 작동하여 소화약제가 방출되는 방식
- **방화문** : 건축법시행령 제64조의 규정에 따른 갑종방화문 또는 을종방화문으로써 언제나 닫힌 상태를 유지하거나 화재로 인한 연기의 발생 또는 온도의 상승에 따라 자동적으로 닫히는 구조

## 10. 할로겐화합물 및 불활성기체 소화설비

- **할로겐화합물 및 불활성기체 소화약제** : 할로겐화합물(할론 1301, 할론 2402, 할론 1211 제외) 및 불활성기체로서 전기적으로 비전도성이며 휘발성이 있거나 증발 후 잔여물을 남기지 않는 소화약제
- **할로겐화합물 소화약제** : 불소, 염소, 브롬 또는 요오드 중 하나 이상의 원소를 포함하고 있는 유기화합물을 기본성분으로 하는 소화약제
- **불활성기체 소화약제** : 헬륨, 네온, 아르곤 또는 질소가스 중 하나 이상의 원소를 기본성분으로 하는 소화약제
- **충전밀도** : 용기의 단위용적당 소화약제의 중량의 비율
- **방화문** : 건축법 시행령 제64조의 규정에 따른 갑종방화문 또는 을종방화문으로써 언제나

닫힌 상태를 유지하거나 화재로 인한 연기의 발생 또는 온도의 상승에 따라 자동적으로 닫히는 구조

## 11. 분말소화설비

- **전역방출방식** : 고정식 분말소화약제 공급장치에 배관 및 분사헤드를 고정 설치하여 밀폐 방호구역 내에 분말소화약제를 방출하는 설비
- **국소방출방식** : 고정식 분말소화약제 공급장치에 배관 및 분사헤드를 설치하여 직접 화점에 분말소화약제를 방출하는 설비로 화재발생 부분에만 집중적으로 소화약제를 방출하도록 설치하는 방식
- **호스릴방식** : 분사헤드가 배관에 고정되어 있지 않고 소화약제 저장용기에 호스를 연결하여 사람이 직접 화점에 소화약제를 방출하는 이동식 소화설비
- **충전비** : 용기의 용적과 소화약제의 중량과의 비율
- **집합관** : 분말소화설비의 가압용가스(질소, 이산화탄소)와 분말소화약제가 혼합되는 관
- **교차회로방식** : 하나의 방호구역 내에 2 이상의 화재감지기회로를 설치하고 인접한 2 이상의 화재감지기가 동시에 감지되는 때에는 분말소화설비가 작동하여 소화약제가 방출되는 방식
- **방화문** : 건축법시행령 제64조의 규정에 따른 갑종방화문 또는 을종방화문으로써 언제나 닫힌 상태를 유지하거나 화재로 인한 연기의 발생 또는 온도의 상승에 따라 자동적으로 닫히는 구조

## 12. 옥외소화전설비

- **고가수조** : 구조물 또는 지형지물 등에 설치하여 자연낙차 압력으로 급수하는 수조
- **압력수조** : 소화용수와 공기를 채우고 일정압력 이상으로 가압하여 급수하는 수조
- **충압펌프** : 배관 내 압력손실에 따른 주펌프의 빈번한 기동을 방지하기 위하여 충압역할을 하는 펌프
- **연성계** : 대기압 이상의 압력과 대기압 이하의 압력을 측정할 수 있는 계측기
- **진공계** : 대기압 이하의 압력을 측정하는 계측기
- **정격토출량** : 정격토출압력에서의 펌프의 토출량
- **정격토출압력** : 정격토출량에서의 펌프의 토출측 압력
- **개폐표시형밸브** : 밸브의 개폐여부를 외부에서 식별이 가능한 밸브

- **기동용수압개폐장치** : 소화설비의 배관 내 압력변동을 검지하여 자동적으로 펌프를 기동 및 정지시키는 것으로서 압력챔버 또는 기동용압력스위치 등
- **급수배관** : 수원으로부터 옥외소화전 방수구에 급수하는 배관

## 13. 비상경보설비

- **비상벨설비** : 화재발생 상황을 경종으로 경보하는 설비
- **자동식사이렌설비** : 화재발생 상황을 사이렌으로 경보하는 설비
- **단독경보형감지기** : 화재발생 상황을 단독으로 감지하여 자체에 내장된 음향장치로 경보하는 감지기
- **발신기** : 화재발생 신호를 수신기에 수동으로 발신하는 장치
- **수신기** : 발신기에서 발하는 화재신호를 직접 수신하여 화재의 발생을 표시 및 경보하여 주는 장치

## 14. 비상방송설비

- **확성기** : 소리를 크게 하여 멀리까지 전달될 수 있도록 하는 장치로써 일명 스피커
- **음량조절기** : 가변저항을 이용하여 전류를 변화시켜 음량을 크게 하거나 작게 조절할 수 있는 장치
- **증폭기** : 전압전류의 진폭을 늘려 감도를 좋게 하고 미약한 음성전류를 커다란 음성전류로 변화시켜 소리를 크게 하는 장치

## 15. 자동화재탐지설비

- **경계구역** : 소방대상물 중 화재신호를 발신하고 그 신호를 수신 및 유효하게 제어할 수 있는 구역
- **수신기** : 감지기나 발신기에서 발하는 화재신호를 직접 수신하거나 중계기를 통하여 수신하여 화재의 발생을 표시 및 경보하여 주는 장치
- **중계기** : 감지기·발신기 또는 전기적 접점 등의 작동에 따른 신호를 받아 이를 수신기의 제어반에 전송하는 장치
- **감지기** : 화재 시 발생하는 열, 연기, 불꽃 또는 연소생성물을 자동적으로 감지하여 수신기에 발신하는 장치
- **발신기** : 화재발생 신호를 수신기에 수동으로 발신하는 장치

- **시각경보장치** : 자동화재탐지설비에서 발하는 화재신호를 시각경보기에 전달하여 청각장애인에게 점멸형태의 시각경보를 하는 것
- **거실** : 거주·집무·작업·집회·오락 그밖에 이와 유사한 목적을 위하여 사용하는 방

## 16. 누전경보기

- **누전경보기** : 내화구조가 아닌 건축물로서 벽, 바닥 또는 천장의 전부나 일부를 불연재료 또는 준불연재료가 아닌 재료에 철망을 넣어 만든 건물의 전기설비로부터 누설전류를 탐지하여 경보를 발하며 변류기와 수신부로 구성된 것
- **수신부** : 변류기로부터 검출된 신호를 수신하여 누전의 발생을 해당 소방대상물의 관계인에게 경보하여 주는 것(차단기구를 갖는 것을 포함한다)
- **변류기** : 경계전로의 누설전류를 자동적으로 검출하여 이를 누전경보기의 수신부에 송신하는 것

## 17. 피난기구

- **피난사다리** : 화재 시 긴급대피를 위해 사용하는 사다리
- **완강기** : 사용자의 몸무게에 따라 자동적으로 내려올 수 있는 기구 중 사용자가 교대하여 연속적으로 사용할 수 있는 것
- **간이완강기** : 사용자의 몸무게에 따라 자동적으로 내려올 수 있는 기구 중 사용자가 연속적으로 사용할 수 없는 것
- **구조대** : 포지 등을 사용하여 자루형태로 만든 것으로서 화재 시 사용자가 그 내부에 들어가서 내려옴으로써 대피할 수 있는 것
- **공기안전매트** : 화재 발생 시 사람이 건축물 내에서 외부로 긴급히 뛰어 내릴 때 충격을 흡수하여 안전하게 지상에 도달할 수 있도록 포지에 공기 등을 주입하는 구조로 되어 있는 것
- **피난밧줄** : 급격한 하강을 방지하기 위한 매듭 등을 만들어 놓은 밧줄

## 18. 인명구조기구

- **방열복** : 고온의 복사열에 가까이 접근하여 소방활동을 수행할 수 있는 내열피복
- **공기호흡기** : 소화활동 시에 화재로 인하여 발생하는 각종 유독가스 중에서 일정시간 사용할 수 있도록 제조된 압축공기식 개인호흡장비
- **인공소생기** : 호흡 부전 상태인 사람에게 인공호흡을 시켜 환자를 보호하거나 구급하는 기구

## 19. 유도등 및 유도표지

- **유도등** : 화재 시에 피난을 유도하기 위한 등으로서 정상상태에서는 상용전원에 따라 켜지고 상용전원이 정전되는 경우에는 비상전원으로 자동전환되어 켜지는 등
- **피난구유도등** : 피난구 또는 피난경로로 사용되는 출입구를 표시하여 피난을 유도하는 등
- **통로유도등** : 피난통로를 안내하기 위한 유도등으로 복도통로유도등, 거실통로유도등, 계단통로유도등
- **복도통로유도등** : 피난통로가 되는 복도에 설치하는 통로유도등으로서 피난구의 방향을 명시하는 것
- **거실통로유도등** : 거주, 집무, 작업, 집회, 오락 그밖에 이와 유사한 목적을 위하여 계속적으로 사용하는 거실, 주차장 등 개방된 통로에 설치하는 유도등으로 피난의 방향을 명시하는 것
- **계단통로유도등** : 피난통로가 되는 계단이나 경사로에 설치하는 통로유도등으로 바닥면 및 디딤 바닥면을 비추는 것
- **객석유도등** : 객석의 통로, 바닥 또는 벽에 설치하는 유도등
- **피난구유도표지** : 피난구 또는 피난경로로 사용되는 출입구를 표시하여 피난을 유도하는 표지
- **통로유도표지** : 피난통로가 되는 복도, 계단 등에 설치하는 것으로서 피난구의 방향을 표시하는 유도표지

## 20. 비상조명등

- **비상조명등** : 화재발생 등에 따른 정전 시에 안전하고 원활한 피난활동을 할 수 있도록 거실 및 피난통로 등에 설치되어 자동 점등되는 조명등
- **휴대용비상조명등** : 화재발생 등으로 정전 시 안전하고 원활한 피난을 위하여 피난자가 휴대할 수 있는 조명등

## 21. 상수도소화용수설비

- **호칭지름** : 일반적으로 표기하는 배관의 직경
- **수평투영면** : 건축물을 수평으로 투영하였을 경우의 면

## 22. 소화수조 및 저수조

- **소화수조 또는 저수조** : 수조를 설치하고 여기에 소화에 필요한 물을 항시 채워두는 것
- **채수구** : 소방차의 소방호스와 접결되는 흡입구

## 23. 제연설비

- **제연구역** : 제연경계(제연설비의 일부인 천장을 포함한다)에 의해 구획된 건물내의 공간
- **예상제연구역** : 화재발생시 연기의 제어가 요구되는 제연구역
- **제연경계의 폭** : 제연경계의 천장 또는 반자로부터 그 수직하단까지의 거리
- **수직거리** : 제연경계의 바닥으로부터 그 수직하단까지의 거리
- **공동예상제연구역** : 2개 이상의 예상제연구역
- **방화문** : 건축법 시행령 규정에 따른 갑종방화문 또는 을종방화문으로써 언제나 닫힌 상태를 유지하거나 화재로 인한 연기의 발생 또는 온도의 상승에 따라 자동적으로 닫히는 구조
- **유입풍도** : 예상제연구역으로 공기를 유입하도록 하는 풍도
- **배출풍도** : 예상제연구역의 공기를 외부로 배출하도록 하는 풍도

## 24. 특별피난계단의 계단실 및 부속실제연설비

- **제연구역** : 제연하고자 하는 계단실 및 부속실
- **방연풍속** : 옥내로부터 제연구역내로 연기의 유입을 유효하게 방지할 수 있는 풍속
- **급기량** : 제연구역에 공급하여야 할 공기의 양
- **누설량** : 틈새를 통하여 제연구역으로부터 흘러나가는 공기량
- **보충량** : 방연풍속을 유지하기 위하여 제연구역에 보충하여야 할 공기량
- **플랩댐퍼** : 부속실의 설정압력범위를 초과하는 경우 압력을 배출하여 설정압 범위를 유지하게 하는 과압방지장치
- **유입공기** : 제연구역으로부터 옥내로 유입하는 공기로서 차압에 따라 누설하는 것과 출입문의 일시적인 개방에 따라 유입하는 것
- **거실제연설비** : 제연설비의 화재안전기준(KFSC 501)의 기준에 따른 옥내의 제연설비
- **자동차압·과압조절형 급기댐퍼** : 제연구역과 옥내사이의 차압을 압력센서 등으로 감지하여 제연구역에 공급되는 풍량의 조절로 제연구역의 차압유지 및 과압방지를 자동으로 제어할 수 있는 댐퍼

## 25. 연결송수관설비

- **주배관** : 각 층을 수직으로 관통하는 수직배관
- **송수구** : 소화설비에 소화용수를 보급하기 위하여 건물 외벽 또는 구조물의 외벽에 설치하는 관
- **방수구** : 소화용수를 방수하기 위하여 건물내벽 또는 구조물의 외벽에 설치하는 관
- **충압펌프** : 배관 내 압력손실에 따라 주펌프의 빈번한 기동을 방지하기 위하여 충압역할을 하는 펌프
- **정격토출량** : 정격토출압력에서의 펌프의 토출량
- **정격토출압력** : 정격토출량에서의 펌프의 토출측 압력
- **진공계** : 대기압 이하의 압력을 측정하는 계측기
- **연성계** : 대기압 이상의 압력과 대기압 이하의 압력을 측정할 수 있는 계측기
- **체절운전** : 펌프의 성능시험을 목적으로 펌프토출측의 개폐밸브를 닫은 상태에서 펌프를 운전하는 것
- **기동용 수압개폐장치** : 소화설비의 배관 내 압력변동을 검지하여 자동적으로 펌프를 기동 및 정지시키는 것으로서 압력챔버 또는 기동용압력스위치 등

## 26. 연결살수설비

- **호스접결구** : 호스를 연결하는데 사용되는 장비일체
- **체크밸브** : 흐름이 한 방향으로만 흐르도록 되어 있는 밸브
- **주배관** : 수직배관을 통해 교차배관에 급수하는 배관
- **교차배관** : 주배관을 통해 가지배관에 급수하는 배관
- **가지배관** : 헤드가 설치되어 있는 배관
- **송수구** : 소화설비에 소화용수를 보급하기 위하여 건물 외벽 또는 구조물에 설치하는 관
- **연소할 우려가 있는 개구부** : 각 방화구획을 관통하는 컨베이어·에스컬레이터 또는 이와 유사한 시설의 주위로서 방화구획을 할 수 없는 부분

## 27. 비상콘센트설비

- **인입개폐기** : 전기설비기술기준 제190조의 규정에 따른 것
- **저압** : 직류는 750 [V] 이하, 교류는 600 [V] 이하인 것
- **고압** : 직류는 750 [V]를, 교류는 600 [V]를 넘고 7,000 [V] 이하인 것

- **특별고압** : 7,000 [V]를 넘는 것
- **변전소** : 전기설비기술기준 제2조제1호의 규정에 따른 것

## 28. 무선통신 보조설비

- **누설동축케이블** : 동축케이블의 외부도체에 가느다란 홈을 만들어서 전파가 외부로 새어나갈 수 있도록 한 케이블
- **분배기** : 신호의 전송로가 분기되는 장소에 설치하는 것으로 임피던스 매칭(Matching)과 신호 균등분배를 위해 사용하는 장치
- **분파기** : 서로 다른 주파수의 합성된 신호를 분리하기 위해서 사용하는 장치
- **혼합기** : 두 개 이상의 입력신호를 원하는 비율로 조합한 출력이 발생하도록 하는 장치
- **증폭기** : 신호 전송 시 신호가 약해져 수신이 불가능해지는 것을 방지하기 위해서 증폭하는 장치

## 29. 연소방지설비

- **분전반** : 분기개폐기, 분기과전류차단기, 배선용기기, 배선을 금속제 외함에 수납한 것
- **방수헤드** : 연소방지설비전용헤드 또는 스프링클러헤드
- **방화벽** : 화재의 연소를 방지하기 위하여 설치하는 벽
- **연소방지도료** : 케이블·전선 등에 칠하여 가열할 경우 칠한 막의 부분이 발포(發泡)하거나 단열의 효과가 있어 케이블·전선 등이 연소하는 것을 지연시키는 도료
- **발포성** : 불꽃이 접촉할 때 발포하여 불꽃의 전파를 지연 또는 차단시키는 성질
- **비발포성** : 불꽃이 접촉할 때 발포하지 아니 하지만 단열효과가 있어 불꽃의 전파를 지연 또는 차단시키는 성질
- **유성도료** : 유기용제에 용해 또는 희석하여 사용하는 도료
- **수성도료** : 물에 용해 또는 희석하여 사용하는 도료
- **난연테이프** : 케이블·전선 등에 감아 케이블·전선 등이 연소하는 것을 지연시키는 테이프

## 30. 다중이용업소의 소방시설등

- **영상음향차단장치** : 영상모니터에 화상 및 음반재생장치가 되어 있어 영화·음악 감상 등을 할 수 있거나 화상장치나 음반장치 중 한 가지 기능만 가능할 수 있도록 설치한 시설을 차단하는 스위치

- **방화문** : 건축법시행령 제64조의 규정에 따른 갑종방화문 또는 을종방화문으로써 언제나 닫힌 상태를 유지하거나 화재로 인한 연기의 발생 또는 온도의 상승에 따라 자동적으로 닫히는 구조
- **피난유도선** : 햇빛이나 전등불에 따라 축광하거나 전류에 따라 빛을 발하는 유도체로서 유사시 어두운 상태에서 피난을 유도할 수 있는 시설

## 31. 소방시설용 비상전원수전설비

- **전기사업자** : 전기사업법 제2조제2호의 규정에 따른 자
- **인입선** : 전기설비기술기준 제2조제8호의 규정에 따른 것
- **인입구배선** : 인입선 연결점으로부터 특정소방대상물 내에 시설하는 인입개폐기에 이르는 배선
- **인입개폐기** : 전기설비기술기준 제190조의 규정에 따른 것
- **과전류차단기** : 전기설비기술기준 제43조 및 제95조 제4호의 규정에 따른 것
- **소방회로** : 소방부하에 전원을 공급하는 전기회로
- **일반회로** : 소방회로 이외의 전기회로
- **수전설비** : 전력수급용 계기용변성기·주차단장치 및 그 부속기기
- **변전설비** : 전력용변압기 및 그 부속장치
- **전용큐비클식** : 소방회로용의 것으로 수전설비, 변전설비 그 밖의 기기 및 배선을 금속제 외함에 수납한 것
- **공용큐비클식** : 소방회로 및 일반회로 겸용의 것으로서 수전설비, 변전설비 그 밖의 기기 및 배선을 금속제 외함에 수납한 것
- **전용배전반** : 소방회로 전용의 것으로서 개폐기, 과전류차단기, 계기 그 밖의 배선용기기 및 배선을 금속제 외함에 수납한 것
- **공용배전반** : 소방회로 및 일반회로 겸용의 것으로서 개폐기, 과전류차단기, 계기 그 밖의 배선용기기 및 배선을 금속제 외함에 수납한 것
- **전용분전반** : 소방회로 전용의 것으로서 분기 개폐기, 분기과전류차단기 그 밖의 배선용기기 및 배선을 금속제 외함에 수납한 것
- **공용분전반** : 소방회로 및 일반회로 겸용의 것으로서 분기개폐기, 분기과전류차단기 그 밖의 배선용기기 및 배선을 금속제 외함에 수납한 것.

저자 : **조동훈**
- 소방사관(뉴단기) 소방학 대표 교수
- 소방신문 · 매거진 출제위원(매주 출제)
  – 공무원매거진, 한국고시, 고시기획 –
- 전 부산경상대학 소방안전학과 교수
- 전 EBS 소방학개론 및 소방관계법규
- 저서 : 소방서적 150여권(네이버통계)



**소방전기시설 – 구조 및 원리 –** 정가 25,000원

발 행 2022년 9월 10일 7판 1쇄
저 자 조동훈
발행인 전귀연
발행처 신광문화사
경기도 파주시 광인사길 201(문발동, 파주출판도시)
Tel (031)955-4211~6 donghwapub@nate.com
Fax (031)955-4217 www.donghwapub.co.kr
(등록) 1991년 6월 26일/6-130호


Printed in Korea
ISBN 978-89-7432-954-9
공급처 도서출판 동화기술